CATALOGUE RAISONNÉ

DES

PLANTES VASCULAIRES

DU DÉPARTEMENT DE LA SOMME

PAR

MM. ÉLOY DE VICQ ET BLONDIN DE BRUTELETTE

Membres de la Société botanique de France et de la Société impériale d'Émulation d'Abbeville

Extrait des *Mémoires* de la Société impériale d'Émulation d'Abbeville

ABBEVILLE

IMPRIMERIE P. BRIEZ

—

1868

I0070643

CATALOGUE RAISONNÉ

DES

PLANTES VASCULAIRES

DU DÉPARTEMENT DE LA SOMME

PAR

MM. ÉLOY DE VICQ et BLONDIN DE BRUTELETTE

Membres de la Société botanique de France et de la Société impériale d'Émulation d'Abbeville

---

Extrait des *Mémoires* de la Société impériale d'Émulation d'Abbeville

ABBEVILLE

IMPRIMERIE P. BRIEZ

—

1865

BIBLIOTHÈQUE IMPÉRIALE

AVANT-PROPOS

Le travail que nous publions peut être considéré comme une suite des Études sur l'histoire naturelle que la Société impériale d'Émulation a admises dans ses *Mémoires*. Aux Catalogues des *Coléoptères* et des *Animaux vertébrés* des environs d'Abbeville par M. F. Marcotte, bibliothécaire et conservateur du Musée, nous avons pensé qu'il pourrait être utile d'ajouter un Catalogue raisonné des plantes vasculaires qui croissent spontanément dans le département de la Somme, et de celles qui y sont généralement cultivées.

En apportant ici notre part d'observations, nous n'avons pas la prétention de présenter un travail complet. Notre seul but est de réunir aux renseignements que nous ont légués nos devanciers tous ceux que nous avons recueillis, d'en faire profiter les botanistes qui viendront après nous, et de les mettre à même de continuer la tâche que nous avons entreprise.

Deux ouvrages importants sur la végétation de notre pays ont paru à différentes époques : l'*Extrait de la Flore d'Abbeville et du département de la Somme* par J.-A.-G. Boucher de Crèvecœur, membre associé de l'Institut (Paris, J.-J. Fuchs, 1803), et la *Statistique botanique* ou *Flore du département de la Somme* par Ch. Pauquy, docteur en médecine (Paris, Baillière ; Amiens, Caron-Vitet, 1838).

Nous avons compulsé avec soin ces deux ouvrages, consulté un grand nombre de notes relatives à notre Flore, visité les herbiers et fait de fréquentes herborisations pour nous procurer de nouvelles indications ou vérifier l'exactitude de celles qui nous étaient données. Il existe malheureusement dans l'exploration de notre circonscription des lacunes qu'il ne nous a pas été permis de combler ; aussi, dans le principe, notre projet était-il de nous renfermer dans l'arrondissement d'Abbeville, mais de précieux renseignements sur les environs de Picquigny et d'Amiens rassemblés par M. A. Romanet, des notes intéressantes qu'a bien voulu nous communiquer M. Garnier, conservateur de la bibliothèque d'Amiens, et des excursions dirigées sur des points encore inexplorés, nous ont fait connaitre des espèces et des localités nouvelles que nous regretterions d'omettre.

Les parties du département qui restent à visiter dans les arrondissements de Doullens, de Péronne et de Montdidier n'offrent pas, d'ailleurs, aux botanistes autant d'intérêt que celles qui avoisinent la mer et qui ont depuis longtemps le privilége d'attirer leur attention. Nous désirons cependant pouvoir un jour les parcourir; mais, en attendant qu'il nous soit donné de compléter ainsi nos recherches, la crainte de voir dispersés les documents que nous avons réunis, nous a engagés à les publier.

Un Catalogue raisonné des plantes vasculaires observées jusqu'à ce jour, contenant les descriptions des genres, des espèces et des variétés qui ne figurent pas dans la *Flore des environs de Paris* par MM. E. Cosson et Germain de Saint Pierre (2ᵉ éd. Paris, 1861), nous a paru la meilleure forme à adopter. En rattachant notre travail à un ouvrage d'un mérite incontesté, nous donnons le moyen d'étudier la Flore du département de la Somme, de contrôler nos observations et d'en ajouter de nouvelles.

Nous avons suivi pour les familles l'ordre le plus généralement admis Les genres et les espèces, sauf de rares exceptions, sont disposés d'après la *Flore des environs de Paris.*

A la suite du nom de chaque plante et de celui de l'auteur qui l'a déterminée, nous citons ordinairement la *Flore des environs de Paris* avec le numéro de la page (1), l'*Extrait de la Flore d'Abbeville* (2), la *Flore du département de la Somme*, le *Botanicon Gallicum* par M. J.-E. Duby, la *Flore de France* par MM. Grenier et Godron, et les numéros des figures de Reichenbach nouvellement publiées. Quand la synonymie ou l'étude des espèces et des variétés l'exige, nous intervertissons cet ordre et nous indiquons, en outre, les ouvrages les plus utiles à consulter, principalement la *Flore de la Normandie* par M. de Brébisson, la *Flore de l'Ouest* par M. Lloyd, le *Synopsis Floræ Germanicæ et Helveticæ* par Koch, etc.

Nous nous contentons, si la plante est décrite dans la *Flore des environs de Paris*, de donner le signe de durée et de mentionner les mois de la floraison et de la fructification. Ces indications sont, au contraire, précédées d'une description lorsque la plante appartient spéciale-

(1) Quand la plante n'est pas décrite dans la *Flore des environs de Paris*, nous indiquons les numéros des pages des ouvrages cités.

(2) Nous avons adopté l'édition publiée en 1803 de préférence à deux autres éditions qui ont paru en 1833 et en 1834, et qui renferment un trop grand nombre de plantes cultivées ou accidentellement introduites pour qu'on puisse y reconnaître avec certitude les espèces indigènes.

ment à notre flore ou qu'elle nous paraît litigieuse. Nous indiquons ensuite la rareté ou la vulgarité relative, la station générale et les localités. Quand nous n'avons pas constaté nous-mêmes les localités, nous les faisons suivre du nom du botaniste qui les a signalées Nous mentionnons aussi à la suite de nos espèces quelques plantes intéressantes recueillies près de nos limites, et que de nouvelles recherches pourraient peut être un jour faire rencontrer dans notre circonscription.

En terminant ces observations, qu'il nous soit donné de rendre un hommage de reconnaissance à la mé moire de M. le baron Tillette de Clermont-Tonnerre, botaniste éminent, dont l'amitié a été pour nous un puissant encouragement, et qui, en léguant à sa ville natale sa riche bibliothèque et son précieux herbier, a laissé un témoignage de sa généreuse sollicitude pour l'avenir d'une science à laquelle il avait voué une constante affection. Qu'il nous soit permis en même temps de consigner ici nos vifs regrets de la perte récente de notre zélé confrère M. A. Romanet. Nous avons aussi des remerciments à adresser aux personnes qui ont eu l'obligeance de nous communiquer les documents qu'elles avaient à leur disposition, et parti- culièrement à M. F. Marcotte dont les conseils et l'ex- périence dans les études d'histoire naturelle nous ont été d'un grand secours Il nous reste, enfin, à exprimer toute notre gratitude à Messieurs les Membres de la Société impériale d'Émulation qui ont bien voulu accorder leur approbation à ce travail et en autoriser la publication dans les *Mémoires* de la Société.

Abbeville, le 1er Juin 1864

EXPLICATION DES SIGNES

ET DES PRINCIPALES ABRÉVIATIONS

①   Annuel.

②   Bisannuel.

♃   Vivace.

♄   Ligneux.

C C. Très-commun.

C.   Commun.

A.C. Assez commun.

A.R. Assez rare.

R.   Rare.

R R. Très-rare.

Coss. et Germ. *Fl.* . . . E. Cosson et Germain de Saint-Pierre, *Flore des environs de Paris* (2ᵉ éd. Paris, 1861).

Coss. et Germ. *Illustr.* . E. Cosson et Germain de Saint-Pierre, *Atlas de la Flore des environs de Paris* (Paris, 1845).

Exlr. Fl. . . . J.-A.-G. Boucher de Crèvecœur, *Extrait de la Flore d'Abbeville et du département de la Somme* (Paris, 1803)

P. *Fl.* . . . . . Ch. Pauquy, *Statistique botanique* ou *Flore du département de la Somme* (Paris-Amiens, 1834).

Dub. *Bot.* . . . . . J.-E. Duby, *Botanicon Gallicum* (2ᵉ éd. Paris, 1828-1830).

Gren. et Godr. *Fl.* . . . Grenier et Godron, *Flore de France* (Paris, 1848-1855).

Brébiss. *Fl. Norm.* . . . A. de Brébisson, *Flore de la Normandie* (2ᵉ éd. Caen-Paris, 1849).

Lloyd *Fl. Ouest.* . . . James Lloyd, *Flore de l'Ouest de la France* (Nantes, 1854).

Koch *Syn.* . . . Koch, *Synopsis Floræ Germanicæ et Helveticæ* (ed. 2ᵃ. Lipsiæ, 1843-1845).

Kirschleg. *Fl. Als.* . . . . F. Kirschleger, *Flore d'Alsace* (Strasbourg-Paris, 1852).

Boreau *Fl. centr.* . . . . A. Boreau, *Flore du centre de la France* (3ᵉ éd. Paris, 1857).

Rchb *Ic.* . . . . . . Reichenbach, *Icones Floræ Germanicæ et Helveticæ* (Lipsiæ).

T. C. . . . . . . Tillette de Clermont Tonnerre.

Rom. . . . . . . A. Romanet.

Baill. . . . . . . Baillon.

CATALOGUE RAISONNÉ

DES

PLANTES VASCULAIRES

DU DÉPARTEMENT DE LA SOMME

CLASS. I. DICOTYLEDONEÆ.

I. RANUNCULACEÆ Juss. *Gen.*

1. CLEMATIS L. *Gen.*

1. **C. Vitalba** L. *Sp.*; Coss. et Germ. *Fl.* 4; B. *Extr. Fl.* ; P. *Fl.*;
Dub. *Bot.*; Gren. et Godr. *Fl.*

♄. Juin-août.

CC. — Haies, buissons.

2. THALICTRUM L. *Gen.*

1. **T. minus** L. *Sp.*; Coss. et Germ. *Fl.* 5; B. *Extr. Fl.* : P. *Fl.*;
Dub. *Bot.*; Gren. et Godr. *Fl.*

♃. Juin-juillet.

R R. — Terrains calcaires ou sablonneux, coteaux, bois. —
Picquigny; Breilly, Guignemicourt (*Rom.*); Querrieux (*B. Extr.*
Fl. ; *Baill.* Herb.) ; Ailly (P. *Fl.*).

2. **T. flavum** L. *Sp.*; Coss. et Germ. *Fl.* 6; B. *Extr. Fl.*; P. *Fl* ;
Dub. *Bot.*; Gren. et Godr. *Fl.*

♃. Juin-août.

C. — Prés tourbeux. — Marais autour d'Abbeville ; Camon, Glisy,
Fortmanoir (P. Fl.)

Var. β. *angustifolium* (Gren. et Godr. *Fl.* 1,9.— *T. nigricans*
D C. *Syst.* 82. ?). — Feuilles supérieures à segments linéaires
aigus. — *R R.* — Mêlé avec le type. — Marais de Mautort près
Abbeville.

5. ANEMONE L. *Gen.*

1. **A. Pulsatilla** L. *Sp.*; Coss. et Germ. *Fi.* 7; B. *Extr. Fl.*:
P. *Fl.*; Dub. *Bot.*; Gren. et Godr. *Fl.*—(Vulg. *Pulsati'le*).

♃. Avril-juin.

A. R. — Coteaux calcaires, clairières des bois. — Bois de
Tronquoy près Huppy; bois de Fréchencourt près Bailleul;
Francières; Bichecourt près Hangest-sur-Somme; Bezencourt
près Tronchoy; La Faloise; Bovelles, Cavillon, Saisseval (*Rom.*);
Brocourt (*H. Sueur*); bois de Forestel près Montdidier (*Abbé
Dufourny*); Airondel près Bailleul (*Baill.* Herb.); Mareuil (*B*
Extr. Fl.); Ailly, Boves, Notre-Dame de Grâce (*P.* Fl.).

2. **A. sylvestris** L. *Sp.*; Coss. et Germ. *Fl.* 8; B. *Extr. Fl.*:
P. *Fl.*; Dub. *Bot.*; Gren. et Godr. *Fl.*

♃. Mai-juin.

R R. — Bois montueux. — Bovelles (*Rom.*); Boves (*B.* Extr. Fl.;
P. Fl.; *Baill.* Herb.).

3. **A. nemorosa** L. *Sp.*; Coss. et Germ. *Fl.* 8; B. *Extr. Fl.*;
P. *Fl.*; Dub. *Bot.*; Gren. et Godr. *Fl.*

♃. Mars-mai.

CC. — Bois, haies.

S.-v. *lilacina.* — Fleurs d'un rose-lilas.

Nous avons observé dans le bois Watté à Drucat des *A.
nemorosa* à involucre composé de quatre feuilles au lieu de
trois.

4. **A. ranunculoides** L. *Sp.*; Coss. et Germ. *Fl.* 9; B. *Extr
Fl.*; P. *Fl.*; Dub. *Bot.*; Gren. et Godr. *Fl.*

♃. Mars-mai.

R R. — Prés tourbeux ombragés. — Marais Saint-Gilles à
Abbeville.

4. ADONIS L. *Gen.*

1. **A. autumnalis** L. *Sp.*; Coss. et Germ. *Fl.* 10 et *Illustr.*; B. *Extr. Fl.*; Dub. *Bot.*; Gren. et Godr. *Fl.*

①. Juin-septembre.

A. R. — Moissons des terrains maigres. — Caubert près Abbeville; Bray-lès-Marcuil; Huchenneville; Bailleul; Hocquincourt; Eaucourt; Pont-Remy; Drucat; Cambron (*T. C.*); Bovelles, Ferrières (*Rom.*); Villers-sur-Marcuil (*B.* Herb.).

2. **A. restivalis** L. *Sp.*; Coss. et Germ. *Fl.* 10 et *Illustr.*; B. *Extr. Fl.*; Dub. *Bot.*; Gren. et Godr. *Fl.*

①. Juin-août.

A. R. — Moissons des terrains maigres. — Bray-lès-Marcuil; Huchenneville; Bailleul; Caubert près Abbeville; Wailly; La Faloise; Bovelles, Saisseval (*Rom.*); Caux (*Baill.* Herb.).

3. **A. flammea** Jacq. *Austr.*; Coss. et Germ. *Fl.* 10 et *Illustr.*; Gren. et Godr. *Fl.*

①. Juin-août.

A. R. — Moissons des terrains maigres. — Caubert près Abbeville; Villers-sur-Marcuil; Bray-lès-Marcuil; Eaucourt; La Faloise; Laviers (*Baill.* Herb.).

5. MYOSURUS L. *Gen.*

1. **M. minimus** L. *Sp.*; Coss. et Germ. *Fl* 11; B. *Extr. Fl.*; P. *Fl.*; Dub. *Bot.*; Gren. et Godr. *Fl.*

①. Mai-juin.

A. R. — Moissons, champs argileux humides. — Les Alleux près Béhen; Huchenneville; Bienfay près Moyenneville; Le Plessiel près Drucat; Noyelles-sur-Mer; Cambron (*T. C.*); Bovelles (*Rom.*); Hocquincourt (*Abbé Dufourny*); Laviers (*Baill.* Herb.); Vauchelles-lès-Quesnoy, Mantort près Abbeville (*Picard* Not. manuscr.); Abbeville (*B.* Herb.); Caubert près Abbeville, Notre-Dame de Grâce (*P.* Fl.).

6. RANUNCULUS L. *Gen.*

1. **R. hederaceus** L. *Sp.*; Coss. et Germ. *Fl.* 12 et *Illustr.*; B. *Extr. Fl.*; P. *Fl.*; Dub. *Bot.*; Gren. et Godr. *Fl.*

♃. Mai-août.

R R. — Lieux marécageux, bords des ruisseaux. — Faubourgs Rouvroy et Menchecourt à Abbeville ; Cahon (*T. C.*).

Le *R. tripartitus* var. *obtusiflorus* (D C. *Prodr.* — *R. ololeucos* Lloyd *Fl. Loire-Infér.* ; Coss. et Germ. *Fl.* 13 ; Gren. et Godr. *Fl.* — *R. Petiveri* Coss. et Germ. *Illustr.*) a été trouvé à Marconnel près Hesdin [Pas-de-Calais] (*Dovergne* in *Ba·ll.* herb.). C'est par erreur qu'il a été indiqué dans le département de la Somme. (Voir P. *Fl.* 540).

2. **R. aquatilis** L. *Sp.* 781 ex parte ; Gren. et Godr. *Fl.* 1, 22 ; Coss. et Germ. *Fl.* 13 ex parte ; B. *Extr. Fl.* 46 ex parte ; P. *Fl.* 20 ex parte ; Dub. *Bot.* 8 ex parte.

Feuilles toutes conformes submergées, divisées en lanières filiformes, molles, allongées, se réunissant en pinceau quand on les sort de l'eau, ou de deux formes : les inférieures submergées, divisées en lanières filiformes ; les supérieures flottantes, orbiculaires ou réniformes, tantôt échancrées cordiformes, tantôt tronquées à la base, plus ou moins profondément lobées crénelées. Pédoncules de 3-5 centim., atténués au sommet, égalant environ les feuilles. Pétales persistant assez longtemps, dépassant longuement le calice. Étamines nombreuses, plus longues que les pistils. ♃. Avril-août.

C C. — Fossés, rivières à courant peu rapide.

Var. *α. fluitans* (Gren. et Godr. *Fl.* 1, 23. — *R. aquatilis* var. *heterophyllus* D C. *Fl. Fr.* 4, 894 ; Coss. et Germ. *Fl.* 13 et *Illustr.* — *R. aquatilis* P. *Fl.* 20). — Feuilles inférieures submergées, les supérieures flottantes.

Var. *β. submersus* (Gren. et God. *Fl.* 1, 23. — Feuilles toutes submergées.

S.-v. *terrestris.* (*R. aquatilis* var. *terrestris* Gren. et Godr. *Fl.* 1, 23). — Plante croissant hors de l'eau. Tiges courtes. Feuilles à segments courts, épais.

3. **R. Baudotii** Godr. *Monogr.* 14, f. 4 ; Gren. et Godr. *Fl.* 1, 21 ; Koch. *Syn.* 434 ; Brébiss. *Fl. Norm.* 5 ; Lloyd *Fl. Ouest* 7 ; Billot *Exsicc.* n. 2802.

Tiges plus épaisses que celles du *R. aquatilis*. Feuilles toutes conformes submergées, divisées en lanières filiformes, courtes, raides, ne se réunissant pas en pinceau quand on les sort de l'eau, ou de deux formes : les inférieures submergées, divisées en lanières filiformes ; les supérieures flottantes, profondément trilobées à lobes crénelés. Pédoncules de 5 - 10 centim., épais, beaucoup plus longs que les feuilles, courbés en arc à la maturité. Pétales persistant assez longtemps, dépassant longuement le calice. Étamines nombreuses, plus courtes que les pistils. ♃. Mai-août.

A. C. — Fossés et mares d'eau saumâtre. — Faubourg Menche-court à Abbeville ; Laviers ; Ault ; Mers.

Var. α. *fluitans* (Gren. et Godr. *Fl.* 1, 22). — Feuilles inférieures submergées, les supérieures flottantes.

Var. β. *submersus* (Gren. et Godr. *Fl.* 1, 22). — Feuilles toutes submergées.

S.-v. *terrestris*. (*R. Baudotii* var. *terrestris* Gren et Godr. *Fl.* 1, 22). — Plante croissant hors de l'eau. Tiges courtes. Feuilles à segments courts, épais.

4. **R. trichophyllus** Chaix in Vill. *Dauph.* 1, 335 ; Gren. et Godr. *Fl.* 1, 23 ; Brébiss. *Fl. Norm.* 5. — *R. paucistamineus* Tausch. ap. Koch. *Syn.* 433.

Tiges plus grêles que celles du *R. aquatilis*. Feuilles ord. toutes conformes submergées, petites, rapprochées, divisées en lanières filiformes étalées en tous sens, ne se réunissant pas en pinceau quand on les sort de l'eau, ou très-rarement de deux formes : les inférieures submergées, divisées en lanières filiformes ; les supé-rieures flottantes, peu nombreuses, réniformes, profondément lobées. Pédoncules courts, dépassant peu les feuilles. Fleurs petites. Pétales étroits, très-caducs. Étamines peu nombreuses 12-15. ♃. Mai-septembre.

A. C. — Mares, fossés. — Laviers ; Noyelles-sur-Mer ; faubourg Saint-Gilles à Abbeville.

Var. α. *submersus*. (*R. capillaceus* Thuill. *Fl. Par.* 278. — *R. aquatilis* var. *capillaceus* P. *Fl.* 20 ; Dub. *Bot.*). — Feuilles toutes submergées.

Var. β. *fluitans.* — Feuilles inférieures submergées, quelques feuilles supérieures flottantes. — R R. – Laviers.

S.-v. *terrestris.* (*R. trichophyllus* var. *terrestris* Gren. et Godr. *Fl.* 1, 24.) — *R. cœspitosus* Thuill. *Fl. Par.* 279. — *R. aquatilis* var. *cœspitosus* P. *Fl.* 20 ; Dub. *Bot.* 8). — Plante croissant hors de l'eau. Tiges courtes. Feuilles à segments courts, épais.

5. **R. fluitans** Lmk. *Fl. Fr.;* Coss. et Germ. *Fl.* 14 et *Illustr.;* Gren. et Godr. *Fl* — *R. fluviatilis* Willd. *Sp.;* B. *Extr. Fl.* — *R. aquatilis* var. *peucedanifolius* P. *Fl.;* Dub. *Bot.*

♃. Mai-août, fructifie très-rarement.

A. C. — Rivières, eaux courantes. — Abbeville ; Picquigny, Saint-Maurice près Amiens (*Rom.*).

6. **R. divaricatus** Schrank *Baiers. Fl.;* Coss. et Germ. *Fl.* 14 ; Gren. et Godr. *Fl.* — *R. circinatus* Sibth. *Ox.;* Coss. et Germ. *Illustr.* — *R. stagnatilis* Wallr. *Sched.* — *R. aquatilis* var. *stagnatilis* P. *Fl.;* Dub. *Bot.*

♃. Juin-août.

A. R. — Fossés, eaux stagnantes. — Marais autour d'Abbeville ; Marcuil ; Mers ; Nampont ; Berny-sur-Noye ; Aveluy ; Cambron (*T. C.*) ; Le Mesge, Renancourt près Amiens (*Rom.*).

7. **R. Lingua** L. *Sp.;* Coss. et Germ. *Fl.* 15 ; B. *Extr. Fl.;* P. *Fl.;* Dub. *Bot.;* Gren. et Godr. *Fl.*

♃. Juin-août.

R. — Marais tourbeux, bords des fossés. — Faubourg Saint-Gilles à Abbeville ; Épagne ; Bray-lès-Marcuil ; Marcuil ; Picquigny ; Suzanne ; Aveluy ; Hamel près Thiepval ; Ailly-sur-Somme (*Rom.*).

8. **R. Flammula** L. *Sp.;* Coss. et Germ. *Fl.* 15 ; B. *Extr. Fl.;* P. *Fl.;* Dub. *Bot.;* Gren. et Godr. *Fl.*

♃. Juin-octobre.

C. — Lieux marécageux, bords des fossés. — Marais autour d'Abbeville ; Drucat ; Laviers ; Ailly-sur-Somme, Montières près Amiens (*Rom.*).

S.-v. *serratus* (Coss. et Germ. *Fl.* 15. — *R. Flammula.* var. *serratus* P. *Fl.*).

Var. β. *reptans* (P. *Fl.* 19 ; Dub. *Bot.* 11 ; Gren. et Godr. *Fl.*
1, 30.— *R. reptans* L. *Sp.* 775 ; B. *Extr. Fl.* 42 ; *Fl. Dan.* t. 108).
— Tiges grêles, couchées radicantes. Feuilles linéaires étroites,
entières.— Abondant dans les marais des dunes de Saint-Quentin-
en-Tourmont et de Quend.

9. **R. auricomus** L. *Sp.;* Coss. et Germ. *Fl.* 16 ; B. *Extr. Fl.;*
P *Fl.;* Dub. *Bot.;* Gren. et Godr. *Fl.*

♃. Avril-mai.

A R.— Bois montueux. — Limeux ; Airondel près Bailleul ;
Caumondel près Huchenneville ; bois de la Motte à Cambron ;
Ercourt ; La Faloise ; bois du Gard près Picquigny (*T. C.*) ;
Bovelles (*Rom.*) ; Bray-lès-Mareuil (*Baill.* Herb.) ; Cagny, Dury,
Fortmanoir, Notre-Dame de Grâce, Guignemicourt (*P.* Fl.).

10. **R. acris** L. *Sp.;* Coss. et Germ. *Fl.* 16 ; B. *Extr. Fl.;*
P. *Fl.;* Dub. *Bot.;* Gren. et Godr. *Fl.*

♃. Mai-juillet.

C C. — Prairies, bois, lieux humides.

11. **R. sylvaticus** Thuill. *Fl. Par.;* Coss. et Germ. *Fl.* 17 ;
Gren. et Godr. *Fl.— R. nemorosus* DC. *Syst.—R. acris* var. *polyan-
themos* P. *Fl.*

♃. Juin-juillet.

R R. — Bois couverts. — Bovelles (*Rom.*).

12. **R. repens** L. *Sp.;* Coss. et Germ. *Fl.* 17 ; B *Extr. Fl.;*
P. *Fl.;* Dub. *Bot.;* Gren. et Godr. *Fl.—*(Vulg. *Bassinet*).

♃. Avril-septembre.

C C. — Prés humides, champs cultivés, coteaux secs.

Var. β. *elatior* (Coss. et Germ. *Fl.* 17).

13. **R. bulbosus** L. *Sp.;* Coss. et Germ. *Fl.* 18 ; P. *Fl.;* Dub.
Bot.; Gren. et Godr. *Fl.*

♃. Mai-août.

C C. — Prés humides, bords des chemins, coteaux secs.

S.-v. *parvulus* (Coss. et Germ. *Fl.* 18).

14. **R. Philonotis** Ehrh. *Bettr.;* Coss. et Germ. *Fl.* 18 ;

P. *Fl.;* Dub. *Bot.;* Gren. et Godr. *Fl.*—*R. hirsutus* Curt. *Lond.;* B. *Extr. Fl.*

①. Mai-août.

C C. — Marais, champs humides.

S.-v. *intermedius* (*R. Philonotis* var. *intermedius* P. *Fl.* 18 ; Dub. *Bot.* 12.—*R. intermedius* Poir. *Encycl. méth.* 6, 116).— Feuilles radicales presque glabres à trois lobes courts.— Dunes de Saint-Quentin-en-Tourmont (P. *Fl.*).

S.-v. *parvulus* (Coss. et Germ. *Fl.* 18.—*R. Philonotis* var. *parvulus* Dub. *Bot.*).— Moissons des terrains secs.

15. **R. arvensis** L. *Sp.;* Coss. et Germ. *Fl.* 19 ; B. *Extr. Fl.;* P. *Fl.;* Dub. *Bot.;* Gren. et Godr. *Fl.*

①. Juin-août.

C C. — Moissons.

16. **R. sceleratus** L. *Sp.;* Coss. et Germ. *Fl.* 19 ; B. *Extr. Fl.;* P. *Fl.;* Dub. *Bot.;* Gren. et Godr. *Fl.*

①. Mai-août.

A. C. — Marais, fossés, lieux fangeux. — Abbeville ; Drucat ; Laviers ; Saint-Quentin-en-Tourmont ; Le Hourdel près Cayeux ; Gamaches ; Picquigny ; Hamel près Thiepval ; Aveluy ; Mautort près Abbeville (*T. C.*) ; Le Mesge, Ailly-sur-Somme, Renancourt près Amiens (*Rom.*).

7. FICARIA Dill. *Nov. Gen.*

1. **F. ranunculoides** Mœnch *Meth.;* Coss. et Germ. *Fl.* 20 ; P *Fl.;* Dub. *Bot.;* Gren. et Godr. *Fl.*—*Ranunculus Ficaria* L. *Sp.;* B. *Extr. Fl.*

♃. Mars-mai.

C C. — Lieux humides ombragés, bords des eaux.

S.-v. *bulbifera* (Coss. et Germ. *Fl.* 20).

8. CALTHA L. *Gen.*

1. **C. palustris** L. *Sp.;* Coss. et Germ. *Fl.* 20 ; B. *Extr. Fl.;* P. *Fl.;* Dub. *Bot.;* Gren. et Godr. *Fl.*

♃. Avril-juin.

C C. — Prairies humides, lieux marécageux.

9. HELLEBORUS L. *Gen.*

1. **H. fœtidus** L. *Sp.;* Coss. et Germ. *Fl.* 21 ; B *Extr. Fl.;*
P. *Fl.;* Dub. *Bot.;* Gren. et Godr. *Fl.*

♃. Mars-mai.

R. — Bois arides et pierreux. — Bailleul (*Abbé Dufourny*) ;
Bovelles, Ailly-sur-Somme, bois du Quesnoy près Airaines (*Rom.*);
Dury (*Garnier*) ; Querriéux, Boves , Le Gard , Notre-Dame de
Grâce (P. *Fl.*).

2. **H. viridis** L. *Sp.;* Coss. et Germ. *Fl.* 21; B. *Extr. Fl.;*
P *Fl.;* Dub. *Bot.;* Gren. et Godr. *Fl.*

♃. Mars-mai.

R. — Haies , vergers. — Spontané? : Yonval près Cambron ;
Yonville près Citernes (*Rom.*) ; Hocquincourt (*Abbé Dufourny*) ;
Doudelainville (*A. Boyenval*) ; Monflières près Bellancourt (*T. C.;*
Baill. Herb. ; *B.* Extr. Fl.) ; Villers-sur-Mareuil (*B.* Herb.) ;
Oresmaux (P. Fl.).

10. AQUILEGIA L. *Gen.*

1. **A. vulgaris** L. *Sp.;* Coss. et Germ. *Fl.* 24 ; B. *Extr. Fl.;*
P. *Fl.;* Dub. *Bot.;* Gren. et Godr. *Fl.* — (Vulg. *Ancolie*).

♃. Juin-juillet.

A. R. — Bois montueux. — Caubert près Abbeville ; Limeux ;
Caumondel près Huchenneville ; Bailleul ; bois de Tillancourt à
Yvrencheux ; bois du Chaussoy à Drucat ; Neuilly-l'Hôpital ; forêt
de Crécy ; Franqueville ; Wailly ; Jumel ; La Faloise ; Ailly-sur-
Somme , Bovelles (*Rom.*) ; Argoules (*de Beaupré*) ; Esmery ,
Querrieux (*Garnier*) ; Mareuil, Bray-lès-Mareuil (*B.* Herb.) ; Dury,
Boves, Notre-Dame de Grâce (P. Fl.).

11. DELPHINIUM L. *Gen.*

1. **D. Consolida** L. *Sp.;* Coss. et Germ. *Fl.* 24 ; B. *Extr. Fl.;*
P. *Fl.;* Dub. *Bot.;* Gren. et Godr. *Fl.* — (Vulg. *Pied-d'alouette des
champs*).

①. Juillet-septembre.

A. C. — Moissons. — Huchenneville ; Bray-lès-Mareuil ; Cambron; Drucat; Yvrench.

12. ACONITUM L. *Gen.*

1. **A. Napellus** L. *Sp.;* Coss. et Germ. *Fl.* 25; B. *Extr. Fl.;* P. *Fl.;* Dub. *Bot.;* Gren. et Godr. *Fl.*— (Vulg. *Aconit*).

♃. Juillet-septembre.

R R. — Lieux ombragés, prairies humides. — Subspontané à Huppy dans les pâtures du parc; forêt de Crécy (*P.* Fl. et herb.; *Baill.* Herb.; *B.* Extr. Fl.).

13. ACTÆA L. *Gen.*

1. **A. spicata** L. *Sp.;* Coss. et Germ. *Fl.* 26; B. *Extr. Fl.;* P. *Fl.;* Dub. *Bot.;* Gren. et Godr. *Fl.*

♃. Mai-juin.

R R. — Bois montueux ombragés. – Wailly; bois de la Motte à Cambron (*T, C.; Baill.* Herb.); Ailly, bois Brulé près Amiens (*Garnier*); Querrieux (*P.* Herb.); Cagny, Jumel (*P.* Fl.).

II. BERBERIDEÆ Vent. *Tabl.*

1. BERBERIS L. *Gen.*

1 **B. vulgaris** L. *Sp.;* Coss. et Germ. *Fl.* 27; B. *Extr. Fl.;* Dub. *Bot.;* Gren. et Godr. *Fl.* — (Vulg. *Épine-Vinette*).

♄. *Fl.* mai-juin. *Fr.* septembre-octobre.

R. — Subspontané. — Haies, buissons — Fréquemment planté dans les parcs.

III. NYMPHÆACEÆ Salisb. in Konig. *Ann. bot.*

1. NYMPHÆA Sibth. et Sm. *Prodr. Fl. Græc.*

1 **N. alba** L. *Sp.;* Coss et Germ. *Fl.* 91; B. *Extr. Fl.;* P. *Fl.;* Dub. *Bot.;* Gren. et Godr. *Fl.*— (Vulg. *Nénuphar*).

♃. Juin-septembre.

A. C. — Eaux tranquilles, tourbières. — Abbeville; Mareuil; Bray-lès-Mareuil; Rue; Aveluy; Authuille; Thiepval; Suzanne; Cambron (*T. C.*); Ailly-sur-Somme, Rivery, Renancourt et Saint-Maurice près Amiens (*Rom.*).

2. NUPHAR Sibth. et Sm. *Prodr. Fl. Grœc.*

1. **N. luteum** Sibth. et Sm. *Prodr fl. Grœc.;* Coss. et Germ. *Fl.* 92; Dub. *Bot.;* Gren. et Godr. *Fl.*— *Nymphæa lutea* L. *Sp.;* B. *Extr. Fl.;* P. *Fl.*—(Vulg. *Nénuphar jaune*).

♃. Juin-septembre.

C.— Eaux profondes, tourbières, rivières.

IV. PAPAVERACEÆ Juss. *Gen.* ex parte

1. PAPAVER Tourn. *Inst.*

1 **P. somniferum** L. *Sp.;* Coss. et Germ. *Fl.* 93; B. *Extr. Fl.;* P. *Fl.;* Dub. *Bot.;* Gren. et Godr. *Fl.*

① Juin-août.
Var. *α. nigrum* (DC. *Prodr.* 1, 120; P. *Fl.* 26. – *P. somniferum* var. *setigerum* Coss. et Germ. *Fl.* 93.— Vulg. *Œillette*).— Cultivé en grand pour ses graines oléagineuses!
Var. *β. album* (DC. *Prodr.* 1, 120 — *P. somniferum* var. *officinale* Coss. et Germ. *Fl.* 93.— *P. officinale* Gmel. *Bad.-Als.* 2, 479).— Cultivé comme plante officinale dans quelques jardins.

2. **P. Rhœas** L. *Sp.;* Coss. et Germ. *Fl.* 94; B. *Extr. Fl.;* P. *Fl.;* Dub. *Bot.;* Gren. et Godr. *Fl.*— (Vulg. *Coquelicot*).

①. Juin-août.
CC.— Moissons, champs en friche.
Var. *β. strigosum* (Bœnningh. *Prodr.* 157; Koch *Syn.* 31).— Poils des pédoncules et des sépales apprimés.— *A.R.* – Mêlé avec le type.

3. **P. hybridum** L. *Sp.;* Coss. et Germ. *Fl.* 94; B *Extr. Fl.;* P. *Fl.;* Dub. *Bot.;* Gren. et Godr. *Fl.*

①. Juin-août.
R. — Moissons, champs en friche.— Caumondel près Huchenneville ; Mers ; Picquigny ; Jumel ; Port (*H. Sueur*) ; Bovelles, Saisseval, Frucourt (*Rom.*) ; faubourg du Bois à Abbeville (*Baill. Herb.*) ; Épagne (*B. Extr. Fl.*) ; Caubert près Abbeville, Caux, Laviers, Molliens-Vidame (*P. Fl.*).

4. P. Argemone L. *Sp.;* Coss. et Germ. *Fl.* 94; B. *Extr. Fl.;* P. *Fl.;* Dub. *Bot.;* Gren. et Godr. *Fl.*

①. Juin-août.

A.C. — Moissons des terrains calcaires, vieux murs, champs en friche. — Caumondel près Huchenneville ; Bray-lès-Mareuil ; Caubert près Abbeville ; Béhen ; Yvrench ; Noyelles-sur-Mer ; Saint-Valery ; Jumel ; Aveluy ; Bovelles, Yonville près Citernes (*Rom.*) ; Cambron (*T. C.*).

5. P. dubium L. *Sp.;* Coss. et Germ. *Fl.* 94; B. *Extr. Fl.;* P. *Fl.;* Dub. *Bot.;* Gren. et Godr. *Fl.*

①. Juin-août.

A. R. — Moissons des terrains calcaires, lieux sablonneux, vieux murs. — Bray-lès-Mareuil ; Caumondel près Huchenneville ; Les Alleux près Béhen ; Villers-sur-Mareuil ; bois du Cap-Hornu près Saint-Valery ; Aveluy ; Bovelles, Yonville près Citernes (*Rom.*) ; Épagne (*H. Sueur*) ; Abbeville (*Baill.* Herb.) ; faubourg Saint-Pierre à Amiens (*P.* Fl.).

2. CHELIDONIUM Tourn. *Inst.*

1. **C. majus** L. *Sp ;* Coss. et Germ. *Fl.* 95; B. *Extr. Fl.;* P. *Fl.;* Dub. *Bot.;* Gren. et Godr. *Fl.* — (Vulg. *Grande-Éclaire*).

♃. Avril-septembre.

C. — Lieux couverts, haies, décombres.

3. GLAUCIUM Tourn. *Inst.*

1 **G. flavum** Crantz *Austr.;* Coss. et Germ. *Fl.* 95 ; Dub. *Bot.* — *G. luteum* Scop. *Carn.;* Gren. et Godr. *Fl.* — *Chelidonium Glaucium* L. *Sp.;* B. *Extr. Fl.;* P. *Fl.* — (Vulg. *Pavot cornu*).

②. Juin-août.

A. R. — Falaises calcaires, galets maritimes. — Laviers ; Saint-Valery ; Cayeux ; Mers ; Ault ; Saint-Quentin-en-Tourmont.

V. FUMARIACEÆ DC. *Syst.*

1. CORYDALIS DC. *Syst.*

1. **C. solida** Sm. *Fl. Brit.;* Coss. et Germ. *Fl.* 97; Gren. et

Godr. *Fl.—C. bulbosa* D C. *Fl. Fr.;* Dub. *Bot.— Fumaria bulbosa*
var. γ. L. *Sp.;* B. *Extr. Fl.*

♃. Avril-mai.

R R.— Lieux couverts, haies.— Rateauville et Le Préaux près
Argoules; ancienne houblonnière de l'abbaye de Valoires (*de
Beaupré*); Arry (Not. in *Baill.* herb.).

2. FUMARIA L. *Gen.*

1. **F. capreolata** L. *Sp.;* B. *Extr. Fl.;* P. *Fl.;* Dub. *Bot.;*
Gren. et Godr. *Fl.—F. capreolata* var. *vulgaris* Coss. et Germ.
Fl. 98 et *Illustr.*

①. Mai-septembre.

R R.— Lieux couverts, haies.— Saint-Maurice près Amiens
(*Rom.*); Long (*P.* Fl.).— Assez commun dans les haies autour de
la ville d'Eu [Seine-Inférieure].

2. **F. officinalis** L. *Sp.;* Coss. et Germ. *Fl.* 98 et *Illustr.;* B.
Extr. Fl.; P. *Fl.;* Dub. *Bot.;* Gren. et Godr. *Fl.—*(Vulg. *Fumeterre*).

①. Mai-octobre.

C C.— Lieux cultivés, moissons, bords des chemins.

S.-v. *scandens* (Coss. et Germ. *Fl.* 98.— *F. media* Lois. *Not.;*
P. *Fl.;* Dub. *Bot.*).— *A. R.—* Haies, buissons.— Drucat; Bovelles
(*Rom.*).

3. **F. Vaillantii** Lois. *Not.;* Coss. et Germ. *Fl.* 99 et *Illustr.;*
Dub. *Bot.;* Gren. et Godr. *Fl.*

①. Juin-septembre.

A. R.— Moissons des terrains calcaires, champs en friche.—
Bray-lès-Mareuil; Huchenneville; Bailleul; Airondel près Bailleul;
Senarpont; Ancennes près Bouillancourt-en-Sery; Bernapré;
Francières; Pont♦Remy; Le Hourdel près Cayeux; La Faloise;
Ailly-sur-Somme, Bovelles (*Rom.*); Laviers (*Baill.* Herb.).

4. **F. parviflora** Lmk. *Encycl. meth.;* Coss. et Germ. *Fl.* 99
et *Illustr.;* B. *Extr. Fl.;* P. *Fl.;* Dub. *Bot.;* Gren. et Godr. *Fl.*

①. Juin-septembre.

A. C.— Moissons, lieux incultes, bords des chemins.— Caumondel et Inval près Huchenneville; Bray-lès-Mareuil; Airondel

près Bailleul; Drucat; Pont-Remy; La Faloise; Cambron, Amiens
(*T. C.*); Ferrières, Bovelles, Saisseval (*Rom.*); Épagne, Nampont
(*B.* Extr. Fl.).

S.-v. *scandens.* — Feuilles à pétioles tortiles. — *R.* — Bovelles
(*Rom.*).

Nous avons remarqué à Bray-lès-Mareuil et à La Faloise, où les
F. Vaillantii Lois. et *parviflora* Lmk. croissaient ensemble, des
formes intermédiaires qui pourraient bien être des hybrides
produits par ces deux espèces.

5. **F. densiflora** D C. *Cat. Monsp.;* Coss. et Germ. *Fl.* 99;
Dub. *Bot.;* Gren. et Godr. *Fl.—F. micrantha* Lagasca *Nov. gen. et
sp.;* Coss. et Germ. *Fl.* ed. 1 et *Illustr.*

④. Juin-septembre.

C. —Lieux cultivés, bords des moissons, coteaux secs.—
Bienfay près Moyenneville; Huchenneville; Béhen; Épagne;
Airondel près Bailleul; Drucat; Mers; La Faloise; Bovelles,
Guignemicourt, Rivery (*Rom.*); Laviers (*Baill.* Herb.).

S.-v. *scandens.* — Feuilles à pétioles tortiles.—*A. R.* — Lieux
herbeux, champs cultivés.—Ancienne gare du chemin de fer à
Abbeville; Drucat; Limercourt près Huchenneville; Bouillancourt-
en-Sery; Bovelles (*Rom.*).

VI. CRUCIFERÆ Juss. *Gen.*

1. CHEIRANTHUS R. Br. *Hort. Kew.*

1. **C. Cheiri** L. *Sp.;* Coss. et Germ. *Fl.* 104; B. *Extr. Fl.;*
P. *Fl.;* Dub. *Bot.;* Gren. et Godr. *Fl.*— (Vulg. *Giroflée de muraille*).

♃. Mars-juillet.

C. — Vieux murs. — Abbeville; Saint-Valery; Picquigny;
Amiens (*Rom.*).

2. BARBAREA R. Br. in *Hort. Kew.*

1. **B. vulgaris** R. Br. in *Hort. Kew;* Coss. et Germ. *Fl.* 104;
Dub. *Bot.;* Gren. et Godr. *Fl.—Erysimum Barbarea* L. *Sp.;* B.
Extr. Fl.; P. *Fl.*

♃. Mai-juillet.

A. C. — Lieux humides herbeux, bords des fossés et des cultures. — Marais Saint-Gilles, faubourg des Planches et ancienne gare du chemin de fer à Abbeville ; Drucat ; Nampont ; Aveluy ; Bovelles, Le Mesge, Renancourt près Amiens (*Rom.*).

Var. β. *arcuata* (Coss. et Germ. *Fl.* 105). — R. — Marais Saint-Gilles à Abbeville.

3. ARABIS L. *Gen.*

1. **A. sagittata** DC. *Fl. Fr.;* Coss. et Germ. *Fl.* 105 ; P. *Fl.;* Dub. *Bot.;* Gren. et Godr. *Fl.*

②. Mai-juillet.

A. C. — Clairières des bois, prairies. — Bois de Limeux ; bois de Tachemont près Huchenneville ; Menchecourt près Abbeville ; Boves ; Wailly ; Franqueville ; Cambron (*T. C.*) ; Bovelles, Ailly-sur-Somme, Petit-Saint-Jean et Renancourt près Amiens (*Rom.*).

On rencontre l'*A. arenosa* (Scop. *Carn.;* Coss. et Germ *Fl.* 106) près de nos limites à Guimerville [Seine-Inférieure] au bord d'un sentier conduisant à la forêt d'Eu (*Feuilloy ;* P. Fl.).

4. DENTARIA Tourn. *Inst.*

1. **D. bulbifera** L. *Sp.;* Coss. et Germ. *Fl.* 106 ; B. *Extr. Fl.;* Dub. *Bot.;* Gren. et Godr. *Fl.*

♃. Avril-mai.

R R. — Forêts, bois couverts. — Observé une seule fois dans la forêt de Crécy. — Se trouve dans la forêt d'Hesdin [Pas de-Calais] (*Baill.* Herb. ; *B.* Herb.).

5. CARDAMINE L. *Gen.*

1. **C. amara** L. *Sp.;* Coss. et Germ. *Fl.* 107 ; B. *Extr. Fl.;* P. *Fl.;* Dub. *Bot.;* Gren. et Godr. *Fl.*

♃. Avril-mai.

R R. — Lieux humides, bords des eaux. — Bords de la rivière du Doigt à Abbeville ; Drucat ; la Bouvaque et Sur-Somme près Abbeville (*Picard* Not. manuscr.) ; faubourg des Planches à Abbeville (*Baill.* Herb.).

2. **C. pratensis** L. *Sp.;* Coss. et Germ. *Fl.* 107; B. *Extr. Fl.;* P. *Fl.;* Dub. *Bot.;* Gren. et Godr *Fl.*

♃. Avril-mai.

C C. — Prés et bois humides.

Var. β. *latifolia* (P. *Fl.* 30). — Feuilles inférieures à segment terminal très-grand. — *A. R.* — Forêt de Crécy ; bois du Seigneur à Cambron (*T. C.*).

3. **C. hirsuta** L. *Sp.;* B. *Extr. Fl.;* P. *Fl.;* Dub. *Bot.;* Gren. et Godr. *Fl.* — *C. hirsuta* var. *vulgaris* Coss. et Germ. *Fl.* 108.

①. Avril-juin.

R. — Lieux humides, bords des eaux. — Bords de la Somme et du Canal à Abbeville.

4. **C. sylvatica** Link in Hoffm. *Phyt. Blætt.;* Dub. *Bot.;* Gren. et Godr. *Fl.;* Koch *Syn.* — *C. hirsuta* var. *sylvatica* Coss. et Germ. *Fl.* 108.

② ou ♃. Avril-juin.

R. — Bords des eaux, lieux ombragés. — Bords de la rivière du Scardon à la Bouvaque près Abbeville.

6. NASTURTIUM R. Br. in *Hort. Kew.*

1. **N. officinale** R. Br. in *Hort. Kew.;* Coss. et Germ. *Fl.* 109; Dub. *Bot.;* Gren. et Godr. *Fl.* — *Sisymbrium Nasturtium* L. *Sp.;* B. *Extr. Fl.;* P. *Fl.* — (Vulg *Cresson de fontaine*).

♃. Juin-septembre.

C C. — Fontaines, fossés, ruisseaux.

Var. β. *siifolium* (Coss. et Germ. *Fl.* 109 ; Gren. et Godr. *Fl.* — *N. siifolium* Rchb. *Ic.*). — *C.* — Ruisseaux profonds. — Drucat ; Bray-lès-Mareuil.

Var. γ. *parvifolium* (Peterm. *Fl. Lips.* 482 ; Gren. et Godr. *Fl.* 1, 98). — Plante naine, croissant hors de l'eau. Tige dressée. Feuilles petites à segments orbiculaires. — *R R.* — Mautort près Abbeville (*T. C.*).

2. **N. sylvestre** R. Br. in *Hort. Kew.;* Coss. et Germ. *Fl.* 109; Dub. *Bot.;* Gren. et Godr. *Fl.* — *Sisymbrium sylvestre* L. *Sp.;* B. *Extr. Fl.;* P. *Fl.*

♃. Juin-septembre.

A. R. — Lieux humides, bords des eaux. — Abbeville ; Mers ; Aveluy ; Rivery, Saint-Maurice près Amiens (*Rom.*) ; Sur-Somme près Abbeville (*Picard* Not. manuscr.) ; Laviers (*P.* Fl.).

3. **N. amphibium** R. Br. in *Hort. Kew.;* Coss. et Germ. *Fl.* 110; Dub. *Bot* — *Sisymbrium amphibium* L. *Sp.*—*Roripa amphibia* Bess. *Enum. pl. Volh.;* Gren. et Godr *Fl.* — *Camelina amphibia* Merat *Fl. Par.;* P. *Fl.*

♃. Juin-août.

A. C. — Bords des fossés, eaux stagnantes. — Marais Saint-Gilles et faubourg des Planches à Abbeville; Cayeux; Picquigny; Longpré, Saint-Maurice et Renancourt près Amiens (*Rom.*).

S.-v. *indivisum* (Coss. et Germ. *Fl.* 110.— *Camelina amphibia* var. *indivisa* P. *Fl.*).

S.-v. *heterophyllum* (Coss. et Germ. *Fl.* 110.— *Camelina amphibia* var. *variifolia* P. *Fl.*).

4. **N. palustre** DC. *Syst.;* Coss. et Germ. *Fl.* 110; Dub. *Bot.* —*Sisymbrium palustre* Leyss. *Fl. Hal.;* B. *Extr. Fl.;* P. *Fl.*—*Roripa nasturtioides* Spach *Veg. phan.;* Gren. et Godr. *Fl.·*

②. Juin- septembre.

A. R. — Lieux marécageux. — Faubourgs Saint-Gilles et des Planches et bords de la Somme à Abbeville; Picquigny; Sailly-Bray près Noyelles-sur-Mer ; Fort-Mahon près Quend ; Aveluy ; Saint-Maurice et Renancourt près Amiens (*Rom.*).

7. TURRITIS Dill. *Nov. Gen.*

1. **T. glabra** L. *Sp.;* Coss. et Germ. *Fl.* 111; B. *Extr. Fl.;* Dub. *Bot.*—*Arabis glabra* P. *Fl.*—*Arabis perfoliata* Lmk. *Encycl. meth.;* Gren. et Godr. *Fl.*

②. Mai-juillet.

R R. — Lieux secs et pierreux, bois sablonneux.— Saint-Acheul près Amiens (*B.* Extr. Fl.; *P.* Fl.) ; Cagny (*P.* Fl.).·

8. SISYMBRIUM L. *Gen.* ex parte.

1. **S. Alliaria** Scop. *Carn.;* Coss. et Germ. *Fl.* 111; Gren et Godr. *Fl.*—*Erysimum Alliaria* L. *Sp.;* B. *Extr. Fl.*—*Hesperis Alliaria* D C. *Fl. Fr.;* P. *Fl.*—*Alliaria officinalis* DC. *Syst.;* Dub. *Bot.*

②. Avril-juin.

A. C. — Lieux humides et couverts, haies ombragées. — Abbeville ; Drucat ; Mareuil ; Épagne ; Wailly ; Fieffes (*T. C.*); Bovelles, Ferrières (*Rom.*) ; Rivery, Camon, Petit-Saint-Jean près Amiens, Cambron (*P. Fl.*).

2. **S. Thalianum** J. Gay in *Ann. sc. nat.;* Coss. et Germ. *Fl.* 112.—*Arabis Thaliana* L. *Sp.;* B. *Extr. Fl.;* P. *Fl.;* Dub. *Bot.;* Gren. et Godr. *Fl.*

①. Mai - août.

A. R. — Terrains cultivés, lieux secs ou humides. — Drucat; Les Alleux près Béhen ; bois du Cap-Hornu près Saint-Valery ; Boismont, la Bouvaque près Abbeville, Ailly, Notre - Dame de Grâce (*P. Fl.*); Franleu (*B. Herb.*).

3. **S. officinale** Scop. *Carn ;* Coss. et Germ. *Fl* 112 ; P. *Fl.;* Dub. *Bot.;* Gren. et Godr. *Fl.—Erysimum officinale* L. *Sp.;* B. *Extr. Fl.*

①. Juin-septembre.

C C. — Lieux incultes, bords des chemins, décombres.

4. **S. Sophia** L. *Sp.;* Coss. et Germ. *Fl.* 112; B. *Extr. Fl.;* P. *Fl.;* Dub. *Bot.;* Gren. et Godr. *Fl.*

④. Mai-octobre.

A. R.—Décombres, bords des chemins, vieux murs.— Remparts d'Abbeville ; Rue (*T. C.*); Le Crotoy (*de Marsy*) ; Saint-Maurice près Amiens (*Rom.*); Flixecourt (*Picard* Not. manuscr.) ; Le Titre, Amiens (*P. Fl.*).

5. **S. Irio** L. *Sp.;* Coss. et Germ. *Fl.* 112; B. *Extr. Fl.;* Dub. *Bot.;* Gren et Godr. *Fl.*

① ou ②. Mai-juillet.

R R. — Lieux incultes, bords des chemins. — Saint-Maurice près Amiens (*Rom.*).

9. BRAYA Sternb. et Hopp. in *Regensb. Denkschrift.*

1. **B. supina** Koch *Syn.;* Coss. et Germ. *Fl.* 113.—*Sisymbrium supinum* L. *Sp.;* P. *Fl.;* Dub. *Bot.;* Gren. et Godr. *Fl.*

①. Juin - août.

R R. — Lieux humides, bords des rivières. — Longpré près Amiens (*T. C.; Picard, Baill.*, P. Herb.); Saint-Maurice près Amiens (*P.* Fl. et herb.).

10. ERYSIMUM L. *Gen.*

1. **E. cheiranthoïdes** L. *Sp.;* Coss. et Germ. *Fl.* 114; B. *Extr. Fl.;* Dub. *Bot.;* Gren. et Godr. *Fl.* — *E. parviflorum* Chevall. *Fl. Par.;* P. *Fl.*

④. Juin-octobre.

A. C. — Lieux cultivés, marais, décombres, murs. — Abbeville; Drucat; Épagne; Cambron; Mareuil; Huchenneville; Picquigny; Le Mesge; Saint-Maurice près Amiens (*Rom.*); Caubert près Abbeville (*Baill.* Herb.); Renancourt, Rivery, Fortmanoir (*P.* Fl.).

11. HESPERIS L. *Gen.*

1. **H. matronalis** L. *Sp.;* Coss. et Germ. *Fl.* 115; P. *Fl.;* Dub. *Bot.;* Gren. et Godr. *Fl.*

♃. Mai-juin.

R. — Lieux ombragés dans le voisinage des habitations. — Subspontané à Caumondel près Huchenneville; bois de La Faloise, Guignemicourt (*P.* Fl.).

Var. β. *sylvestris* (D C. *Prodr.* 1, 189; Dub. *Bot.* 43. — *H. inodora* L. *Sp.* 927). — Feuilles inférieures cordiformes, plus profondément dentées. Fleurs violettes, peu odorantes. Pétales obtus. — Faubourg Saint-Gilles à Abbeville.

12. DIPLOTAXIS D C. *Syst.*

1. **D. tenuifolia** D C. *Syst.;* Coss. et Germ. *Fl.* 116; Dub. *Bot.;* Gren. et Godr. *Fl.* — *Sisymbrium tenuifolium* L. *Sp.;* B. *Extr. Fl.;* P. *Fl.*

♃. Mai-octobre.

R R. — Lieux secs et incultes, bords des chemins, murs. — Saint-Maurice près Amiens (*P.* Fl. et herb.); Abbeville près de la porte Saint-Gilles (*B.* Extr. Fl. et herb.).

2. **D. muralis** D C. *Syst.;* Coss. et Germ. *Fl.* 116; Dub. *Bot.;* Gren. et Godr. *Fl.* — *Sisymbrium murale* L. *Sp.;* B. *Extr. Fl.;* P. *Fl.*

② ou ♃. Juin-août.

3

A. R. — Lieux arides, sables maritimes.— Cayeux ; Le Hourdel ; Saint-Quentin-en-Tourmont ; gare du chemin de fer à Abbeville ; talus de la citadelle à Amiens ; Ailly-sur-Somme, Petit-Saint-Jean près Amiens (*Rom.*).

13. BRASSICA L. *Gen.*

1. **B. oleracea** L. *Sp.;* Coss. et Germ. *Fl.* 118 ; B. *Extr. Fl.;* P. *Fl ;* Dub. *Bot.;* Gren. et Godr. *Fl.;* Brébiss. *Fl. Norm.*

②. Mai-juillet.

Var. α. *sylvestris* (D C, *Prodr.* 1, 213 ; P. *Fl.* 34 ; Dub. *Bot.* 50). — Tige de 4-8 décim., étalée, rameuse. Feuilles ord. très épaisses, planes, étalées; les inférieures longuement pétiolées.— *R R.*— Sur les éboulements et dans les fissures des falaises.— Mers.— Se trouve aussi au Tréport, à Ménival, Penly, Berneval, Tocqueville [Seine-Inférieure]; et au cap Blanc-Nez [Pas-de-Calais] (*Rigaux*). — La station de cette plante sur les falaises éloignées des habitations ne peut laisser aucun doute sur son état spontané. C'est probablement le type de nos Choux cultivés.

Var. β. *acephala* (D C. *Prodr.;* Coss. et Germ. *Fl.* 118 ; P. *Fl.;* Dub. *Bot.*— *Chou vert, Chou cavalier, Chou de Bruxelles*).

Var. γ. *bullata* (D C. *Prodr.* 1, 213 ; P. *Fl.* 35 ; Dub. *Bot.* 50. — *Chou frisé, Chou de Milan*).

Var. δ. *capitata* (D C. *Prodr.;* Coss. et Germ. *Fl.* 118 ; P. *Fl.;* Dub. *Bot.*— *Chou pommé, Chou cabus, Chou rouge*).

Var. ε. *caulorapa* (D C. *Prodr.;* Coss. et Germ. *Fl.* 118 ; P. *Fl ;* Dub. *Bot.*— *Chou-Rave*).

Var. ζ. *botrytis* (D C. *Prodr.;* Coss. et Germ. *Fl.* 118 ; P. *Fl.;* Dub. *Bot.*— *Chou-fleur, Brocoli*).

2. **B. campestris** L. *Sp.* 931 ; B. *Extr. Fl.* 50 ; Dub. *Bot.* 50.

②. Mai-juillet.

Var. α. *oleifera* (D C. *Syst ;* Dub. *Bot.*— B. *Napus* var. *oleifera* Coss. et Germ. *Fl.* 119 ; Gren. et Godr. *Fl.*—Vulg. *Colza*). — Racine grêle. — Cultivé en grand pour ses graines oléagineuses.

Var. β. *napobrassica* (D C. *Prodr.* 1, 214 ; Dub. *Bot.* 50.—

Vulg. *Rutabaga*).— Racine charnue napiforme.— Cultivé pour la
nourriture des bestiaux.

3. **B. Napus** L. *Sp.;* Coss. et Germ. *Fl.* 118; B. *Extr. Fl.;*
P. *Fl.;* Dub *Bot.;* Gren. et Godr. *Fl.*

① ou ②. Mai-juillet.

Var. α. *oleifera* (DC. *Prodr.* 1, 214; Dub. *Bot.* 51.— Vulg.
Navette d'hiver).— Racine grêle.— Quelquefois cultivé en grand

Var. β. *esculenta* (DC. *Prodr.;* Coss. et Germ. *Fl.* 119; P. *Fl.;*
Dub. *Bot.;* Gren. et Godr. *Fl.* — Vulg. *Navet*).- Racine renflée
charnue.— Cultivé dans les potagers et en plein champ.

4. **B. Rapa** L. *Sp.;* Coss. et Germ. *Fl.* 119; B. *Extr. Fl.;* P.
Fl.; Dub. *Bot.* — B. *asperifolia* Lmk. *Encycl. méth.* ex parte.

① ou ②. Mai-juillet.

Rarement cultivé.

Var. α. *oleifera* (DC. *Prodr.;* Coss. et Germ. *Fl.* 119; P. *Fl.;*
Dub. *Bot.* — Vulg. *Navette d'été*).— Racine grêle.

Var. β. *esculenta* (Coss. et Germ. *Fl.* 119. — B. *Rapa* var.
depressa et var. *oblonga* DC. *Prodr.;* Dub. *Bot.* — Vulg. *Rave,
Rabioule, Turneps des Anglais*).— Racine charnue, globuleuse,
déprimée ou oblongue.

5. **B. nigra** Koch *Deutschl. Fl.;* Coss. et Germ. *Fl.* 119; Gren.
et Godr. *Fl.* — *Sinapis nigra* L. *Sp.;* B. *Extr. Fl* ; P. *Fl* ; Dub. *Bot.*
— (Vulg. *Moutarde noire*).

①. Juin-septembre.

A. C. — Bords des rivières, terrains incultes, décombres, lieux
cultivés.— Abbeville ; Saint-Valery ; Le Hourdel près Cayeux;
Amiens (*Picard* Not. manuscr.).

Var. β. *torulosa* (DC. *Prodr.* 1, 218; Dub. *Bot.* 52).— Siliques
toruleuses.— Cambron (*T. C.*).

14. SINAPIS L. *Gen.* ex parte.

1. **S. arvensis** L. *Sp.;* Coss. et Germ. *Fl.* 120; B. *Extr. Fl.;*
P. *Fl.;* Dub. *Bot.;* Gren. et Godr. *Fl.* — (Vulg. *Moutarde sauvage,
Sanve*).

①. Mai-septembre.

C C.—Champs, moissons.

Var. β. *Orientalis* (Coss. et Germ. *Fl.* 120.— *S. arvensis* var. *hispida* P. *Fl.*).

2. **S. alba** L. *Sp.;* Coss. et Germ. *Fl.* 120; B. *Extr. Fl.;* P. *Fl.;* Dub. *Bot.;* Gren. et Godr. *Fl.*—(Vulg. *Moutarde blanche*).

④. Mai-août.

A. C.— Moissons des terrains calcaires ou argileux.— Menche-court et Caubert près Abbeville; Mareuil; Bray-lès-Mareuil; Huchenneville; Épagne; Gamaches; Bouvaincourt; Mers; Oust-Marest; Cayeux; Picquigny; Aveluy; Wailly; Ferrières, Ailly-sur-Somme (*Rom.*).

15. RAPHANUS L. *Gen.*

1. **R. Raphanistrum** L. *Sp.;* Coss. et Germ. *Fl* 121; B. *Extr. Fl.;* P. *Fl.;* Dub. *Bot.;* Gren. et Godr. *Fl.*

④ Juin-août.

C.—Moissons, terrains cultivés.

2. **R. sativus** L. *Sp.;* Coss. et Germ. *Fl.* 121; B. *Extr. Fl.;* P. *Fl.;* Dub. *Bot.;* Gren. et Godr. *Fl.*

④ ou ②. Juin-août.

Cultivé dans les potagers.

Var. α. *radicula* (D C. *Syst.*— *R. sativus* var. *vulgaris* Coss. et Germ. *Fl.* 121).

S.-v. *rotunda* (D C. *Prodr.* 1, 228.— Vulg. *Radis*).

S.-v. *oblonga* (DC., loc. cit.— Vulg. *Petite Rave*).

Var. β. *niger* (Coss. et Germ. *Fl.* 121.—Vulg. *Radis noir*).

16. ALYSSUM L. *Gen.*

1. **A. calycinum** L. *Sp.;* Coss. et Germ. *Fl.* 122; B. *Extr. Fl.;* P. *Fl.;* Dub. *Bot.;* Gren. et Godr. *Fl.*

④. Mai-juillet.

A. C.— Lieux arides et pierreux. — Caumondel près Huchenne-ville; Limeux; Bailleul; Caux; Eaucourt; Pont-Remy; Boves; La Faloise; Bovelles, Saisseval, Saveuse (*Rom.*); Villers-sur-

Mareuil (*B. Extr. Fl.*); Notre-Dame de Grâce, Ailly, Caguy, Allonville (*P. Fl.*).

Nous avons rencontré, dans un champ de Trèfle aux Alleux près Béhen, l'*Alyssum incanum* (L. *Sp.* 908 ; Gren. et Godr. *Fl.* 1, 114. — *Berteroa incana* D C. *Syst.* 2, 291 ; Dub. *Bot.* 33.— *Farsetia incana* R. Br. in *Hort. Kew.* ed. 2, 4, 97 ; Koch *Syn.* 65) qui se reconnaît aux caractères suivants : tiges de 2-5 décim., grêles, rameuses ; feuilles inférieures obovales oblongues, 'es supérieures linéaires lancéolées ; pétales bifides ; silicules dressées, elliptiques, couvertes d'un duvet fin étoilé blanchâtre, à loges polyspermes.— Cette espèce introduite accidentellement ne peut être considérée comme appartenant à notre Flore.—Il en est de même du *Peltaria alliacea* (L. *Sp.* 910 ; P. *Fl.* 40 ; Gren. et Godr. *Fl.* 1, 121) qui a été trouvé sur un mur à Rivery près Amiens (*P. Fl.*; *Baill. Herb.*). Le *P. alliacea* est une plante glabre, glauque, exhalant l'odeur d'ail, lorsqu'elle est froissée. Il se reconnaît à ses feuilles inférieures pétiolées, obovales anguleuses, les supérieures amplexicaules auriculées, aiguës ; à ses grappes nombreuses, disposées en panicule corymbiforme ; à ses fleurs blanches à pétales entiers, à étamines dépourvues d'appendices ; à ses silicules orbiculaires, comprimées planes, veinées, glabres, indéhiscentes, uniloculaires.

17. DRABA L. Gen.

1. **D. verna** L. *Sp.;* Coss. et Germ. *Fl.* 123 ; B. *Extr. Fl.*; P. *Fl.*; Gren. et Godr. *Fl.*— *Erophila vulgaris* D C. *Syst.*; Dub. *Bot.*

①. Mars-avril.

C C.— Lieux incultes, vieux murs, toits de chaume, prairies artificielles, moissons.

Plante variable.— Nous avons remarqué les formes suivantes qui ont été décrites par quelques auteurs comme autant d'espèces : silicules elliptiques, beaucoup plus courtes que les pédicelles (*Erophila vulgaris* D C. *Syst.* 2, 356) : tiges ord. plus élevées, hispides inférieurement ; feuilles souvent plus profondément dentées ; silicules oblongues elliptiques atténuées à la base (*Erophila Krocheri* Rchb. *Ic.* 2, f. 4234.— *E. majuscula* Jord.

Pugill. 11. — *E. Americana* D C., loc. cit.?) : grappes moins fournies ; silicules plus brièvement pédicellées, elliptiques arrondies au sommet et quelquefois presqu'orbiculaires (*Erophila prœcox* Stev. *Mem. soc. Mosc.* 3, 269 ; Rchb. *Ic.* 2, f. 4233.— *E. brahycarpa* Jord. *Pugill.* 9.).

18. COCHLEARIA L. *Gen.*

1. **C. Danica** L. *Sp.* 903 ; P. *Fl.*,47 ; Dub. *Bot.* 37 ; Gren. et Godr. *Fl.* 1, 123 ; Brébiss. *Fl. Norm.* 25 ; Lloyd *Fl. Ouest* 43 ; Koch *Syn.* 71 ; E. V. in *Bull. Soc. bot. Fr.* 4. 1033 ; Puel et Maille *Fl. loc. exsicc.* n. 168.

Plante annuelle. Tige de 5-20 centim., rarement simple dressée, ord. rameuse à rameaux couchés étalés. Feuilles toutes pétiolées, anguleuses : les inférieures cordiformes ; les supérieures deltoïdes. Silicules elliptiques à valves caduques ①. Mai-juillet.

A. R. — Bords de la mer, sables maritimes humides. — Dunes de Saint-Quentin-en-Tourmont ; Fort-Mahon près Quend.

2. **C. Armoracia** L. *Sp.* ; Coss. et Germ. *Fl.* 123 ; B. *Extr. Fl.* ; P. *Fl.* ; Dub. *Bot.* — *Roripa rusticana* Gren. et Godr. *Fl.* — (Vulg. *Raifort sauvage*).

♃. Juin-juillet.

Cultivé assez rarement dans les potagers. — Quelquefois sub-spontané dans le voisinage des habitations. — Bords de la Somme à Abbeville.

19. CAMELINA Crantz *Austr.*

1. **C. sativa** Crantz *Austr.* ; Coss. et Germ. *Fl.* 124 ; P. *Fl.* ; Dub. *Bot.* — *Myagrum sativum* L. *Sp.* ; B. *Extr. Fl.*

①. Juin-août.

Var. α. *sylvestris* (Coss. et Germ. *Fl.* 124. — *C. sativa* var. *pilosa* DC. *Syst.* ; Dub. *Bot.* — *C. sativa* var. *pubescens* Coss et Germ. *Fl.* ed. 1. — *C. sylvestris* Wallr. *Sched.*). — *A. R.* — Lieux herbeux, prairies artificielles, bords des chemins. — Abbeville ; Huchenneville ; Hautvillers.

Var. β. *glabrata* (DC. *Syst.* ; Coss. et Germ. *Fl.* 125 ; Dub. *Bot.* — *C. sativa* var. *glabrescens* Coss. et Germ. *Fl.* ed. 1. — *C. sativa*

Fries *Mant.;* Gren. et Godr. *Fl.* — Vulg. *Cameline.* — En picard, *Camamille*). — Cultivé en grand pour ses graines oléagineuses. — Quelquefois subspontané.

2. **C. dentata** Pers. *Syn.;* Coss. et Germ. *Fl.* 125; P. *Fl.;* Dub. *Bot.* — *C. fœtida* Fries *Mant.;* Gren. et Godr. *Fl.*

④. Juin-juillet.

R R. — Champs de Lin. — Huchenneville; Béhen; Bovelles (*Rom.*).

20. TEESDALIA R. Br. in Ait. *Hort. Kew.*

1. **T. nudicaulis** R. Br. in Ait *Hort. Kew.;* Coss. et Germ. *Fl.* 125; Gren. et Godr. *Fl.* — *T. Iberis* D C. *Syst.;* Dub *Bot.* — *Iberis nudicaulis* L. *Sp.* — *Guepinia nudicaulis* Bast. *Suppl.* — *G. Iberis* D C. *Fl. Fr.* suppl.

④. Mai-juin.

R R. — Terrains sablonneux. — Abondant dans l'ancienne garenne de Villers-sur-Authie.

21. THLASPI Dill. *Giss.*

1. **T. arvense** L. *Sp.;* Coss. et Germ. *Fl.* 126 ; B. *Extr. Fl.;* P. *Fl.;* Dub. *Bot.;* Gren. et Godr. *Fl.*

④. Mai-juillet.

A. R. — Lieux cultivés, moissons. — Drucat; Béhen ; Huchenneville; Épagne; Cambron (*T. C.*); Bovelles (*Rom.*).

2. **T. perfoliatum** L. *Sp.;* Coss. et Germ. *Fl.* 126; P *Fl.;* Dub. *Bot.;* Gren. et Godr. *Fl.*

④. Avril-juin.

R R. — Lieux secs et pierreux, terrains calcaires. — Boves près de l'ancien château (*P. Fl.; Picard* Not. manuscr.).

22. IBERIS L. *Gen.*

1. **I. amara** L. *Sp.;* Coss. et Germ. *Fl.* 127; B. *Extr. Fl.;* P. *Fl.;* Dub. *Bot.;* Gren. et Godr. *Fl.*

④. Juin-septembre.

A. C. — Moissons, champs pierreux calcaires. — Boves; Wailly; Jumel; Chaussoy-Épagny; La Faloise; Bovelles, Ailly-sur-

Somme, Saisseval, Ferrières (*Rom.*); Cagny, Notre-Dame de Grâce, Allonville, Querrieux (*P. Fl.*).

23. CAPSELLA Vent. *Tabl. regn. veg.*

1. **C. Bursa-pastoris** Mœnch *Méth.*; Coss. et Germ. *Fl.* 128; Dub. *Bot.*— *Thlaspi Bursa-pastoris* L. *Sp.*; B. *Extr. Fl.*; P. *Fl.*; Gren. et Godr. *Fl.*—(Vulg. *Bourse à pasteur*).

④. Mars-octobre.

C C.— Champs cultivés, lieux incultes, décombres, bords des chemins, toits de chaume.

S.-v. *integrifolia* (Coss. et Germ. *Fl.* 129.— *C. Bursa-pastoris* var. *integrifolia* Koch *Syn.*).

S.-v. *coronopifolia* (*C. Bursa-pastoris* var. *coronopifolia* Koch *Syn.* 79).—Feuilles pinnatifides; lobes courts, étroits, à bord supérieur denté.

S.-v. *bifida* (*Capsella Bursa-pastoris* var. *bifida* Fr. Crépin *Not. pl rar. Belg.*; *Bull. Soc. bot. Fr.* 6, 753).—Silicules profondément échancrées.—Bovelles (*Rom.*).

24. LEPIDIUM L. *Gen.*

1. **L. sativum** L. *Sp.*; Coss. et Germ. *Fl.* 129; B. *Extr. Fl.*; P. *Fl.*; Dub. *Bot.*; Gren. et Godr. *Fl.*—(Vulg. *Cresson alénois*).

①. Juin-juillet.

Cultivé dans les potagers.— Quelquefois subspontané.

2. **L. campestre** R. Br. in *Hort. Kew.*; Coss. et Germ *Fl.* 129; P. *Fl.*; Dub. *Bot.*; Gren. et Godr *Fl.*—*Thlaspi campestre* L. *Sp.*; B. *Extr. Fl.*

②. Mai-juillet.

A. C.— Terrains incultes, clairières des bois, bords des chemins. —Fortifications et bords de la Somme à Abbeville; Limeux; Huppy; Huchenneville; Bovelles, Ailly-sur-Somme (*Rom.*); Villers-sur-Mareuil (*Baill.* Herb.); Dury, Bôves, Querrieux (*P. Fl.*).

3. **L. graminifolium** L. *Sp.*; Coss. et Germ. *Fl.* 130; Gren et Godr. *Fl.*—*L. Iberis* L. *Sp.*; P. *Fl.*; Dub. *Bot.*

♃. Juin-août.

R R.— Lieux incultes, bords des chemins.—Glacis de la citadelle d'Amiens (P. Fl.).

4. **L. latifolium** L. *Sp.;* Coss. et Germ. *Fl* 130; B. *Extr. Fl.;* P. *Fl.;* Dub. *Bot.;* Gren. et Godr *Fl.*

♃. Juillet-septembre.

R R.— Bords des rivières, endroits herbeux. — Bords de la Somme près de la porte d'Hocquet à Abbeville.

•5. **L. Draba** L. *Sp.* ed. 1; Coss. et Germ. *Fl.* 130; Dub. *Bot.;* Gren. et Godr. *Fl.*

♃. Mai-juillet.

R R.— Bords des routes, champs arides, terrains calcaires.— Saint-Valery; Sur-Somme près Abbeville; Ferrières (*Rom.*).

25. SENEBIERA Poir. *Encycl. méth.*

1. **S. Coronopus** Poir. *Encycl. méth.;* Coss. et Germ. *Fl.* 132; P. *Fl.;* Dub. *Bot.;* Gren. et Godr. *Fl.— Cochlearia Coronopus* L. *Sp.;* B. *Extr. Fl.*

①. Mai-septembre.

A. C.—Lieux incultes, bords des chemins, décombres, galets maritimes.—Béhen; Drucat; Cambron; Mers; Bovelles, Le Mesge (*Rom.*).

Une forme maritime de cette plante est remarquable par ses proportions plus grandes, par ses tiges de 3-5 décim. très rameuses couchées étalées, un peu velues, et par ses grappes plus fournies.

26. ISATIS L. *Gen.*

1. **I. tinctoria** L. *Sp.;* Coss. et Germ. *Fl.* 132; B. *Extr. Fl.;* P *Fl.;* Dub. *Bot.;* Gren. et Godr. *Fl.—* (Vulg. *Pastel*).

②. Mai-juillet.

R — Lieux incultes, bords des chemins, prairies artificielles. — Drucat; Amiens; Bovelles, Saisseval, Saint-Maurice près Amiens (*Rom.*); Montdidier (*Abbé Dufourny*); champs près Abbeville (*B. Herb.*).

27. NESLIA Desv. *Journ. bot.*

1. **N. paniculata** Desv. *Journ. bot.;* Coss. et Germ. *Fl.* 133;
P. *Fl.;* Dub. *Bot.;* Gren. et Godr. *Fl.*

①. Juin-août.

R R. — Moissons des terrains maigres. — Dury (*P.* Fl. et herb.).

28. CAKILE Tourn. *Inst.* 49, t. 483.

Calice à sépales extérieurs gibbeux à la base. Étamines sans
appendices. Silicule a deux articles superposés, indéhiscents,
monospermes : l'inférieur obové tronqué, à graine pendante ; le
supérieur ovoïde tétragone ensiforme, à graine dressée. Cotylédons
plans. Radicule commissurale ou oblique, plus rarement dorsale.

1. **C. maritima** Scop. *Cam.* 2, 35; P. *Fl.* 41; Dub. *Bot.* 42;
Gren. et Godr. *Fl.* 1, 154; Brébiss. *Fl. Norm.* 17; Lloyd *Fl. Ouest*
41; Rchb. *Ic.* 2, f. 415; Billot *Exsicc.* n. 2814. — *Bunias Cakile* L. *Sp.*
936; B. *Extr. Fl.* 48.

Plante glabre, glauque. Racine grêle, pivotante. Tige de 1-5
décim., rameuse dès la base à rameaux flexueux, diffus, ascendants. Feuilles charnues, ord. pinnatilobées à lobes distants,
obtus, entiers ou crénelés. Fleurs rougeâtres, rarement blanches.
Article inférieur de la silicule souvent nul par avortement, le
supérieur très caduc. ①. Juin-septembre.

A. C. — Sables maritimes. — Cayeux ; Le Crotoy ; Saint-Quentin-
en-Tourmont ; Fort-Mahon près Quend.

29. CRAMBE L. *Gen.* n. 825.

Calice à sépales égaux à la base. Pétales égaux, entiers. Filets
des étamines les plus longues munis d'une dent au sommet.
Silicule coriace à deux articles superposés, indéhiscents : l'inférieur stérile, court, en forme de pédicelle ; le supérieur globuleux,
monosperme. Graine pendante au sommet d'un funicule filiforme,
dressé ascendant. Cotylédons condupliqués. Radicule incluse.

1. **C. maritima** L. *Sp.* 937; B *Extr. Fl.* 48; P. *Fl.* 40; Dub.
Bot. 54; Gren. et Godr. *Fl.* 1, 157; Brébiss. *Fl. Norm.* 29; Lloyd
Fl. Ouest 40; E. V. in *Bull. Soc. bot. Fr.* 4, 1033; Rchb. *Ic.* 2, f. 4164.
— (Vulg. *Chou marin*).

Plante vivace, robuste, glabre, glauque. Souche épaisse, émettant des rejets. Tiges de 3-6 décim. nombreuses, disposées en touffe. Feuilles pétiolées, charnues, ondulées, ovales oblongues arrondies, quelquefois profondément sinuées. Fleurs nombreuses en panicule corymbiforme. Pédicelles étalés ascendants, plus longs que les fruits. ♃. Mai-juillet.

R R.— Galets maritimes.— Mers ; Ault ; Cayeux ; Le Hourdel.— Se trouve aussi au Tréport et à Criel [Seine-Inférieure].—Cultivé dans quelques potagers comme plante comestible.

VII. CISTINEÆ Dun in DC. *Prodr.*

1. HÉLIANTHEMUM Tourn. *Inst*

1. **H. vulgare** Gærtn. *Fruct.;* Coss. et Germ. *Fl.* 135; P. *Fl.;* Dub. *Bot.;* Gren. et Godr. *Fl.—Cistus Helianthemum* L. *Sp.;* B. *Extr. Fl.*

♄. Juin-août.

C C.— Coteaux, lieux arides, bords des bois.

VIII. VIOLARIEÆ DC. *Fl. Fr.*

1. VIOLA Tourn. *Inst.*

1. **V. sylvestris** Koch *Syn.;* Coss. et Germ *Fl.* 139.— *V. sylvatica* Fries *Fl. Hall.;* Gren. et Godr. *Fl.*

♃. Avril-juin, refleurit quelquefois en automne.

C C.— Bois, haies, lieux humides ombragés.

S.-v. *Riviniana* (Coss. et Germ. *Fl.* 139.—*V. sylvatica* var. *grandiflora* Gren. et Godr. *Fl.—V. Riviniana* Rchb. *Ic.*).

Certaines formes du *V. sylvestris* Koch nous paraissent avoir été prises pour le *V. canina* L., qui n'a pas été rencontré à notre connaissance dans nos limites. Nous avons examiné des échantillons récoltés à Saint-Quentin-en-Tourmont sous le nom de *V. canina* (*Baill.* Herb.; B. Herb.): ils ne diffèrent pas d'une forme naine du *V. sylvestris* que nous trouvons dans les prés tourbeux du faubourg Saint-Gilles à Abbeville.

2. **V. hirta** L. *Sp.;* Coss. et Germ. *Fl.* 139; B. *Extr. Fl.;* P. *Fl.;*
Dub. *Bot.;* Gren. et Godr. *Fl.*

♃. Avril-juin.

A. C.— Coteaux boisés, clairières des bois.— Mareuil ; Huchen-
neville ; Drucat ; Laviers ; Saint-Riquier ; Cambron ; Bovelles
(*Rom.*); Fortmanoir (*Picard* Not. manuscr.); Notre-Dame de
Grâce, Ailly, Boves (*P.* Fl.).

3. **V. odorata** L. *Sp.;* Coss. et Germ. *Fl.* 140; B. *Extr. Fl.;*
P. *Fl.;* Dub. *Bot.;* Gren. et Godr. *Fl.*— (Vulg. *Violette*).

♃. Mars-mai.

C C.— Haies, bois, lieux herbeux.

4. **V. tricolor** L. *Sp.;* Coss. et Germ. *Fl.*, 140; P. *Fl.;* Dub.
Bot.; Gren. et Godr. *Fl.*—(Vulg. *Pensée*).

①. Mai-octobre.

Prairies artificielles, moissons.

Var. α. *tricolor* (Coss. et Germ. *Fl.* 141).— *A. R.*

Var. β. *agrestis* (Gren. et Godr. *Fl.* 1, 183.—*V. agrestis* Jord.
Obs. 2, 15).— Tiges à entrenœuds plus courts que les feuilles.
Rameaux partant à angle droit de la partie inférieure des tiges.
Pétales égaux au calice ou plus courts que lui.— *C C.*

Var. γ. *segetalis* (Gren. et Godr. *Fl.* 1, 183.—*V. segetalis* Jord.
Obs. 2, 12).— Tige grêle élancée à entrenœuds plus longs que les
feuilles. Rameaux formant avec la tige des angles aigus. Pétales
égaux au calice ou plus courts que lui.— *A. C.*

5. **V. sabulosa** Boreau *Not. pl. Fr.* in *Bull. soc. ind. Angers*
ann. 24, n. 6, 335; E. V. in *Bull. Soc. bot. Fr.* 4, 1033; Puel et Maille
Fl. loc. exsicc. n. 213; Billot *Exsicc.* n. 2422.— *V. tricolor* B. *Extr.
Fl.* 64.—*V. tricolor* var. *sabulosa* D C. *Prodr.* 1, 304; P. *Fl.* 51.

Plante bisannuelle ou vivace. Souche rameuse, terminée en
racine grêle ord. pivotante. Tiges de 5-25 centim., ord. nombreuses, diffuses étalées, anguleuses, glabres. Feuilles pétiolées,
glabres ou munies à la base de quelques poils courts, largement
crénelées, ovales obtuses; les supérieures plus allongées. Stipules
foliacées, pinnatipartites, ciliées, à lobes latéraux linéaires étroits,
déjetés en dehors, à lobe terminal de la même forme que les
feuilles, mais plus petit. Fleurs longuement pédonculées. Sépales

lancéolés aigus, glabres, étroitement scarieux aux bords, à appendices irrégulièrement tronqués. Pétales obovales d'un violet pâle plus ou moins nuancé de jaune, ord. une fois plus longs que le calice, les supérieurs se recouvrant à la base, divergeant au sommet, les latéraux barbus à l'onglet, l'inférieur élargi au sommet et comme tronqué, marqué à la base d'une tache orangée et de stries foncées. Éperon droit, obtus, cylindrique un peu comprimé, dépassant les appendices des sépales. Pédoncules fructifères dressés étalés, plus longs que les feuilles. Bractéoles blanches, scarieuses, ovales aiguës, placées au-dessous de la courbure des pédoncules. Capsule glabre, ovoïde, obtuse, dépassant un peu les sépales. Graines nombreuses, lisses, ovoïdes, d'un jaune brunâtre. ② ou ♃. Mai-septembre.

C. — Sables maritimes. — Dunes de Saint-Quentin-en-Tourmont, de Quend et de Fort-Mahon. — Commun aussi dans les dunes du département du Pas-de-Calais. — Indiqué à Dunkerque et sur les plages de la Belgique et de la Hollande (*Boreau* Not. pl. Fr. in Bull. soc. ind. Angers).

Le *V. sabulosa* nous paraît être une espèce du Nord, qui ne croît que dans les sables maritimes et ne s'étend pas au-delà de l'embouchure de la Somme. Nous pensons que le *V. tricolor* var. *sabulosa* (D C. *Prodr.;* P. *Fl.*) est la même plante que le *V. sabulosa* Bor. D'après les descriptions, ils ne différeraient entre eux que par la longueur des pétales relativement au calice. Le *V. sabulosa* Bor. a été trouvé très-rarement avec les pétales dépassant peu le calice. C'est probablement cette dernière forme qui a été décrite dans le *Prodrome.*

IX. RESEDACEÆ DC. *Théor. élém.*

1. RESEDA L. *Gen.*

1. **R. lutea** L. *Sp.;* Coss. et Germ. *Fl.* 88; B. *Extr. Fl.;* P. *Fl.;* Dub. *Bot.;* Gren. et Godr. *Fl.*

②. Juin-août.

C C. — Lieux incultes arides, terrains calcaires, bords des chemins.

? **R. Luteola** L. *Sp.;* Coss. et Germ. *Fl.* 89; B. *Extr. Fl.;* P. *Fl.;* Dub. *Bot.;* Gren. et Godr. *Fl.*—(Vulg. *Gaude*).

②. Juin-août.

A. R.— Lieux incultes, bords des chemins.— Abbeville; Drucat; Saint-Valery; Cambron; Eaucourt; Épagne; Ailly-sur-Noye; La Faloise; Port (*H. Sueur*); Ferrières, Bovelles (*Rom*).

X. DROSERACEÆ DC. *Théor. élém.*

1. DROSERA L. *Gen*

1. **D. rotundifolia** L. *Sp.;* Coss. et Germ. *Fl.* 83 et *Illustr.;* B. *Extr. Fl.;* P. *Fl.;* Dub. *Bot.;* Gren. et Godr. *Fl.*

♃. Juillet-septembre.

R R.— Prairies spongieuses, marais tourbeux à *Sphagnum.*— Villers-sur-Authie; Cambron (*T. C.*); Gouy (*Baill.* Herb.); Glisy, Long (*P. Fl.*).

Le *D. longifolia* (L. *Sp.;* Coss. et Germ. *Fl.* 84 et *Illustr.;* Gren. et Godr. *Fl.*— *D. Anglica* Huds. *Fl. Angl.;* Dub. *Bot.*) a été signalé d'une manière vague dans les environs de Péronne (*B.* Extr. Fl.; *P.* Fl.).

2. PARNASSIA Tourn. *Inst.*

1. **P. palustris** L. *Sp.;* Coss. et Germ. *Fl.* 85; B. *Extr. Fl.;* P. *Fl.;* Dub. *Bot.;* Gren. et Godr. *Fl.*

♃. Juillet-octobre.

A. C.— Prairies humides, marais tourbeux, bois, coteaux calcaires. Drucat; bois de Saint-Riquier; Chaussoy près Tœufles; Saint-Quentin-en-Tourmont; bois de Bouillancourt-en-Séry; faubourg Rouvroy à Abbeville (*T. C.*); Breilly (*Rom.*); marais Saint-Gilles à Abbeville (*B.* Herb.); Caux, Long, Glisy, Fortmanoir, Pont-de-Metz, Laviers, Péronne (*P.* Fl.).

XI. POLYGALEÆ Juss. in *Ann. Mus.*

1. POLYGALA L. *Gen.*

1 **P. calcarea** F. Schultz in *Bot. Zeit.;* Coss. et Germ. *Fl.*

71; Gren. et Godr. *Fl.*— *P. amarella* Coss. et Germ. *Fl.* ed 1 et *Illustr.* non Crantz.— *P. amara* B. *Extr. Fl.;* P. *Fl.*

♃. Mai-juillet.

A. R. — Pelouses montueuses, coteaux calcaires, bords des bois. — Bois Grillé près Huchenneville; bois de Tronquoy près Huppy; bois de Caubert près Abbeville; Ercourt; Bernapré; bois de La Motte à Cambron, bois de Size près Ault (*T. C.*); Bovelles (*Rom.*); coteaux de Laviers (*Baill.* Herb.).

2. **P. vulgaris** L. *Sp.;* Coss. et Germ. *Fl.* 72 ex parte; B. *Extr. Fl.;* P. *Fl.;* Dub. *Bot.;* Gren. et Godr. *Fl.*

♃. Mai-juillet.

C C.— Clairières des bois, pelouses, prés secs ou humides.

Var. β. *parviflora* (Coss. et Germ. *Fl.* 72). - *R.* — Pelouses sèches. — Bailleul; Mers; Bienfay près Moyenneville; Saint - Quentin-en-Tourmont (*T. C.*).

XII. SILENEÆ DC. *Prodr.*

1. GYPSOPHILA L. *Gen.*

1. **G. muralis** L. *Sp.;* Coss. et Germ. *Fl.* 30; B. *Extr. Fl.;* P. *Fl.;* Dub. *Bot.;* Gren. et Godr. *Fl.*

④. Juillet-septembre.

R R — Champs cultivés, terrains arides et sablonneux.— Bois de Montrelet près Doullens (*T. C.*); Bovelles (*Rom.*); Mouflières près Abbeville *B.* Extr. Fl.); Abbeville, Baisnat près Huppy (*B.* Herb.); faubourg Saint-Pierre à Amiens, environs de Nesle et de Roye (*P.* Fl).

2. DIANTHUS L. *Gen.*

1. **D. prolifer** L. *Sp.;* Coss. et Germ. *Fl.* 31; B. *Extr. Fl.;* P. *Fl.;* Dub. *Bot.;* Gren. et Godr. *Fl.*

④ ou ②. Juillet-septembre.

A. C.— Lieux arides, coteaux calcaires, vieux murs.— Fortifi- cations d'Abbeville; Drucat; Eaucourt; Limeux; Ault; Mers; Épagne (*de Beaupré*); Laviers (*H. Sueur*); Notre-Dame de Grâce et Renancourt près Amiens (*Rom.*); Amiens (*Picard* Not. manuscr.); Bussy (*P. Fl.*).

2. **D. Armeria** L. *Sp.;* Coss. et Germ. *Fl.* 31; B. *Extr. Fl.;* P. *Fl.;* Dub. *Bot.;* Gren. et Godr. *Fl.*

②. Juin-août.

A. R. — Clairières des bois, pâturages secs. — Bois du Brusle près Huchenneville; bois du Mont-Blanc près Limeux; Drucat; Lanchères; bois de Rampval près Mers; forêt de Lucheux; Caubert près Abbeville (*T. C.*); Argoules (*de Beaupré*); Bovelles, Guignemicourt, Saisseval, Ailly-sur Somme (*Rom.*); Notre-Dame de Grâce, Boves, Saint-Fuscien, Talmas (*P. Fl*); Laviers, Saint-Riquier (*B. Herb.*).

3. **D. Caryophyllus** L. *Sp.;* Coss. et Germ. *Fl.* 32; B. *Extr. Fl.;* P. *Fl.;* Dub. *Bot.;* Gren. et Godr. *Fl.*—(Vulg. *OEillet des jardins*).

♃. Juillet-août.

R R. — Vieux murs. — Tour Harold et murs de la Haute-Ville à Saint Valery; Le Crotoy (*B.* Extr. Fl.; *P.* Fl.).

5. SAPONARIA L. *Gen.*

1. **S. Vaccaria** L. *Sp.;* Coss. et Germ. *Fl.* 33; B. *Extr. Fl.;* P. *Fl.;* Dub. *Bot.*— *Gypsophila Vaccaria* Sibth. et Sm. *Fl. Græc. Prodr.;* Gren. et Godr. *Fl.*

④. Juin-juillet.

R R. — Moissons. — Trinquis près Béhen; Épagne (*de Beaupré*); Caux (*B.* Herb.); Notre-Dame de Grâce, Dury, Fortmanoir, Boves (*P. Fl.*).

2. **S. officinalis** L. *Sp.;* Coss. et Germ. *Fl.* 33; B. *Extr. Fl.;* P. *Fl.;* Dub. *Bot.;* Gren. et Godr. *Fl.*—(Vulg. *Saponaire*).

♃. Juillet-septembre.

R R. — Bords des champs, berges des rivières. — Remparts d'Abbeville vers la porte d'Hocquet, d'où il a disparu par suite de travaux faits aux fortifications; bords de l'Authie près Argoules (*de Beaupré*); Bouillancourt près Montdidier (*Besse*); Port (*B. Herb.*); Camon, Querrieux (*P. Fl.*); Épagne (*B.* Extr. Fl.).

4. SILENE L. *Gen.*

1. **S. inflata** Sm. *Fl. Brit.;* Coss. et Germ. *Fl.* 34 ; *P. Fl.* excl. var.; Dub. *Bot.;* Gren. et Godr. *Fl.—Cucubalus Behen* L. *Sp.;* B. *Extr. Fl.*

♃. Juin-septembre.

C.— Moissons, prés, bords des chemins.

S.-v. *pubescens* (S. *inflata* var. *pubescens* D C. *Fl. Fr.* 4, 747).— Partie inférieure des tiges et feuilles couvertes de poils courts.— *R.—* Bords des moissons et des chemins dans la région maritime. —Mers ; Le Hourdel près Cayeux.

2. **S. maritima** With. *Bot. Arrang.* 414 ; Smith. *Engl. Fl.* ?, 293 ; Gren. et Godr. *Fl.* 1, 203 ; Brébiss. *Fl. Norm.* 39 ; Lloyd *Fl. Ouest* 69 ; Rchb. *Ic.* 6, t. 299 ; Billot *Exsicc.* n. 1433.— *Cucubalus maritimus* B. *Extr. Fl.* 33.— *C. Behen* var. β. L. *Sp.* 591.— *Silene uniflora* var. α. D C. *Fl. Fr.* 4, 747.

Plante glauque. Souche ligneuse, émettant des rejets stériles nombreux, très feuillés, étalés en cercle, toujours verts, persistants pendant l'hiver. Tiges florifères de 1-2 décim., couchées redressées. Fleurs solitaires ou peu nombreuses. Feuilles oblongues étroites aiguës , denticulées sur les bords, un peu charnues. Bractées foliacées. Fleurs blanches. Pétales bipartits, largement obovales, se recouvrant par les bords, munis d'écailles au-dessus de l'onglet. ♃. Juin-septembre.

A. C.— Galets maritimes.— Mers ; Ault ; Cayeux ; Le Hourdel.

3. **S. conica** L. *Sp.;* Coss. et Germ. *Fl.* 35 ; P. *Fl.;* Dub. *Bot.;* Gren. et Godr. *Fl.*

①. Mai-juillet.

A. C.— Sables maritimes, terrains sablonneux.—Saint-Quentin-en-Tourmont ; Fort-Mahon près Quend ; Cayeux ; Rue (*P. Fl.*) ; Saint-Valery (*B. Herb.*).

S.-v. *subuniflora* (Coss. et Germ. *Fl.* 35. — *S. conica* var. *uniflora* P. *Fl.*).

Le S. *conoide* ? (L. *Sp.* 598 ; B. *Extr. Fl.* 33 ; P. *Fl.* 58 ; Dub. *Bot.* 75 ; Gren. et Godr. *Fl.* 1, 205) a été trouvé dans des terrains sablonneux près de Saint-Valery (*Baill.* Herb.; *B.* Herb. et Extr. Fl.;

4

P. Fl.). Il diffère du *S. conica* par les caractères suivants : plante plus élevée, couverte de poils glanduleux ; feuilles plus larges, oblongues lancéolées ; pétales entiers ou crénelés ; calice plus allongé, d'abord longuement conique, puis renflé inférieurement ; capsule globuleuse à la base, longuement atténuée au sommet.— Nous regardons comme accidentelle dans nos limites la présence de cette espèce, qui croît dans les moissons du midi de la France.

4 **S. Gallica** L. *Sp.*; Coss. et Germ. *Fl.* 35; P. *Fl.*; Dub. *Bot.*; Gren. et Godr. *Fl.*

①. Juillet-septembre.

A. C.— Moissons, terrains cultivés.— Huchenneville ; Drucat ; Yvrench ; Estrées-lès-Crécy ; Cambron (*T. C.*) ; Bovelles, Ailly-sur-Somme (*Rom.*) ; Épagne, Saint-Valery (*P. Fl.*).

Var. β. *divaricata* (Gren. et Godr. *Fl.* 1, 206; Brébiss. *Fl. Norm.* 39.— *S. Anglica* D C. *Fl. Fr.* 4, 757; B. *Extr. Fl.* 33.— *S. Lusitanica* et *S. Anglica* P. *Fl.* 57).— Calice plus ou moins velu. Capsules étalées, les inférieures souvent réfléchies.— *R.*— Les Alleux près Béhen ; Vauchelles-lès-Quesnoy (*Picard* Not. manuscr.); Abbeville (*Baill.* Herb.); Laviers, Caux, Pendé (*B.* in *DC.* Fl. Fr.).

5. MELANDRIUM Rœhl. *Deutschl. Fl.*

1. **M. dioicum** Coss. et Germ. *Fl.* 37.— *Lychnis dioica* D C. *Fl. Fr.*; P. *Fl.*; Dub. *Bot.*— *L. dioica alba* B. *Extr. Fl.*— *L. vespertina* Sibth. *Fl. Oxon.*— *Silene pratensis* Gren. et Godr. *Fl.*— (Vulg. *Compagnon blanc*).

♃. Juin-septembre.

C C.— Lieux incultes, champs, bords des chemins.

2. **M. sylvestre** Rœhl. *Deutschl. Fl.*; Coss. et Germ. *Fl.* 37.— *Lychnis dioica rubra* B. *Extr. Fl.*— *L. sylvestris Engl. bot.*; DC. *Fl. Fr.*; P. *Fl.*; Dub. *Bot.*— *Silene diurna* Gren. et Godr. *Fl.*— (Vulg. *Compagnon rouge*).

♃. Juin-août.

A. R.— Bois humides, lieux ombragés.- Bois Watté à Drucat ; bois du Val près Laviers ; bois de Size près Ault ; Blingues près Mers ; bois de La Motte-Croix-au-Bailly ; Oust-Marest ; forêt de Dompierre ; Aveluy ; Cambron (*T. C.*); La Faloise (*P. Fl.*).

6. LYCHNIS Tourn. *Inst.*

1. **L. Flos-Cuculi** L. *Sp.;* Coss. et Germ. *Fl.* 37; B. *Extr. Fl.;* P. *F.;* Dub. *Bot.;* Gren. et Godr. *Fl.*

♃. Mai-juillet.

C C. — Prairies humides.

2. **L. Githago** Lmk. *Encycl. méth.;* Coss. et Germ. *Fl.* 38; P. *Fl.:* Dub. *Bot.* — *Agrostemma Githago* L. *Sp.;* B. *Extr. Fl.;* Gren. et Godr. *Fl.* — (Vulg. *Nielle, Nielle des blés*).

①. Juin-août.

C C. — Moissons.

XIII. ALSINEÆ DC. *Fl. Fr.*

1. SPERGULARIA Pers. *Syn.*

1. **S. segetalis** Fenzl in Ledeb. *Fl. Ross.;* Coss. et Germ. *Fl.* 40; Gren. et Godr. *Fl.* — *Alsine segetalis* L. *Sp.* — *Arenaria segetalis* DC. *Fl. Fr.;* P. *Fl.;* Dub. *Bot.*

①. Juin-juillet.

R R. — Champs, moissons. - Montrelet près Doullens (*T. C.*); Dury (*P.* Fl.).

2. **S. rubra** Pers. *Syn.;* Coss. et Germ. *Fl.* 40; Gren. et Godr. *Fl.* — *Arenaria rubra* B. *Extr. Fl.;* P. *Fl.* ex parte. — *A. rubra* var. *campestris* L. *Sp.;* Dub. *Bot.* — *Lepigonum rubrum* Wahlberg *Fl. Gothob.;* Koch *Syn.*

①. Juin-août.

R. — Bords des chemins, terrains sablonneux. — Huchenneville; Villers-sur-Authie; Boves; Bovelles (*Rom.*); Cagny (*P.* Fl.); Valines (*B.* Extr. Fl.).

3. **S. marina** Boreau *Fl. centr.* 2, 106. — *S. media* var. *heterosperma* Fenzl in Ledeb. *Fl. Ross.* 2, 166; Gren. et Godr. *Fl.* 1, 276; Brébiss. *Fl. Norm.* 45. — *S. salina* var. *heterosperma* Billot *Exsicc.* n. 3344. — *Arenaria marina* Roth *Tent.* 2, 482; B. *Extr. Fl.* 54; Lloyd *Fl. Ouest* 80; *Fl Dan.* t. 740. — *A. rubra* var. *marina* L. *Sp.* 606; P. *Fl.* 64; Dub. *Bot.* 83. — *Lepigonum medium* Wahlberg *Fl. Gothob.* 45; Koch *Syn.* 121.

Tiges de 5-15 centim., épaisses, couchées, rameuses, à nœuds
ord. rapprochés. Feuilles linéaires subulées, presque cylindriques,
submutiques, charnues. Fleurs nombreuses, à pétales roses-
violacés, égalant le calice. Sépales à peine pubescents, à bords
scarieux. Capsule dépassant un peu les sépales. Graines presque
lisses, ovoïdes comprimées, entourées, excepté vers le hile, d'un
rebord épais, ord. quelques-unes au fond de la capsule entourées
d'une aile membraneuse. ① ou ②. Juin-août.

A.C. — Prés salés, sables maritimes humides. — Abbeville;
Laviers; Mers; Cayeux; Le Hourdel; Fort-Mahon près Quend;
Saint-Valery.

4. **S. marginata** Boreau *Fl. centr.* 2, 106. — *S. media* Brébiss.
Fl. Norm. 45 excl. var. β. — *S. media* var. *marginata* Fenzl in
Ledeb. *Fl. Ross.* 2, 166; Gren. et Godr. *Fl.* 1, 276. — *Arenaria media*
L. *Sp.* 606; B. *Extr. Fl.* 34; Dub. *Bot.* 64; Lloyd *Fl. Ouest* 80. — *A.
marginata* DC. *Fl. Fr.* 4, 793; P. *Fl.* 84. — *Lepigonum marginatum*
Koch *Syn.* 121.

Souche épaisse. Tiges de 5-20 centim., couchées redressées,
couvertes dans leur partie supérieure d'une pubescence visqueuse.
Feuilles semi-cylindriques, charnues, ord. aussi longues que les
entrenœuds. Fleurs grandes, à pétales blancs-rosés, un peu plus
longs que les sépales. Capsule grosse, dépassant le calice d'un
tiers de sa longueur. Graines ovoïdes comprimées, presque lisses,
toutes entourées d'une aile large membraneuse. ② ou ♃. Juin-
août.

C. — Prés salés, sables maritimes — Menchecourt près Abbeville; Laviers; Noyelles-sur-Mer; Le Hourdel près Cayeux;
Fort-Mahon près Quend.

2. SPERGULA L. *Gen.* ex parte.

1. **S. arvensis** L. *Sp.;* Coss. et Germ. *Fl.* 40; B. *Extr. Fl.;*
P. *Fl.;* Dub. *Bot ;* Gren. et Godr. *Fl.*

①. Juin-août.

C C. — Moissons, champs cultivés.

2. **S. pentandra** L. *Sp.;* Coss. et Germ. *Fl.* 41; P. *Fl.;* Dub.
Bot.; Gren. et Godr. *Fl.*

④. Juin-juillet.

R R.— Champs, bois sablonneux.— Querrieux (*P. Fl.*) .— Cette espèce, qui a peut-être été confondue avec le *S. Morisonii* (Boreau in Duchartre *Rev. bot.*; Coss. et Germ. *Fl.* 41), n'a pas été retrouvée à notre connaissance dans nos limites.

3. SAGINA L. *Gen.* ex parte.

1. **S. procumbens** L. *Sp.*; Coss. et Germ. *Fl.* 42; B. *Extr. Fl.*; P. *Fl.*; Dub. *Bot.*; Gren. et Godr. *Fl.*

♃. Mai-octobre.

C C.— Terrains humides pierreux ou sablonneux, décombres.

2. **S. apetala** L. *Mant.*; Coss. et Germ. *Fl.* 42; Dub. *Bot.*; Gren. et Godr. *Fl.*

④. Mai-octobre.

C.— Champs humides, lieux sablonneux, bords des chemins.— Drucat; Huchenneville; Villers-sur-Mareuil; Béhen; Fontaine-le-Sec; Fort-Mahon près Quend; Mautort près Abbeville (*T. C.*); Bovelles (*Rom.*).

3. **S. maritima** Don. *Engl. Bot.* t. 2195; Gren. et Godr. *Fl.* 1, 246; Brébiss. *Fl. Norm.* 41; Lloyd *Fl. Ouest* 75; Boreau *Fl. centr.* 2, 101; Jord. *Obs.* 3, 48; Rchb. *Ic.* 5, t. 201, f. 4960; Puel et Maille *Fl. loc.* exsicc. n. 17; Billot *Exsicc.* n. 2424.

Tiges de 2-10 centim., non radicantes, grêles, filiformes, étalées ascendantes ou dressées, rameuses, glabres, souvent d'un brun rougeâtre, ord. nombreuses, naissant des aisselles d'une rosette centrale, rarement solitaires. Feuilles linéaires, mucronées, glabres, plus courtes que les entrenœuds, planes ou un peu canaliculées en dessus, convexes en dessous, dépourvues de fascicules de feuilles à leur aisselle. Pédoncules capillaires, longs, dressés, lisses, glabres. Calice à quatre sépales un peu écartés de la capsule, mais non étalés en croix après la floraison. Sépales ovales ou lancéolés, plus ou moins obtus, scarieux aux bords. Pétales ord. avortés. Capsule dépassant un peu le calice. ④. Mai-juillet.

A. R.— Lieux humides dans la région maritime.— Mers; Ault; Saint-Quentin-en Tourmont; Fort-Mahon près Quend; Le Hourdel près Cayeux, Noyelles-sur-Mer (*T. C.*).

Le *S. stricta* (Fries *Nov. Suec.* ed. ?, 58; Koch *Syn.* 118; Gren. et Godr. *Fl.* 1, 246; Brébiss. *Fl. Norm.* 41; T. C. in *Bull. Soc. Linn. nord Fr.* 1, 139) ne nous paraît pas différer du *S. maritima* Don. La description qu'en donne Koch est applicable à celui-ci. Ainsi que le fait observer M. Lloyd dans la *Flore de l'Ouest*, quand le *S. maritima* croît dans un lieu découvert, ses tiges sont étalées ascendantes et partent des aisselles d'une rosette centrale de feuilles; mais s'il se trouve au milieu de grandes herbes ou si les individus sont serrés les uns contre les autres, la rosette centrale manque et la tige est solitaire, dressée, simple ou peu rameuse.

4. **S. nodosa** E. Meyer *Elench. pl. Boruss.;* Coss. et Germ. *Fl.* 42; Gren. et Godr. *Fl.—Spergula nodosa* L. *Sp.;* B. *Extr. Fl.;* P. *Fl.;* Dub. *Bot.*

♃. Juin-août.

A. R. — Marais tourbeux.—Caubert près Abbeville; Bray-lès-Mareuil; Cambron (*T. C.*); Longpré, Saint-Maurice, Camon, Picquigny (P. Fl.).

Var. β. *maritima.* (*Spergula nodosa* var. *maritima* D C. *Prodr.* 1, 394; P. *Fl.* 61).—Tiges de 5-10 centim., ord. nombreuses. Feuilles un peu épaisses, rapprochées presque imbriquées.— *C.*— Sables maritimes humides.—Ault; Hautebut près Woignarue; Cayeux; Saint-Quentin-en-Tourmont; Fort-Mahon près Quend.

Le *S. subulata* (Wimm. *Fl. Schles.;* Coss. et Germ. *Fl.* 43; Gren. et Godr. *Fl. — Spergula subulata* Swartz *Act. Holm.;* P. *Fl;* Dub. *Bot.—S. saginoides* B. *Extr. Fl.*) a été indiqué dans les environs de Doullens (*B Extr. Fl.;* P. Fl.), où il n'a pas été retrouvé à notre connaissance.

4. ALSINE Whlbg. *Fl. Lapp.*

1. **A. tenuifolia** Whlbg. *Helv.;* Coss. et Germ. *Fl.* 43; Gren. et Godr. *Fl.—Arenaria tenuifolia* L. *Sp.;* B. *Extr. Fl.;* P. *Fl.;* Dub *Bot.*

①. Juin-septembre.

C C.— Lieux secs, champs arides, vieux murs.

5. HONKENEJA Ehrh Beitr. 2, 181.

Calice à 5 sépales Pétales 5, entiers Étamines 10, à filets extérieurs munis à la base de 2 glandes ovales, Styles 3. Capsule à 3 valves Graines peu nombreuses, grosses, pyriformes, convexes sur le dos, munies au côté opposé d'une fossette oblongue.

1. **H. peploides** Ehrh. loc. cit.; Gren. et Godr. *Fl.* 1, 255; Brébiss. *Fl. No m.* 2, 46; Rchb. *Ic.* 5, t. 213, f. 3670; Puel et Maille *Fl. loc.* exsicc. n. 126; Billot *Exsicc.* n. 1623.—*Arenaria peploides* L. *Sp.* 736; B. *Extr. Fl.* 33; P. *Fl.* 63; Lloyd *Fl. Ouest* 79.—*Adenarium peploides* Rafin. *Journ phys.* 1818, 259; Dub. *Bot.* 86.— *Halianthus peploides* Fries *Fl. Hall.* 75; Koch *Syn* 121.

Souche longuement traçante. Tiges rameuses, couchées étalées diffuses. Feuilles connées, ovales, aiguës, serrées, glabres, charnues, uninerviées. Fleurs blanches, solitaires, axillaires et terminales. Sépales ovales, obtus, uninerviés Pétales obovales, un peu plus longs que le calice. Capsule grosse, subglobuleuse, finement rugueuse, dépassant le calice d'un tiers de sa longueur. Graines d'un brun noirâtre, luisantes, ponctuées. ♃. Juin-août. — Fleurit peu, fructifie assez rarement.

A. R. — Sables et galets maritimes.— Mers; Ault; Le Crotoy; Saint-Valery (*T. C.*); Saint-Quentin-en-Tourmont (*Baill.* Herb).

6. HOLOSTEUM L. *Gen.*

1. **H. umbellatum** L. *Sp.;* Coss. et Germ. *Fl.* 44; B. *Extr. Fl.;* P. *Fl.;* Dub. *Bot ;* Gren. et Godr. *Fl.*

①. Avril-mai.

A. C.— Champs incultes, vieux murs, toits de chaume.— Abbeville; Drucat; Yonval près Cambron; Cambron, Richecourt près Hangest-sur-Somme (*T. C.*); Bovelles, Ailly-sur-Somme (*Rom.*).

7. MOEHRINGIA L. *Gen.*

1. **M. trinervia** Clairv. *Man. herb.;* Coss. et Germ. *Fl.* 44; Gren. et Godr. *Fl.*—*Arenaria trinervia* L. *Sp ;* P. *Fl.;* Dub. *Bot.*

① Mai juillet.

A. C.— Lieux couverts, bois, haies.— Drucat ; Marcuil ; Huchen-
neville ; Franqueville ; forêt de Crécy ; Bovelles (*Rom.*); Cambron
(*T. C.*) ; Cagny, Querrieux, Boves, Notre-Dame de Grâce, Caubert,
Caux, Airondel (*P. Fl.*).

8. ARENARIA L. *Gen.*

1. **A. serpyllifolia** L. *Sp.*; Coss. et Germ. *Fl.* 45 ; B. *Extr.*
Fl.; P. *Fl.;* Dub. *Bot.;* Gren. et Godr. *Fl.*

①. Juin-août.

C C.— Champs arides, bords des chemins, vieux murs.

Var. β. *leptoclados* (Rchb. *Ic.* 5, t. 216, f. 4941, β.— *A. lepto-
clados* Guss. *Syn. Fl. Sic.* 2, 824 ; Lloyd *Fl. Ouest* 77 ; Boreau
Fl. centr. 2, 109).— Plante plus grêle que le type. Inflorescence
en panicule lâche allongée. Capsule petite, ovoïde subcylindrique.
— *R.*— Rempart de Saint-Jean-des-Prés à Abbeville, Cambron
(*T. C.*).

Var. γ. *macrocarpa* (Lloyd *Fl. Loire - Infér.* 42.— *A. Lloydii*
Jord. *Pugill.* 37 ; Lloyd *Fl. Ouest* 77 ; Boreau *Fl. centr.* 2, 109).
— Plante plus robuste que le type. Tiges et rameaux plus courts.
Inflorescence en panicule courte, raide Sépales à nervures sail-
lantes. Capsule ovoïde renflée à la base, plus grosse, ainsi que
les graines.— *A. R.*— Pelouses et galets maritimes, vieux murs
près de la mer.— Mers ; Le Hourdel près Cayeux ; Ault ; Saint-
Quentin-en-Tourmont (*T. C.*).

9. STELLARIA L. *Gen.*

1. **S. media** Vill. *Fl. Dauph.;* Coss. et Germ. *Fl.* 46 ; P. *Fl.;*
Dub. *Bot ;* Gren. et Godr. *Fl.— Alsine media* L. *Sp.;* B. *Extr. Fl.—*
(Vulg. *Mouron des oiseaux*).

①. Fleurit presque toute l'année.

C C.— Cultures, bords des chemins et des fossés

2. **S. Holostea** L. *Sp.;* Coss. et Germ. *Fl* 46 ; B. *Extr. Fl.*
P. *Fl.;* Dub. *Bot.;* Gren. et Godr. *Fl.*

♃. Mai-juin.

C.C.— Lieux ombragés, haies, bois.

3, **S. glauca** With. *Bot. Arrang.*; Coss. et Germ. *Fl.* 46; P. *Fl.*; Dub. *Bot.*; Gren. et Godr. *Fl.*— *Stellaria graminea* β. L. *Sp.*

♃. Juin-juillet.

RR.— Prés marécageux, fossés.—Villers-sur-Authie; faubourg du Bois à Abbeville (*Baill.* Herb.); marais de Dompierre (*Dovergne in Baill.* herb.); Longpré, Renancourt, Camon (*P. Fl.*).

4. **S. graminea** L. *Sp.*; Coss. et Germ. *Fl.* 47; B. *Extr. Fl.*; P. *Fl.*; Dub. *Bot.*; Gren et Godr. *Fl.*

♃. Juin-août.

C.—Lieux couverts, prés humides, bois, haies.— Huppy; Huchenneville; Baisnat près Huppy; forêt de Crécy; Villers-sur-Authie; forêt de Lucheux; Bezencourt près Tronchoy; Menchecourt près Abbeville (*Picard* Not. manuscr.); Boves, Cagny, Allonville, Caux (*P. Fl.*).

5. **S. uliginosa** Murr. *Prodr. Gott ;* Coss. et Germ. *Fl.* 47; B. *Extr. Fl.*; P. *Fl.*; Gren. et Godr. *Fl.*—*Larbrea aquatica* St-Hil. in *Mem. Mus.*; Dub. *Bot.*

①. Juin-août.

R.—Lieux humides, fossés, bords des mares.— Forêt de Crécy; fossés près de la porte Marcadé à Abbeville; Cambron (*B.* Extr. Fl.).

10. CERASTIUM L. *Gen.*

1. **C. triviale** Link *Enum. hort. Berol.*; Coss. et Germ. *Fl.* 48 et *Illustr.*— *C. vulgatum* L. *Sp.* non herb. sec. Sm.; B. *Extr. Fl.*; Gren. et Godr. *Fl.*— *C. viscosum* DC. *Fl. Fr.*; P. *Fl.*; Dub. *Bot.*

① ou ②. Mai-septembre.

CC.— Terrains cultivés, endroits herbeux, prairies humides, bords des chemins.

2. **C. pumilum** Curt. *Fl. Lond.;* Coss. et Germ. *Fl.* 48 excl. var. β; Gren. et Godr. *Fl.*—*C. varians* var. *obscurum* Coss. et Germ. *Fl.* ed. 1, et *Illustr.*—*C. obscurum* Chaub. ap. S^t-Am. *Fl Agen.*

①. Mai-juin.

A. R.— Lieux secs, bords des chemins et des bois, vieux murs. —Abbeville sur les murs et dans les fortifications; Bovelles (*Rom.*); Buigny-Saint-Maclou, Mareuil (*Baill.* Herb.).

Var. β. *tetrandrum* (Gren. et Godr. *Fl* ; Brébiss. *Fl. Norm.* – *C. tetrandrum* Curt. *Fl. Lond.;* Lloyd *Fl. Ouest.*— *C. pumilum* var. *vulgare* s.-v. *abortivum* Coss. et Germ Not. in *Fl* 48).— *A. C.*—Sables maritimes.— Saint-Quentin-en-Tourmont ; Le Hourdel près Cayeux; Fort-Mahon près Quend.

3. C. semidecandrum L. *Sp.;* Coss. et Germ. *Fl.* 49 ; B. *Extr. Fl.;* P. *Fl.;* Dub. *Bot.;* Gren. et Godr. *Fl.* - *C. pellucidum* Chaub. ap. St-Am. *Fl. Agen.* — *C. varians* var. *pellucidum* Coss. et Germ. *Fl.* ed 1, et *Illustr.*

①. Avril-mai.

C.—Pelouses, lieux arides, terrains sablonneux, vieux murs. — Abbeville ; Saint-Quentin-en-Tourmont ; Villers-sur-Authie ; Cambron (*T. C.*) ; Saint-Valery (*Baill* Herb.) ; Le Crotoy (*B. Extr. Fl.*).

4. C. brachypetalum Desp. ap. DC. *Fl. Fr.;* Coss. et Germ. *Fl.* 49 et *Illustr.;* P. *Fl.;* Dub. *Bot.;* Gren. et Godr. *Fl.*

①. Mai-juillet.

R R.—Endroits arides, lieux sablonneux.— Coteaux près du bois de La Motte à Cambron (*T. C*) ; fortifications d'Abbeville (*B.* Herb.) ; Saint-Valery (*Baill.* Herb.) ; champs sablonneux vers Montdidier (*P. Fl.*).

5. C. glomeratum Thuill. *Fl. Par.;* Coss. et Germ. *Fl.* 49 et *Illustr.*— *C viscosum* L. *Sp.* non herb. sec. Sm.; B. *Extr. Fl.;* Gren. et Godr. *Fl* — *C. vulgatum* L. *Herb.* sec. Sm.— *C. vulgatum* var. *glomeratum* P. *Fl.;* Dub. *Bot.*

①. Mai-juillet.

C.—Champs, terrains cultivés, bords des chemins.

6. C. arvense L. *Sp.;* Coss. et Germ. *Fl.* 50 ; B. *Extr. Fl* ; P. *Fl.;* Dub. *Bot.;* Gren. et Godr. *Fl.*

♃. Mai-juin.

C C.—Bords des chemins , coteaux , moissons des terrains calcaires.

7. C. erectum Coss. et Germ. *Fl.* 50.— *Sagina erecta* L. *Sp.;* B. *Extr. Fl.;* P. *Fl.;* Dub *Bot.*— *Cerastium glaucum* var. *quaternellum* Gren. et Godr. *Fl.*

④. Avril-mai.

R R.— Coteaux secs, bords des chemins, lieux sablonneux.—
Caumendel près Huchenneville ; bords de l'ancienne route d'Ab-
beville à Crécy entre Le Plessiel et Buigny-Saint-Maclou (*Baill.*
Herb.; *Picard* Not. manuscr.).

11. MALACHIUM Fries *Fl. Hall.*

1. **M. aquaticum** Fries *Fl. Hall.*; Coss. et Germ. *Fl.* 51 ;
Gren. et Godr. *Fl.*— *Cerastium aquaticum* L. *Sp.;* B. *Extr. Fl.;* P.
Fl.; Dub. *Bot.*

♃. Juin-septembre.

A. R.— Lieux humides, bords des rivières et des fossés.—
Bords de la Somme à Abbeville ; Nampont ; Picquigny ; Le Mesge,
Saint-Maurice près Amiens (*Rom.*) ; Cambron (*T. C.*) ; Épagne
(*Baill.* Herb.) ; Renancourt, Rivery, Amiens, Mareuil, Gouy
(P. Fl.).

XIV. LINEÆ D C. *Théor* élém.

1. LINUM L *Gen.*

1 **L. catharticum** L *Sp.;* Coss. et Germ. *Fl.* 54 ; B *Extr.*
Fl.; P. *Fl.;* Dub. *Bot.;* Gren. et Godr. *Fl.*

④. Juin-août.

C C.— Prés humides, pelouses arides, clairières des bois,
coteaux calcaires.

S.-v. *pumilum.* — Plante naine. Tige de 3-5 centim. — Sables et
galets maritimes.

2. **L. tenuifolium** L. *Sp.;* Coss. et Germ. *Fl.* 54 ; B *Extr.*
Fl.; P. *Fl.;* Dub. *Bot.;* Gren. et Godr. *Fl.*

♃. Juin-août.

R.— Pelouses arides, coteaux calcaires boisés.— Wailly ; Jumel ;
La Faloise ; Oissy (*Rom*) ; Cagny, Boves (P. Fl.).

3. **L. usitatissimum** L. *Sp.;* Coss. et Germ. *Fl.* 54 ; B. *Extr.*
Fl.; P. *Fl.;* Dub. *Bot.;* Gren. et Godr. *Fl.*—(Vulg. *Lin*).

④. Juillet-août.

Cultivé en grand. — Quelquefois subspontané.

Le *Radiola linoides* (Gmel. *Syst.*; Coss. et Germ. *Fl.* 55) se trouve près de nos limites à Sorus [Pas-de-Calais].

XV. MALVACEÆ Juss. *Gen.*

1. MALVA L. *Gen.*

1. **M. rotundifolia** L. *Sp.*; Coss. et Germ. *Fl.* 66; B. *Extr. Fl.*; P. *Fl.*; Dub. *Bot.*; Gren et Godr. *Fl.*—(Vulg. *Petite Mauve*).

②. Juin-octobre.

C C.— Bords des chemins, lieux cultivés ou incultes.

2. **M. sylvestris** L. *Sp.*; Coss. et Germ. *Fl.* 66; B. *Extr. Fl.*; P. *Fl.*; Dub. *Bot.*; Gren. et Godr. *Fl.*—(Vulg. *Mauve*).

②. Juin-octobre.

C.—Bords des chemins, haies, décombres.—Yvrench ; Doudelainville; Cambron (*T. C.*); Bovelles, Ferrières, Le Mesge (*Rom.*).

3. **M. Alcea** L. *Sp.*; Coss. et Germ *Fl.* 66; B. *Extr. Fl.*; P. *Fl.*; Dub. *Bot.*; Gren. et Godr. *Fl.*

♃. Juillet-septembre.

R R.— Lisières et clairières des bois, haies, lieux arides.— Forêt de Lucheux (*B.* Extr. Fl.). — Trouvé à Eu [Seine-Inférieure] dans le bois du parc (*Abbé Duteyeul; Poulain* Herb.).

4. **M. moschata** L. *Sp.*; Coss. et Germ. *Fl.* 67; *B. Extr. Fl.*; P. *Fl.*; Dub. *Bot.*; Gren. et Godr. *Fl.*

♃. Juin-septembre.

A. C.—Lisières des bois, haies, lieux arides.—Bois de Roche à Yvrench ; bois de Tillancourt à Yvrencheux ; forêt de Crécy ; bois de Belloy, du Brusle et d'Inval à Huchenneville ; Ercourt ; Bouillancourt-en-Sery ; Oust-Marest ; forêt de Lucheux ; Wailly ; Aveluy ; Bovelles, Ailly-sur-Somme (*Rom.*); Cambron (*Picard* Not. manuscr.); Saint-Riquier (*B.* Herb); Bertangles, Dury, Notre-Dame de Grâce, Talmas, Villers-Bocage (*P.* Fl.).

Var. α. *laciniata* (Gren. et Godr. *Fl.* 1, 289 ; Dub. *Bot.* 91).— Toutes les feuilles divisées en lanières étroites.

Var. β. *intermedia* (Gren. et Godr. *Fl.* 1, 289).—Feuilles radicales réniformes crénelées ; les supérieures à 3 - 5 lobes cunéiformes trifides, incisés dentés.

2. ALTHÆA L. *Gen.*

1. **A. officinalis** L. *Sp.;* Coss. et Germ. *Fl.* 67 ; B. *Extr. Fl.;* P. *Fl.;* Dub. *Bot.;* Gren. et Godr *Fl.*— (Vulg. *Guimauve*).

♃. Juillet-septembre.

Terrains sablonneux, lieux humides.— Spontané et commun sur les bords des fossés et des chemins dans le Marquenterre : Saint-Quentin-en-Tourmont; Quend ; Villers-sur-Authie (*T. C.*) ; Le Crotoy, Noyelles-sur-Mer (*B.* Extr. Fl.).— Subspontané le long de la Somme à Épagnette près Abbeville; Montières, Dreuil, Hangest (*P.* Fl).

XVI. TILIACEÆ Juss. *Gen.*

1. TILIA L. *Gen.*

1. **T. platyphyllos** Scop. *Carn.;* Coss. et Germ. *Fl.* 69 ; P. *Fl.;* Dub. *Bot* ; Gren. et Godr. *Fl.*— *T. grandifolia* Ehrh. *Beitr.;* B. *Extr. Fl.*— (Vulg. *Tilleul commun*)

♄. Juin-juillet.

Fréquemment planté dans les parcs et sur les promenades.

2. **T. sylvestris** Desf. *Cat. hort. Par.;* Coss. et Germ. *Fl.* 69. — *T. microphylla* Willd. *Enum.;* P. *Fl.;* Dub. *Bot.*— *T. parvifolia* Ehrh *Beitr.;* B. *Extr. Fl.* — (Vulg. *Tilleul des bois, Tilleul à petites feuilles*).

♄. Juillet-août.

C. Bois, plantations.

XVII. HYPERICINEÆ DC. *Fl. Fr.*

1. ANDROSÆMUM Tourn. *Inst.*

1. **A. officinale** All. *Ped.;* Coss et Germ. *Fl.* 79 ; P. *Fl.;* Dub. *Bot.*— *Hypericum Androsæmum* L. *Sp ;* B. *Extr. Fl.;* Gren. et Godr. *Fl.*

♃. Juin-juillet.

R R.— Endroits humides et ombragés des forêts.— Subspontané : forêt de Crécy (*Baill.* Herb).— Trouvé dans la forêt d'Eu [Seine-Inférieure] (*B.* Extr. Fl. et herb.).

2. HYPERICUM L. *Gen.*

1. **H. humifusum** L. *Sp.;* Coss. et Germ. *Fl.* 80; B. *Extr. Fl.;* P. *Fl.;* Dub. *Bot.;* Gren. et Godr. *Fl.*

♃. Juillet-septembre.

C.— Bois humides, lieux frais incultes, champs après la récolte. — Drucat ; bois de Saint - Riquier ; Huchenneville ; Bailleul ; Marœuil ; Bouvaincourt ; Wailly ; Citernes , Ailly - sur - Somme (*Rom*) ; forêt de Crécy (*T. C.*) ; Caux, Allonville, Querrieux (*P.* Fl.).

2. **H. perforatum** L. *Sp.;* Coss. et Germ. *Fl.* 80; B. *Extr. Fl.;* P. *Fl.;* Dub. *Bot.;* Gren. et Godr. *Fl.*— (Vulg. *Millepertuis*).

♃. Juin-septembre.

C C.— Lieux secs et arides, lisières et clairières des bois, bords des chemins.

Cette espèce varie à feuilles larges (var. *latifolium* Koch *Syn.* 146), ou étroites (var. *angustifolium* Koch *Syn.* 146), plus ou moins pourvues de points transparents et à sépales lancéolés plus ou moins étroits, plus ou moins aigus. Les sépales sont quelquefois chargés extérieurement de points et de lignes éparses, les pétales munis sur les bords de glandes globuleuses et sur le dos de linéoles noires (*H. lineolatum* Jord. in Billot *Archiv. Fl. Fr. et Allem.* 343).

3. **H. quadrangulum** L. *Fl. Suec.;* Coss. et Germ. *Fl.* 80; Gren. et Godr. *Fl.*— *H. dubium* Leers *Herb.*— *H. quadrangulum* var. *dubium* P. *Fl.;* Dub. *Bot.*

♃. Juin-août

R.— Bois.— Forêt de Crécy ; bois de Rampval près Mers ; bois de Lanchères ; Bovelles, Renancourt près Amiens (*Rom.*) ; Folleville, La Faloise (*P.* Fl.).

4. **H. tetrapterum** Fries *Nov. Suec.;* Coss et Germ. *Fl.* 80 excl. var.; Gren. et Godr. *Fl.*

♃. Juin-août.

C. — Prairies, bois humides, bords des fossés. — Drucat; Neuf-moulin; Bray-lès Mareuil; Caubert près Abbeville; Bouillancourt-en-Sery; Oust-Marest; Saint-Quentin-en-Tourmont; Picquigny; Thiepval; Renancourt près Amiens (*Rom*); faubourg Rouvroy à Abbeville (*T. C.*).

5. **H. pulchrum** L. *Sp.;* Coss. et Germ. *Fl.* 81 *;* B. *Extr. Fl.;* P. *Fl.;* Dub. *Bot.;* Gren. et Godr. *Fl.*

♃. Juin-août.

A. C. — Bois secs et montueux. — Bois du Brusle près Huchen-neville; bois de Fréchencourt près Bailleul; Mareuil; Bouillan-court-en-Sery; Oust-Marest; Bouvaincourt; bois de La Motte-Croix au-Bailly; bois de Size près Ault; Drucat; Hautvillers; forêt de Crécy; Ailly-sur-Somme, Citernes (*Rom.*); Boves (*P.* Fl.); Laviers (*B.* Herb).

6. **H. montanum** L. *Sp.;* Coss. et Germ. *Fl.* 81; B. *Extr. Fl.;* P. *Fl.;* Dub. *Bot.;* Gren. et Godr. *Fl.*

♃. Juin-août.

R R. — Bois montueux, lieux ombragés. — Forêt de Crécy (*B.* Extr. Fl.); Allonville, Saint-Gratien (*P.* Fl.).

7. **H. hirsutum** L. *Sp.;* Coss. et Germ. *Fl* 82; B. *Extr. Fl.;* P. *Fl.;* Dub. *Bot.;* Gren. et Godr. *Fl.*

♃. Juin-septembre.

A. C. — Bois, lieux ombragés. — Bois du Chaussoy à Drucat; Millencourt; Caumondel près Huchenneville; bois de Fréchencourt près Bailleul; Frucourt; Fontaine-le-Sec; Bouillancourt-en-Sery; Lanchères; Franqueville; Aveluy; Bovelles, Ailly-sur-Somme (*Rom.*); forêt de Crécy (*T. C.*); Notre-Dame de Grâce, bois du Gard, Mareuil (*P.* Fl.).

XVIII. ACERINEÆ DC *Théor. élém.*

1. ACER L. *Gen.* ex parte.

1. **A. campestre** L. *Sp.;* Coss. et Germ. *Fl.* 73; B. *Extr. Fl.;* P. *Fl.;* Dub. *Bot.;* Gren. et Godr. *Fl* — (Vulg. *Érable*).

♄. Mai-juillet.

C C.—Bois, haies.

2. **A. platanoides** L. *Sp.;* Coss. et Germ. *Fl.* 73; P. *Fl.;* Dub. *Bot.;* Gren. et Godr. *Fl.*—(Vulg. *Faux Sycomore*).

♄. Avril-juillet.

Plantations.

3. **A. Pseudo-Platanus** L. *Sp.;* Coss. et Germ. *Fl.* 73; B. *Extr. Fl.;* P. *Fl.;* Dub. *Bot.;* Gren. et Godr. *Fl.*—(Vulg. *Sycomore, Faux Platane*).

♄. Mai–juillet.

Planté dans les bois, les parcs et les avenues.

XIX. HIPPOCASTANEÆ DC. *Théor. élém.*

1. ÆSCULUS L. *Gen.* ex parte.

1. **Æ. Hippocastanum** L. *Sp.;* Coss. et Germ. *Fl.* 74; B. *Extr. Fl.;* P. *Fl.;* Dub. *Bot.;* Gren. et Godr. *Fl.*—(Vulg. *Marronnier d'Inde*).

♄. Mai-septembre.

Plantations.

XX. AMPELIDEÆ Kunth
in Humb. et Bonpl. *Nov. gen. et sp.*

1. VITIS L. *Gen.*

1. **V. vinifera** L. *Sp.;* Coss. et Germ. *Fl.* 76; B. *Extr. Fl.;* P. *Fl.;* Dub. *Bot.;* Gren. et Godr. *Fl.*—(Vulg. *Vigne*).

♄. Juin-septembre.

Planté en espalier dans les jardins.—Cultivé autrefois en grand dans une partie du département de la Somme.

XXI. GERANIACEÆ DC. *Prodr.*

1. GERANIUM Picard *Étud. Géran.* 21.

—*Geranium* sect. 1. *Engeranum* Gren. et Godr. *Fl.* 1, 297.

Calice étalé. Onglet des pétales beaucoup plus court que le limbe (Gren. et Godr. *Fl.* loc. cit.).

1. **G. sylvaticum** L. *Sp.* 954; B. *Extr. Fl.* 51; P. *Fl.* 76; Picard *Étud. Géran.* 33; Dub. *Bot.* 102; Gren. et Godr. *Fl.* 1, 298; Rchb. *Ic.* 5, f. 4882; Billot *Exsicc.* n. 521.

Souche épaisse à rhizome oblique, prémorse. Tiges de 3-7 décim., dressées, anguleuses, mollement velues, munies dans leur partie inférieure de poils peu nombreux, réfléchis, et dans leur partie supérieure de poils plus nombreux, étalés, glanduleux. Feuilles ord. profondément palmatipartites à 5-7 divisions oblongues élargies, incisées dentées; les radicales longuement pétiolées; les caulinaires supérieures sessiles, opposées. Pédoncules biflores, rarement triflores. Fleurs disposées en panicule corymbiforme. Pédicelles grêles, toujours dressés. Sépales ovales oblongs, aristés, trinerviés, velus glanduleux, scarieux aux bords. Pétales d'un violet lilas, obovales, tronqués émarginés ou arrondis entiers au sommet, deux fois plus longs que le calice, à onglet velu en dessus et sur les bords. Filets des étamines lancéolés subulés, ciliés. Coques lisses, velues, à poils glanduleux. Graines lisses ou très finement ponctuées. ♃. Juin-août.

R R.— Taillis des bois montueux.—Abondant dans les bois de Blingues et de Rampval près Mers et dans le bois de Size près Ault; bois de Sery près Gamaches; Woignarue; bois de La Motte-Croix-au-Bailly; Lanchères; Élincourt près Saint-Blimont (*de Beaupré*); Pendé (*Picard* Étud. Géran.); Fressenneville (*P.* Fl.).

Var. β. *Batrachioides* (Cav. *Diss.* 4, 85, t. 1; Dub. *Bot.* 102; P. *Fl.* 77; Picard *Étud. Géran.* 35).—Fleurs plus grandes. Pétales entiers.—Mêlé avec le type, mais plus rare.

Le *G. sylvaticum* L., étranger à la Flore des environs de Paris et à celle de l'ouest de la France, a sa station habituelle dans les prairies des montagnes élevées. Il descend rarement dans les plaines (*Lecoq* Étud. géogr. Bot. 5, 380). Sa présence dans nos bois montueux, situés près de la mer entre la Somme et la Bresle, mérite d'être particulièrement signalée.

2. **G. pratense** L. *Sp.* 954; B. *Extr. Fl.* 51; Dub. *Bot.* 102; Gren. et Godr. *Fl.* 1, 298; Rchb. *Ic.* 5, f. 4883; Billot *Exsicc.* n. 1636.

Voisin du *G. sylvaticum* L. Tige plus velue. Feuilles palmatipartites à 5-7 divisions plus étroites, plus écartées. Pédicelles

5

courts, épais, réfléchis à la maturité. Pétales d'un bleu purpurin, plus grands, arrondis au sommet, brièvement ciliés sur les bords au dessus de l'onglet, à onglet glabre en dessus. Filets des étamines ciliés, largement dilatés à la base, rétrécis au sommet, longuement subulés. ♃. Juin-août.

R R.— Bois montueux.— Spontané? : bois de Lanchères (*Baill.* Herb.).— Indiqué dans le bois de Bonnance près Port (*du Maisniel de Belleval* Not. manuscr. ann. 1778; *B.* Extr. Fl.).— Cette espèce ne paraît pas avoir été retrouvée dans nos limites.

3. **G. phæum** L. *Sp.* 953; P. *Fl.* 77; Picard *Étud. Géran.* 23; Dub. *Bot.* 102; Gren. et Godr. *Fl.* 1, 300; Rchb. *Ic.* 5, f. 4891; Billot *Exsicc.* n. 1635.

Souche épaisse à rhizome oblique, prémorse. Tiges de 2-5 décim., ord. simples, couvertes surtout dans leur partie inférieure d'une pubescence courte et de longs poils mous étalés glanduleux. Feuilles molles, vertes, plus pâles et presque glabres en dessous, palmatifides à 5-7 divisions incisées dentées; les supérieures sessiles, alternes. Pédoncules biflores, disposés le long de la tige. Pédicelles dressés ou étalés, non réfléchis. Sépales velus, obovales, mucronés à pointe courte, rougeâtre, glabre, d'abord étalés, puis redressés à la maturité. Pétales ord. d'un rouge brun, plans, à limbe étalé, suborbiculaires, inégalementcrénelés, dépassant peu le calice, à onglet très court, ciliés au-dessus de l'onglet. Filets des étamines ciliés au moins dans leur moitié inférieure. Coques ovoïdes oblongues, velues, plissées transversalement au sommet. Graines lisses. ♃. Mai-juillet.

R R.— Prairies élevées, bruyères.— Prés humides autour de Montdidier (*Besse* in P. *Fl.*; *Picard* Étud. Géran.).— Selon M. Besse, cette espèce, qui ne s'étend pas au-delà de 4-5 kilomètres de Montdidier, aurait été introduite vers 1800 avec des graines de Houblon venant de Belgique.

4. **G. Pyrenaicum** L. *Mant.*; Coss. et Germ. *Fl.* 62 et *Illustr.*; B. *Extr.* Fl.; Picard *Étud. Géran.*; Dub. *Bot.*; Gren. et Godr. *Fl.*

♃. Mai-septembre.

A. R. — Lieux herbeux et pierreux. — Remparts d'Abbeville près du Champ-de-Foire et de la porte Saint-Gilles ; bords du bois de Nolette près Noyelles-sur-Mer ; bords d'un bois à Caux ; Amiens (*Rom.; Picard* Étud. Géran.).

5. **G. pusillum** L. *Sp.;* Coss. et Germ. *Fl.* 62 et *Illustr.;* B. *Extr. Fl.;* P. *Fl.;* Picard *Étud. Géran.;* Dub. *Bot.;* Gren. et Godr. *Fl.*

④. Juin-septembre.

A. C. — Endroits herbeux, lieux incultes, haies, décombres. — Abbeville ; Drucat ; Eaucourt ; Noyelles-sur-Mer ; Quend ; Saint-Valery ; Gamaches ; Jumel ; Cambron (*T. C.*) ; Bovelles (*Rom.*).

6. **G. molle** L. *Sp ;* Coss. et Germ. *Fl.* 62 et *Illustr.;* B. *Extr. Fl.;* P. *Fl.;* Picard *Étud. Géran.;* Dub. *Bot.;* Gren. et Godr. *Fl.*

④. Mai-octobre.

C C. — Lieux herbeux incultes, bords des chemins, haies, prairies artificielles.

7. **G. rotundifolium** L. *Sp.;* Coss. et Germ. *Fl.* 62 et *Illustr.;* B. *Extr. Fl.;* P. *Fl.;* Picard *Étud. Géran.;* Dub. *Bot.;* Gren. et Godr. *Fl.*

④. Juin-octobre.

R. — Lieux incultes, endroits herbeux, bords des chemins. — Glacis de la citadelle à Amiens (*Rom.*) ; fortifications près de la porte Saint-Gilles à Abbeville (*Baill.* Herb.) ; Menchecourt près Abbeville, Cagny (*Picard* Étud. Géran.).

8. **G. columbinum** L. *Sp.;* Coss. et Germ. *Fl.* 61 et *Illustr.;* B. *Extr. Fl.;* P. *Fl.;* Picard *Étud. Géran.;* Dub. *Bot.;* Gren. et Godr. *Fl.*

④. Juin-octobre.

C. — Haies, bords des bois, des prés et des moissons. — Drucat ; forêt de Crécy ; Noyelles-sur-Mer ; Huchenneville ; Huppy ; Frucourt ; bois de La Motte-Croix-au-Bailly ; Oust-Marest ; Jumel ; Avelny ; Cambron (*T. C.*) ; Bovelles, Ailly-sur-Somme (*Rom.*) ; Laviers, Monflières, Saint-Riquier, Boves, Cagny (*Picard* Étud. Géran.).

9. **G. dissectum** L. *Sp.;* Coss. et Germ. *Fl.* 61 et *Illustr.;* B. *Extr. Fl.;* P. *Fl.;* Picard *Étud. Géran.;* Dub. *Bot.;* Gren. et Godr. *Fl.*

④. Juin-octobre.

C.—Bois, haies, moissons, bords des chemins.—Drucat ; Menchecourt près Abbeville ; Yvrench ; Huchenneville ; Bovelles (*Rum.*) ; remparts d'Abbeville, faubourg Saint-Pierre à Amiens, bois de Notre-Dame de Grâce (*Picard* Étud. Géran.).

2. ROBERTIUM Picard *Étud. Géran.* 42.

—*Geranium* sect. 2. *Robertium* Gren. et Godr. *Fl.* 1, 306.

Calice dressé, serré au sommet, pyramidal. Onglet des pétales aussi long ou plus long que le limbe (Gren. et Godr. *Fl.* loc. cit.).

1. **R. vulgare** Picard *Étud. Géran.* 42 —*Geranium Robertianum* L. *Sp.;* Coss. et Germ. *Fl.* 63 et *Illustr.;* B *Extr. Fl.;* P. *Fl.;* Dub. *Bot.;* Gren. et Godr. *Fl.*—(Vulg. *Bec de Grue*).

④. Mai-octobre.

C C.—Haies, buissons, vieux murs.

Var. β. *purpureum* (Picard *Étud. Géran.* **45.** — *Geranium Robertianum* var. *purpureum* P. *Fl.* 76. — *Geranium purpureum* B. *Extr. Fl.* 61 non Vill. *Dauph.*).—Plante d'un rouge intense, glabre, plus petite dans toutes ses parties que le type. Tiges de 1-2 décim., nombreuses, étalées diffuses, serrées entrelacées, disposées en touffe. Feuilles petites, recoquillées.— *R R.*— Galets maritimes entre Cayeux et Le Hourdel.—Les caractères de cette variété remarquable sont probablement dus à sa station.

3. ERODIUM L'Hérit. *Geran.*

1. **E. cicutarium** L'Hérit. in Ait. *Hort. Kew.;* Coss. et Germ. *Fl.* 64 ; B. *Extr. Fl.;* P. *Fl.;* Picard *Étud. Géran.;* Dub. *Bot.;* Gren. et Godr. *Fl.*

④. Avril-octobre.

C C.—Lieux incultes, bords des chemins, moissons, prairies artificielles.

Var. α. *pimpinellœfolium* (DC. *Fl. Fr.;* Coss. et Germ. *Fl.* 64 ; P. *Fl.;* Picard *Étud. Géran.;* Dub. *Bot.;* Gren. et Godr. *Fl.*).

Var. β. *Chœrophyllum* (DC. *Fl. Fr.;* Coss. et Germ. *Fl.* 64 ; Dub. *Bot.;* Gren. et Godr. *Fl.*).

Var. γ. *pilosum* (D C. *Prodr.;* P. *Fl.;* Picard *Étud. Géran.*—
E. cicutarium s.-v. *pilosum* Coss. et Germ. *Fl.* 64.—*Geranium
pilosum* Thuill. *Fl. Par.*).—Lieux sablonneux.—Commun dans
les dunes du Marquenterre.

L'*E. moschatum* (Willd. *Sp.;* Coss. et Germ. *Fl.* 64 ; B. *Extr.
Fl.:* Dub. *Bot ;* Gren. et Godr. *Fl.*) a été signalé à Talmas (*B.*
Extr. Fl.). Nous ne l'avons rencontré qu'en dehors de nos limites,
près de Dieppe [Seine-Inférieure], sur le bord de la route d'Eu.

XXII. OXALIDEÆ DC. *Prodr.*

1. OXALIS L. *Gen.*

1. **O. Acetosella** L. *Sp.;* Coss. et Germ. *Fl.* 56; B. *Extr.
Fl.*; P. *Fl.;* Dub. *Bot.;* Gren. et Godr. *Fl.*—(Vulg. *Pain de Coucou*).
♃. Avril-mai.

C.— Bois humides ombragés. Drucat; Ligescourt; Huchenne-
ville ; forêt de Lucheux; Citernes, Val-de-Maison près Talmas
(*Rom.*); Laviers (*H. Sueur*); Saint-Riquier, Crécy, Arquèves
(P. Fl.).

2. **O. stricta** L. *Sp.;* Coss et Germ. *Fl.* 57; Dub. *Bot.;* Gren.
et Godr. *Fl.*

①. Juin-octobre.

A. R.— Lieux cultivés près des habitations. —Drucat ; Les
Alleux près Béhen.

3. **O. corniculata** L. *Sp.;* Coss. et Germ. Not. in *Fl.* 57;
B. *Extr. Fl.;* P. *Fl.;* Dub. *Bot.;* Gren. et Godr. *Fl.*

①. Juin-octobre.

R.—Lieux cultivés près des habitations.— Abbeville ; Doullens
(*B.* Extr. Fl.).

XXIII CELASTRINEÆ R. Br *Gen rem.*

1. EVONYMUS L. *Gen.*

1. **E. Europæus** L. *Sp.;* Coss. et Germ. *Fl.* 75; B. *Extr. Fl* ; P.
Fl.; Dub. *Bot.;* Gren. et Godr. *Fl.*—(Vulg. *Fusain, Bonnet de prêtre*).

♄. *Fl.* mai. *Fr.* août-octobre.
C C.— Bois, haies.

XXIV. RHAMNEÆ R. Br. *Gen. rem.*

1. RHAMNUS Lmk. *Encycl. méth.*

1. **R. catharticus** L. *Sp ;* Coss. et Germ. *Fl.* 143; B. *Extr.*
Fl.; P. Fl.; Dub. *Bot.;* Gren. et Godr. *Fl.*—(Vulg. *Nerprun*).

♄. *Fl.* juin. *Fr.* septembre-octobre.
A. R.— Bois couverts. — Bois du Chaussoy à Drucat ; Cambron
(*T. C.*); Bovelles, Ferrières (*Rom.*); marais d'Abbeville (*B. Herb.*);
Fortmanoir, Ailly-sur-Somme, Boves, marais de Gouy (*P. Fl.*).

2. **R. Frangula** L. *Sp ;* Coss. et Germ. *Fl.* 143; B. *Extr. Fl.;*
P. *Fl.;* Dub. *Bot.;* Gren. et Godr. *Fl.*

♄. *Fl.* juin. *Fr.* septembre-octobre.
C.— Bois humides, haies.— Bois de Caubert près Abbeville ;
bois du Brusle près Huchenneville ; bois de Belloy près Huppy ;
Bouillancourt-en-Sery ; petit marais de Cambron (*T. C.*) ; Bovelles
(*Rom.*) ; Fortmanoir, Cagny, Saint-Fuscien, Longpré (*P. Fl.*).

XXV. PAPILIONACEÆ L. *Ord. nat.*

1. SAROTHAMNUS Wimm. *Fl. Schless.*

1. **S. scoparius** Koch *Syn.;* Coss. et Germ. *Fl.* 148.—*Spar-*
tium scoparium L. *Sp.;* B. *Extr. Fl.*— *Cytisus scoparius* Link *Enum.;*
P. *Fl.;* Dub *Bot.*— *Sarothamnus vulgaris* Wimm. *Fl. Schless.;* Gren.
et Godr. *Fl.*—(Vulg. *Genêt à balais*).

♄. Mai-juin.
C C.— Bois.

2. CYTISUS L. *Gen.*

1. **C. Laburnum** L. *Sp.;* Coss. et Germ. *Fl.* 150; P. *Fl.;* Dub.
Bot.; Gren. et Godr. *Fl.*—(Vulg. *Faux Ébénie.*).

♄. Mai-juillet.
Planté dans les parcs, naturalisé dans quelques bois.

3. GENISTA L. *Gen. ex parte.*

1. **G. Anglica** L. *Sp.;* Coss. et Germ. *Fl.* 150; B. *Extr. Fl.;*
P. *Fl.;* Dub. *Bot.;* Gren. et Godr. *Fl.*

♄. Mai-juillet.
R R. — Lieux sablonneux, bruyères.— Villers-sur-Authie ; Rue.

2. **G. sagittalis** L. *Sp.;* Coss. et Germ. *Fl.* 151; B. *Extr. Fl.;*
P. *Fl.;* Dub. *Bot.;* Gren. et Godr. *Fl.*

♄. Mai-juillet.
R. — Pelouses sèches, bois arides et sablonneux.— Mautort près
Abbeville; bois de Jumel; La Faloise ; Bovelles (*Rom.*) ; Boves,
Notre-Dame de Grâce, Cagny, Allonville (*P.* Fl.) ; Forestmontiers
(*B* Extr. Fl.).

3. **G. tinctoria** L. *Sp.;* Coss. et Germ. *Fl.* 151; B *Extr. Fl.;*
P. *Fl* ; Dub. *Bot.;* Gren. et Godr. *Fl.*

♄. Juin-août.
A. R. — Lisières des bois, coteaux incultes. — Bois de La Motte
à Cambron ; Lanchères ; Bezencourt près Tronchoy ; Wailly ;
Bovelles (*Rom.*) ; Arguel (*Picard* Not manuscr.) ; Notre-Dame de
Grâce, Dury, Ailly (*P.* Fl.).

4. ULEX L. *Gen.*

1. **U. Europæus** L. *Sp.;* Coss. et Germ. *Fl.* 152 ; B. *Extr.*
Fl.; P. *Fl.;* Dub. *Bot.;* Gren. et Godr. *Fl.* — (Vulg. *Jonc marin*,
Ajonc).

♄. Mars-juillet, fleurit quelquefois pendant l'automne.
C C. — Coteaux incultes, bois arides, bords des chemins.—
Souvent semé pour former des clôtures et servir au chauffage.

5. ONONIS L. *Gen.*

1. **O. spinosa** L. *Sp.* var. β.; Coss. et Germ. *Fl.* 152 et *Illustr.;*
B. *Extr. Fl.;* P. *Fl.;* Dub. *Bot.* — *O campestris* Koch et Ziz. *Cat.*
Palat.; Gren. et Godr. *Fl.*

♃. Juillet-septembre.
A. R. — Bords des chemins, lieux arides, pâturages.— Saint-

Valery; Saint-Quentin-en-Tourmont; Quend; marais du Petit-
Laviers près Cambron (*T. C.*); bois de Bray, Boves, Notre-Dame
de Grâce (*P. Fl.*).

2. **O. procurrens** Wallr. *Sched.;* P *Fl.;* Dub. *Bot.;* Gren.
et Godr. *Fl.*

♃. Juin-septembre.

Var. α. *arvensis* (Gren et Godr. *Fl.*— *O. arvensis* Lmk. *Encycl.
méth.;* B. *Extr. Fl.*— *O. repens* Coss. et Germ. *Fl.* 153 et *Illustr.*).
— Plante pubescente. Tiges de 3-5 décim., couchées ascendantes.
Feuilles à folioles obovales oblongues. Fleurs en grappes feuillées,
un peu lâches. Feuille florale égalant le calice.— *C C.* - Champs
calcaires, coteaux, bords des chemins.

S.-v. *mitis.* (*O. repens* s.-v. *mitis* Coss. et Germ. *Fl.* 153. - *O.
mitis* Gmel. *Fl. Bad.*). — Rameaux dépourvus d'épines.

Var. β. *maritima* (Gren. et Godr. *Fl.* 1, 375. — *O. repens* L. *Sp.*
1006; Lmk. *Encycl. méth.* 1, 506; B. *Extr. Fl.* 54. — *O. procurrens*
var. *repens* P. *Fl.* 87; Dub. *Bot.* 120; Lloyd *Fl. Ouest* 108. — *O.
repens* var. *prostrata* Brébiss. *Fl. Norm.* 62). — Plante très velue.
Tiges de 1-3 décim., couchées étalées. Feuilles petites à folioles
ovales arrondies. Fleurs disposées en grappes courtes, denses.
Calice dépassant la feuille florale. - *C.* — Sables maritimes. —
Dunes du Marquenterre.

6. ANTHYLLIS L. *Gen.*

1. **A. Vulneraria** L. *Sp.;* Coss. et Germ. *Fl.* 154; B. *Extr.
Fl.;* P. *Fl.;* Dub. *Bot.;* Gren. et Godr. *Fl.*

♃. Juin-août.

C C.— Prés secs, bords des bois, coteaux calcaires.

Var. β. *maritima* (Koch *Syn.* 175; Gren. et Godr. *Fl.* 1, 381.
— *A. Vulneraria* var. *sericea* Brébiss. *Fl. Norm.* 70). — Plante
formant souvent de grandes touffes. Tiges atteignant quelquefois
5-6 décim., ord. rameuses, portant 3-4 feuilles. Feuilles à folioles
plus amples, un peu épaisses, velues soyeuses surtout en dessous.
— *R.* — Sables maritimes, éboulements des falaises. — Saint-
Quentin-en-Tourmont; Ault; Mers.

7. LOTUS L. *Gen.* ex parte.

1. **L. corniculatus** L. *Sp.*; Coss. et Germ. *Fl.* 154 et *Illustr.;*
B. *Extr. Fl.;* P. *Fl.*; Dub. *Bot.;* Gren. et Godr. *Fl.*

♃. Juin-septembre.

C C. — Prés secs ou humides, lieux arides, bords des chemins,
lisières des bois.

Var. β. *tenuis* (Coss. et Germ. *Fl.* 155. — *L. corniculatus* var.
tenuifolius DC. *Prodr.;* P. *Fl.;* Dub. *Bot.* — *L. tenuis* Kit. in Willd.
Enum.; Gren. et Godr. *Fl.*). — *R.* — Prés salés, bords des fossés.—
Laviers; Port; Ault; Quend.

Var. γ. *villosus* (Coss. et Germ. *Fl.* 155). — *A. C.* — Lieux
sablonneux, endroits arides.— Dunes de Saint-Quentin-en-Tourmont; bois du Mont-Blanc près Huppy.

Var. δ. *crassifolius* (Pers. *Syn.* 2, 354; DC. *Prodr.* 2, 214;
Dub. *Bot.* 138; Brébiss. *Fl. Norm.* 69).— Plante glabre. Souche
plus épaisse, terminée en racine longuement pivotante. Tiges
nombreuses, couchées étalées, formant quelquefois de grosses
touffes. Fo'ioles obovales, épaisses, un peu charnues.— *R* —
Sables maritimes, éboulements des falaises.—Dunes de Saint-
Quentin-en-Tourmont; Mers.

2. **L. major** Scop. *Carn.;* Coss. et Germ. *Fl.* 155 et *Illustr.*—
L. uliginosus Schk *Handb.;* Gren. et Godr. *Fl.*—*L. villosus* Thuill.
Fl. Par.—*L. corniculatus* var. *major* et var. *villosus* Dub. *Bot.*—
L. villosus et *L. major* B. *Extr. Fl.* — *L. corniculatus* var. *altissimus*
Desv. *Obs.;* P. *Fl.*

♃. Juillet-septembre.

A. C. — Bois ombragés, prés humides. — Bois de Saint-Riquier;
bois Watté et prairies à Drucat; bois du Brusle près Huchenneville; Oust-Marest; Lauchères; Bovell s, Renancourt près Amiens
(*Rom.*); Querrieux, Allonville (*Picard* Not. manuscr.); bois du
Val près Laviers, Cambron (*B.* Extr. Fl.).

Var. β. *glaber* (Coss. et Germ. *Fl.* 155).-- Picquigny; Thiepval;
Cambron (*T. C.*).

8. TETRAGONOLOBUS Scop. *Carn.*

1. **T. siliquosus** Roth *Tent.;* Coss. et Germ. *Fl.* 156; Dub.

Bot.; Gren. et Godr. *Fl.— Lotus siliquosus* L. *Sp.;* B. *Extr. Fl.;* P. *Fl.*
♃. Juin-juillet.

R R.— Prés humides, bords des eaux.— Cambron (*T. C.*); bords
du canal de Saint-Valery (*B.* Herb.; *Baill.* Herb.); Laviers,
Saigneville (*P.* Fl.).

9. ROBINIA L. *Gen.* ex parte.

1. **R. Pseudo-Acacia** L. *Sp.;* Coss. et Germ. *Fl.* 156; B
Extr. Fl.; P. *Fl.;* Dub. *Bot.;* Gren. et Godr. *Fl.—* (Vulg. *Acacia*).
♄. *Fl.* mai. *Fr.* juillet.

Planté dans les parcs, les avenues et les haies.— Naturalisé
dans quelques bois.

10. ASTRAGALUS L. *Gen.* ex parte.

1. **A. glycyphyllos** L. *Sp.;* Coss. et Germ. *Fl.* 158; B. *Extr.
Fl.;* P. *Fl.;* Dub. *Bot.;* Gren. et Godr. *Fl.*
♃. Juin-juillet.

A. R.— Lisières et clairières des bois. Bailleul; bois de La
Motte à Cambron; bois de Size près Ault; bois de Rampval
près Mers (*T. C.*): Bovelles, Saveuse (*Rom.*); Laviers (*Picard* Not.
manuscr.); Boves, Cagny, Dury, Bray, Caubert (*P.* Fl.).

11. MELILOTUS Tourn. *Inst.*

1. **M. arvensis** Wallr. *Sched.;* Coss. et Germ. *Fl.* 158 et
Illustr.— M. officinalis Lmk. *Encycl. méth.;* P. *Fl.* excl. var.; Gren.
et Godr. *Fl.*
②. Juillet-septembre.

C C.— Lieux secs, moissons des terrains calcaires, prairies
artificielles.

2. **M. officinalis** Willd. *Enum.;* Coss. et Germ. *Fl.* 159 et
Illustr.— M. altissima Thuill. *Fl. Par.;* B. *Extr. Fl.— M. officinalis*
var. *altissima* P. *Fl.— M. macrorhiza* Pers. *Syn.;* Gren. et Godr. *Fl.*
②. Juillet-septembre.

A. R.— Taillis des bois, lieux herbeux, prairies — Bois de Size
près Ault; Lanchères; Le Mesge; Picquigny; Béhen; Cambron

(*T. C.*); Abbeville (*B.* Herb.; *Baill.* Herb.); Renancourt près Amiens (P. Fl.).

3. **M. alba** Lmk. *Encycl. méth.;* Coss. et Germ. *Fl.* 159; Gren. et Godr. *Fl.*—*M. leucantha* Koch *Syn.;* Coss. et Germ. *Illustr.;* Dub. *Bot.*

②. Juillet-septembre.

R.—Lieux secs, prairies artificielles, bords des moissons.— Les Alleux près Béhen; Picquigny, Montières près Amiens, Saisseval (*Rom.*).

12. MEDICAGO L. *Gen.*

1. **M. Lupulina** L. *Sp.;* Coss. et Germ. *Fl.* 160; B. *Extr. Fl.;* P. *Fl.;* Dub. *Bot.;* Gren. et Godr. *Fl.*—(Vulg. *Minette*).

②. Juin-septembre.

C C.—Prairies, lieux stériles, coteaux herbeux. — Souvent cultivé en grand comme fourrage.

Var. β. *corymbosa* (Ser. *Mss.* in D C. *Prodr.* 2, 172).— Fleurs en partie avortées, disposées en corymbe, longuement pédicellées, à pédicelles filiformes.— *R R.*— Le Hourdel près Cayeux.

2. **M. falcata** L. *Sp.;* Coss. et Germ. *Fl.* 160; B. *Extr. Fl.;* P. *Fl.;* Dub. *Bot.;* Gren. et Godr. *Fl.*

♃. Juin-septembre.

A. R.—Lieux arides sablonneux, bords des chemins et des bois. — Bois du Cap-Hornu près Saint-Valery; Lanchères; Le Crotoy; Cayeux; Saleux; Jumel; Bichecourt près Hangest-sur-Somme (*T. C.*); Bovelles, Guignemicourt (*Rom.*); Amiens (*Picard* Herb.); Cagny, Boves, Brutelles (P. Fl.).

3. **M. sativa** L. *Sp.;* Coss. et Germ. *Fl.* 161; B. *Extr. Fl.;* P. *Fl.;* Dub. *Bot.;* Gren. et Godr. *Fl.*— (Vulg. *Luzerne*).

♃. Juin-septembre.

Cultivé en prairies artificielles.— Souvent subspontané.

Var. β. *versicolor* (Ser. *Mss.* in D C. *Prodr.* 2, 173; P. *Fl.* 88. — *M. falcata* var. *versicolor* Koch *Syn.* 176.— *M. falcato sativa* Rchb. *Fl. excurs.* 504; Gren. et Godr. *Fl.* 1, 384.— *M. media* Pers. *Syn.* 2, 356).—Tiges ord. couchées à la base. Fleurs passant du jaune au violet, disposées en grappes courtes. Légume courbé en spirale décrivant à peine un tour ou quelquefois presque deux tours.— R.— Sables et galets maritimes, chan.ps de Luzerne, lieux incultes. — Le Hourdel près Cayeux; Le Crotoy; Saleux; Dury; Jumel; Bovelles (Rom.).— Cette variété est sans doute un hybride du M. falcata et du M. sativa.

4. **M. minima** Lmk. *Encycl. méth.*; Coss. et Germ. *Fl.* 162; Dub. *Bot.*; Gren. et Godr. *Fl.*

· ①. Juin-août.

R R.— Lieux sablonneux, pelouses rases.— Ault; Le Crotoy (*T. C. ; Picard* Herb.); dunes de Saint-Quentin-en-Tourmont (*Picard* Herb.).

5. **M. apiculata** Willd. *Sp.;* Coss. et Germ. *Fl.* 162; P. *Fl.;* Dub. *Bot.*— M. polycarpa var. apiculata Gren. et Godr. *Fl.*— M. echinata B. *Extr. Fl.*

①. Juin-août.

A. R.— Moissons des terrains sablonneux, champs en friche.— Boismont; Ault; Saint-Maurice près Amiens (*Rom.*); Épagnette près Abbeville (*B.* Herb.; *Baill.* Herb.); Mautort (P. Fl.).

6. **M. maculata** Willd. *Sp.;* Coss. et Germ. *Fl.* 162; P. *Fl.;* Dub. *Bot.;* Gren. et Godr. *Fl.*

① ou ②. Mai-juillet.

A. C.— Prairies, lieux herbeux.— Drucat; fortifications d'Abbeville; Laviers; Feuquières; Mers; Bovelles, Le Mesge (*Rom*); Fortmanoir, Longpré, Pont-de-Metz (P. Fl.).

Nous avons trouvé à Mers, parmi des *M. maculata*, quelques individus qui nous paraissent appartenir à cette espèce, mais qui en diffèrent par les légumes falciformes décrivant à peine un tour de spire et dépourvus d'épines. Y a-t-il eu un arrêt de développement dans les légumes ou bien ces plantes sont-elles des hybrides du *M. maculata* et du *M. falcata*? Il ne nous a pas été possible de constater dans le voisinage la présence de cette dernière espèce.

13. TRIFOLIUM Tourn. *Inst.*

1. **T. filiforme** L. *Sp.* ex parte; Coss. et Germ. *Fl.* 163; P.

Fl.; Dub. *Bot.;* Koch *Syn.—T. minus* Relhan in Sm. *Engl. bot.;* Puel in *Bull. Soc. bot. Fr.* 3, 291.— *T. procumbens* Gren. et Godr. *Fl.* non L

④. Mai-septembre.

C C.— Prairies, bords des chemins, pelouses, allées des bois. S.-v. *pauciflorum* (Coss. et Germ. *Fl.* 164).

2. **T. micranthum** Viv. *Fl. Lib.;* Coss. et Germ. *Fl.* 164; Koch *Syn.—T. filiforme* Relhan in Sm. *Engl. bot.;* L. *Sp.* sec. Puel in *Bull. Soc. bot. Fr.* 3, 291 ; Gren. et Godr. *Fl.*

④. Juin-juillet.

R R.— Lieux herbeux, bords et allées des bois.— Bois de Belloy près Huppy; Caumont près Huchenneville; bois de Size près Ault.

3. **T. procumbens** L. *Sp.;* Coss. et Germ. *Fl.* 164; B. *Extr. Fl.;* P. *Fl.;* Dub. *Bot.;* Puel in *Bull. Soc. bot. Fr.* 3, 400; Koch *Syn.* — *T. agrarium* Gren. et Godr. *Fl.* non L.

④. Juin-septembre.

C C.— Moissons, bords des chemins, pelouses sèches.

Var. α. *majus* (Koch *Syn.* 194.— *T. campestre* Schreb. ap. Sturm *Fl. Germ.* — *T. procumbens* s -v. *elatius* Coss. et Germ. *Fl.* 165.— *T. agrarium* var. *majus* Gren. et Godr. *Fl.*).

Var. β. *minus* (Koch *Syn.* 195.— *T. procumbens* Schreb. ap. Sturm *Fl. Germ.* 16.— *T. agrarium* var. *minus* Gren. et Godr. *Fl.* 1, 424).— Tiges ord. couchées. Pédoncules souvent une fois plus longs que les feuilles. Capitules plus petits. Fleurs plus pâles

4. **T. patens** Schreb. ap. Sturm. *Fl. Germ.;* Coss. et Germ. *Fl.* 165; Gren. et Godr. *Fl.;* Koch *Syn.— T. Parisiense* DC. *Fl. Fr.* suppl.; P. *Fl.;* Dub. *Bot.*

④. Juin-août.

R.— Prés tourbeux humides, lieux herbeux.— Drucat; Bovelles (*Rom.*) ; Longpré, Long, Fortmanoir (*P.* Fl.).

5. **T. pratense** L. *Sp.;* Coss. et Germ. *Fl.* 166; B. *Extr. Fl.;* P. *Fl.;* Dub. *Bot.;* Gren. et Godr. *Fl.*—(Vulg. *Trèfle*).

② ou ♃. Juin-septembre.

C C.—Prés, bois, bords des chemins.— Cultivé fréquemment en prairies artificielles.

S.-v. *microphyllum* (Coss. et Germ. *Fl.* 166).— *C.*— Lieux secs et arides.

6. **T. medium** L. *Fl. Suec.* ed. 2; Coss. et Germ. *Fl.* 166; P. *Fl.;* Dub. *Bot.;* Gren. et Godr. *Fl.*— *T. flexuosum* Jacq. *Austr.;* B. *Extr. Fl.*

♃. Juin-août.

R R.—Lieux herbeux, lisières et clairières des bois montueux.— Bois du Seigneur à Cambron (*T. C.*); Lambercourt près Miannay (*Baill.* Herb.) ; bois de Grâce près Amiens (*Picard* Not. manuscr.).

7. **T. ochroleucum** L. *Syst. nat.;* Coss. et Germ. *Fl.* 166 ; B. *Extr. Fl.;* P. *Fl.;* Dub. *Bot.;* Gren. et Godr. *Fl.*

♃. Juin-juillet.

R R.—Lieux herbeux, bois.—Notre-Dame de Grâce près Amiens, Saint-Sauflieu (P. Fl.).

8. **T. incarnatum** L. *Sp.;* Coss. et Germ. *Fl.* 167; B. *Extr. Fl.;* P. *Fl.;* Dub. *Bot.;* Gren. et Godr. *Fl.*—(Vulg. *Trèfle anglais, Trèfle incarnat*).

①. Juin-juillet.

Cultivé en grand comme fourrage précoce. — Quelquefois subspontané.

S.-v. *Molinieri* (Coss. et Germ. *Fl.* 167.— *T. incarnatum* var. *Molinieri* Dub. *Bot.*— *T. Molinieri* Balb. *Cat. Taur.*).— *A. R.*— Mêlé avec le type.

9. **T. arvense** L. *Sp.;* Coss. et Germ. *Fl.* 167; B. *Extr. Fl.;* P. *Fl.;* Dub. *Bot.;* Gren. et Godr. *Fl.*

①. Juillet-septembre.

C C.—Pelouses sèches, champs après la moisson, taillis des bois.

Var. β. *gracile* (Coss. et Germ. *Fl.* 168; P. *Fl.;* Dub. *Bot.;* Gren. et Godr. *Fl.*— *T. gracile* Thuill. *Fl. Par.*). – *R.*—Lieux très arides.— Laviers (*Baill.* Herb.).

Var. γ. *perpusillum* (Ser. *Mss.* in DC. *Prodr.* 2, 191).— Tiges naines. Capitules subglobuleux, très brièvement pédonculés.—*R.* —Pelouses rases près de la mer.— Hautebut près Woignarue; Ault (*T. C.*).

10. **T. striatum** L. *Sp.;* Coss. et Germ. *Fl.* 168; B. *Extr. Fl.;*
P. *Fl.;* Dub. *Bot.;* Gren. et Godr. *Fl.*

④. Mai-juillet.

R R.— Coteaux secs, lisières des bois.— Saint-Valery; Cambron
(*B.* Herb.; *Baill.* Herb.); Abbeville près de la porte du Bois
(*Picard* Herb.).

11. **T. scabrum** L. *Sp.;* Coss. et Germ. *Fl.* 168; B. *Extr. Fl.;*
Dub. *Bot.;* Gren. et Godr. *Fl.*

④. Mai-juillet.

A. R.— Lieux pierreux, pelouses rases surtout dans la région
maritime.— Ault; Mers; Cayeux; Hautebut près Woignarue;
fortifications d'Abbeville (*Baill.* Herb.).

12. **T. repens** L. *Sp.;* Coss. et Germ. *Fl.* 169; B. *Extr. Fl.;*
P. *Fl.;* Dub. *Bot.;* Gren. et Godr. *Fl.*—(Vulg. *Trèfle blanc*).

♃. Mai-septembre.

C C.— Prairies, pelouses, bords des chemins. — Cultivé en
prairies artificielles.

S.-v. *microphyllum* (Coss. et Germ. *Fl.* 170).—Lieux arides

Var. β. *phyllanthum* (D C. *Prodr.* 2, 199; P. *Fl.* 94). — Fleurs
longuement pédicellées. Calice à divisions foliacées. — *R R.*—
Lieux herbeux, prairies.— Les Alleux près Béhen; entre Mers et
Le Tréport.

13. **T. elegans** Savi *Fl. Pis.;* Coss. et Germ. *Fl.* 170; P *Fl.;*
Dub. *Bot.;* Gren. et Godr. *Fl.*

♃. Juin-septembre.

R R.— Prairies, lisières et clairières des bois.— Notre-Dame de
Grâce, Bussy, Liancourt près Roye (P. Fl.).

14. **T. Michelianum** Savi *Fl. Pis.;* Coss. et Germ Not. in
Fl. 171; D C. *Fl. Fr.* suppl.; Dub. *Bot.;* Gren. et Godr. *Fl.*

④. Juin-juillet.

R R.— Prairies, lieux herbeux.— Remparts d'Abbeville (*Picard*
Herb.; *Baill.* Herb.).— Cette espèce observée à Abbeville par
M. Picard n'y a sans doute paru qu'accidentellement.

15. **T. fragiferum** L. *Sp.;* Coss. et Germ. *Fl.* 171 ; B. *Extr.
Fl.;* P *Fl.;* Dub. *Bot.;* Gren. et Godr. *Fl.*

♃. Juin-septembre.

C C. – Lieux herbeux, bords des chemins, prés salés.

16. **T. subterraneum** L. *Sp.;* Coss. et Germ. *Fl.* 171 ; B.
Extr. Fl.; P. *Fl.;* Dub. *Bot.;* Gren. et Godr. *Fl.*

①. Mai-juillet.

R R.— Pelouses rases, bords des chemins. – Quend, Rue (*Baill.*
Herb.) ; Saint-Valery (*B.* Herb.).

14. PHASEOLUS L. *Gen.*

1. **P. vulgaris** L. *Sp.;* Coss. et Germ. *Fl.* 172 ; B. *Extr. Fl.;*
P. *Fl.;* Dub *Bot.;* Gren. et Godr. *Fl.*—(Vulg. *Haricot*).

①. Juin-septembre.

Cultivé dans les potagers et rarement en plein champ.

Var. β. *nanus* (Coss. et Germ. *Fl.* 172.— *P. nanus* L. *Sp.*).

Le *P. vulgaris* L. présente un grand nombre de variétés cul
tivées sous les noms de *Haricot à rames* ou de *Soissons, Haricot
nain* ou *flageolet, Haricot mange-tout, Haricot rouge,* etc.

15. VICIA Tourn. *Inst.*

1. **V. sativa** L. *Sp.;* B. *Extr. Fl.;* · P. *Fl.* excl. var.; Dub. *Bot.*
excl. var.; Gren. et Godr. *Fl.*— *V. sativa* var. *sativa* Coss. et Germ.
Fl. 174.

④. Juin-août.

Cultivé en grand.— Quelquefois subspontané.

Var. α. *vulgaris* (Gren. et Godr. *Fl.* 1, 458.— Vulg. *Vesce,
Vesce de printemps*).— Légume d'environ 4 centim. sur 9 millim.
Folioles petites, étroites.

Var. β. *macrocarpa* (Moris *Fl. Sard.* 1, 554 ; Gren. et Godr.
Fl. 1, 458.—Vulg. *Hivernage, Vesce d'hiver*).— Légume d'environ
6 centim. sur 12 millim. Folioles plus grandes.

2. **V. angustifolia** Roth *Tent. Fl. Germ.;* B. *Extr. Fl.;* P.
Fl.; Gren. et Godr. *Fl.*— *V. sativa* var. *angustifolia* Coss. et Germ.
Fl. 174 ; Dub. *Bot.*

Plante ord. moins grande dans toutes ses parties que le *V.*
sativa Stipules ord. non tachées. Légumes noircissant à la
maturité. Graines globuleuses plus petites ① ou ②. Mai-août.

C.— Taillis des bois, moissons, bords des chemins.— Bois du
Brusle près Huchenneville: bois de Tronquoy près Huppy;
Limeux; Ercourt; Abbeville; Neuilly-l'Hôpital; forêt de Crécy;
bois du Cap-Hornu près Saint-Valery; Bovelles (*Rom.*); Gouy
(*Baill.* Herb.); bois Boullon près Abbeville (*Picard* Not. manuscr.);
Laviers, Caubert près Abbeville (*B.* Extr. Fl.); Dury, Ailly, Bray
(*P.* Fl.).

S.-v. *segetalis.* (*V. angustifolia* var. *segetalis* Koch *Syn.* 217;
Gren. et Godr. *Fl.* 1, 459.— *V. segetalis* Thuill. *Fl. Par.* 367).—
Folioles des feuilles supérieures lancéolées linéaires.

S.-v. *Bobartii.* (*V. angustifolia* var. *Bobartii* Koch *Syn.* 217;
Gren. et Godr. *Fl.* 1, 459.— *V. Bobartii* Forst. *Trans. Lin. soc.*
16, 439).— Folioles des feuilles supérieures linéaires étroites.

S.-v. *ochroleuca.*— Fleurs d'un blanc jaunâtre.— Bois du Cap-
Hornu près Saint-Valery.

3. **V. lathyroïdes** L. *Sp.;* Coss. et Germ. *Fl.* 174; B. *Extr.*
Fl.; P. *Fl.;* Dub. *Bot.;* Gren. et Godr. *Fl.*

①. Avril-juin.

R R.— Bois sablonneux, lieux arides.— Bois du Cap-Hornu près
Saint-Valery (*T. C.*); bois de Caubert près Abbeville, Allonville,
Notre-Dame de Grâce (P. Fl.).

4. **V. lutea** L. *Sp.;* Coss. et Germ. *Fl.* 174; B. *Extr.* Fl.; P.
Fl ; Dub. *Bot.;* Gren. et Godr. *Fl.*

①. Juin-septembre.

R.— Clairières des bois sablonneux, moissons, lieux arides.—
Bois du Cap-Hornu près Saint-Valery; Caumondel près Huchenneville; Bailleul; Nouvion, Quend (*Baill.* Herb.); Le Crotoy
(*T. C.*); Laviers (*B.* Herb.); Épagne (*B.* Extr. Fl.); bois Boullon
près Abbeville (P. Fl.).

5. **V. sepium** L. *Sp.;* Coss. et Germ. *Fl.* 175; B. *Extr.* Fl.;
P. *Fl.;* Dub. *Bot.;* Gren. et Godr. *Fl.*

♃. Juin-juillet.

C C — Bois, haies, buissons.

6. **V. Cracca** L. *Sp.;* Coss. et Germ. *Fl.* 176 et *Illustr.;* B. *Extr. Fl.;* P. *Fl.;* Dub. *Bot.—Cracca major* Franken *Specul.* ex L. *Fl. Lapp.;* Gren. et Godr. *Fl.*

♃. Juin-août.

C C.— Prairies, bois, moissons.

S.-v. *argentea* (Coss. et Germ. *Fl.* 176.—*V. incana* Thuill. *Fl. Par.*).

7. **V. villosa** Roth *Tent. Fl. Germ.;* Coss. et Germ. *Fl.* 177 ; Koch *Syn.*

① ou ②. Juin-août.

Moissons, prairies artificielles.

Var. *α. villosa* (Coss. et Germ. *Fl.* 177.— *Cracca villosa* Gren. et Godr. *Fl.*).— *R R.—* Drucat.

Var. *β. glabrescens* (Koch *Syn.;* Coss. et Germ. *Fl.* 177.—*V. varia* Host. *Austr.—Cracca varia* Gren. et Godr. *Fl.*).— *A. R.—* Huchenneville ; Bray-lès-Mareuil ; Bailleul ; Villers-sur-Mareuil ; Neuilly-l'Hôpital; Fransu; Drucat; Jumel; Pissy, Bovelles (*Rom.*).

8. **V. tetrasperma** Mœnch *Méth.;* Coss. et Germ. *Fl.* 177. —*Ervum tetraspermum* L. *Sp.;* B. *Extr. Fl.;* P. *Fl.;* Dub. *Bot.;* Gren. et Godr. *Fl.* excl. var. *β.*

①. Juin-septembre.

C.— Bois, moissons.— Saint-Riquier ; Yvrench ; Drucat ; Hautvillers ; Huchenneville ; Limeux ; bois de Size près Ault ; bois de La Motte-Croix-au-Bailly ; Wailly; Bovelles (*Rom.*); Cambron (*T. C.*) ; Cagny, Notre-Dame de Grâce, Allonville, Ailly (*P. Fl.*).

Var. *β. gracilis* (Coss. et Germ. *Fl.* 178.—*Ervum tetraspermum* var. *gracile* P. *Fl.;* Dub. *Bot.—E. gracile* D C. *Hort. Monsp.;* Gren. et Godr. *Fl.* excl. var. *β.*).— *R R.* — Villers-sur-Authie (*Baill.* Herb.).

9. **V. hirsuta** Koch *Syn.* ed. 1; Coss. et Germ. *Fl.* 178.— *Ervum hirsutum* L. *Sp.;* B. *Extr. Fl.;* P. *Fl.;* Dub. *Bot.—Cracca minor* Riv. *Tetr. irr.;* Gren. et Godr. *Fl.* excl. var. *β.*

①. Juin-septembre.

A. C.— Bois, moissons.— Drucat ; Huchenneville ; Frucourt ; bois de Rampval près Mers ; Cambron (*T. C.*) ; Bovelles, Ailly-

sur-Somme (*Rom.*); Vauchelles-lès Quesnoy (*Picard* Not. manuscr.); Marcuil (*B.* Extr. Fl.); Eaucourt (*Baill.* Herb.); Notre-
Dame de Grâce, Allonville, Dury, Caubert (P. Fl.).

10. **V. Lens** Coss. et Germ. *Fl.* 178.— *Ervum Lens* L. *Sp.;* B.
Extr. Fl.; P. *Fl.;* Dub. *Bot.*— *Lens esculenta* Mœnch *Méth.;* Gren.
et Godr. *Fl.*

④. Juin-juillet.

Var. α. *vulgaris.* (*Lens esculenta* var. *vulgaris* Gren. et Godr.
Fl. 1, 476.— Vulg. *Grosse Lentille*).— Graines jaunâtres, carénées
sur les bords.— Cultivé quelquefois dans les potagers comme
plante alimentaire.

Var. β. *subsphærosperma.* (*Lens esculenta* var. *subsphærosperma*
Godr. *Fl. Lorr.* 1, 173.—Vulg. *Petite Lentille, Lentillon*).—Graines
petites, brunes, marbrées, arrondies sur les bords.—Cultivé en
grand avec le Blé.dans les terrains calcaires.— Quelquefois subspontané dans les moissons.

16. FABA Tourn. *Inst.*

1. **F. vulgaris** Mœnch *Méth.;* Coss. et Germ. *Fl.* 179; P. *Fl.;*
Dub. *Bot.*— *Vicia Faba* L. *Sp.;* B. *Extr. Fl.;* Gren. et Godr. *Fl.*—
(Vulg. *Fève, Fève de marais, Féverole*).

④. Juin septembre.
Cultivé en grand et dans les potagers.
Var. β. *minor* (P. *Fl.* 98).— Graines plus petites, arrondies.

17. PISUM Tourn. *Inst.*

1. **P. sativum** L. *Sp.;* Coss. et Germ. *Fl.* 179; B. *Extr. Fl.;*
P. *Fl.;* Dub. *Bot.;* Gren. et Godr. *Fl.*

④. Juin-août.
Cultivé dans les potagers et quelquefois en plein champ.
Var. α. *saccharatum* (Sering. in DC. *Prodr.* 2, 358; Gren. et
Godr. *Fl.* 1, 478.— Vulg. *Petit Pois, Pois nain, Pois Michaux,
Pois ridé ou de Knight, Pois vert,* etc.).—Légume à endocarpe
coriace.

Var. β. *macrocarpum* (Sering. in DC. *Prodr.* loc. cit.; Gren.

et Godr. loc. cit — *Vulg. Pois goulu, Pois mange tout*). — Légume plus grand à endocarpe non coriace.

2. **P. arvense** L. *Sp.;* Coss. et Germ. *Fl.* 180; B. *Extr. Fl.;* P. *Fl.;* Dub. *Bot.;* Gren. et Godr. *Fl.* — (Vulg. *Pisaille, Bisaille*).

①. Juin-août.

Cultivé en grand comme fourrage. — Quelquefois subspontané.

18. LATHYRUS L. *Gen.*

1. **L. pratensis** L. *Sp.;* Coss. et Germ. *Fl.* 180; B. *Extr. Fl.;* P. *Fl.;* Dub. *Bot.;* Gren et Godr. *Fl.*

♃. Juin-août.

C C. — Prairies, bois.

2. **L. palustris** L. *Sp.;* Coss. et Germ. *Fl.* 181; B. *Extr. Fl.;* P. *Fl.;* Dub. *Bot.;* Gren. et Godr. *F..*

♃. Juin-août.

R R. — Marais tourbeux, bords des fossés. — Marais Saint-Gilles à Abbeville ; Mareuil ; Picquigny.

3. **L. maritimus** Bigelow *Fl. Boston* 268; Fries *Scan.* 106; Gren. et Godr. *Fl.* 1, 486; Puel et Maille *Fl. loc.* exsicc. n. 145; Billot *Exsicc.* n. 3062. — *Pisum maritimum* L. *Sp.* 1027; B. *Extr. Fl.* 54; P. *Fl.* 102; Dub. *Bot.* 155; Koch *Syn.* 220; E. V. in *Bull. Soc. bot. Fr.* 4, 1033; *Fl. Dan.* t. 338.

Souche rameuse à racine s'enfonçant très profondément dans les galets. Tiges de 1-4 décim., ord. nombreuses, couchées étalées diffuses, anguleuses. Feuilles à 3-4 paires de folioles elliptiques arrondies, brièvement mucronées, épaisses, un peu charnues, glabres, glauques, fortement nerviées. Stipules ovales, sagittées, à oreillettes triangulaires aiguës, divergentes. Pétioles comprimés, plans en dessus, terminés en vrille rameuse. Fleurs grandes, disposées 4-10 en grappes, à étendard purpurin veiné, à ailes d'un bleu pâle. Pédoncules dressés, plus courts que les feuilles Calice à divisions ciliées, très inégales, les supérieures plus courtes, triangulaires, convergentes, les inférieures lancéolées acuminées, égalant le tube. Légumes de 4-5 centim. sur 1 environ, oblongs, comprimés, veinés réticulés, non bosselés, glabres, d'un brun jaunâtre à la maturité. Graines 4-6, globuleuses, noires, lisses, à hile occupant à peine un tiers de leur circonférence. ♃. Juin-août.

R R.— Galets maritimes à l'embouchure de la Somme, entre Cayeux et Le Hourdel et entre Cayeux et la caserne de Hautebut près le Hable d'Ault.— Seule localité connue en France (1).

Le *L. maritimus* Big., très répandu sur les côtes et quelquefois à l'intérieur dans notre hémisphère, y est abondant par places seulement. Les points les plus méridionaux sont du 50° au 51° degré de latitude dans l'ouest de l'Europe, du 40° au 46° en Amérique. On le trouve aussi en un seul point de l'hémisphère austral entre le Chili et la Terre-de-Feu sous le 47° degré de latitude sud (*Alph. D C.* Géogr. bot. 1048).

4. **L. sylvestris** L. *Sp.;* Coss. et Germ. *Fl.* 181; B. *Extr. Fl.;* P. *Fl.;* Dub. *Bot.;* Gren. et Godr. *Fl.*

♃. Juin-août.

A. R.— Lisières et clairières des bois. - Bois de Caumondel près Huchenneville; bois de Fréchencourt près Bailleul; bois de Rampval près Mers; Boves; Jumel; Cambron (*T. C.*); Bovelles, Ailly-sur-Somme, Ferrières (*Rom.*); Bray-lès-Mareuil (*B.* Extr. Fl.); Notre-Dame de Grâce, Dury, Caubert (*P. Fl.*).

5. **L. hirsutus** L. *Sp.;* Coss. et Germ. *Fl.* 181; P. *Fl.;* Dub. *Bot.;* Gren et Godr. *Fl.*

①. Juin-août.

A. R.— Moissons, champs de Blé.— Drucat; Cambron; Franqueville; Fieffes (*T. C.*); Bovelles (*Rom.*); Laviers *Picard* in *Baill.* herb.).

6. **L. angulátus** L. *Sp.;* Coss. et Germ. *Fl.* 182; B. *Extr. Fl.;* P. *Fl.;* Dub. *Bot.;* Gren. et Godr. *Fl.*

①. Juin-juillet.

R R.— Moissons, lieux incultes, taillis des bois. - Bois de

(1) Il existe sur la digue de galets, entre Mers et Le Tréport, deux ou trois pieds de *Lathyrus maritimus* Big. qui proviennent de graines que nous y avons semées en 1853.

Francières et de Pont-Remy (*Baill.* Herb.); Bernay (*B* Extr. Fl. et herb.).

7. **L. Cicera** L. *Sp.;* Coss. et Germ. *Fl.* 182; Dub. *Bot.:* Gren. et Godr. *Fl.*—(Vulg. *Gesse*).

①. Juin-juillet.

Cultivé quelquefois en grand avec le Seigle. - Subspontané dans les moissons : Ligescourt; Bœncourt près Béhen; Bray-lès-Mareuil; Bovelles (*Rom.*); Nesle (*Picard* Not. manuscr.).

8. **L. Aphaca** L. *Sp.;* Coss. et Germ. *Fl.* 182; B. *Extr. Fl.;* P. *Fl.;* Dub. *Bot.;* Gren. et Godr. *Fl.*

①. Juin-août.

C C.— Moissons, prairies, bois.

9. **L. Nissolia** L. *Sp.;* Coss. et Germ. *Fl.* 183; B. *Extr. Fl.;* P. *Fl.;* Dub. *Bot.;* Gren. et Godr. *Fl.*

①. Juin-août.

R R.—Moissons, bords des bois.—Cambron (*T. C.*); Pont-Remy (*B.* Extr. Fl.); Pinchefalise près Boismont (*B* Not. manuscr.); Crémery, Cressy (*Picard* Not. manuscr.); Pissy (*P.* Fl.).

Le *Coronilla minima* (L. *Sp.;* Coss. et Germ. *Fl.* 184; B. *Extr. Fl.;* P. *Fl* ; Dub. *Bot.;* Gren. et Godr. *Fl.*) a été indiqué d'une manière vague vers Péronne (*B.* Extr. Fl.; *P.* Fl.).

On plante dans les parcs le *Coronilla Emerus* (L. *Sp.;* Coss. et Germ. Not. in *Fl.* 185 ; P. *Fl.;* Dub. *Bot.;* Gren. et Godr. *Fl*), qui a été signalé comme subspontané dans les haies de Mautort près Abbeville (*P.* Fl.).

19. ORNITHOPUS L. *Gen.* ex parte.

1. **O. perpusillus** L. *Sp.;* Coss. et Germ. *Fl.* 185; B. *Extr. Fl.;* P. *Fl.;* Dub. *Bot.;* Gren. et Godr. *Fl.*

①. Mai-août.

R. Terrains sablonneux, pelouses, bois. — Bois du Cap-Hornu près Saint-Valery; Villers-sur-Authie; Boismont (*B* Extr. Fl.).

20. HIPPOCREPIS L. *Gen.*

1. **H. comosa** L. *Sp.;* Coss. et Germ. *Fl.* 186; B. *Extr. Fl.;* P. *Fl.;* Dub. *Bot.;* Gren. et Godr. *Fl.*

♃. Juin-juillet.

A. C. — Terrains calcaires, coteaux secs, lisières et clairières des bois. — Limeux ; Huchenneville; Oust-Marest; Mers; Ault; Francières ; Pont-Remy ; Wailly ; Jumel; Bovelles, Ferrières (*Rom.*); Cambron (*T.C.*); Épagne (*B.* Herb.) ; Caubert près Abbeville (*B. Extr.* Fl.).

21. ONOBRYCHIS Tourn. *Inst.*

1. **O. sativa** Lmk. *Fl. Fr.;* Coss. et Germ. *Fl.* 186; P. *Fl.;* Dub. *Bot.;* Gren. et Godr. *Fl.* — *Hedysarum Onobrychis* L. *Sp.;* B. *Extr. Fl.* — (Vulg. *Sainfoin*).

♃. Mai-juillet.

Cultivé en grand comme fourrage. — Subspontané surtout dans les terrains calcaires.

Le *Cercis Siliquastrum* (L. *Sp.;* Coss. et Germ Not. in *Fl.* 186; P. *Fl.;* Dub. *Bot.;* Gren. et Godr. *Fl.* — Vulg. *Arbre de Judée*), qui appartient à la famille des *Césalpiniées*, est fréquemment planté dans les parcs. On le rencontre à Boves près des ruines du château.

XXVI AMYGDALEÆ (Rosacearum Trib) Juss. *Gen.*

1. CERASUS Juss. *Gen.*.

1. **C. avium** Mœnch *Méth.;* Coss. et Germ. *Fl.* 202 ; P *Fl.;* Dub. *Bot.* — *Prunus avium* L. *Sp.;* B. *Extr. Fl.;* Gren. et Godr. *Fl.* — *Cerasus dulcis* Gærtn. *Fruct.;* Kirschleg. *Fl. Als.*

♄. Avril-juillet.

Var. α *sylvestris* (Coss. et Germ. *Fl.* 202. — Vulg. *Mérisier*). — *C C.* — Bois.

Var. β. *Juliana* (Coss. et Germ. *Fl.* 202. — *C. Juliana* D C. *Fl. Fr.;* P. *Fl.;* Dub. *Bot.* — Vulg. *Guigne, Cerise douce*). — Cultivé.

Var. *γ. Duracina* (Coss. et Germ. *Fl* 202. *C. Duracina* D C. *Fl. Fr* ; P. *Fl.;* Dub. *Bot.*—Vulg. *Bigarreau*).- Cultivé.

2. **C. vulgaris** Mill. *Dict.*; Coss. et Germ. *Fl.* 202.—*C. Capro-niana* DC. *Fl. Fr.;* P. *Fl.;* Dub. *Bot.—Prunus Cerasus* L. *Sp.;* B. *Extr. Fl.;* Gren. et Godr. *Fl —Cerasus acida* Gærtn. *Fruct.*; Kirschleg. *Fl. Als.*—(Vulg. *Griotte, Cerise commune, Cerise aigre*).

♄. Avril-juillet.

Cultivé dans les jardins et dans les vergers

S.-v. *brevipes* (Coss. et Germ. *Fl.* 202.—Vulg. *Cerise de Mont-morency*).

On cultive plusieurs variétés remarquables qu'il est difficile de rattacher avec certitude à l'une ou à l'autre des deux espèces précédentes, la *Cerise anglaise*, la *Griotte tardive à ratafia*, etc.

3. **C. Mahaleb** Mill. *Dict.;* Coss. et Germ. *Fl.* 202 ; P. *Fl.;* Dub. *Bot.— Prunus Mahaleb* L. *Sp.;* B. *Extr. Fl.;* Gren. et Godr. *Fl·* — (Vulg. *Bois de Sainte-Lucie*).

♄. Mai-août.

Fréquemment planté.— Naturalisé dans quelques bois

4. **C. Padus** DC. *Fl. Fr.*; Coss. et Germ. *Fl.* 203; P. *Fl ;* Dub. *Bot.— Prunus Padus* L. *Sp.;* Gren. et Godr. *Fl.*—(Vulg. *Merisier à grappes*).

♄. Mai-août.

Planté dans les parcs.— Naturalisé dans quelques bois.

2. PRUNUS Tourn. *Inst.*

1. **P. spinosa** L. *Sp.;* Coss. et Germ. *Fl.* 203; B. *Extr. Fl.;* P. *Fl.;* Dub. *Bot.;.* Gren. et Godr. *Fl.*—(Vulg. *Prunellier, Épine noire*).

♄. *Fl.* avril-mai. *Fr.* octobre-décembre.

C C.— Bois, haies.

Var. *β. fruticans* (Coss. et Germ. *Fl.* 204.—*P. fruticans* Weihe in *Bot. Zeit ;* Gren. et Godr. *Fl.-- P. spinosa* var. *macrocarpa* Coss. et Germ. *Fl.* ed. 1).— R R.— Cambron (*T. C.*).

2. **P. domestica** L. *Sp.;* Coss. et Germ. *Fl.* 204; B. *Extr. Fl.;* P. *Fl.;* Dub. *Bot.;* Gren. et Godr. *Fl.*—(Vulg. *Prunier*).

♄. *Fl.* avril mai. *Fr.* juillet-septembre.

Cultivé et fréquemment subspontané dans le voisinage des habitations.

3. **P. insititia** L. *Sp.;* Coss. et Germ. *Fl.* 204, Dub. *Bot.;* Gren. et Godr. *Fl.* — (Vulg. *Prunier*).

♄. *Fl.* avril-mai. *Fr.* juillet-septembre.

Cultivé et fréquemment subspontané dans le voisinage des habitations.

Les *P. domestica* et *insititia* L. ont produit un grand nombre de variétés distinctes par la forme, le volume, la couleur et la saveur du fruit (vulg. *Prune de Damas, Perdrigon, Reine-Claude, Mirabelle, Prune impériale,* etc.).

4. **P. Armeniaca** L. *Sp.;* Coss. et Germ. *Fl.* 204; B. *Extr. Fl.;* Gren. et Godr. *Fl.*— *Armeniaca vulgaris* Lmk. *Encycl. méth.;* P. *Fl.;* Dub. *Bot.*—(Vulg. *Abricotier*).

♄. *Fl.* mars-avril. *Fr.* juillet-août.

Cultivé en espalier, plus rarement en plein vent.

5. AMYGDALUS L. *Gen.*

1. **A. Persica** L. *Sp.;* Coss. et Germ. *Fl.* 205; B. *Extr. Fl.;* Gren. et Godr. *Fl.*— *Persica vulgaris* Mill. *Dict.;* P. *Fl.;* Dub. *Bot.* - (Vulg. *Pêcher*).

♄. *Fl.* mars-avril. *Fr.* août-octobre.

Cultivé en espalier, très rarement en plein vent.

Var. β *lœvis* (Coss. et Germ. *Fl.* 205; Gren. et Godr. *Fl.*— *Persica vulgaris* var. *lœvis* P. *Fl.;* Dub. *Bot.*—Vulg. *Brugnon*).

XXVII. ROSACEÆ Juss *Gen.* ex parte.

1. SPIRÆA L. *Gen.*

1. **S. Filipendula** L. *Sp.;* Coss. et Germ. *Fl.* 207; B. *Extr. Fl.;* P. *Fl.;* Dub. *Bot.;* Gren. et Godr. *Fl.*

♃. Juin-juillet.

R R.— Coteaux secs, clairières des bois.— Bois d'Yzeux; bord de la route d'Ailly-le-Haut-Clocher à Amiens (*P.* Fl.).

2. **S. Ulmaria** L. *Sp.*; Coss. et Germ. *Fl.* 207; B. *Extr. Fl.*; P. *Fl.*; Dub. *Bot.*; Gren. et Godr. *Fl.*—(Vulg. *Reine des prés*).

♃. Juin-août.

Prairies humides ombragées.

Var. *α. denudata* (Koch *Syn.* 231).— Feuilles glabres et vertes en dessous.— *R.*—Drucat; Aveluy; Abbeville (*H. Sueur*).

Var. *β. discolor* (Koch *Syn* 231; Coss. et Germ. *Fl.* 208. – *C C.*

2. RUBUS L. *Gen.*

1. **R. Idæus** L. *Sp* ; Coss. et Germ. *Fl.* 209; B. *Extr. Fl.*; P. *Fl.*; Dub. *Bot.*; Gren. et Godr. *Fl.*—(Vulg. *Framboisier*).

♄ Juin-août.

A. R.— Forêts.— Crécy ; Dompierre ; Lucheux.

2. **R. cæsius** L. *Sp.*; Coss. et Germ. *Fl.* 209; B. *Extr. Fl.*; P. *Fl.*; Dub. *Bot.*; Gren. et Godr. *Fl.*

♄. Juin-août.

C C.— Bois ombragés, champs arides, lieux incultes.

S.-v. *umbrosus.* (*R. cæsius* var. *umbrosus* Wallr *Sched.* 220 ; Gren. et Godr. *Fl.* 1, 538).—Feuilles grandes, molles, vertes, presque glabres.

S -v. *agrestis.* (*R cæsius* var. *agrestis* Weihe et Nees *Rub* 102; Gren. et Godr. *Fl.* 1, 538).—Tiges moins élevées, raides, rameuses. Feuilles petites, coriaces, plissées, veloutées en dessous.

Var. *β. dumetorum* (Coss. et Germ. *Fl* 209.—*R. dumetorum* Weihe et Nees *Rub*).— *A. R.*— Bois de Fréchencourt près Bailleul ; Cambron (*T. C.*).

3. **R. fruticosus** L. *Sp.*; Coss. et Germ. *Fl.* 209; B. *Extr. Fl.*; P. *Fl.*; Dub. *Bot.*

♄. Juin-septembre.

Bois, haies, buissons, bords des chemins, coteaux arides.

Var *α. discolor* (Coss. et Germ. *Fl.* 209.— *R. discolor* Weihe et Nees *Rub.*; Gren. et Godr. *Fl.*).— *R. fruticosus* Sm. *Brit.* et mult. auct.— *C C.*

S.-v *niveus* (Coss et Germ. *Fl* 210).

S -v. *cinereus* (Coss. et Germ. *Fl* 210).

Var. β. *tomentosus* s.-v. *glabratus* (Coss. et Germ. *Fl.* 210.—
R. tomentosus Borckh in Willd. *Sp.* ex parte; Gren. et Godr. *Fl.*
ex parte).— *R.*— Forêt de Crécy (*T. C.*); bois de Bovelles (*Rom.*).

Var. γ. *corylifolius* (Coss. et Germ. *Fl.* 210.— *R. corylifolius*
Sm. *Fl. Brit*; P. *Fl.*; Dub. *Bot.*— *R. nemorosus* Hayne *Arzn.*;
Gren. et Godr. *Fl*). - *C C.*

S.-v. *plicat* s (Coss. et Germ. *Fl.* 210).

Var. δ. *glandulosus* (Coss. et Germ. *Fl.* 210 — *R. glandulosus*
Bellardi *Act Taur.*). — *A. C.*- Caubert près Abbeville; Saint-
Riquier; forêt de Lucheux; bois de Size près Ault; Huchenneville;
bois du Gard près Picquigny (*T. C.*); forêt d'Ailly-sur-Somme
(*Rom.*).

Var. ε. *rudis.* (*R. rudis* Weihe et Nees *Rub.* 91; Gren. et Godr.
Fl. 1, 554; Kirschleg. *Fl. Als.* 1, 224). Tiges grêles, anguleuses,
velues, un peu glanduleuses au sommet, à aiguillons inégaux,
droits, un peu inclinés. Feuilles inférieures à 5 folioles pétiolulées;
feuilles supérieures à 3 folioles, les deux latérales sessiles; folioles
coriaces, vertes presque glabres en dessus, grisâtres pubescentes
en dessous, ovales, longuement atténuées, acuminées. Fleurs à
pétales étroits, oblongs, atténués à la base. — *R.* — Bois de
Bovelles (*Rom*).

Var. ζ *vestitus.* (*R. vestitus* Weihe et Nees *Rub.* 81; Gren. et
Godr. *Fl.* 1, 541; Kirschleg. *Fl. Als.* 1, 222).— Tiges robustes,
anguleuses, velues, à aiguillons droits, comprimés, élargis à la
base. Feuilles inférieures à 5 folioles, les 2 moyennes et la terminale longuement pétiolulées; feuilles supérieures à 3 folioles, les
latérales presque sessiles; folioles vertes presque glabres en
dessus, couvertes en dessous d'une pubescence grisâtre soyeuse,
les latérales obovales, la terminale orbiculaire brusquement
acuminée. Fleurs à pétales ovales suborbiculaires.— *R.* — Bois de
Bovelles (*Rom.*).

Le *R. fruticosus* L. présente un très grand nombre de variétés
et de sous-variétés, qui sont décrites par beaucoup d'auteurs
modernes comme des espèces distinctes. Nous mentionnons
seulement celles que nous avons observées d'une manière par-

ticulière et dont les caractères différentiels ont attiré notre attention. Une étude plus approfondie sur les plantes vivantes doit faire distinguer d'autres variétés parmi les nombreux *Rubus* qui croissent dans nos limites.

3 GEUM L. *Gen.*

1. **G. urbanum** L. *Sp.:* Coss. et Germ. *Fl.* 211; B. *Extr. Fl.;* P. *Fl ;* Dub. *Bot.;* Gren. et Godr *Fl.*

♃. Juin-août.

C C. — Bois, haies, lieux secs, prairies humides.

2. **G. rivale** L. *Sp.;* Coss. et Germ. *Fl.* 212; B. *Extr. Fl.;* P. *Fl.;* Dub. *Bot.;* Gren. et Godr. *Fl.;* Puel et Maille *Fl. loc.* exsicc. n. 170.

♃. Mai-juillet.

R R. — Prés tourbeux ombragés — Commun dans les prairies du faubourg Saint-Gilles à Abbeville; Renancourt près Amiens (*Rom.*). — Se trouve à Blangy [Seine-Inférieure].

4. FRAGARIA L. *Gen.*

1. **F. vesca** L. *Sp.;* Coss. et Germ. *Fl.* 212; B. *Extr. Fl.;* P. *Fl.;* Dub. *Bot.;* Gren. et Godr. *Fl.* — (Vulg. *Fraisier commun, Fraisier des bois*).

♃. Avril-juin.

C C. — Bois, coteaux boisés.

2. **F. elatior** Ehrh. *Beitr.;* Coss. et Germ. *Fl.* 213. — *F. magna* Thuill. *Fl. Par.;* Gren. et Godr. *Fl.;* Koch *Syn.*

♃. Avril juin.

R. — Haies, lieux herbeux, coteaux boisés. — Drucat; Les Alleux près Béhen; Estrées-lès-Crécy.

5. COMARUM L. *Gen.*

1. **C. palustre** L. *Sp.;* Coss. et Germ. *Fl.* 214; B. *Extr. Fl.;* P. *Fl.;* Gren. et Godr. *Fl.* — *Potentilla Comarum* Scop. *Carn.;* Dub. *Bot.*

♃. Juin-juillet.

R R. — Marais tourbeux inondés. — Marais entre Rue et Villers-sur-Authie ; Quend (*Baill.* Herb.).

6. POTENTILLA L. *Gen.*

1. **P. Fragaria** Poir. *Encycl. méth.;* Coss. et Germ. *Fl.* 215; P. *Fl.;* Dub. *Bot.* — *P. Fragariastrum* Ehrh. *Herb.;* Gren. et Godr. *Fl.* — *Fragaria sterilis* L. *Sp.;* B. *Extr. Fl.*

♃. Avril-mai.

C C. — Bois, coteaux herbeux.

2. **P. reptans** L. *Sp.;* Coss. et Germ. *Fl.* 216 ; B. *Extr. Fl.;* P. *Fl.;* Dub. *Bot.;* Gren. et Godr. *Fl.* — (Vulg. *Quintefeuille*).

♃. Juin-août.

C. — Prés secs ou humides, lieux herbeux, bords des bois. — Drucat ; forêt de Crécy ; dunes de Saint-Quentin-en-Tourmont ; Bovelles, Saisseval (*Rom.*) ; remparts d'Abbeville (*B.* Extr. Fl.).

3. **P. Tormentilla** Sibth. *Oxon* ; Coss. et Germ. *Fl.* 216 excl. var.; P. *Fl.* excl. var.; Dub *Bot.* excl. var.; Gren. et Godr. *Fl.* — *Tormentilla erecta* L. *Sp.;* B. *Extr. Fl* — (Vulg. *Tormentille*).

♃. Juin-août.

C C. — Prés secs ou humides, bois.

4. **P. mixta** Nolte ap. Rchb. *exsicc.;* Gren. et Godr. *Fl.;* Koch *Syn.* — *P. Tormentilla* var. *mixta* Coss. et Germ. *Fl.* 216. — *P. Tormentilla* var. *nemoralis* P. *Fl.;* Dub. *Bot.* — *Tormentilla reptans* B. *Extr. Fl.*

♃. Juin-août.

R R. — Lieux ombragés des forêts. — Forêt de Crécy. — Se trouve dans la forêt d'Eu [Seine-Inférieure].

5. **P. verna** L. *Sp.;* Coss. et Germ. *Fl.* 217 ; B. *Extr. Fl.;* P. *Fl.;* Dub. *Bot.;* Gren. et Godr. *Fl.*

♃. Avril-juin.

A. R. — Coteaux secs, bords des bois. — Bovelles, Ferrières, Savense, Saisseval (*Rom.*) ; Montdidier (*Abbé Dufourny*) ; Notre-Dame de Grâce (*B.* Herb.) ; Cagny, Boves, Ailly (P. Fl.).

6. **P. argentea** L. *Sp.;* Coss. et Germ. *Fl.* 217 ; B. *Extr. Fl.;* P. *Fl.;* Dub. *Bot.;* Gren. et Godr. *Fl.*

♃. Juin-septembre.

R R. — Coteaux secs, clairières des bois, lieux sablonneux. — Notre-Dame de Grâce (*P. Fl.*) ; Boismont (*B.* Herb.).

7. **P. Anserina** L. *Sp.*; Coss. et Germ. *Fl.* 218; B. *Extr. Fl.;* P. *Fl.;* Dub. *Bot.*; Gren. et Godr. *Fl.*

♃. Juin-octobre.

C C. — Bords des chemins, prairies, lieux cultivés humides, pelouses sèches et calcaires.

7. ROSA L. *Gen.*

1. **R. canina** L. *Sp.;* Coss. et Germ. *Fl.* 220 excl. var. δ; B. *Extr. Fl.;* P. *Fl.;* Dub. *Bot.;* Gren et Godr. *Fl.* — (Vulg. *Églantier*).

♄. *Fl.* juin *Fr.* août-novembre.

Bois, haies, buissons

Var. α. *canina* (Coss. et Germ. *Fl.* 220. — *R. canina* var. *genuina* Gren. et Godr. *Fl.*). — Folioles d'un vert luisant (*R. nitens* Desv. *Journ.* 1813, 114. — *R. canina* var. *nitens* D C. *Prodr.* 2, 613; P. *Fl.* 118) ou d'un vert glauque (*R. glaucescens* Desv. loc. cit. — *R canina* var. *glaucescens* D C. *Prodr* loc. cit.; P. *Fl* 118). — *C C.*

Var. β. *Andegavensis* (Coss. et Germ. *Fl.* 220. — *R. Andega-vensis* Bast. *Ess.* — *R. canina* var. *hispida* D C. *Prodr.;* Dub. *Bot.* — *R. canina* var. *hirtella* Gren. et Godr. *Fl.*). — *R.* — Pont-Remy; bois du Brusle près Huchenneville ; Boves près des ruines du château.

Var. γ. *dumetorum* (Coss. et Germ. *Fl.* 220 ; Koch *Syn.;* P. *Fl.;* Dub. *Bot.* — *R. dumetorum* Thuill. *Fl. Par.* — *C.* — Limeux ; Huchenneville ; Ercourt ; Drucat ; Rue (*T. C.*).

2. **R. rubiginosa** L. *Mant.;* Coss. et Germ. *Fl.* 220; B. *Extr. Fl.;* P. *Fl.;* Dub. *Bot.;* Gren. et Godr. *Fl.*

♄. *Fl.* juin-juillet. *Fr.* août-novembre.

A. C. — Coteaux arides, bords des chemins, buissons. - Ercourt; Caumont près Huchenneville ; Frucourt ; Épagne ; Francières ; Cambron ; Bovelles (*Rom.*) ; Caubert près Abbeville, Saint-Valery (*Baill.* Herb.) ; Boves, Oresmaux, Talmas (*P. Fl.*).

S -v. *umbellata* (Coss. et Germ. *Fl.* 221).

Var. β. *sepium* (D C. *Prodr.;* P. *Fl.;* Dub. *Bot.;* Gren. et Godr. *Fl.*— *R. canina* var. *sepium* Coss. et Germ. *Fl.* 220 ; Koch *Syn.*— *R. sepium* Thuill. *Fl. Par.*).— Folioles ovales oblongues. Pédoncules et tubes des calices glabres. Fleurs blanches-rosées. Fruit ord. ovoïde.— *R.*— Drucat ; Caubert près Abbeville.

3. **R. tomentosa** Sm. *Fl. Brit.;* Coss. et Germ. *Fl.* 221; Dub. *Bot.;* Gren. et Godr. *Fl.*— *R. villosa* var. *tomentosa* P. *Fl.;* Brébiss. *Fl. Norm.*

♄. *Fl.* juin. *Fr.* août-novembre.

A. R.— Bois, haies, buissons.— Limeux ; Bailleul ; Les Alleux près Béheu ; Huchenneville ; Bovelles (*Rom.*) ; Mareuil (*Baill. Herb.*); Nesle, Menchecourt près Abbeville (*Picard* Not. manuscr.).

4. **R. stylosa** Desv. *Journ. bot.;* Coss. et Germ. Not. in *Fl.* 221 ; Dub. *Bot.;* Gren. et Godr. *Fl.*— *R. arvensis* var. *stylosa* Brébiss. *Fl. Norm.*— *R. serpenti-canina* Kirschleg. *Fl. Als.*

♄. *Fl.* juin-juillet. *Fr.* août-octobre.

R R.-- Haies, buissons -- Bovelles (*Rom.*).

5. **R. arvensis** Huds. *Fl. Angl.;* Coss. et Germ. *Fl.* 222 ; B. *Extr. Fl.;* P. *Fl.;* Dub. *Bot.;* Gren. et Godr. *Fl.*

♄. *Fl* juin. *Fr.* août-octobre.

C C.— Haies, coteaux incultes, lisières des bois, taillis.

S.-v. *microj hylla.* (*R. arvensis* var. *microphylla* Brébiss. *Fl. Norm.* 82).— Folioles petites, arrondies.

Var. β. *bibracteata* (D C. *Pr dr ;* Dub. *Bot.;* Brébiss. *Fl. Norm.* — *R. arvensis* s.-v. *umbellata* Coss. et Germ. *Fl.* 222.— *R. arvensis* var. *bracteata* Gren. et Godr. *Fl.*— *R. bibracteata* Bast. in D C. *Fl. Fr.*).— *R.*— Limeux ; Wailly ; Cambron (*T. C.*) ; Bovelles (*Rom.*) ; Nesle (*Picard* Not. manuscr.).

6. **R. pimpinellifolia** L. *Sp.;* Coss et Germ. *Fl.* 222 ; P. *Fl.*— *R. pimpinellifolia* var. *vulgaris* Dub. *Bot.*— *R. pimpinellifolia* var. *intermedia* Gren. et Godr. *Fl.*

♄. *Fl.* juin-juillet. *Fr.* août-octobre.

R R.— Coteaux arides, terrains sablonneux, bois. Saint-Valery ; bois de Lanchères.

8. AGRIMONIA L. *Gen.*

1. **A. Eupatoria** L. *Sp.;* Coss. et Germ. *Fl.* 224; B. *Extr.*
Fl.; P. *Fl.;* Dub. *Bot.;* Gren. et Godr. *Fl.*

♃. Juin-septembre.

C C.—Lieux herbeux, pelouses, bords des chemins, lisières
des bois.

XXVIII. SANGUISORBEÆ (Rosacearum Trib.)
Juss. *Gen.*.

1. ALCHEMILLA Tourn. *Inst.*

1. **A. arvensis** Scop. *Carn.;* Coss. et Germ. *Fl.* 584; P. *Fl.;*
Dub. *Bot.;* Gren. et Godr. *Fl.*—*Aphanes arvensis* L. *Sp.;* B. *Extr. Fl.*

④ Mai-août.

C C.—Champs arides, prairies artificielles, bords des chemins.

L'*A. vulgaris* (L. *Sp.;* Coss. et Germ. *Fl.* 583; B. *Extr. Fl.;*
P. *Fl.;* Dub. *Bot.;* Gren. et Godr. *Fl.*) a été signalé à Crécy, à
Monflières près Abbeville (*du Maisniel de Belleval* in P. *Fl.*) et
dans les environs de Poix (*Galhaut* in P. *Fl.*).—Cette espèce nous
paraît douteuse pour notre Flore.

2. POTERIUM L. *Gen.*

1. **P. Sanguisorba** L. *Sp.;* Coss. et Germ. *Fl.* 585; B. *Extr.*
Fl.; P. *Fl.;* Dub. *Bot.*—(Vulg. *Pimprenelle*).

♃. Mai-septembre.

Var. α. *dictyocarpum* (Coss. et Germ. *Fl.* 585. — *P. dictyocar-*
pum Spach in *Ann. sc. nat.;* Gren. et Godr. *Fl.*).—*C C.*—Coteaux
arides, pâturages secs, lisières et clairières des bois.

Var. β. *muricatum* (Coss. et Germ. *Fl.* 585. — *P. muricatum*
Spach in *Ann. sc. nat.;* Gren. et Godr. *Fl.*—*P. polygamum* W. et
K. *Pl. rar. Hung.;* Koch *Syn.*).— *A. C.* — Prairies artificielles,
champs de Sainfoin.—Ercourt; Inval près Huchenneville; Cau-
bert près Abbeville; Bouillancourt-en-Sery; Noyelles-sur-Mer;
Drucat; Wailly.—Cultivé dans les potagers.

XXIX. POMACEÆ (Rosacearum Trib.) Juss *Gen.*

1. MESPILUS L. *Gen.* ex parte.

1. **M. Germanica** L. *Sp.;* Coss. et Germ. *Fl.* 226; B. *Extr.*
Fl.; P. *Fl ;* Dub. *Bot.;* Gren et Godr. *Fl.*—(Vulg. *Néflier.*—En picard
Meiller)

♄. *Fl.* mai. *Fr.* septembre.

A. R.— Bois, haies, buissons.—Huchenneville ; Huppy ; Béhen ;
Caubert près Abbeville; Gamaches; Drucat; Mers; Bovelles (*Rom.*);
Boves, Longpré, Pont-de-Metz, Bray, Gouy, Laviers (*P.* Fl.).—
Planté dans les jardins et les vergers.

Var. β. *sativa* (P. *Fl.* 121. - *M. sativa* Chevall. *Fl. Par.* 2, 686).
—Rameaux non épineux. Fruits plus gros.— Cultivé.

2. CRATÆGUS L. *Gen.* ex parte.

1. **C. oxyacantha** L. *Sp.;* Coss. et Germ. *Fl.* 227; P. *Fl.;*
Dub. *Bot.*—(Vulg. *Épine blanche, Aubépine*).

♄. *Fl.* mai. *Fr.* août-octobre.

CC.— Haies, buissons, bois.

Var. α. *monogyna* (Coss. et Germ. *Fl.* 227.— *C. monogyna*
Jacq. *Austr.;* B. *Extr. Fl.;* Gren. et Godr. *Fl.;* Koch *Syn.*

Var. β. *oxyacanthoides* Coss. et Germ. *Fl.* 227.— *C. oxyacantha*
Jacq. *Austr.;* B. *Extr. Fl.;* Gren. et Godr. *Fl.*— *C. oxyacanthoides*
Thuill. *Fl. Par.* - *C. oxyacantha* var. *obtusata* D C. *Prodr ;* P. *Fl.;*
Dub. *Bot.*

3. CYDONIA Tourn. *Inst.*

1. **C. vulgaris** Pers. *Syn.;* Coss. et Germ. *Fl.* 228; P. *Fl.;*
Dub. *Bot.;* Gren. et Godr. *Fl.*— *Pyrus Cydonia* L. *Sp.*—(Vulg.
Cognassier).

♄. *Fl.* avril-mai. *Fr.* septembre-octobre.

Planté dans les jardins et les vergers.— Rarement subspontané.

4. PYRUS Tourn. *Inst.*

1. **P. communis** L. *Sp.;* Coss. et Germ. *Fl.* 228 ; B. *Extr. Fl.;*
P. *Fl.;* Dub. *Bot.;* Gren. et Godr *Fl.*— (Vulg. *Poirier*).

7

♄. *Fl.* avril-mai. *Fr.* août-octobre.

R. — Spontané ou naturalisé dans les bois. — Drucat; Bovelles (*Rom.*); Dury, Boves, Saint-Fuscien, forêt de Crécy (*P. Fl.*).

Le *P. communis* L. a produit un très grand nombre de variétés et de sous-variétés cultivées dans les jardins et les vergers.

5. MALUS Tourn. *Inst.*

1. **M. communis** Lmk. *Illustr.;* Coss. et Germ. *Fl.* 229. — *Pyrus Malus* L. *Sp.;* B. *Extr. Fl.*

♄. *Fl.* avril-mai. *Fr.* septembre-octobre

Var. *α. acerba* (Coss. et Germ. *Fl.* 229. — *Pyrus acerba* DC. *Prodr.;* Dub. *Bot.;* Gren. et Godr. *Fl.* — Vulg. *Boquetier, Pommier sauvage*). — *A. R.* — Spontané. — Bois, buissons, haies. — Huchenne-ville; Huppy; Drucat; Crécy; Cambron (*T. C.*); Bovelles (*Rom.*); Menchecourt près Abbeville (*Baill. Herb.*).

Var. *β. sativa.* (*M. communis* var. *mitis* Coss. et Germ. *Fl.* 229 — *Pyrus Malus* Dub. *Bot.;* Gren. et Godr. *Fl.* — Vulg. *Pommier cultivé, Pomme à cidre, Pomme à couteau*). — Subspontané dans quelques bois. — Cet arbre, cultivé très communément dans les vergers et les jardins, présente de nombreuses variétés, distinctes par la forme, le volume, la couleur et la saveur du fruit.

Il existe à Saint-Valery-sur-Somme un Pommier unisexuel qui a été l'objet d'une notice intéressante publiée par M. Tillette de Clermont-Tonnerre (1). L'extrait que nous allons donner de ce travail renferme les observations les plus importantes.

Le Pommier de Saint-Valery diffère d'une manière remarquable du Pommier commun (*Malus communis* Lmk.) par ses fleurs et par ses fruits. Les fleurs portées sur des pédoncules tomenteux ont un calice à dix divisions soudées à la base, disposées sur deux

_____

(1) Voir les *Mémoires de la Société Linnéenne de Paris* (1825. — t. 5, p. 164 et pl. 5), la *Revue encyclopédique* (septembre 18:9. — t. 43, p 761), les *Mémoires de la Société d'Émulation d'Abbeville* (1833. — p. 20 et pl. 1) et la *Flore du département de la Somme* par M. Pauquy (1834. — p. 125).

rangs alternes, les intérieures un peu plus courtes. La corolle et les étamines manquent. Les styles au nombre de quatorze, légèrement velus à la base, sont surmontés d'un stigmate oblique très visqueux. La stérilité de cet arbre est une conséquence de l'organisation de ses fleurs ; aussi faut-il, pour lui faire porter fruit, avoir recours à la fécondation artificielle à l'aide de pollen pris sur les fleurs hermaphrodites d'autres pommiers.

Les fruits obtenus de cette manière se distinguent des pommes ordinaires par un étranglement qui est situé vers les deux tiers de leur longueur et qui donne à leur coupe verticale une figure panduriforme. Dans l'intérieur se trouvent quatorze loges disposées sur deux plans parallèles, dont cinq occupent, comme dans les pommes ordinaires, le milieu du fruit, et les neuf autres plus petites la partie voisine du sommet. Ces loges ne contiennent pas toutes des graines ; le nombre de ces dernières varie de trois à neuf.

Pour rendre raison de la structure des fleurs et des fruits de cet arbre, M. Tillette de Clermont-Tonnerre a eu recours à la théorie des soudures et des avortements développée par M. de Candolle dans sa *Théorie élémentaire de la Botanique*. La monstruosité dont il s'agit serait le produit de trois fleurs soudées, dans lesquelles il y aurait avortement des pétales, des étamines, d'un calice et d'un pistil et dont deux seraient superposées à la troisième.

6. SORBUS L. *Gen.*

1. **S. domestica** L. *Sp.;* Coss. et Germ. *Fl.* 230; P. *Fl.;* Gren. et Godr. *Fl.*—*Pyrus sorbus* Gærtn. *Fruct.;* Dub. *Bot.*—(Vulg. *Cormier*).

♄. *Fl.* mai-juin. *Fr.* septembre-octobre.

R R.—Bois.—Wailly ; Boves, Guyencourt (P. Fl.).

2. **S. aucuparia** L. *Sp.;* Coss. et Germ. *Fl.* 230; B. *Extr. F.;* P. *Fl.;* Gren. et Godr. *Fl.*—*Pyrus aucuparia* Gærtn. *Fruct.;* Dub *Bot.*—(Vulg. *Sorbier des oiseaux*).

♄ *Fl.* mai-juin. *Fr.* septembre-octobre.

R.—Bois montueux.—Caubert près Abbeville; Mareuil; Jumel;

Aveluy.; Crécy; Caux, bois Boullon près Abbeville, Amiens
(*P. Fl.*).—Souvent planté dans les parcs.

3. **S. torminalis** Crantz *Austr.;* Coss. et Germ. *Fl.* 230; P.
Fl.; Gren. et Godr. *Fl.—Cratægus torminalis* L *Sp.;* B. *Extr. Fl.*
—*Pyrus torminalis* Ehrh. *Beitr.;* Dub *Bot.—* (Vulg. *Alisier*).

♄ *Fl.* mai. *Fr.* septembre-octobre.

A. R. — Bois. — Huchenneville ; Bray-lès-Marcuil ; Wailly ;
Jumel; Aveluy; Le Gard près Picquigny (*T. C.*); Hocquincourt
(*Abbé Dufourny*); Bovelles (*Rom.*); Fieffes (*Picard* Not. manuscr.);
Francières, Bailleul (*B.* Herb.).

4. **S. Aria** Crantz *Austr.;* Coss. et Germ. *Fl.* 231; P. *Fl.;* Gren.
et Godr. *Fl — Cratægus Aria* α. L. *Sp.;* B *Extr. Fl.—Pyrus Aria*
Ehrh. *Beitr.;* Dub. *Bot.*

♄. *Fl.* mai-juin. *Fr.* septembre.

R R.— Bois montueux. — Bois du Camp-Thibaut près Berny-
sur-Noye (*P.* Fl.); Caux (*B.* Extr. Fl.).

XXX. ONAGRARIEÆ Juss. in *Ann. mus.*

1. EPILOBIUM L *Gen.*

1. **E. spicatum** Lmk. *Encycl. méth.;* Coss. et Germ. *Fl.* 233
et *Illustr.;* P. *Fl.;* Dub. *Bot.;* Gren. et Godr. *Fl.— E. angustifolium*
L. *Sp.* excl. var. β. et γ.; B. *Extr. Fl.—*(Vulg. *Laurier de Saint-
Antoine*).

♃. Juin-août.

A. R.— Bois, lieux humides.— Ercourt; Hocquincourt; forêt
de Crécy; bois Boullon près Abbeville; Cambron, Le Hourdel
(*T. C.*); fossés des fortifications à Abbeville (*H. Sueur*); Ailly-
sur-Somme (*Rom*); bois de Saint-Riquier (*Picard* Not. manuscr.).

2. **E. hirsutum** L. *Sp.* excl. var. β.: Coss. et Germ. *Fl.* 2.3
et *Illustr.;* B. *Extr. Fl.;* P. *Fl.;* Dub. *Bot.;* Gren. et Godr. *Fl.—
E. aquaticum* Thuill. *Fl. Par.*

♃. Juillet septembre.

A. C.—Marais, bords des eaux.— Drucat; Abbeville; Picquigny;

Aveluy; Thiepval; Cambron (*T. C.*); Le Mesge, Renancourt près Amiens (*Rom.*); Rivery, Camon, Longueau (P. Fl.).

Var. β. *intermedium* (DC *Prodr.* 3, 45; Dub. *Bot.* 188.— *E. hirsutum* var. *villosissimum* Koch *Syn.* 265. — *E. intermedium* Mérat *Fl. Par.* 147; P. *Fl.* 137).— Plante très velue. Feuilles non amplexicaules, couvertes d'un duvet serré et blanchâtre, à dents plus petites et plus écartées. Capsules mollement pubescentes — R.— Abbeville sur les bords de la Somme au Pâtis; Menchecourt près Abbeville (*Picard* Not. manuscr.); Camon, Longueau (P. Fl.).

3. **E. parviflorum** Schreb. *Spicil ;* Coss. et Germ. *Fl.* 234; P. *Fl.;* Gren. et Godr. *Fl.— E. molle* Lmk. *Encycl. méth.;* Dub. *Bot ;* Coss. et Germ. *Illustr — E. hirsutum* β. L. *Sp.*

♃. Juin-septembre.

C.— Lieux humides, fossés, bords des cha ps. · Drucat; Saint-Quentin-en-Tourmont ; Abbeville; Cambron (*T. C.*); Le Mesge (*Rom.*); Saint-Maurice, Fortmanoir, Rivery (P. Fl.).

S.-v. *verticillatum* (Coss. et Germ. *Fl.* 234).— R.— Abbeville.

4. **E. montanum** L. *Sp ;* Coss. et Germ. *Fl.* 234 et *Illustr.;* B. *Extr. Fl.;* P. *Fl.;* Dub *Bot.;* Gren. et Godr. *Fl.*

♃. Juin-août.

C C.— Bois humides, lieux ombragés.

S.-v. *verticillatum* (Coss. et Germ. *Fl.* 234).— R. — Forêt de Lucheux ; forêt de Crécy (*T. C.*).

5. **E. palustre** L. *Sp.;* Coss. et Germ. *Fl.* 234 et *Illustr.;* B. *Extr. Fl.;* P. *Fl.;* Dub. *Bot.;* Gren. et Godr. *Fl.*

♃. Juin-septembre.

A. R. — Marais tourbeux , lieux inondés, bois humides. — Drucat ; Caux ; Bray-lès-Mareuil ; Picquigny ; Saint-Quentin-en-Tourmont; Cambron (*T. C*); Renancourt près Amiens (*Rom.*); forêt de Crécy (*Baill.* Herb); Nesle (*Picard* Not. manuscr.); Longueau, Fortmanoir (P. Fl.).

6. **E. tetragonum** L. *Sp.:* Coss. et Germ. *Fl.* 235; P. *Fl.;* Dub. *Bot.*

♃. Juin-septembre.

Bois , lieux humides.

Var. α. *tetragonum* (Coss. et Germ. *Fl.* 235.— *E. tetragonum Engl. Bot.;* Gren. et Godr. *Fl.*).— *R.*— Drucat ; Caux ; forêt de Crécy (*T. C.*); Bovelles (*Rom.*); Abbeville (*B.* Extr. *Fl.*) ; Camon, Saint-Maurice près Amiens (*P.* Fl.).

Var. β. *obscurum* (Coss. et Germ. *Fl.* 235.— *E. obscurum* Schreb. *Spicil.*—*E. virgatum* Fries *Nov. Fl. Suec.;* Gren. et Godr. *Fl.*).— *R R.*— Bois de La Motte à Cambron (*T. C.*).

7. **E. roseum** Schreb. *Spicil.;* Coss. et Germ. *Fl.* 235 et *Illustr.;* Dub. *Bot.;* Gren. et Godr. *Fl.*

♃. Juin-septembre.

R R.— Lieux humides.— Abbeville (*T. C.; Picard* Not. in herb. *Baill.*).

2. OENOTHERA L. *Gen.*

1. **OE. biennis** L. *Sp.;* Coss. et Germ. *Fl.* 236; B. *Extr. Fl* ; P. *Fl.;* Dub. *Bot.;* Gren. et Godr. *Fl.*

②. Juin-septembre.

Cultivé dans les jardins. — Quelquefois naturalisé dans les vergers, dans les bois et au bord des eaux.—La Hautoye à Amiens (*Rom.*); Sur-Somme près Abbeville (*H. Sueur*); bords de la Somme à Abbeville (*Baill.* Herb.); bords de l'Authie près Argoules (*de Beaupré*); Caux (*B.* Extr. Fl.); Bussy, Chaussoy-Épagny (*P.* Fl.).

3. ISNARDIA L. *Gen.*

1. **I. palustris** L. *Sp.;* Coss. et Germ. *Fl.* 236; B. *Extr. Fl.;* Dub. *Bot.;* Gren. et Godr. *Fl.*

♃. Juillet-août.

R R.— Marais tourbeux, fossés. — Marais Malicorne à Abbeville.

4. CIRCÆA Tourn. *Inst.*

1. **C. Lutetiana** L. *Sp.;* Coss. et Germ. *Fl.* 237; B. *Extr. Fl.;* P. *Fl.;* Dub. *Bot.;* Gren. et Godr. *Fl.*

♃. Juin-août.

A. C.—Lieux humides, bois ombragés. — Huchenneville ; Bouvaincourt; Yvrench; Aveluy; Cambron (*T. C.*); Amiens (*Rom.*); Abbeville (*Picard* Not. manuscr.).

XXXI. HALORAGEÆ R. Brown *Gen rem*

1. MYRIOPHYLLUM Vaill. in *Act. acad.*

1. **M. spicatum** L. *Sp.;* Coss. et Germ. *Fl.* 239; B. *Extr. Fl.;* P. *Fl.;* Dub. *Bot.;* Gren. et Godr. *Fl.*

♃. Juillet-août.

A. C.— Fossés, rivières, tourbières.—Abbeville; Épagnette près Abbeville; Mers; Saint-Maurice, Longpré près Amiens (*Rom.*).

2. **M. alterniflorum** DC. *Fl. Fr.* et *Prodr.;* Coss et Germ. *Fl.* 239; Dub. *Bot.;* Gren. et Godr. *Fl.*

♃. Juillet-septembre.

R R.— Mares dans les terrains sablonneux.— Marais des dunes de Saint-Quentin-en-Tourmont.

3. **M. verticillatum** L. *Sp.;* Coss. et Germ. *Fl.* 239; B. *Extr. Fl.;* P. *Fl.;* Gren. et Godr. *Fl.*

♃. Juin-août.

A. C.— Fossés, eaux stagnantes, rivières. - Bray-lès-Marcuil; Marcuil; marais Saint Gilles à Abbeville; Thiepval; Suzanne; Amiens, Longpré près Amiens, Ailly-sur-Somme (*Rom.*).

Var. α. *verticillatum* (Coss. et Germ. *Fl.* 240.— *M. verticillatum* Dub. *Bot.*).

Var. β. *pectinatum* (Coss. et Germ. *Fl.* 240.— *M. pectinatum* DC. *Fl. Fr.* suppl.; Dub. *Bot.*).

XXXII. HIPPURIDEÆ Link *Enum. hort. Berol.*

1. HIPPURIS L. *Gen.*

1. **H. vulgaris** L. *Sp.;* Coss. et Germ. *Fl.* 589; B. *Extr. Fl.;* P. *Fl.;* Dub. *Bot.;* Gren. et Godr. *Fl.*

♃. Juin-août.

A. C.— Fossés aquatiques, rivières, mares des pr s tourbeux.

—Faubourg Saint-Gilles à Abbeville ; Laviers ; Mareuil ; Saint-Quentin-en-Tourmont ; Montières et Petit-Saint-Jean près Amiens (*Rom.*) ; Longueau (*P. Fl.*).

XXXIII. CALLITRICHINEÆ Link *Enum. hort. Berol.*

1. CALLITRICHE L. *Gen.*

1. **C. aquatica** Huds. *Fl. Angl ;* Coss. et Germ. *Fl.* 604; P. *Fl.* — *C. verna* L. *Sp.;* Dub. *Bot.*—(Vulg. *Étoile d'eau*).

♃. Mai-septembre.

Eaux courantes ou stagnantes, lieux d'où l'eau s'est retirée récemment.

Var. α. *stagnalis* (Coss. et Germ. *Fl.* 604.— *C. stagnalis* Scop. *Carn.;* Gren. et Godr. *Fl.;* Koch *Syn ;* Kutz. *Linnœa*).— *C C.*

Var. β. *platycarpi* (Coss. et Germ. *Fl.* 604.—*C. platycarpa* Kutz. *Linnœa;* Gren et Godr. *Fl.;* Koch *Syn.*).— *A. R.*— La Bouvaque près Abbeville ; Drucat ; marais du Petit-Saint-Jean près Amiens (*Rom.*).

Var. γ. *verna* (Coss. et Germ. *Fl.* 604. — *C. verna* Kutz. *Linnœa;* Gren. et Godr. *Fl —C. vernalis* Koch *Syn.*).— *A.R.*— Laviers ; Drucat ; Le Mesge (*Rom.*).

Var. δ. *hamulata* (Coss. et Germ. *Fl.* 604. — *C. hamulata* Kutz. in Koch *Syn.;* Gren. et Godr. *Fl.— C. autumnalis* Kutz. *Linnœa;* Rchb. *Crit.* non L.). — *R R.*— Forêt d'Ailly-sur-Somme (*Rom.*) ; dans la Somme à Abbeville (*Baill.* Herb. sub nomine *C. autumnalis* L.).

XXXIV. CERATOPHYLLEÆ Gray *Arr.*

1. CERATOPHYLLUM L. *Gen.*

1. **C. demersum** L. *Sp.;* Coss. et Germ. *Fl.* 605; B. *Extr. Fl.;* P. *Fl ;* Dub. *Bot.;* Gren. et Godr. *Fl.*

♃. Juillet-septembre.

C C. — Rivières, tourbières, fossés.

2. **C. submersum** L. *Sp.*; Coss. et Germ *Fl.* 605; B. *Extr.*
Fl.; P. *Fl.;* Dub. *Bot.;* Gren. et Godr. *Fl.* .

♃. Juillet-septembre.

A. C. - Rivières, fossés, tourbières. — Le Mesge, Bovelles, Ailly-
sur-Somme, Renancourt près Amiens (*Rom.*); Abbeville (*Baill.*
Herb.); Suzanne, Éclusier, Cappy (*P.* Fl.).

XXXV. LYTHRARIEÆ Juss in *Dict sc. nat*

1. LYTHRUM L. *Gen.* ex parte.

1. **L. salicaria** L. *Sp.;* Coss. et Germ. *Fl.* 187; B. *Extr.* *Fl.;*
P. *Fl.;* Dub. *Bot.;* Gren. et Godr. *Fl.* — (Vulg *Salicaire*).

♃. Juillet-septembre.

C C. — Marais, fossés, bords des eaux.

'S.-v. *alternifolium* (Coss. et Germ. *Fl.* 188).

S.-v. *verticillatum* (Coss. et Germ. *Fl.* 188).

Le *L. Hyssopifolia* (L. *Sp.;* Coss. et Germ. *Fl.* 188 ; Dub. *Bot.;*
Gren. et Godr. *Fl.*) a été trouvé près des limites de notre Flore
à Sorus [Pas-de-Calais] (*Baill.* Herb.).

2. PEPLIS L. *Gen.*

1. **P. Portula** L. *Sp.;* Coss. et Germ. *Fl.* 188; B. *Extr* *Fl.;*
P. *Fl.;* Dub. *Bot.;* Gren. et Godr. *Fl.*

① ou ②. Juin-septembre.

R. — Bords des mares, lieux où l'eau a séjourné l'hiver. — Bois
de Jumel ; forêt d'Ailly-sur-Somme (*Rom.*) ; Villers-sur-Authie
(*Baill.* Herb.); forêt de Crécy (*B.* Herb.); Saint-Achard, Rue,
Quend (*P.* Fl.).

XXXVI. CUCURBITACEÆ Juss. *Gen.*

1. BRYONIA L. *Gen.*

1. **B. dioica** Jacq. *Austr.;* Coss. et Germ. *Fl.* 433; B. *Extr.*
Fl.; P. *Fl.;* Dub. *Bot.;* Gren. et Godr. *Fl.;* Rchb. *Ic.* 19, t. 1621.

♃. Juin-septembre.

C C. — Haies, bords des bois.

2. CUCUMIS L. *Gen*.

1. **C. sativus** L. *Sp.;* Coss. et Germ. *Fl.* 434; B. *Extr. Fl.;*
P. *Fl.;* Dub. *Bot.*—(Vulg. *Cornichon, Concombre*).

① *Fl.* juin-juillet. *Fr.* août-septembre.

Cultivé dans les potagers.— Cette espèce présente des variétés
qui se distinguent par la forme, le volume et la couleur du fruit.

2. **C. Melo** L. *Sp.;* Coss. et Germ. *Fl.* 434, B. *Extr. Fl.;* P.
Fl.; Dub. *Bot.* -(Vulg. *Melon*).

①. *Fl.* mai-juillet. *Fr.* juillet-septembre.

Cultivé dans les potagers sous cloches et sous châssis.— Cette
espèce offre diverses variétés connues sous les noms de *Melon
brodé* ou *maratcher, Melon de Honfleur, Melon Cantaloup*, etc.

3. CUCURBITA L. *Gen*.

1. **C. maxima** Duch. in Lmk. *Encycl. méth.;* Coss. et Germ.
Fl. 434; P. *Fl.;* Dub. *Bot.*—(Vulg. *Potiron*).

①. *Fl.* juin-août *Fr.* septembre-octobre.
Cultivé dans les potagers.

2. **C. Pepo** Seringe in DC. *Prodr.;* Coss. et Germ. *Fl.* 435;
Dub. *Bot.*—(Vulg. *Citrouille, Giraumon*).

①. *Fl.* juin-août. *Fr.* septembre-octobre.
Cultivé dans les potagers.

On cultive aussi, mais plus rarement, d'autres espèces ou
variétés de *Cucurbita* qui diffèrent entre elles par la forme et la
couleur de leurs fruits.

XXXVII. PORTULACEÆ Juss. *Gen*. ex parte.

1. PORTULACA Tourn. *Inst*.

1. **P. oleracea** L. *Sp.;* Coss. et Germ. *Fl.* 190; B. *Extr. Fl.;*
P. *Fl.;* Dub. *Bot.;* Gren. et Godr. *Fl.*

①. Juin-octobre.

Var. α. *oleracea* (Coss. et Germ. *Fl.* 190.—*P. oleracea* var.

sylvestris D C. *Prodr.*— Vulg. *Pourpier*).— *R.* — Lieux cultivés, décombres, cours pavées.— Abbeville.

Var. β. *sativa* (DC. *Prodr.;* Coss. et Germ. *Fl.* 190; P. *Fl.*— P. *oleracea* var. *latifolia* Le Maout et Decaisne *Fl. jard. et ch.*— Vulg. *Pourpier doré*).— Cultivé quelquefois dans les potagers.

2. MONTIA L. *Gen.*

1. **M. minor** Gmel. *Fl. Bad.;* Gren. et Godr. *Fl.;* Puel et Maille *Fl. loc.* exsicc. n. 163.— *M. fontana* var. *minor* Coss. et Germ. *Fl.* 190; Koch *Syn.*— *M. fontana* B. *Extr. Fl.;* P. *Fl.;* Dub. *Bot.*—*M. arvensis* Wallr. *Linnæa.*

④. Avril-juin.

A. C.— Moissons, champs où l'eau a séjourné l'hiver.— Drucat; Saint-Riquier; Millencourt; Les Alleux près Béhen; Buigny-l'Abbé (*Baill.* Herb.); Sur-Somme près Abbeville (*Picard* Not. manuscr.); Montières près Amiens (P. Fl.).

XXXVIII. PARONYCHIEÆ A. de S¹-Hil. *Mem. mus.*

1. HERNIARIA Tourn. *Inst.*

1. **H. glabra** L. *Sp.;* Coss. et Germ. *Fl.* 192; B. *Extr. Fl;* P. *Fl.;* Dub. *Bot.;* Gren. et Godr. *Fl.*

♃. Juin-septembre.

C.—Champs en friche, lieux incultes, terrains calcaires.— Inval près Huchenneville; Limeux; Pont-Remy; Francières; Drucat; Jumel; Bovelles, Guignemicourt (*Rom.*); Caux, Saint-Riquier, Bertangles, Allonville, Rue, marais de Longpré (P. Fl.).

2. **H. hirsuta** L. *Sp.;* Coss. et Germ. *Fl.* 192; B. *Extr. Fl.;* P. *Fl.;* Dub. *Bot.;* Gren. et Godr. *Fl.*

♃. Juin-septembre.

R.—Terrains sablonneux, bois, champs.— Bois du Cap-Hornu près Saint-Valery; Villers-sur-Authie (*Picard* Not. manuscr.); Boismont (*B.* Extr. Fl.); Pendé, Crécy, Allonville, Bertangles (P. Fl.).

2. SCLERANTHUS L. *Gen.*

1. **S. annuus** L. *Sp ;* Coss. et Germ. *Fl.* 193 ; B. *Extr. Fl.;* P. *Fl.;* Dub. *Bot.;* Gren. et Godr. *Fl.*

①. Juin-septembre.

C C.— Champs, moissons, terrains sablonneux, murs.

XXXIX. CRASSULACEÆ DC. in *Bull. Soc. phil*

1. SEDUM L. *Gen.*

1. **S. acre** L. *Sp.;* Coss. et Germ. *Fl.* 196 ; B. *Extr. Fl.;* P. *Fl.;* Dub. *Bot.;* Gren. et Godr. *Fl.*

♃. Juin-août.

C C.— Lieux arides, toits de chaume, vieux murs.

2. **S. reflexum** L. *Sp.;* Coss et Germ. *Fl.* 197 ; B. *Extr. Fl.;* P. *Fl ;* Dub. *Bot.;* Gren. et Godr. *Fl.*

♃. Juillet-août.

R.—Vieux murs, toits. –Saint-Valery; Abbeville (*Baill.* Herb.); Crécy (*B.* Extr. Fl.).

3. **S. album** L. *Sp ;* Coss. et Germ. *Fl.* 198 ; B. *Extr. Fl.;* P. *Fl.;* Dub. *Bot.;* Gren. et Godr. *Fl.*

♃. Juin-août.

C.— Vieux murs, toits, lieux secs et arides. - Abbeville; Béhen; Moyenneville ; Le Translay; Infray près Gamaches ; Feuquières; Mérélessart.

4. **S. Telephium** L. *Sp.* excl. var.; Coss. et Germ. *Fl.* 199 ; B. *Extr. Fl ;* P. *Fl.;* Dub. *Bot.;* Gren. et Godr. *Fl.*

♃. Juillet-septembre.

C.—Bois, haies, lieux ombragés.—Drucat; Yvrench; Lanchères ; Les Alleux près Béhen ; La Faloise; Cambron (*T. C.*); Bovelles, Ailly-sur-Somme (*Rom.*) ; Saint-Riquier, Mareuil, Crécy (*B.* Extr. Fl.); Notre-Dame de Grâce, Talmas, Villers-Bocage (*P.* Fl.).

2. SEMPERVIVUM L. *Gen*

1. **S. tectorum** L. *Sp ;* Coss. et Germ. *Fl.* 200 ; B. *Extr. Fl.;* P. *Fl ;* Dub. *Bot.;* Gren. et Godr. *Fl.*— (Vulg. *Joubarbe*).

♃. Juillet-août.

A.C.— Vieux murs, toits de chaume. Drucat; Yvrench; Feuquières; Mers; Saint-Maxent; Huchenneville; Les Alleux près Béhen; Prouzel; Citernes (*Rom.*).

XL. GROSSULARIEÆ DC. *Fl. Fr.*

1. RIBES L. *Gen.*

1. **R. Uva-crispa** Lmk. *Encycl. méth.;* Coss. et Germ. *Fl.* 282; B. *Extr. Fl.;* P. *Fl.;* Dub. *Bot.;* Gren. et Godr. *Fl.*—(Vulg. *Groseillier épineux*).

♄. *Fl.* avril. *Fr.* juin-juillet.

Var. α. *Uva crispa* (Coss. et Germ. *Fl.* 283.- *R. Uva-crispa* var *sylvestre* DC *Fl. Fr.;* Dub. *Bot.* - *R Uva-crispa* var. *pubescens* Koch *Syn.;* Gren. et Godr. *Fl.*) — *C.*— Haies, buissons. —Abbeville; Drucat; Cambron (*T.C*); Bovelles, Fourdrinoy (*Rom.*); Rivery (P. Fl.).

Var. β. *Grossularia* (Coss. et Germ. *Fl.* 283.—*R. Uva-crispa* var. *sativum* DC. *Fl. Fr.;* P. *Fl ;* Dub. *Bot.*— *R. Uva-crispa* var. *glandulosum* Gren. et Godr. *Fl.*—*R. Grossularia* L *Sp.*—Vulg. *Groseillier à maquereau*).— Cultivé dans les jardins.

2. **R. rubrum** L. *Sp.;* Coss. et Germ. *Fl.* 283; B. *Extr. Fl.;* P. *Fl.;* Dub. *Bot.;* Gren. et Godr. *Fl.*—(Vulg. *Groseillier*).

♄. *Fl.* avril-mai. *Fr.* juillet-août.

Cultivé dans les jardins.— Quelquefois subspontané dans le voisinage des habitations.

S.-v. *album* (Coss. et Germ. *Fl.* 283).

3. **R. nigrum** L. *Sp.;* Coss. et Germ. *Fl.* 283; B. *Extr. Fl.;* P. *Fl.;* Dub. *Bot.;* Gren. et Godr. *Fl.*—(Vulg. *Groseillier noir*, *Cassis*).

♄ *Fl.* avril mai. *Fr.* juillet-août.

Cultivé dans les jardins.— Quelquefois subspontané.

XLI. SAXIFRAGEÆ Juss. *Gen.*

1. SAXIFRAGA L *Gen.*

1. **S. tridactylites** L. *Sp.*; Coss. et Germ. *Fl.* 285; B. *Extr. Fl.;* P. *Fl.;* Dub. *Bot.;* Gren. et Godr. *Fl.*

①. Mars-mai.

C C. — Vieux murs, toits de chaume, champs pierreux.

S.-v. *integrifolia.* (*S. tridactylites* var. *integrifolia* P. *Fl.*).— Feuilles caulinaires entières.

2. **S. granulata** L. *Sp.;* Coss. et Germ. *Fl.* 285; B. *Extr. Fl.;* P. *Fl.;* Dub. *Bot.;* Gren. et Godr *Fl.*

♃. Avril-juin.

R. — Coteaux, bords des bois.—Bovelles, Ferrières, Monton-villers, Val-de-Maison près Talmas (*Rom.*); Fieffes (*T. C.*); Mont-didier (*Abbé Dufourny*); Neuilly-l'Hôpital, Longuevillette (*Baill.* Herb.); Notre-Dame de Grâce (*P. Fl.*).

Le *Chrysosplenium oppositifolium* (L. *Sp* ; Coss. et Germ. *Fl.* 285; B. *Extr. Fl.;* Dub *Bot.;* Gren. et Godr. *Fl.*) et le *C. alterni-folium* (L. *Sp.,* Coss. et Germ. *Fl.* 286 ; Dub. *Bot.;* Gren. et Godr. *Fl.*) se trouvent à Sorus et à Monthuy près Montreuil [Pas-de-Calais] (*Baill.* Herb). Le *C. oppositifolium* est aussi indiqué dans la forêt d'Eu [Seine-Inférieure] (*B.* Extr. Fl.) et dans la forêt d'Hesdin [Pas-de-Calais] (*Picard* Not. manuscr.).

XLII. UMBELLIFERÆ Juss. *Gen*

1. HYDROCOTYLE Tourn. *Inst.*

1. **H. vulgaris** L. *Sp.;* Coss. et Germ. *Fl.* 247; B. *Extr. Fl.;* P. *Fl.;* Dub. *Bot.;* Gren. et Godr. *Fl.;* Rchb. *Ic.* 21, t. 1842, f. 1.

♃. Juin-septembre.

C. — Prés humides, marais tourbeux.—Marais des dunes de Saint-Quentin-en Tourmont; Montières près Amiens (*Rom.*); Cambron (*T. C.*); Mareuil, Gouy (*Baill.* Herb.); Renancourt, Longpré, Canon, Longueau (*P. Fl.*).

2. SANICULA Tourn. *Inst.*

1. **S. Europæa** L. *Sp.*; Coss. et Germ. *Fl.* 247; B. *Extr. Fl.*;
P. *Fl.*; Dub. *Bot.*; Gren. et Godr. *Fl.*; Rchb. *Ic.* 21, t. 1847, f. 1.

♃. Mai-juillet.

C C. - Bois ombragés.

3. ERYNGIUM Tourn. *Inst.*

1. **E. campestre** L. *Sp.*; Coss. et Germ. *Fl.* 248; B. *Extr.
Fl.*; P. *Fl.*; Dub. *Bot.*; Gren et Godr. *Fl.*; Rchb. *Ic.* 21, t. 1852.—
(Vulg. *Chardon-Roland*).

♃. Juillet-septembre.

C C. — Lieux arides, bords des chemins.

2 **E. maritimum** L. *Sp.* 337; B. *Extr. Fl.* 19; P. *Fl.* 149;
Dub. *Bot.* 243; Gren. et Godr. *Fl.* 1, 757; Brébiss. *Fl Norm.* 114;
Lloyd *Fl. Ouest* 182; Rchb. *Ic.* 21, t. 1849; Billot *Exsicc.* n. 2855.

Plante robuste, très glauque, blanchâtre, bleuâtre au sommet.
Tiges de 3-5 décim., rameuses. Feuilles coriaces, épineuses ; les
radicales longuement pétiolées, réniformes orbiculaires, ord.
entières ; les caulinaires amplexicaules, sinuées lobées. Involucre
à folioles ovales, sinuées dentées, épineuses, dépassant le capitule.
Bractées du réceptacle tricuspidées. Fleurs blanches ou bleuâtres.
♃. Juin-août.

C. — Sables maritimes. — Saint-Quentin-en-Tourmont ; Fort-
Mahon ; Le Crotoy ; Saint-Valery ; Cayeux ; Mers.

4. BUPLEURUM Tourn. *Inst.*

1. **B. falcatum** L. *Sp.*; Coss. et Germ. *Fl.* 249; B. *Extr. Fl.*;
P. *Fl.*; Dub. *Bot.*; Gren. et Godr. *Fl.*; Rchb. *Ic.* 21, t. 1885, f. 2.

♃. Août-octobre.

A. C — Coteaux pierreux, terrains calcaires, lisières et clairières
des bois. — Bois Grillé près Huchenneville ; bois de Fréchencourt
près Bailleul ; Hocquincourt ; Bouillancourt-en-Sery ; Gamaches ;
Wailly ; Juvel ; La Faloise ; Bezencourt près Tronchoy ; bois du
Gard près Picquigny ; Cambron (*T. C.*) ; Bovelles , Ferrières ,
Ailly-sur-Somme (*Rom.*) ; Querrieux (*Picard* Not. manuscr.) ;

BIBLIOTHÈQUE IMPR.

Mareuil, Dury, Boves, Notre-Dame de Grâce (*P. Fl.*) ; Bray-lès-
Mareuil (*B. Extr. Fl.*)

2. **B. tenuissimum** L. *Sp.;* Coss. et Germ. *Fl.* 249; B. *Extr.
Fl.;* P. *Fl.;* Dub. *Bot.;* Gren. et Godr. *Fl.;* Rchb. *Ic.* 21, t. 1890, f. 2.
ⓐ. Juillet-octobre.

A. R. - Pelouses arides, coteaux herbeux, digues dans la région
maritime. — Noyelles sur-Mer ; Ault ; Mers ; Cambron (*T. C.*) ;
Saint-Valery (*B. Herb.*); Saigneville (*P. Fl.*).

S.-v. *nanum.* (*B. tenuissimum* var. *nanum* D C. *Prodr* 4, 127 ;
P. *Fl.* 152; Koch *Syn.* 318).—Plante naine. Tige très rameuse à
rameaux courts, étalés.

3. **B. rotundifolium** L. *Sp.;* Coss. et Germ. *Fl.* 250; B.
Extr. Fl.; P. *Fl.;* Dub. *Bot.;* Gren. et Godr. *Fl.;* Rchb. *Ic.* 21,
t. 1880, f. 2.
ⓐ. Juin-août.

R.— Moissons des terrains calcaires.— Bray-lès-Mareuil ; Cagny
(*P. Fl.*); Montdidier (*B. Extr. Fl.*).

5. CICUTA L. *Gen.*

1. **C. virosa** L. *Sp.;* Coss. et Germ. *Fl.* 251 ; B. *Extr. Fl.;*
P. *Fl.;* Dub. *Bot.;* Gren. et Godr. *Fl.;* Rchb. *Ic.* 21, t. 1853.—(Vulg.
Ciguë aquatique).
♃. Juillet-août.

R R.— Bords des rivières et des tourbières, fossés aquatiques.
— Marais de Quend au bord du canal (*Baill. Herb.*); Rue, marais
Saint-Gilles à Abbeville (*B. Extr. Fl.* et herb.); Longueau ,
Rivery, Camon (*P. Fl.*).— Nous n'avons pas retrouvé cette espèce
dans les environs d'Abbeville, d'où elle paraît avoir disparu.

6. AMMI Tourn. *Inst.*

1. **A. majus** L. *Sp.;* Coss. et Germ. *Fl.* 952; B. *Extr. Fl.;*
Dub. *Bot.;* Gren. et Godr. *Fl.;* Rchb. *Ic.* 21, t. 1864.
ⓐ. Juillet-septembre.

R R. —Champs , moissons , prairies artificielles. -- Bovelles ,
Ferrières, Pissy (*Rom.*); Domart (*B. Extr. Fl.*).

7. ÆGOPODIUM L. *Gen.*

1. **Æ. Podagraria** L. *Sp.;* Coss. et Germ. *Fl.* 253; B. *Extr. Fl.;* Dub. *Bot ;* Gren. et Godr. *Fl.;* Rchb. *Ic.* 21, t. 1851.— *Pimpinella Podagraria* P. *Fl.*— (Vulg. *Herbe aux goutteux*).

♃. Juin-août.

C.— Lieux couverts, haies, taillis, vergers.— Les Alleux près Béhen; Huppy; Huchenneville; Drucat; Cambron (*T. C.*); Abbeville (*Baill. Herb.*); Marcuil, Allonville, Villers-Bocage, Renancourt (*P. Fl.*).

8. CARUM Koch *Umbell.*

1. **C. Bulbocastanum** Koch *Umbell.;* Coss. et Germ. *Fl.* 253; Dub. *Bot* — *Bunium Bulbocastanum* L. *Sp.;* B. *Extr. Fl.;* P. *Fl.;* Gren. et Godr. *Fl.*

♃. Juin-août.

Moissons des terrains calcaires.— Rare dans les environs d'Abbeville : Caumont et Inval près Huchenneville; Nouvion; Airondel près Bailleul; Franqueville ; Épagne (*B.* Extr. Fl.).— Commun dans les environs d'Amiens : Pont-de-Metz ; Dury ; Jumel; Berny-sur-Noye ; Chaussoy-Épagny ; Bovelles, Ailly-sur-Somme, Ferrières, Saisseval (*Rom.*); Amiens, Longueau, Cagny, Allonville (*P. Fl.*).

Le *C. Carvi* (L. *Sp.;* Coss. et Germ. Not. in *Fl.* **254**; B. *Extr. Fl.;* P. *Fl.;* Dub. *Bot.* — *Bunium Carvi* Bieb. *Fl. Taur.;* Gren. et Godr. *Fl.*) est signalé d'une manière vague dans les prés montueux vers Péronne (*P. Fl.*).

9. PETROSELINUM Hoffm. *Umbell.*

1. **P. sativum** Hoffm. *Umbell.;* Coss. et Germ. *Fl.* 254; Dub. *Bot.;* Gren. et Godr. *Fl.*— *Apium Petroselinum* L. *Sp.;* B. *Extr. Fl ;* P. *Fl.*—(Vulg. *Persil*).

②. Juin-août.

Cultivé dans les potagers.—Quelquefois subspontané dans le voisinage des habitations.

S.-v. *crispum* (Coss. et Germ. *Fl.* 254).

8

C. – Lieux marécageux, bords des eaux.— Abbeville; Mareuil; Bray-lès-Mareuil; Picquigny; Oust-Marest; Mers; Aveluy; Ailly-sur-Somme, Petit-Saint-Jean près Amiens (*Rom.*); Cambron, Villers-sur-Authie (*T. C.*); Laviers (*Picard* Not. manuscr.); Longpré, Camon, Rivery (*P. Fl.*).

13. PIMPINELLA L. *Gen.*

1. **P. magna** L. *Mant.;* Coss. et Germ. *Fl.* 258; B. *Extr. Fl.;* P. *Fl.;* Dub. *Bot.;* Gren. et Godr. *Fl.;* Rchb. *Ic.* 21, t. 1868, f. 1.

♃. Juillet-septembre.

R.—Bois, lieux ombragés. — Yvrencheux; Estrées-lès-Crécy; forêt de Dompierre; bois de Size près Ault; bois de Blingues près Mers; Bouillancourt-en-Sery; Aveluy; Cambron (*T. C.*); Amiens (*Rom.*); Laviers (*Baill* Herb.); Gouy (*B.* Extr. Fl); forêt de Crécy, Boves, Ailly (*P. Fl.*).

Var. β. *dissecta* (Koch *Syn.* 316; Rchb *Ic.* 21, t. 1868, f. 2.— P. *dissecta* Retz *Obs.* 3, t. 2.—Feuilles à segments bipinnatifides. — *R R.* — Bois de Size près Ault.

2. **P. saxifraga** L. *Sp.;* Coss. et Germ. *Fl.* 258; B. *Extr. Fl.;* P. *Fl.;* Dub. *Bot.;* Gren. et Godr. *Fl.;* Rchb. *Ic.* 21, t. 1869, f. 1.

♃. Juin-septembre.

C C. — Lieux incultes, coteaux calcaires, bords des bois.

S.-v poteriifolia (P. *saxifraga* var. *poteriifolia* Koch *Syn.* 316). — Plante plus petite. Feuilles à segments suborbiculaires.—*C.*— Lieux très arides.

Var. β. *dissectifolia* (Koch *Syn.*— P. *saxifraga* var. *dissecta* Coss et Germ. *Fl.* 258.— P. *pratensis* Thuill. *Fl. Par.*).— *A.R.* — Drucat; Abbeville; Caumont près Huchenneville; Bouillancourt-en-Sery; Mers; Frettecuisse.

14. ÆTHUSA L. *Gen.* ex parte.

1. **Æ. Cynapium** L. *Sp.;* Coss. et Germ. *Fl.* 258; B. *Extr. Fl.;* P. *Fl.;* Dub. *Bot.;* Gren. et Godr. *Fl.;* Rchb. *Ic.* 21, t. 1901.— (Vulg. *Petite Ciguë*).

①. Juillet-octobre.

C.—Lieux cultivés, haies, voisinage des habitations.

15. OENANTHE L. *Gen.*

1. **OE. fistulosa** L. *Sp.;* Coss. et Germ. *Fl.* 259; B. *Extr. Fl.;* P. *Fl.;* Dub. *Bot.;* Gren. et Godr. *Fl.;* Rchb. *Ic.* 21, t. 1898.

♃. Juin-août.

C. — Prés marécageux, bords des rivières, fossés. — Marais Saint-Gilles à Abbeville; Saint Quentin-en-Tourmont; Le Hourdel près Cayeux; Longpré près Amiens; Cappy; Renancourt et Montières près Amiens (*Rom.*); Laviers (*B.* Extr. Fl.); Camon, Rivery, Longueau (P. Fl.).

2. **OE. Lachenalii** Gmel. *Fl. Bad.;* Coss. et Germ. *Fl.* 260; Dub. *Bot.;* Gren. et Godr. *Fl.;* Brébiss. *Fl. Norm.;* Rchb. *Ic.* 21, t. 1892.

♃. Juillet-septembre

A.C. — Marais, prés salés. — Marais Saint-Gilles à Abbeville; Picquigny; Laviers; Cayeux: Saint-Quentin-en-Tourmont; Quend; Fort-Mahon; Petit-Laviers (*T.C*); Ailly-sur-Somme (*Rom.*).

L'*OE. pimpinelloides* (L. *Sp.* 365) n'a jamais été rencontré à notre connaissance dans nos limites Nous ne trouvons dans les localités où il a été indiqué (*B.* Extr. Fl. 21; P. Fl. 156) que l'*OE. Lachenalii* (Gmel. *Fl. Bad.*), espèce voisine avec laquelle on l'a probablement confondu.

3. **OE. Phellandrium** Lmk. *Fl. Fr.;* Coss. et Germ. *Fl.* 260; P. *Fl.;* Dub. *Bot.;* Gren. et Godr. *Fl.;* Rchb. *Ic.* 21, t. 1896. — *Phellandrium aquaticum* L. *Sp.;* B. *Extr. Fl.*

♃. Juillet-septembre.

A.C. — Fossés aquatiques, rivières. — Dans la Somme à Abbeville; marais de Caubert près Abbeville; Mareuil; Picquigny; Suzanne.

16. LIBANOTIS Crantz *Austr.*

1. **L. montana** All. *Fl. Ped.;* Coss. et Germ. *Fl.* 261. — *Athamanta Libanotis* L. *Sp;* B. *Extr. Fl.;* P. *Fl.* — *Seseli Libanotis* Koch *Umbell.;* Dub. *Bot.;* Gren. et Godr. *Fl.*

② ou ♃. Juillet-septembre.

R R. — Coteaux calcaires, lieux arides, bois montueux. — Bois de Sery près Gamaches ; garenne dite Le Morgan entre Albert et Péronne (*P*. Fl.) ; bois d'Heilly (*B*. Extr. Fl.).

17. SESELI L. *Gen*.

1. **S. montanum** L. *Sp.*; Coss. et Germ. *Fl.* 261; B. *Extr. Fl.; P. Fl.;* Dub. *Bot* ; Gren. et Godr. *Fl.*; Rchb. *Ic.* 21, t. 1905.

♃. Juillet octobre.

A. C. — Coteaux calcaires. — Picquigny ; Boves ; Jumel ; La Faloise; Bovelles, Saisseval (*Rom*.); glacis de la citadelle d'Amiens, Notre-Dame de Grâce (*P*. Fl.).

18. FOENICULUM Adans *Fam*.

1. **F. officinale** All. *Fl. Ped.;* Coss. et Germ. *Fl.* 262; Dub. *Bot.—F. vulgare* Gærtn. *Fruct.;* P. *Fl.;* Gren. et Godr. *Fl.—Anethum Faniculum* L *Sp ;* B. *Extr. Fl.*—(Vulg. *Fenouil*).

② ou ♃. Juillet-septembre.

Cultivé dans les jardins.—Souvent subspontané.—Décombres, remblais des chemins de fer, coteaux calcaires.—Amiens; château de Picquigny.—Commun autour de Montdidier (*P*. Fl.).

19. SILAUS Bess. in *Sch. Syst*.

1. **S. pratensis** Bess. in *Sch. Syst.;* Coss. et Germ. *Fl.* 263; P. *Fl* ; Gren. et Godr. *Fl.— l eucedanum Silaus* L. *Sp.;* B. *Extr. Fl.* — *Ligusticum Silaus* Dub. *Bot*.

♃. Juillet-septembre.

R R. — Prairies humides, lieux marécageux. — Marais Saint-Gilles à Abbeville (*Baill*. Herb.; *B*. Extr. Fl.; *P*. Fl.).

Nous avons trouvé en 1852 à Étaples [Pas-de-Calais], dans les sables maritimes au bord de la Canche, plusieurs touffes de *Crithmum maritimum* (L. *Sp*. 354 ; Dub. *Bot*. 238 ; Gren. et Godr. *Fl*. 1, 700; Brébiss. *Fl. Norm*. 106 ; Lloyd *Fl. Ouest* 202 ; Rchb. *Ic*. 21, t 1900 ; Billot *Exsicc*. n. 1676), espèce qui croît communément sur les rochers maritimes de l'ouest de la France.— Le genre *Crithmum* présente les caractères suivants : calice à limbe nul; pétales arrondis, entiers, à pointe infléchie; fruits ovoïdes; carpelles à 5 côtes carénées saillantes; péricarpe spongieux; canaux résinifères nombreux. - Le *C. maritimum* se reconnaît à sa souche rampante, à ses tiges de 2-3 décim , épaisses, dressées, flexueuses, à ses feuilles glauques, charnues, bipinnatisequées à segments linéaires aigus, à son involucre et à son involucelle polyphylles à folioles membraneuses lancéolées aiguës et à son ombelle à rayons nombreux et épais. — Nous pensons que cette plante pro venait de graines apportées avec le lest d'un navire.

20. ANTHRISCUS Hoffm. *Umbell.*

1. **A. vulgaris** Pers. *Syn.;* Coss. et Germ. *Fl.* 264; P. *Fl.;* Dub. *Bot.;* Gren. et Godr. *Fl.—Scandix Anthriscus* L. *Sp.;* B. *Extr. Fl.*

(1). Avril-juin.

R.— Lieux incultes, haies, décombres, terrains sablonneux.— Cayeux; Abbeville (*Baill.* Herb.); Amiens , Saint-Quentin-en-Tourmont, Saint-Firmin (P. Fl.).

2. **A. Cerefolium** Hoffm. *Umbell.;* Coss. et Germ. *Fl.* 265; Dub. *Bot.;* Gren. et Godr. *Fl.—Scandix Cerefolium* L. *Sp.;* B *Extr. Fl.—Chærophyllum sativum* Lmk. *Encycl. méth.;* P. *Fl.* — (Vulg. *Cerfeuil).*

(1). Juin-août.

Cultivé dans les potagers.— Quelquefois subspontané près des habitations.

3. **A. sylvestris** Hoffm. *Umbell.;* Coss. et Germ. *Fl.* 265; Dub. *Bot ;* Gren. et Godr. *Fl.—Chærophyllum sylvestre* L. *Sp.;* B *Extr. Fl.;* P. *Fl.*

4. Mai-juin.

C C.— Décombres, lieux cultivés, pâtures ombragées.

21. CHÆROPHYLLUM L. *Gen.* ex parte.

1. **C. temulum** L. *Sp.;* Coss. et Germ. *Fl.* 265; B. *Extr. Fl.;* P. *Fl.;* Dub. *Bot.;* Gren. et Godr. *Fl.*

(2). Juin-juillet.

C. - Haies, buissons, lieux incultes. – Faubourg de La Bouvaque à Abbeville ; Drucat ; Cambron (*T. C.*); Bovelles, Ailly-sur-Somme (*Rom.*).

22. SCANDIX Gærtn *Fruct.*

1. **S. Pecten-Veneris** L *Sp.;* Coss. et Germ. *Fl.* 266; B. *Extr. Fl.;* P. *Fl ;* Dub. *Bot.;* Gren. et Godr. *Fl.*—(Vulg. *Peigne de Vénus*).

①. Juin-août.
C C.— Moissons.

23. CONIUM L. *Gen.*

1. **C. maculatum** L. *Sp.;* Coss. et Germ. *Fl.* 267; B. *Extr. Fl.;* P. *Fl.;* Dub. *Bot.;* Gren. et Godr. *Fl.*—(Vulg. *Grande Ciguë*).

②. Juin-août.
C. – Décombres, lieux incultes, bords des chemins.— Abbeville ; Les Croisettes près Béhen ; Mers; Le Crotoy; Aveluy; Saint-Valery (*T.C.*); Amiens, Ailly-sur-Somme (*Rom.*); Saint-Maurice (*P.* Fl.).

24. SELINUM Hoffm. *Umbell.*

1. **S. Carvifolia** L. *Sp.;* Coss. et Germ. *Fl.* 267; Dub. *Bot.;* Gren. et Godr. *Fl.*

♃. Juillet-septembre.
R.—Prés tourbeux humides.— Faubourg Saint-Gilles à Abbeville ; Ailly-sur-Somme (*Rom.*) ; marais de Mareuil (*B.* Not. manuscr.).

25. ANGELICA L. *Gen.* ex parte.

1. **A. sylvestris** L. *Sp.;* Coss. et Germ. *Fl.* 268; B. *Extr. Fl.;* P. *Fl.;* Dub. *Bot.;* Gren. et Godr. *Fl.*—(Vulg. *Angelique sauvage*).

♃. Juillet-septembre.
C C.—Prés humides, bois ombragés.

26. PEUCEDANUM Koch *Umbell.*

1. **P. palustre** Mœnch *Méth ;* Coss. et Germ. *Fl.* 270; Dub. *Bot.;* Gren. et Godr. *Fl.*—*Selinum palustre* L. *Fl. Suec.;* DC. *Fl.*

Fr.; B. Extr. Fl.— P. sylvestre DC. *Prodr.— P. montanum* P. *Fl* non DC. *Prodr — Thysselinum palustre* Hoffm. *Umbell.;* Koch *Syn.*

♃. Juillet-septembre.

R R.— Prés humides, marais tourbeux.— Faubourg Saint-Gilles à Abbeville; Mareuil; Suzanne; Gouy (*Baill.* Herb); vallée d'Authie (*P.* Fl.); Fortmanoir (*Picard* Not. manuscr.).

27. PASTINACA .Tourn. *Inst.*

1. **P. sativa** L. *Sp.;* Coss. et Germ. *Fl.* 271; Dub. *Bot.;* Gren. et Godr. *Fl.*

②. Juillet-août.

Var. α. *sylvestris* (DC. *Prodr ;* Coss. et Germ. *Fl.* 271 ; Gren. et Godr. *Fl — P. sylvestris* Mill. *Dict.;* B. *Extr. Fl.;* P. *Fl —* Vulg. *Panais sauvage).— C. -* Coteaux incultes, bords des chemins.— Abbeville; Saint-Valery; Tilloy-Floriville; Gamaches; Quend; Picquigny; Amiens; Jumel; Bray-sur-Somme; Cappy.

Var. β. *sativa* (Coss. et Germ. *Fl.* 271.— *P. sativa* var. *edulis* DC. *Prodr.;* Gren et Godr. *Fl.— P. sylvestris* var. *sativa* P. *Fl.— P. sativa* Mill. *Dict.—* Vulg. *Panais).—*Cultivé quelquefois dans les potagers.

28. HERACLEUM L. *Gen.*

1. **H. Sphondylium** L. *Sp.;* Coss. et Germ. *Fl.* 272 ; B. *Extr. Fl.;* P. *Fl.;* Dub. *Bot.;* Gren. et Godr. *Fl.*

②. Juin-septembre,

C C.— Prairies, bords des fossés, bois humides.

29. DAUCUS Tourn. *Inst.*

1. **D. Carota** L. *Sp.;* Coss. et Germ. *Fl.* 274; B. *Extr. Fl.;* P. *Fl.;* Dub. *Bot.;* Gren. et Godr. *Fl.—*(Vulg. *Carotte sauvage).*

②. Juin-octobre.

C C.— Lieux cultivés ou incultes, prairies, coteaux secs.

S.-v. *pusillus* (Coss. et Germ. *Fl.* 274).— Lieux très arides.

Var. β. *sativus* (Coss et Germ. *Fl.* 274.— *D. Carota* var. *sativa* DC. *Prodr.;* P. *Fl.—* Vulg. *Carotte).* Cultivé en plein champ et dans les jardins.

Var. γ. *hispidus* (Brébiss. *Fl. Norm.* 105.— *D. hispidus* D C.
Fl. Fr. 4, 328 ; B. *Extr. Fl.* 20 ; P. *Fl.* 165 ; Dub. *Bot.* 215.— *D.
gummifer* Gren. et Godr. *Fl.* 1, 668 ; Lloyd *Fl. Ouest* 188.— *D.
maritimus* With. *Brit.* 290).— Tige de 1 - 2 décim., épaisse,
flexueuse, rameuse, couverte dans sa partie inférieure de longs
poils blancs réfléchis. Rameaux étalés Feuilles un peu épaisses,
à segments pinnatipartits à lobes courts et obtus dans les feuilles
inférieures Ombelle à rayons nombreux, serrés à la maturité.
Folioles de l'involucre et des involucelles largement scarieuses
aux bords. Fruits à soies courtes, glochidées au sommet.— *R.—
Éboulements des falaises —Mers.— Se trouve aussi au Tréport
[Seine-Inférieure].

30. ORLAYA Hoffm. *Umbell.*

1. **O. grandiflora** Hoffm. *Umbell.;* Coss. et Germ. *Fl.* 274 ;
Dub. *Bot.;* Gren. et Godr. *Fl.—Caucalis grandiflora* L. *Sp.;* B. *Extr.
Fl.;* P. *Fl.*

①. Juin-septembre.

R.— Moissons des terrains calcaires. - Caubert près Abbeville ;
Caumoudel près Huchenneville ; Villers-sur-Marcuil ; Abbeville
(*B.* Herb.; *Baill.* Herb.) ; Dury (*Garnier*); Vauchelles-lès-Quesnoy
(*Picard* Not. manuscr.); Saint-Quentin-La-Motte-Croix-au-Bailly,
Cagny, Boves (*P.* Fl.).

31. TURGENIA Hoffm. *Umbell.*

1. **T. latifolia** Hoffm. *Umbell.;* Coss. et Germ. *Fl.* 275 ; Dub.
Bot ; Gren. et Godr. *Fl.—Caucalis latifolia* L. *Mant.*

①. Juin-août.

R R — Moissons des terrains maigres.— Saisseval, Clairy, Oissy
(*Rom.*).

32. CAUCALIS Hoffm. *Umbell.*

1. **C. daucoides** L. *Mant.;* Coss. et Germ. *Fl.* 276 ; B. *Extr.
Fl.;* P. *Fl.;* Dub. *Bot.;* Gren. et Godr. *Fl.*

①. Juin août.

C.— Moissons des terrains calcaires, champs en friche.— Inval

près Huchenneville ; Bray-lès-Mareuil ; Bailleul ; Oust-Marest ;
Drucat ; Eaucourt ; Pont-Remy ; Francières ; Jumel ; La Faloise ;
Wailly ; Tronchoy ; Bovelles (*Rom*) ; Mareuil (*Baill.* Herb.).

Le *C. leptophylla* (L. *Sp.* 347 ; B. *Extr. Fl.* 20 ; P. *Fl.* 167 ;
Dub. *Bot.* 216 ; Gren et Godr. *Fl.* 1 674) signalé à Cagny,
Boves, Querrieux (*B.* Extr. Fl. ; P. Fl.), n'y a pas été retrouvé à
notre connaissance. Cette espèce se reconnaît aux caractères
suivants : tige de 1-2 décim., couverte de poils réfléchis ; feuilles
d'un vert blanchâtre, velues, bipinnatisequées à segments très
petits, linéaires oblongs, incisés, mucronés ; ombelle à 2-3 rayons
grêles ; involucre nul ; involucelle à folioles linéaires aiguës ; fruit
petit, à côtes primaires munies de soies fines et courtes ; épines
des côtes secondaires disposées sur 2-3 rangs, blanchâtres,
élargies à la base, denticulées, glochidées, dépassant en longueur
le diamètre du fruit.

33 TORILIS Adans. *Fam.*

1. **T. Anthriscus** Gmel. *Fl. Bad.;* Coss. et Germ. *Fl.* 276 ;
Dub. *Bot.;* Gren. et Godr. *Fl.*—*Caucalis Anthriscus* Willd. *Sp.;* B.
Extr. Fl.; P. *Fl.*

②. Juin-septembre.

C.C.— Lieux incultes, haies, bords des chemins et des bois.

2. **T. infesta** Dub. *Bot.;* Coss. et Germ. *Fl* 277.—*T. Helvetica*
Gmel. *Fl. Bad.;* Gren. et Godr. *Fl.*—*Caucalis arvensis* Huds. *Fl.
Angl.;* B. *Extr. Fl.;* P. *Fl.*

②. Juillet-septembre.

C C.— Lieux secs et pierreux, moissons des terrains calcaires.

Var. β. *divaricata.* (*T. Helvetica* var. *divaricata* D C. *Prodr.* 4,
219 ; Gren. et Godr. *Fl.* 1, 676) — Tige courte, rameuse dès la
base, à rameaux divariqués.— Lieux très arides.— Galets maritimes.

3. **T. nodosa** Gærtn. *Fruct.;* Coss. et Germ. *Fl.* 277 ; Dub.
Bot.; Gren. et Godr. *Fl.*—*Caucalis nodiflora* Link. *Encycl. méth ;*
P. *Fl.*—*C. nodosa* Huds. *Fl. Angl.;* B. *Extr. Fl.*

①. Juin août.

C.—Lieux incultes, coteaux arides, bords des chemins.—
Limeux; Bailleul; Cayeux; Mers; Bovelles, Ferrières (*Rom*);
Abbeville (*Baill.* Herb.); Saint-Quentin-La-Motte-Croix-au-Bailly,
Dury, Cagny, Boves (*P.* Fl.).

On cultive quelquefois dans les jardins le *Coriandrum sativum*
(L. *Sp.;* Coss. et Germ. *Fl.* 278; B. *Extr. F.;* P. *Fl.;* Dub. *Bot.;*
Gren. et Godr. *Fl*). Il a été indiqué comme subspontané à
Longpré et à Saint Maurice près Amiens (*P.* Fl.).

XLIII. HEDERACEÆ Ach. Rich. *Bot. med.*

1. HEDERA Tourn. *Inst.*

1. **H. Helix** L. *Sp.;* Coss. et Germ. *Fl.* 279; B. *Extr. Fl.;* P.
Fl.; Dub. *Bot.;* Gren. et Godr. *Fl.*—(Vulg. *Lierre*).

♄. *Fl.* septembre-octobre. *Fr.* mars avril.

C C.— Vieux murs, troncs d'arbres

S.-v. *prostrata* (Coss. et Germ. *Fl.* 279).— Bois ombragés.

2. CORNUS Tourn. *Inst.*

1. **C. sanguinea** L. *Sp.;* Coss. et Germ. *Fl.* 279; B. *Extr. Fl.:*
P. *Fl.;* Dub. *Bot.;* Gren. et Godr. *Fl.*

♄. *Fl.* juin-juillet. *Fr.* septembre-octobre.

C C. — Haies, bois.

2. **C. mas** L. *Sp.;* Coss. et Germ. *Fl.* 280; B. *Extr. Fl.;* P. *Fl.;*
Dub. *Bot.;* Gren. et Godr. *Fl.*— (Vulg. *Cornouiller*).

♄. *Fl.* mars-avril. *Fr.* septembre-octobre

A. R. —Haies, bois.— Drucat; Pont - Remy; Huchenneville;
Wailly; bois du Gard près Picquigny (*T. C.*); Bovelles, Ferrières,
Ailly-sur-Somme (*Rom.*); Bray-lès Marcuil, Marcuil (*B.* Extr. Fl.);
Notre-Dame de Grâce, Cagny, Dury, Allonville (*P.* Fl.).

XLIV LORANTHACEÆ DC *Prodr.*

1. VISCUM Tourn. *Inst.*

1. **V. album** L. *Sp.;* Coss. et Germ *Fl* 281; B. *Extr. Fl.;* P.
Fl.; Dub. *Bot.;* Gren. et Godr. *Fl.*—(Vulg. *Gui*).

♄. *Fl.* mars-avril. *Fr.* août novembre.

C C. – Parasite sur les vieux arbres, surtout sur les Pommiers et les Peupliers.

XLV. CAPRIFOLIACEÆ A. Rich. in *Dict. class*

1. ADOXA L. *Gen.*

1. **A. Moschatellina** L. *Sp.*; Coss. et Germ. *Fl.* 437; B. *Extr. Fl.*; P. *Fl.*; Dub. *Bot.*; Gren. et Godr. *Fl.*

♃. Avril-mai.

A. C. – Bois ombragés, lieux frais, bords des haies. — Caubert près Abbeville; Huchenneville; Dracat ; Cambron ; Saint-Riquier, Laviers, Brocourt (*H. Sueur*); Bovelles, Ferrières (*Rom.*) ; Gouy, Mareuil, Querrieux, Notre-Dame de Grâce, Cagny, Dury (P. Fl.).

2. SAMBUCUS L. *Gen.*

1. **S. Ebulus** L. *Sp.;* Coss. et Germ. *Fl.* 437; B. *Extr. Fl.*: P. *Fl.*; Dub. *Bot* ; Gren. et Godr. *Fl.*

♃. *Fl.* juin-août. *Fr.* septembre-octobre.

A. R. — Bords des chemins et des fossés, buissons. — Caubert près Abbeville ; Huppy ; Liercourt ; Saigneville ; Wailly ; Cambron (*B.* Extr. Fl.); faubourg Rouvroy à Abbeville, Querrieux, Cottenchy, Saint-Fuscien, Dreuil, Molliens-Vidame, Oissy (P. Fl.).

2. **S. nigra** L. *Sp.;* Coss. et Germ. *Fl.* 438; B. *Extr. F .;* P. *Fl.;* Dub. *Bot.;* Gren. et Godr. *Fl.* — (Vulg. *Sureau.* — En picard *Séhu*).

♄. *Fl.* juin-juillet. *Fr.* septembre-octobre.

C C. – Haies, bois.

Var. β. *laciniata* (Rchb. *Ic ;* Coss. et Germ. *Fl.* 438; P. *Fl.;* Gren et Godr. *Fl.*) – Cultivé dans quelques jardins.

5. VIBURNUM L. *Gen.*

1. **V. Lantana** L. *Sp.;* Coss. et Germ. *Fl.* 438 ; B. *Extr. Fl.;* P. *Fl.;* Dub. *Bot.;* Gren. et Godr. *Fl.* — (Vulg. *Viorne*).

♄. *Fl.* mai. *Fr.* août-octobre.

C. Bois, haies. - Drucat; Estrées lès-Crécy; Huchenneville; Bovelles, Ferrières (*Rom.*); Cambron (*T. C.*); Laviers, Mareuil, Allonville, Notre-Dame de Grâce, Fortmanoir (*P.* Fl.).

2. **V. opulus** L. *Sp.*; Coss. et Germ. *Fl.* 438; B. *Extr. Fl.*; P. *Fl.;* Dub. *Bot.*; Gren. et Godr. *Fl.*

♄. *Fl.* mai-juin. *Fr.* septembre-octobre.

C.— Haies, bois, lieux humides, bords des fossés.— Faubourg Saint-Gilles à Abbeville; Drucat; Cambron; Bovelles (*Rom.*); Laviers, Mareuil, Notre-Dame de Grâce, Fortmanoir, Dury (P. Fl.).

Var. β. *sterilis* (DC. *Prodr* ; Coss. et Germ. *Fl.* 439; P. *Fl.*— Vulg. *Boule de neige*).— Planté dans les jardins et les parcs.

4: LONICERA L. *Gen.* ex parte.

1. **L. Periclymenum** L. *Sp.;* Coss. et Germ. *Fl.* 440; B. *Extr. Fl.;* P. *Fl.;* Dub. *Bot.;* Gren. et Godr. *Fl.*—(Vulg. *Chèvrefeuille sauvage*).

♄. *Fl.* juin-août. *Fr.* septembre-octobre.

C.—Bois, haies.— Yvrencheux; Huchenneville; Bailleul; Caubert près Abbeville; Pont Remy; Bovelles, Ferrières (*Rom*); Dury, Notre-Dame de Grâce, Ailly (*P.* Fl); Laviers, Mareuil (*B.* Extr. Fl.).

2. **L. Caprifolium** L. *Sp.;* Coss. et Germ. *Fl.* 440; Dub. *Bot.;* Gren. et Godr. *Fl.*—(Vulg. *Chèvrefeuille*).

♄. *Fl.* juin-juillet. *Fr.* août-septembre.

Planté dans les parcs.— Quelquefois naturalisé dans le voisinage des habitations.

XLVI. RUBIACEÆ Juss. *Gen.* ex parte.

1. SHERARDIA L. *Gen.*

1. **S. arvensis** L. *Sp.;* Coss. et Germ. *Fl.* 442; B. *Extr. Fl.;* P. *Fl.;* Dub. *Bot.;* Gren. et Godr. *Fl.*

①. Juin-octobre.

C C.— Moissons, lieux cultivés.

2. ASPERULA L. *Gen.*

1. **A. arvensis** L. *Sp.;* Coss. et Germ. *Fl.* 442; P. *Fl ;* Dub. *Bot ;* Gren. et Godr. *Fl.*

①. Juin-juillet.

R R.—Moissons des terrains maigres. — Hangest-sur-Somme (*T. C ; Baill.* Herb.); environs de Doullens (*P.* Fl.).

2. **A. Cynanchica** L. *Sp.;* Coss. et Germ. *Fl.* 443; B. *Extr. Fl.;* P. *Fl.;* Dub. *Bot.;* Gren. et Godr. *Fl.*

♃. Juin-septembre.

C C.— Pelouses sèches, lieux arides, coteaux calcaires.

Var β. *densiflora* (Gren. et Godr. *Fl.* 2, 47). — Tiges très courtes, rapprochées, étalées. Fleurs nombreuses, serrées.— Sables maritimes.— Dunes de Saint-Quentin-en-Tourmont.

3. **A. odorata** L. *Sp.;* Coss. et Germ *Fl.* 443; B. *Extr. Fl.;* P. *Fl.;* Dub. *Bot.;* Gren. et Godr. *Fl.* – (Vulg. *Petit Muguet*).

♃. Mai-juillet.

A. C.– Bois couverts.— Drucat; Caux; forêt de Crécy; Ligescourt; Estrées - lès - Crécy; Laviers; Pont- Remy; Cambron; Huchenneville; Doudelainville; Oust-Marest; Franqueville; Wailly; La Faloise; Aveluy; forêt de Lucheux; Bovelles (*Rom.*); Querrieux, Bertangles, Notre-Dame de Grâce, Saint-Riquier (*P.* Fl.).

3. GALIUM L. *Gen.*

1. **G. Cruciata** Scop. *Carn.;* Coss. et Germ. *Fl.* 444 et *Illustr.;* P. *Fl.;* Dub. *Bot.;* Gren. et Godr. *Fl.*— *Valantia cruciata* L. *Sp.;* B. *Extr. Fl.*

♃. Mai-juin.

A. C.—Haies, buissons, clairières des bois. — Villers-sur-Mareuil; Liercourt; Beauvoir près Hocquincourt; Doudelainville; Wailly; Ailly-sur-Noye; Jumel; La Faloise; forêt de Lucheux : faubourg Rouvroy à Abbeville (*H. Sueur*); Bovelles, Ferrières (*Rom.*); Cambron (*B.* Herb.); Boves (*Picard* Not. manuscr.); Gouy, Laviers, Dury, Notre-Dame de Grâce, Cagny, Fortmanoir (*P.* Fl.).

2. **G. verum** L. *Sp.;* Coss. et Germ. *Fl.* 444 et *Illustr.;* B. *Extr.
Fl.;* P. *Fl.;* Dub. *Bot.;* Gren. et Godr. *Fl.*

♃. Juin-septembre.

C C.— Coteaux secs, prés, buissons, bords des chemins et des
bois.

Var. *β. littorale* (Brébiss. *Fl. Norm.* 119; Gren. et Godr. *Fl.*
2, 19.—*G. verum* var. *maritimum* D C. *Fl. Fr.* 4, 249; P. *Fl.* 184).
— Tiges de 5-15 centim., ord. rameuses, couchées étalées. Panicule courte, peu fournie. — *C.* — Sables maritimes. — Dunes de
Saint-Quentin-en-Tourmont; Cayeux.

Le *G. arenarium* (Lois. *Gall.* ed. 2, 1, 110; P. *Fl.* 184; Dub.
Bot. 248; Gren. et Godr. *Fl.* 2, 18) a été indiqué à tort dans les
environs de Cayeux (P. Fl). On a probablement pris pour cette
espèce la var. *littorale* du *G. verum.*

3. **G. Mollugo** L. *Sp.;* Coss. et Germ. *Fl.* 445 excl. var. *β.;*
B. *Extr. Fl.;* P. *Fl.*

♃. Mai-août.

Var. *α. elatum* (Coss. et Germ. *Fl.* 445; P. *Fl.*—*G. elatum*
Thuill. *Fl. Par.;* D C. *Prodr ;* Gren. et Godr. *Fl.*—*G. Mollugo*
auct. plurim.).— *C C.*— Haies, buissons, bords des bois et des
chemins.

S.-v. *scabrum.* (*G. Mollugo* var. *scabrum* D C. *Prodr.* 4, 591;
P. *Fl.* 183).— Plante munie de poils raides dans sa partie inférieure.— *C.*

S.-v. *umbrosum.* (*G. elatum* var. *umbrosum* Gren. et Godr. *Fl.*
2, 22).— Feuilles plus grandes, papyracées. Panicule appauvrie.
— *A. R.*

Var. *β. maritimum* (P. *Fl.* 183.— *G. neglectum* Gren. et Godr.
Fl. 2, 22).— Souche rougeâtre, longuement rampante. Tiges de
1-4 décim., nombreuses, couchées étalées. Feuilles verticillées
par 6-8, oblongues ou linéaires, mucronées, un peu charnues, à
bords roulés en dessous, à nervure dorsale fine et saillante. Panicule oblongue étroite, à rameaux dressés. Corolle d'un blanc sale,
à divisions aiguës Fruits petits, glabres, chagrinés. Plante

endant à noircir par la dessiccation. — *A. C.* — Sables et galets maritimes. — Saint - Quentin - en - Tourmont ; Le Hourdel près Cayeux ; Ault.

4. **G. sylvestre** Poll. *Palat.*; Coss. et Germ. *Fl.* 446 et *Illustr.*; Koch *Syn.* — *G. umbellatum* Lmk. *Encycl. méth.*

♃. Juin-juillet.

Coteaux secs et calcaires ; lisières des bois.

Var. α. *lœve* (Coss. et Germ. *Fl.* 446. — *G. sylvestre* var. *glabrum* Koch *Syn.* — *G. lœve* Thuill. *Fl. Par.*; Dub. *Bot.* — *G. umbellatum* P. *Fl.* — *G. umbellatum* var. α. Lmk *Encycl. méth.*). — *A. R.* — Drucat ; Pont - Remy ; Bovelles (*Rom.*).

Var. β. *Bocconi* (Coss. et Germ. *Fl.* 446. — *G sylvestre* var. *hirtum* Koch *Syn.* — *G. Bocconi* All. *Ped.*; Dub *Bot.* ex parte. — *G. nitidulum* Thuill. *Fl. Par* — *G. sylvestre* Gren. et Godr. *Fl* — *G umbellatum* var. β. Lmk. *Encycl. méth* — *G. umbellatum* var. *pubescens* P. *Fl.*). — *A. C.* — Drucat ; Huchenneville ; forêt de Lucheux ; Bovelles (*Rom.*) ; Laviers (*Baill.* Herb.) ; Mareuil, Port, Cagny, Boves (P. Fl.).

C'est par erreur que le *G. sylvaticum* (L. *Sp.* 155 ; Dub. *Bot.* 249 ; Gren. et Godr. *Fl.* 2, 20) a été signalé à Port (*P. Fl*).

5. **G. palustre** L. *Sp.*; Coss. et Germ *Fl.* 446 ; B. *Extr. Fl.*; P. *Fl.*; Dub. *Bot.*

♃. Juin-août.

Marais, bords des eaux, lieux humides.

Var. α. *palustre* (Coss. et Germ. *Fl.* 447. — *G. palustre* Gren. et Godr. *Fl.*; Coss. et Germ. *Illustr.*). — *A. R.* — Marais Saint-Gilles et marais Malicorne à Abbeville ; Saint - Quentin - en - Tourmont ; Fort-Mahon près Quend.

Var. β. *elongatum* (Coss. et Germ. *Fl.* 447. — *G. elongatum* Presl. *Fl. Sic.*; Gren. et Godr. *Fl.*). — *C C.*

Var. γ. *debile* (Coss. et Germ. *Fl.* 447. — *G. debile* Desv. *Observ. pl. Ang.*; Gren. et Godr. *Fl.* — *G. constrictum* Chaub. in S¹-Am. *Fl. Agen.*). — *R R.* — Signalé dans le département de la Somme

9

sans indication de localité (*P. Fl.*).—Trouvé à Airon près Montreuil [Pas-de-Calais] (*Baill.* Herb.).

6 **G. uliginosum** L. *Sp.;* Coss. et Germ. *Fl.* 447 et *Illustr.;* B. *Extr. Fl.;* P..*Fl.;* Dub. *Bot.;* Gren. et Godr. *Fl.*

♃. Juillet-septembre.

A. C. — Marais tourbeux, bords des eaux.—Marais Saint-Gilles à Abbeville; Drucat; Picquigny; Saint-Quentin-en-Tourmont; Bray-lès-Mareuil; Longueau, Cappy, Éclusier (P. Fl.).

7. **G. Anglicum** Huds. *Angl.;* Coss. et Germ. *Fl.* 447 et *Illustr.;* B. *Extr. Fl.;* P. *Fl.;* Dub. *Bot.*— *G. Parisiense* var. *nudum* Gren. et Godr. *Fl.*

①. Juin-juillet.

R.—Lieux secs et pierreux, coteaux calcaires. — Bray-lès-Mareuil ; Ault ; Caubert près Abbeville ; Picquigny ; Jumel ; Port (*T. C.*) ; Bovelles, Ailly-sur-Somme (*Rom.*) ; Épagne (*B.* Herb.) ; Saint-Riquier (P. Fl.).

8. **G. Aparine** Coss. et Germ. *Fl.* 448 ; Koch. *Syn.*

①. Juin-septembre.

Haies, buissons, lisières des bois, moissons.

Var. α. *Aparine.* (*G. Aparine* L. *Sp.;* Coss. et Germ. *Fl.* 448 et *Illustr.;* B. *Extr. Fl.;* P. *Fl.;* Dub. *Bot.;* Gren. et Godr. *Fl.*).—*C C.*

Var. β. *Vaillantii* (Coss. et Germ. *Fl.* 448 et *Illustr.*— *G. Vaillantii* DC. *Fl. Fr.;* P. *Fl.*— *G. spurium* var. *Vaillantii* Gren. et Godr. *Fl.*). — *C.* — Drucat ; faubourg du Bois à Abbeville (*Picard* Not. manuscr.) ; Dury ; Bertangles, faubourg Saint-Gilles à Abbeville (P. Fl.).

Var. γ. *spurium* (Coss. et Germ. *Fl.* 448 et *Illustr.*— *G. spurium* L. *Sp.;* B. *Extr. Fl.;* P. *Fl.;* Dub. *Bot.;* Gren. et Godr. *Fl.* excl. var.). — *R.* —Lieux cultivés, moissons. — Faubourg Saint-Gilles à Abbeville (*Baill.* Herb.) ; Épagne (*B.* Extr. Fl.).

9. **G. tricorne** With. *Brit.;* Coss. et Germ. *Fl.* 448 et *Illustr.;* Dub. *Bot.;* Gren. et Godr. *Fl.*

①. Juin–août.

R.— Moissons des terrains maigres.— Le Hourdel près Cayeux;

Jumel ; La Faloise ; Bovelles, Ailly-sur-Somme (*Rom.*); Saint-Valery (*B.* Herb.).

Le *Rubia tinctorum* (L. *Sp.;* Coss. et Germ. *Fl.* 449 ; B. *Extr. Fl.;* P. *Fl.;* Dub. *Bot.;* Gren. et Godr. *Fl.* — Vulg. *Garance*) est indiqué près de nos limites dans les environs de Breteuil [Oise] (*B.* Extr. Fl.; *P.* Fl.).

XLVII. VALERIANEÆ DC. *Fl. Fr.*

1. CENTRANTHUS Neck. *Elem.*

1. **C. ruber** DC. *Fl. Fr.;* Coss. et Germ. *Fl.* 451 ; Gren. et Godr. *Fl.* — *C. latifolius* Dufr. *Val.;* Dub. *Bot.* — *Valeriana rubra* L. *Sp.*

♃. Juin-août.

R. — Subspontané. — Talus des chemins de fer, décombres, vieux murs. — Amiens ; Ailly-sur-Noye. — Souvent cultivé dans les jardins.

2. VALERIANA L. *Gen.*

1. **V. officinalis** L. *Sp.;* Coss. et Germ. *Fl.* 451 ; B. *Extr. Fl.;* P. *Fl.;* Dub. *Bot.;* Gren. et Godr. *Fl* — (Vulg. *Grande Valeriane*).

♃. Juin-août.

C. — Prés marécageux, bois humides. — Drucat; Picquigny; Pont-Remy ; Bienfay près Moyenneville ; Huchenneville ; La Faloise ; Mautort près Abbeville (*T. C.*); Bovelles, Ailly-sur-Somme (*Rom.*); Abbeville, Boves, Fortmanoir, Pont-de-Metz (*P.* Fl.).

2. **V. dioica** L. *Sp.;* Coss. et Germ. *Fl.* 452; B. *Extr. Fl.;* P. *Fl.;* Dub. *Bot.;* Gren. et Godr. *Fl.*

♃. Mai-juin.

A. C. — Marais tourbeux, prairies humides. — Faubourg Saint-Gilles à Abbeville; Drucat; Vercourt; Montières et Renancourt près Amiens, Ailly-sur-Somme (*Rom.*).

3. VALERIANELLA Tourn. *Inst.*

1. **V. olitoria** Poll. *Palat.;* Coss. et Germ. *Fl.* 452 et *Illustr.;*

P. *Fl.;* Dub. *Bot.;* Gren. et Godr. *Fl.— Valeriana olitoria* B. *Extr. Fl.—Valeriana Locusta* var. *olitoria* L. *Sp.—* (Vulg. *Mâche.—* En picard *Coquille*).

④. Avril-juin.

C C.— Lieux cultivés, moissons.

Var. β. *pubescens* (Coss. et Germ. *Fl.* 453). — *R.* — Caux ; Yvrench.

2. **V. carinata** Lois. *Not.;* Coss. et Germ. *Fl.* 453 et *Illustr.;* P. *Fl.;* Dub. *Bot.;* Gren. et Godr. *Fl.*

①. Avril-juin.

R R.—Lieux cultivés, vieux murs.—Huppy sur les murs du parc ; Abbeville (*Baill.* Herb.).

3. **V. Auricula** D C. *Fl. Fr.;* Coss. et Germ. *Fl.* 453 et *Illustr.;* Gren. et Godr. *Fl.—V. Auricula* et *V. dentata* D C. *Prodr.—V. dentata* P. *Fl.—Valeriana Locusta* var. *dentata* L. *Sp.*

①. Mai-août.

A. R.— Lieux cultivés, moissons. — Drucat ; Épagne ; Villers-sur-Mareuil ; Bray-lès-Mareuil ; La Faloise ; Bovelles (*Rom.*) ; Cambron (*T. C.*).

4. **V. Morisonii** D C. *Prodr.;* Coss. et Germ. *Fl.* 454; Gren. et Godr. *Fl.—V. dentata* Koch et Ziz. *Cat.;* Coss. et Germ. *Fl.* ed. 1 et *Illustr.*

①. Mai-août.

C. — Moissons, lieux cultivés, bords des bois. — Huppy ; Huchenneville ; Bailleul ; Bray-lès-Mareuil ; Eaucourt ; Yvrench ; Drucat ; Villers-sur-Authie ; Jumel ; Bezencourt près Tronchoy ; Cambron, Hangest-sur-Somme (*T. C.*) ; Bovelles, Ailly-sur-Somme (*Rom.*).

Var. β. *pubescens* (Coss. et Germ. *Fl.* 454.— *V. mixta* Dufr. *Val.;* P. *Fl.— Valeriana mixta* L. *Sp.*).—*R.*—Bois du Cap-Hornu près Saint-Valery ; Saint-Valery ; Pont-Rem.y.

5. **V. eriocarpa** Desv. *Jour. bot.;* Coss. et Germ. *Fl.* 454 et *Illustr.;* P. *Fl.;* Dub. *Bot.;* Gren. et Godr. *Fl.*

①. Juin-juillet.

R R.— Lieux cultivés.— Drucat.

6. **V. vesicaria** Mœnch *Méth.;* Coss. et Germ. Not. in *Fl.*
455; Dub. *Bot.;* Gren. et Godr. *Fl.—Valeriana locusta* var. *vesicaria*
L. *Sp.*

(1). Mai-août.

*R R.—*Lieux cultivés.—Abbeville (*P.* Herb.).

On a souvent pris pour cette espèce des formes du *V. olitoria*
et du *V. Morisonii* à glomérules et à fruits gonflés par suite de
la piqûre d'un insecte.

XLVIII. DIPSACEÆ DC. *Fl. Fr.*

1. SCABIOSA L. *Gen.* ex parte.

1. **S. Columbaria** L *Sp.;* Coss. et Germ. *Fl.* 457; B. *Extr.*
Fl.; P. *Fl.;* Dub. *Bot.;* Gren. et Godr. *Fl.*

♃. Juillet-octobre.

*C C.—*Bords des bois et des chemins, coteaux arides.

S.-v. *pumila* (Coss. et Germ. *Fl.* 457).

S.-v. *ochroleuca.* (*S. Columbaria* var. *ochroleuca* Dub. *Bot.*
256 ? .—*S. ochroleuca* DC. *Fl. Fr.* 4, 230 ? ; P. *Fl* 190).—Fleurs
jaunâtres.— *R R.—*Prairies, coteaux.—Bords du canal à Petit-
Port, marais Saint-Gilles a Abbeville (*B.* Herb.; *Baill.* Herb) ;
coteau du Val à Laviers (*DC* Fl. Fr.).

2. **S. Succisa** L. *Sp.;* Coss. et Germ. *Fl.* 458; B. *Extr. Fl.;*
P. *Fl.;* Dub. *Bot.;* Gren. et Godr. *Fl.—Succisa pratensis* Mœnch
Méth.

♃. Août-octobre.

*C C.—*Bois, prairies, marais tourbeux.

2. KNAUTIA Coult. *Dips.*

1. **K. arvensis** Coult. *Dips.;* Coss. et Germ. *Fl.* 458; Dub.
Bot.; Gren. et Godr. *Fl.—Scabiosa arvensis* L. *Sp.;* B. *Extr. Fl.;*
P. *Fl.*

♃. Juin-août.

C C.— Champs, prés, bois.

S.-v. *pinnatisecta* (Coss. et Germ. *Fl.* 459).

S.-v. *integrifolia* (Coss. et Germ. *Fl.* 459 — *Scabiosa arvensis*
var. *integrifolia* P. *Fl.*— *Scabiosa hybrida* B. *Extr. Fl.*). — R.—
Cambron, Ault (*T. C.*); bois de Mareuil (*Baill.* Herb.); Épagne,
Villers-sur-Mareuil (*B.* Extr. Fl.).

3. DIPSACUS L. *Gen.*

1. **D. sylvestris** Mill. *Dict.;* Coss. et Germ. *Fl.* 459; B. *Extr.
Fl.;* P. *Fl.;* Dub. *Bot.;* Gren. et Godr. *Fl.*— *D. fullonum* var. α.
L. *Sp.*

②. Juillet-septembre.

C C.— Lieux incultes, bords des haies et des chemins.

2. **D. fullonum** Mill. *Dict.;* Coss. et Germ. *Fl.* 460; P. *Fl.;*
Dub. *Bot.;* Gren. et Godr. *Fl.*—(Vulg. *Chardon à foulon*).

②. Juillet-septembre.

Cultivé en grand, près de nos limites, pour les manufactures
de drap.— Quelquefois subspontané : ancienne gare du chemin
de fer à Abbeville ; bois de Fortmanoir près Boves (*P.* Fl.).

3. **D. pilosus** L. *Sp.*; Coss. et Germ. *Fl.* 460; B. *Extr. Fl.;*
P. *Fl ;* Dub. *Bot.*—*Cephalaria pilosa* Gren. et Godr. *Fl.*

②. Juillet-septembre.

R.— Endroits ombragés, bords des haies et des bois.— Bois de
Canvrières près Doudelainville ; ferme de Froideville entre Mers
et Eu ; Villers-sur-Mareuil ; Cambron (*T. C.*); bois de Mareuil
(*Baill.* Herb.); Saint-Valery (*B.* Herb.); Caubert près Abbeville,
Poix, Molliens-Vidame (*P.* Fl.).

XLIX. COMPOSITÆ Adans. *Fam.*

Trib. I. CYNAROCEPHALÆ Juss. *Gen.*

1. ONOPORDUM L. *Gen.* ex parte.

1. **O. Acanthium** L. *Sp.*; Coss. et Germ. *Fl.* 470; B. *Extr.
Fl.;* P. *Fl.;* Dub. *Bot.;* Gren. et Godr. *Fl.*

②. Juin-septembre.

A.C. — Lieux incultes , décombres , bords des chemins. — Remparts d'Abbeville ; Mareuil ; Pont-Remy ; Quend ; Cambron (*T. C.*) ; Ferrières, Bovelles (*Rom.*).

2. CARLINA Tourn. *Inst.*

1. **C. vulgaris** L. *Sp.;* Coss. et Germ. *Fl.* 471 ; B. *Extr. Fl.;* P. *Fl.;* Dub. *Bot.;* Gren. et Godr. *Fl.*

②. Juillet-septembre.

C C. — Lieux incultes, coteaux secs, champs en friche.

3. CYNARA Vaill. *Act. acad. Par.*

1. **C. Scolymus** L. *Sp.;* Coss. et Germ. *Fl.* 471 ; B. *Extr. Fl.;* Dub. *Bot.—C. Cardunculus* var. *Scolymus* P. *Fl.*— (Vulg. *Artichaut*).

♃. Août-septembre.

Cultivé dans les potagers.

On cultive plus rarement le *C. Cardunculus* (L. *Sp.;* Coss. et Germ. *Fl.* 471 ; P. *Fl.;* Dub. *Bot.;* Gren. et Godr. *Fl.*—Vulg. *Cardon d'Espagne*).

4. CIRSIUM Tourn. *Inst.*

1. **C. lanceolatum** Scop. *Carn.;* Coss. et Germ. *Fl.* 472 ; P. *Fl.;* Dub. *Bot.;* Gren. et Godr. *Fl.—Carduus lanceolatus* L. *Sp.;* B. *Extr. Fl.*

②. Juin-septembre.

C C. — Bords des chemins, villages, lieux incultes.

2. **C. eriophorum** Scop. *Carn.;* Coss. et Germ. *Fl.* 472 ; P. *Fl.;* Dub. *Bot.;* Gren. et Godr. *Fl.—Carduus eriophorus* L. *Sp.;* B. *Extr. Fl.*

②. Juillet-septembre.

R. — Coteaux pierreux, bords des bois et des chemins, terrains calcaires.—Bois de Size près Ault ; bois de Rampval près Mers ; Aveluy ; La Faloise ; Amiens, Boves, Rivery (*Rom*) ; remparts d'Abbeville (*Baill* Herb.) ; Thuison près Abbeville (*Picard* Not. manuscr.) ; Mareuil ; Longueau (P. Fl.).

3. **C. palustre** Scop. *Carn.;* Coss. et Germ. *Fl.* 473; P. *Fl.;* Dub. *Bot.;* Gren. et Godr. *Fl.—Carduus palustris* L. *Sp.;* B. *Extr. Fl.*

②. Juin-août.

C C.— Marais, bois humides.

S. - v. *album.* — Fleurons blanchâtres. — La Bouvaque près Abbeville (*Picard* Herb.).

4. **C. acaule** All. *Ped.;* Coss. et Germ. *Fl.* 473; P. *Fl.;* Dub. *Bot.;* Gren. et Godr. *Fl.—Carduus acaulis* L. *Sp.;* B. *Extr. Fl.*

♃. Juillet-septembre.

C C.— Coteaux secs, pelouses, bords des chemins.

S.-v. *caulescens* (Coss. et Germ. *Fl.* 473).

5. **C. Anglicum** DC. *Fl. Fr.;* Coss. et Germ. *Fl.* 473; P. *Fl.;* Dub. *Bot.;* Gren. et Godr. *Fl.*

♃. Juin-août.

R R.— Prés et bois humides.— Fortmanoir, Rouy-le-Petit près Nesle, Mareuil (**P. Fl.**).

6. **C. arvense** Lmk. *Fl. Fr.;* Coss. et Germ. *Fl.* 474; P. *Fl.;* Dub. *Bot.;* Gren. et Godr. *Fl.—Serratula arvensis* L. *Sp.;* B. *Extr. Fl.*

② ou ♃. Juin-septembre.

C C.— Moissons, bords des chemins, lieux incultes.

7. **C. hybridum** Koch ap. DC. *Fl. Fr.;* Coss. et Germ. *Fl.* 475; P. *Fl.—C. palustri-oleraceum* Nægeli in Koch *Syn.;* Gren. et Godr. *Fl.*

♃. Juillet-août.

*R R.—*Prés humides, marais tourbeux.—Oust-Marest; Cambron (**T. C.**); Petit-Saint-Jean près Amiens (*Rom.*); marais des Planches à Abbeville (*Poulain* Herb.); vallée d'Authie entre Raye et Dompierre (**P. Fl.**).

8. **C. oleraceum** All. *Ped.;* Coss. et Germ. *Fl.* 475; P. *Fl.;* Dub. *Bot.;* Gren. et Godr. *Fl.—Cnicus oleraceus* L. *Sp.;* B. *Extr. Fl.*

♃. Juin-août.

C C.— Prés humides, bords des eaux.

5. CARDUUS L. *Gen.* ex parte.

1. **C. tenuiflorus** Sm. *Brit.;* Coss. et Germ. *Fl.* 476; P. *Fl.;* Dub. *Bot.;* Gren. et Godr. *Fl.*

④ ou ②. Juin-août.

G C.— Lieux secs et arides, bords des chemins, décombres.

2. **C. crispus** L. *Sp.;* Coss. et Germ. *Fl.* 477; B. *Extr.* *Fl.;* P. *Fl.;* Dub. *Bot.;* Gren. et Godr. *Fl.*

②. Juillet-septembre.

A. C.— Lieux incultes, bords des chemins. — Airondel près Bailleul; Caubert près Abbeville; Abbeville; Picquigny; Gamaches; Bouillancourt-en-Sery; Le Mesge (*Baillet*).

3. **C. nutans** L *Sp.;* Coss. et Germ. *Fl.* 477; B. *Extr.* *Fl.;* P. *Fl.;* Dub. *Bot.;* Gren. et Godr. *Fl.*

②. Juillet-septembre.

C C.— Lieux incultes, bords des chemins.

6. SILYBUM Vaill. *Act. acad. Par.*

1. **S. Marianum** Gærtn. *Fruct.;* Coss. et Germ. *Fl.* 478; P. *Fl.;* Dub. *Bot.;* Gren. et Godr. *Fl.*— *Carduus Marianus* L. *Sp.;* B. *Extr. Fl.*—(Vulg. *Chardon-Marie*).

① ou ②. Juillet-août.

R R.— Coteaux arides, villages, bords des chemins.— La Bouvaque près Abbeville; Drucat; Mers; Laviers (*B.* **Extr.** *Fl.*); Amiens (*P.* Fl.).

7. LAPPA Tourn. *Inst.*

1. **L. communis** Coss. et Germ. *Fl.* 480.—(Vulg. *Bardane*).

②. Juin-septembre.

Bords des chemins, des haies et des bois, lieux incultes, décombres.

Var. α. minor (Coss. et Germ. *Fl.* 480.— *L. minor* DC. *Fl. Fr.;* P. *Fl.;* Gren. et Godr. *Fl.*— *L. glabra* var. *minor* Dub. *Bot.*).— *C C.*

Var. β. *major* (Coss et Germ. *Fl.* 180.— *L. major* D C. *Fl. Fr.;*
P. *Fl.;* Gren. et Godr. *Fl.*— *L. glabra* var. *major* Dub. *Bot.*).—
R R.— Cayeux; remparts d'Abbeville (*Baill.* Herb.).

Var. γ. *tomentosa* (Coss. et Germ. *Fl.* 480 — *L. tomentosa* Lmk.
Encycl. méth ; B. *Extr. Fl.;* P. *Fl.;* Dub. *Bot.;* Gren. et Godr.
Fl.).— *C.*— Drucat; Saint-Quentin-en-Tourmont; Quend; Cam-
bron; Bray-lès-Mareuil; Bailleul; forêt de Lucheux; Vaux près
Abbeville; Le Royon près Quend (*T. C.*); Ailly-sur-Somme
(*Rom.*); remparts d'Abbeville (*Baill.* Herb.).

8. SERRATULA L. *Gen.* ex parte.

1. **S. tinctoria** L. *Sp.;* Coss. et Germ. *Fl.* 480; B. *Extr. Fl.;*
P. *Fl.;* Dub. *Bot.;* Gren. et Godr. *Fl.*

♃. Août-septembre.

R.— Bois montueux.— Bois de Size près Ault; bois de Rampval
près Mers; Lanchères; Bernapré; Ailly-sur-Somme (*Rom.*); bois
d'Hudfoy près Molliens-Vidame (*P. Fl.*); Pendé (*B.* Extr. Fl).

9. CENTAUREA L. *Gen.* ex parte.

1. **C. Calcitrapa** L. *Sp.;* Coss. et Germ. *Fl.* 481; B. *Extr.
Fl.;* P. *Fl.;* Dub. *Bot.;* Gren. et Godr. *Fl.*

②. Juillet-septembre.

CC.— Lieux secs et incultes, bords des chemins.

2. **C. solstitialis** L. *Sp.;* Coss. et Germ. *Fl.* 482; B. *Extr.
Fl.;* P. *Fl.;* Dub. *Bot.;* Gren. et Godr. *Fl.*

① ou ②. Juillet-septembre.

R. — Bords des moissons, prairies artificielles. — Cayeux;
Drucat; Villers-sur-Mareuil; Bovelles (*Rom.*); Saint Firmin près
Rue (*Abbé Dufourny*); Abbeville, Saint-Valery (*Baill.* Herb.;
Poulain Herb.); Amiens, Rue (*P.* Fl.); Épagnette près Abbeville
(*B.* Not. manuscr.).

3 **C. Cyanus** L. *Sp.;* Coss. et Germ. *Fl.* 482; B. *Extr. Fl.;*
P. *Fl.;* Dub. *Bot.;* Gren. et Godr. *Fl.*—(Vulg. *B'euet*).

① ou ②. Mai-juillet, refleurit souvent en automne.

CC.— Moissons.

4. **C. Scabiosa** L. *Sp.*; Coss. et Germ. *Fl.* 483; B. *Extr. Fl.;* P. *Fl.;* Dub. *Bot.;* Gren. et Godr. *Fl.*

♃. Juin-août.

C C. — Bords des champs, moissons, coteaux calcaires.

S.-v. *alba.* — Fleurs blanches. — Drucat; Cambron (*T. C.*).

5. **C. pratensis** Thuill. *Fl. Par.* 444. — *C. decipiens* Thuill. *Fl. Par.* 445. — *C. Jacea* var. *intermedia* Coss. et Germ. *Fl.* 484.

♃. Juin-août.

C C. — Pâturages, prairies, coteaux herbeux, bords des bois.

S.-v. *pumila* — Plante de 5-10 centim. Tige monocéphale. — Pelouses arides.

6. **C. nigra** L. *Sp.;* B. *Extr. Fl.;* P. *Fl.;* Dub. *Bot.;* Gren. et Godr. *Fl.* — *C. Jacea* var. *nigra* Coss. et Germ. *Fl.* 484.

♃. Juin-octobre.

C C. — Lieux herbeux, pâtures, coteaux secs, bords des bois.

S.-v. *pumila.* — Plante de 5-10 centim. Tige monocéphale. — Lieux arides.

Nous n'avons jamais rencontré dans nos limites le véritable *C. Jacea* L., qui se distingue principalement par les folioles de l'involucre, même les extérieures, à appendice presqu'entier ou irrégulièrement incisé et non pectiné cilié. La plante indiquée sous ce nom à Feuquières (P. *Fl.* 228) est le *C. pratensis* Thuill.

10. CENTROPHYLLUM Neck. *Elem.*

1. **C. lanatum** DC. in Dub. *Bot.;* Coss. et Germ. *Fl.* 485; Gren. et Godr. *Fl.* — *Carthamus lanatus* L. *Sp.;* B. *Extr. Fl.* — *Centaurea lanata* DC. *Fl. Fr.* — *Centaurea Carthamoides* Chevall. *Fl. Par.;* P. *Fl.*

①. Juillet-octobre.

R. — Lieux arides, champs en friche, bords des chemins. — Prouzel; Berny-sur-Noye; Bovelles, Saisseval, Ailly-sur-Somme (*Rom.*); Molliens-Vidame (*Baillet*); Hocquincourt (*Abbé Dufourny*); Caubert près Abbeville (*Baill.* Herb.); Flixecourt, Dury, Allonville (*P.* Fl.); Guignemicourt (*B.* Extr. Fl,).

L'*Echinops sphœrocephalus* (L. *Sp.;* Coss. et Germ. *Fl.* 486 ; P. *Fl* ; Dub. *Bot.;* Gren. et Godr. *Fl.*) signalé à Montdidier (*Besse* in P, Fl.) ne s'y retrouve plus.

Trib. II. CORYMBIFERÆ Juss. *Gen.*

11. BIDENS L. *Gen.*

1. **B. tripartita** L. *Sp.;* Coss. et Germ. *Fl.* 487; B. *Extr. Fl.;* P. *Fl.;* Dub. *Bot.;* Gren. et Godr. *Fl.*

①. Juillet-octobre.

A.C.—Marais, bords des eaux.—Caux; Bray-lès-Mareuil; Le Hourdel près Cayeux; Saint-Quentin-en-Tourmont; Quend; Montières, Petit-Saint-Jean et Saint-Maurice près Amiens (*Rom.*); Épagne (*Baill.* Herb.); Menchecourt près Abbeville (*B.* Herb.).

2. **B. cernua** L. *Sp.;* Coss. et Germ. *Fl.* 488; B. *Extr. Fl.;* P. *Fl.;* Dub. *Bot.;* Gren. et Godr. *Fl.*

①. Juillet-octobre.

A. R.—Endroits marécageux, bords des eaux.— Caubert près Abbeville; Senarpont; Mers; Le Mesge, Montières, Petit-Saint-Jean et Saint-Maurice près Amiens (*Rom*); Camon, Fortmanoir (*P.* Fl.).

S.-v. *minima* (Coss. et Germ. *Fl.* 488.— *B. minima* L. *Sp.*).

S -v. *rugosa* (Coss. et Germ. *Fl.* 488).

Var. β. *r diata* (DC. *Prodr* ; Coss. et Germ. *Fl.* 488. — *B. coreopsis* Chevall. *Fl. Par.;* P. *Fl.*-- *Coreopsis Bidens* L. *Sp.*).— *RR.*—Marais de Mautort près Abbeville (*T. C.*); Épagne (*Baill.* Herb.).

12. HELIANTHUS L. *Gen.* ex parte.

1. **H. tuberosus** L. *Sp.;* Coss. et Germ. *Fl.* 489; B. *Extr. Fl.;* P. *Fl.;* Dub. *Bot.*--(Vulg. *Topinambour*).

♃. Septembre-octobre.

Cultivé dans quelques potagers et plus rarement en plein champ.

13. ACHILLEA L. *Gen.*

1. **A. Millefolium** L. *Sp.;* Coss. et Germ. *Fl.* 489; B. *Extr. Fl.;* P. *Fl.;* Dub. *Bot.;* Gren. et Godr. *Fl.*—(Vulg. *Millefeuille*).

♃. Juin-octobre.

C C.—Lieux incultes, coteaux secs, bords des chemins, prairies.

2. **A. Ptarmica** L. *Sp.;* Coss. et Germ. *Fl.* 490; B. *Extr. Fl.;* P. *Fl.;* Dub. *Bot.;* Gren. et Godr. *Fl.*

♃. Juillet-septembre.

R R.— Prés humides, bords des rivières.— Dreuil, Fortmanoir (P. Fl.); Amiens (*B.* Extr. Fl.).

L'*Ormenis nobilis* (J. Gay in Coss. et Germ. *Fl.* ed. 1 ; Coss. et Germ. *Fl.* 491.—*Anthemis nobilis* L. *Sp.;* B. *Extr. Fl.;* P. *Fl.;* Dub. *Bot.* – *Chamomilla nobilis* Gren. et Godr. *Fl.* – Vulg. *Camomille romaine*) n'a pas été rencontré à notre connaissance dans nos limites. Cette espèce, ou plus ordinairement une variété à fleurons tous blancs ligulés, est cultivée dans quelques jardins comme plante médicinale.

14. ANTHEMIS L. *Gen.* ex parte.

1. **A. arvensis** L. *Sp.;* Coss. et Germ. *Fl.* 491; B. *Extr. Fl.;* P. *Fl.;* Dub. *Bot.;* Gren. et Godr. *Fl.*

①. Juin-septembre.

A. C.—Moissons, champs en friche.— Drucat ; Inval et Caumont près Huchenneville ; Ercourt ; Cambron (*T. C.*) ; Bovelles, Saisseval (*Rom.*).

2. **A. Cotula** L. *Sp.;* Coss. et Germ. *Fl.* 492; B. *Extr. Fl.;* P. *Fl.;* Dub. *Bot.;* Gren. et Godr. *Fl.*—(Vulg. *Camomille puante*).

①. Juin-septembre.

C C.— Bords des champs, moissons, terrains en friche.

15. MATRICARIA L. *Gen.* emend.

1 **M. Chamomilla** L. *Sp.;* Coss. et Germ. *Fl.* 492; B. *Extr.*

Fl.; P. Fl.; Dub. *Bot.;* Gren. et Godr. *Fl.*—(Vulg. *Camomille commune).*

④. Juin-août.

A.C.— Moissons, lieux incultes et pierreux.— Abbeville; Les Alleux près Béhen; Ault; Le Hourdel près Cayeux; Saint-Quentin-en-Tourmont; Cambron (*T. C.*); Bovelles (*Rom.*); Notre-Dame de Grâce, Ailly, Oresmaux (*P. Fl.*); Crécy (*B.* Extr. Fl.).

Var. β. *coronata* (Coss. et Germ. *Fl.* 493.— *M. coronata* J. Gay in *herb.* olim. — *R.* — Le Crotoy; Saint - Valery; fortifications d'Abbeville; Bovelles (*Rom.*).

2. **M. inodora** L. *Fl. Suec.;* Coss. et Germ. *Fl.* 493; Gren. et Godr. *Fl.*— *Chrysanthemum inodorum* L. *Sp.;* B. *Extr. Fl.;* Dub. *Bot.*—*Pyrethrum inodorum* Sm. *Brit.;* P. *Fl.*

①. Juillet-septembre.

A.R.—Moissons, lieux pierreux, bords des chemins.—Drucat; ancienne gare du chemin de fer à Abbeville; Bovelles (*Rom.*); vers Péronne (*P. Fl.*).

3. **M. maritima** L. *Sp.* 1256; B. *Extr. Fl.* 63; Gren. et Godr. *Fl.* 2, 149; Billot *Exsicc.* n. 1503.—*Chrysanthemum maritimum* Pers. *Syn.* 2, 462; Dub. *Bot.* 272; Brébiss. *Fl. Norm.* 135.—*Chrysanthemum inodorum* var. *maritimum* Lloyd *Fl. Ouest* 243.— *Pyrethrum maritimum* Sm. *Fl. Brit.* 2, 901; P. *Fl.* 214.

Tiges de 1-3 décim., rameuses dès la base, couchées étalées diffuses, rougeâtres. Feuilles bipinnatisequées à segments courts, linéaires obtus, charnus, carénés. Capitules convexes globuleux. Involucre ombiliqué à la maturité. Réceptacle hémisphérique conique. Fleurons ligulés blancs; fleurons tubuleux jaunes. Akênes, ord. plus gros que ceux du *M. inodora*, à côtes internes épaisses, séparées par des intervalles linéaires très étroits, à glandes non orbiculaires, mais oblongues (Babingt. *Man.* 74; Lloyd *Fl. Ouest* loc. cit.). Disque épigyne à bord denté. ④. Juillet-septembre.

R R.— Pelouses et galets maritimes.— Quend, Saint-Quentin-en-Tourmont (*Baill.* Herb.). — Commun à Boulogne [Pas-de-Calais]; se trouve aussi à Criel [Seine-Inférieure].

Cette plante, selon plusieurs auteurs, n'est peut être qu'une variété du *M. inodora* L. Les caractères qui l'en distinguent ne seraient alors que des modifications de forme dues à l'influence de sa station. Nous avons pu observer que nos *M. maritima* ont les segments des feuilles moins épais et plus allongés en raison de leur éloignement de la mer.

16. PYRETHRUM Gærtn. *Fruct.*

1. **P. Leucanthemum** Coss. et Germ. *Fl.* 494; B. *Extr. Fl.;* P. *Fl.;* Dub. *Bot.—Leucanthemum vulgare* Lmk. *Fl. Fr.;* Gren. et Godr. *Fl.—*(Vulg. *Grande Marguerite*).

♃. Mai-août.

C C.— Lieux herbeux, prairies, pâturages.

2. **P. Parthenium** Sm. *Brit.;* Coss. et Germ. *Fl.* 494; P. *Fl.* —*Chrysanthemum Parthenium* Dub. *Bot.—Leucanthemum Parthenium* Gren. et Godr. *Fl.—Matricaria Parthenium* L. *Sp.;* B. *Extr. Fl.—*(Vulg. *Matricaire*).

♃. Juin-août.

A. R.— Villages, voisinage des habitations, lieux incultes, vieux murs. — Remparts d'Abbeville; Les Alleux près Béhen; Drucat; Dompierre; Aveluy; Bovelles (*Rom.*); Amiens (*P.* Fl.).

17. CHYSANTHEMUM DC. *Prodr.*

1. **C. segetum** L. *Sp.;* Coss. et Germ. *Fl.* 495; B. *Extr. Fl.;* P. *Fl.;* Dub. *Bot.;* Gren. et Godr. *Fl.—*(Vulg. *Marguerite dorée.—* En picard *Ganet*).

①. Juin-août.

Moissons.—Très commun dans les environs d'Abbeville; rare vers Amiens.

18. BELLIS L. *Gen.*

1. **B. perennis** L. *Sp.;* Coss. et Germ. *Fl.* 496; B. *Extr. Fl.;* P. *Fl.;* Dub. *Bot.;* Gren. et Godr. *Fl.—*(Vulg. *Petite Marguerite, Paquerette*).

♃. Mars-novembre.

*C C.—*Pelouses, prairies, pâturages, bords des chemins.

19. ARTEMISIA L. *Gen.*

1. A. vulgaris L. *Sp.;* Coss. et Germ. *Fl.* 496; B. *Extr. Fl.;* P. *Fl.;* Dub. *Bot.;* Gren. et Godr. *Fl.—*(Vulg. *Armoise*).

♃. Juillet-octobre.

A. C. — Lieux incultes, bords des chemins et des haies. Abbeville; Drucat; Quend; Saint-Quentin-en-Tourmont; Saint-Valery; Le Hourdel près Cayeux; Mers; Gamaches; Wailly; Boves, Notre-Dame de Grâce, Renancourt, Picquigny, Ham (*P. Fl.*).

2. A. maritima L. *Sp.* 1186; B. *Extr. Fl.* 61; P. *Fl.* 216; Dub. *Bot.* 277; Gren. et Godr. *Fl.* 2, 135; Brébiss. *Fl. Norm.* 137; Lloyd *Fl. Ouest* 238; Puel et Maille *Fl. loc.* exsicc. n. 189.—(Vulg. *Absinthe marine*).

Souche rampante. Tiges de 2-4 décim., ascendantes, rameuses. Feuilles blanches tomenteuses sur les deux faces, bipinnatisequées à segments linéaires obtus; les inférieures pétiolées à pétiole dilaté auriculé à la base; les supérieures sessiles. Capitules nombreux 4-7 flores, presque sessiles, ovoïdes ou oblongs, disposés le long des rameaux en petites grappes spiciformes feuillées. Involucre tomenteux à folioles linéaires oblongues; les extérieures plus courtes, herbacées; les intérieures largement scarieuses. Réceptacle glabre. ♃. Septembre-octobre.

C.—Bords de la mer, pelouses baignées par la marée.—Laviers; Port; Noyelles-sur-Mer; Saint-Quentin-en-Tourmont; Saint-Valery; Cambron (*T. C.*).

Var. *α. maritima* (Koch *Syn.* 406).—Rameaux étalés arqués, réfléchis à la maturité. Capitules dressés.

Var. *β. Gallica* (Koch *Syn.* loc. cit.; Brébiss. *Fl Norm.* 137; Lloyd *Fl. Ouest* 238).—Rameaux et capitules dressés.

Var. *γ. salina* (Koch *Syn.* loc. cit.; Brébiss. *Fl. Norm.* loc. cit.).—Rameaux étalés non réfléchis. Capitules pendants.

3. A. Absinthium L. *Sp.;* Coss. et Germ. *Fl.* 497; B. *Extr. Fl.;* Dub. *Bot.;* Gren. et Godr. *Fl.—Absinthium vulgare* P. *Fl.—*(Vulg. *Absinthe*).

♃. Juillet-septembre.

Cultivé dans les jardins.— Quelquefois subspontané près des habitations.

On cultive aussi dans les potagers l'*A. Dracunculus* (L. *Sp.;* Coss. et Germ. Not. in *Fl.* 497 ; Dub. *Bot.*— Vulg. *Estragon*).

20. TANACETUM L. *Gen.* ex parte.

1. **T. vulgare** L. *Sp.;* Coss. et Germ. *Fl.* 497; B. *Extr. Fl.;* P. *Fl.;* Dub. *Bot.;* Gren. et Godr. *Fl.*

♃. Juillet-octobre.

R.— Lieux incultes, haies, bords des rivières, voisinage des habitations. — Abbeville ; Les Croisettes près Béhen ; Huppy ; Huchenneville ; Eaucourt ; Amiens (*Rom.*).

21. CALENDULA L. *Gen.* ex parte.

1. **C. arvensis** L. *Sp.;* Coss. et Germ. *Fl.* 498; B. *Extr. Fl.;* P. *Fl.;* Dub. *Bot.;* Gren. et Godr. *Fl.*— (Vulg. *Souci de vigne*).

①. Juin-septembre.

R R.— Lieux cultivés.— La Neuville près Amiens (*Garnier*) ; Amiens (*Picard* in herb. *Poulain*) ; Montdidier (*B.* Extr. Fl.).

Le *C. officinalis* (L. *Sp ;* Coss. et Germ. *Not.* in *Fl.* 498 ; Dub. *Bot.*— Vulg. *Souci*), cultivé dans les jardins, se rencontre quelquefois près des habitations.

22. FILAGO Tourn. *Inst.* ex parte.

1. **F. spathulata** Presl. *Delic. Prag.;* Jord. *Obs.;* Coss. et Germ. *Fl.* 500; Gren. et Godr. *Fl.*— *F. Germanica* var. *spathulata* DC. *Prodr.*— *F. Jussiæi* Coss. et Germ. *Fl.* ed. 1 et *Illustr.*

①. Juillet-octobre.

C.— Moissons, lieux cultivés, bords des chemins.—Limeux ; Inval près Huchenneville ; Gamaches ; Drucat ; Jumel ; Bovelles, Ferrières (*Rom.*) ; Épagne (*Baill.* Herb.).

2. **F. Germanica** L. *Sp.;* Coss. et Germ. *Fl.* 501 et *Illustr.;* B. *Extr. Fl.;* Gren. et Godr. *Fl.*— *Gnaphalium Germanicum* Willd. *Sp.;* P. *Fl.;* Dub. *Bot.*

①. Juillet-septembre.

10

A. C. — Champs, coteaux incultes, bois arides. — Drucat;
Nouvion; Abbeville; Pont-Remy; Bray-lès-Mareuil; Huchenne-
ville; Ercourt; Bouvaincourt; Oust-Marest; Bovelles, Ferrières
(*Rom.*); Nesle, Amiens (*Picard* Not. manuscr.); Notre-Dame de
Grâce, Le Mesnil-Saint-Georges, Le Cardonnois (*P. Fl.*)

Var. α. *canescens* (Coss. et Germ. *Fl.* 501; Gren. et Godr. *Fl.*
— *F. canescens* Jord. *Obs.*).

Var. β. *lutescens* (Coss. et Germ. *Fl.* 501; Gren. et Godr. *Fl.*
— *F. lutescens* Jord. *Obs.*).

3. **F. montana** L. *Sp.;* Coss. et Germ. *Fl.* 501 et *Illustr.;* B.
Extr. Fl. — *Gnaphalium montanum* Willd. *Sp.;* P. *Fl.* — *F. minima*
Fries *Novit. Suec.;* Gren. et Godr. *Fl.*

④. Juillet-septembre.

R. — Champs sablonneux, lieux arides. — Bray-lès-Mareuil;
Villers-sur-Authie; Ault; Abbeville, forêt de Crécy (*Baill.* Herb.);
Quend (*B.* Extr. Fl.); Hombleux, Esmery (*P. Fl.*).

4. **F. arvensis** L. *Sp.;* Coss. et Germ. *Fl.* 502 et *Illustr.;*
Gren. et Godr. *Fl.* — *Gnaphalium arvense* Willd. *Sp.;* P. *Fl.;* Dub..
Bot.

④. Juillet-septembre.

R R. — Champs arides et sablonneux. — Entre Roye et Montdidier (*P. Fl.*).

23. LOGFIA Cass. in *Bull. soc. Phil.*

1. **L. Gallica** Coss. et Germ. in *Ann. sc. nat.;* Coss. et Germ.
Fl. 503 et *Illustr.* — *L. subulata* Cass. in *Dict. sc. nat.;* Gren. et
Godr. *Fl.* — *Filago Gallica* L. *Sp.;* B *Extr. Fl.* — *Gnaphalium*
Gallicum Willd. *Sp.;* P. *Fl.;* Dub. *Bot.*

④. Juillet-octobre.

A. R. — Champs après la moisson, lieux arides. — Drucat; Bray-
lès-Mareuil; Boismont (*Baill.* Herb.); Liercourt, Saint-Valery
(*P. Fl.*).

24. GNAPHALIUM L. *Gen.* ex parte.

1. **G. uliginosum** L. *Sp.;* Coss. et Germ. *Fl.* 503; B. *Extr.*
Fl.; P. *Fl.;* Dub. *Bot.;* Gren. et Godr. *Fl.*

Ⓐ. Juillet-octobre.

C C.—Lieux humides, champs après la moisson, allées des bois.

2. **G. luteo-album** L. *Sp.*; Coss. et Germ. *Fl.* 504; B. *Extr. Fl.*; P. *Fl.*; Dub. *Bot.*; Gren. et Godr. *Fl.*

Ⓐ. Juillet-septembre.

A. R.—Lieux humides et sablonneux, bois montueux, prairies artificielles, galets maritimes.—Routhiauville près Quend; Cayeux; Le Hourdel; Vron; forêt de Crécy; bois Boullon près Abbeville (*H. Sueur*): dunes de Saint-Quentin-en-Tourmont (*Poulain* Herb.); Amiens, Boves (P. Fl.).

25. GAMOCHÆTA Wedd. *Chl. And.*

1. **G. sylvatica** Wedd. *Chl. And.*; Coss. et Germ. *Fl.* 504.— *Gnaphalium sylvaticum* L. *Sp.*; B. *Extr. Fl.*; Gren et Godr. *Fl.*— *Gnaphalium sylvaticum* var. *rectum* Dub. *Bot.*—*Gnaphalium rectum* Sm. *Fl. Brit ;* P. *Fl.*

♃. Juillet-septembre.

A. C.—Taillis des bois montueux.—Huchenneville; Saint-Quentin-La-Motte-Croix-au-Bailly; Lanchères; Ligescourt; forêt de Crécy; Saint-Riquier; Bovelles, Ailly-sur-Somme (*Rom.*); Dury; Notre-Dame de Grâce, Boves, Port, Laviers (P. Fl.).

26. ANTENNARIA R. Br. in *Linn. trans.*

1. **A. dioica** Gærtn. *Fruct.;* Coss. et Germ. *Fl.* 505; Gren. et Godr. *Fl.*—*Gnaphalium dioicum* L. *Sp.*; B. *Extr. Fl.*; P. *Fl.*; Dub. *Bot.*

♃. Mai-juin.

R R.—Coteaux secs, pelouses arides, bruyères.—Boves (*Garnier*); Cagny (P. Fl.); Pinchefalise près Boismont (*B.* Extr. Fl.).—Trouvé à Beaumont près Eu [Seine-Inférieure] (*B.* Herb.; *Poulain* Herb.) et à Sorus [Pas-de-Calais] (*Baill.* Herb.).

27. PULICARIA Gærtn. *Fruct.*

1. **P. vulgaris** Gærtn. *Fruct.;* Coss. et Germ. *Fl.* 506; Gren. et Godr. *Fl.*—*Inula Pulicaria* L. *Sp.*; B. *Extr. Fl.*; P. *Fl.*; Dub. *Bot.*

①. Juillet-septembre.

A. R. — Lieux humides et fangeux , bords des fossés et des chemins. — Saint-Quentin-en-Tourmont; Le Royon et Château-Neuf près Quend; Dury, Fortmanoir, Villers-sur-Authie, Cayeux, Hombleux, Ham (P. Fl.).

2. **P. dysenterica** Gærtn. *Fruct.;* Coss. et Germ. *Fl.* 506 ; Gren. et Godr. *Fl.* - *Inula dysenterica* L. *Sp.;* B. *Extr. Fl.;* P. *Fl.;* Dub. *Bot.*

♃. Juillet-septembre.

C C. — Pâtures humides, bords des eaux.

28. INULA L. *Gen.* emend.

1. **I. Helenium** L. *Sp.;* Coss. et Germ. *Fl.* 507; B. *Extr. Fl.;* P. *Fl.;* Dub. *Bot.* — *Corvisartia Helenium* Mérat *Fl. Par.* ed. 2 ; Gren. et Godr. *Fl.*

♃. Juillet-septembre.

RR. — Marais , pâtures, vergers , bois humides. — Forêt de Crécy (*Abbé Leroy*); Quend (*Baill.* Herb.); Bernay, Brutelles (*B.* Extr. Fl. et herb.); Rue, Cambron, Bussy, Hamelet (*P.* Fl.).

2. **I. Conyza** DC. *Prodr.;* Coss. et Germ. *Fl.* 509; Gren. et Godr. *Fl.* — *Conyza squarrosa* L. *Sp.;* B. *Extr. Fl.;* P. *Fl.;* Dub. *Bot.*

②. Juillet-septembre.

A. C. — Lieux arides, bords des bois et des chemins. — Drucat; Huchenneville ; Limeux ; Frucourt ; Bouillancourt-en-Séry; Saint-Quentin La-Motte-Croix-au-Bailly ; Picquigny ; Aveluy; Bovelles (*Rom.*); Cambron (*T. C.*); Abbeville (*Poulain* Herb.); Amiens, Notre-Dame de Grâce, Fortmanoir, Laviers, Mareuil (*P.* Fl.).

L'*I. graveolens* (Desf. *Atl.;* Coss. et Germ. *Fl.* 509. — *Erigeron graveolens* L. *Sp.;* B. *Extr. Fl.* — *Solidago graveolens* Lmk. *Fl. Fr.;* P. *Fl.;* Dub. *Bot.* — *Cupularia graveolens* Gren. et Godr. *Fl.*) a été signalé vers Péronne sans indication précise de localité (*B.* Extr. Fl ; *P.* Fl.).

29. SOLIDAGO L. *Gen.* ex parte.

1. **S. Virga-aurea** L. *Sp.;* Coss. et Germ. *Fl.* 510; B. *Extr. Fl.;* P. *Fl.;* Dub. *Bot.;* Gren. et Godr. *Fl.* — (Vulg. *Verge d'or*).

♃. Août-septembre.

C C. — Bords et clairières des bois.

Le S *glabra* (Desf. *Cat.* ed. 3, 402; DC. *Prodr.* 5, 331; Gren. et Godr. *Fl.* 2, 93), originaire de l'Amérique, s'est naturalisé à Abbeville sur les bords de la Somme près de la Portelette. Il se reconnaît à ses tiges d'un mètre environ, dressées, raides, garnies de feuilles nombreuses; à ses feuilles glabres, lancéolées, trinerviées, les supérieures linéaires acuminées, rudes, dentées au sommet; à ses rameaux étalés arqués; à ses capitules petits, unilatéraux; aux fleurons de la circonférence ligulés au nombre de 10-12, linéaires oblongs, dépassant peu le disque.

30. ERIGERON L. *Gen.* ex parte.

1. **E. acris** L. *Sp.;* Coss. et Germ. *Fl.* 510; B. *Extr. Fl.;* P. *Fl.;* Dub. *Bot.;* Gren. et Godr. *Fl.*

② ou ♃. Juillet-septembre.

A. C. — Coteaux arides, lieux incultes, bords des chemins. — Drucat; Villers-sur-Mareuil; Bouillancourt-en-Sery; Cayeux; faubourg Rouvroy à Abbeville (*T. C.*); Bovelles, Guignemicourt (*Rom.*); Vauchelles-lès-Quesnoy (*Picard* Not. manuscr.); Amiens, Bertangles, Talmas (P. Fl.); Épagne (*B. Extr.* Fl.).

2. **E. Canadensis** L. *Sp.;* Coss. et Germ. *Fl.* 511; B. *Extr. Fl.;* P. *Fl.;* Dub. *Bot.;* Gren. et Godr. *Fl.*

①. Juillet-octobre.

A. R. — Lieux incultes; bois sablonneux, terrains remués, bords des chemins - Abbeville; Laviers; bois du Cap-Hornu près Saint-Valery; Cayeux; forêt de Crécy; Bovelles, Picquigny (*Rom.*); Sur-Somme près Abbeville (*Baill.* Herb.); Amiens, Querrieux, Nouvion (P. Fl.); Épagne (*B.* Not. manuscr.).

31. ASTER L. *Gen.*

1. **A. Tripolium** L. *Sp.* 1226; P. *Fl.* 204; Dub. *Bot.* 265; Gren. et Godr. *Fl.* 2, 101; Brébiss. *Fl. Norm.* 130; Lloyd *Fl. Ouest* 227; Rchb. *Ic.* 16, t. 907.—*Tripolium vulgare* Nees *Ast.* 153; *Fl. Dan.* t. 615.

Tiges de 2-7 décim., dressées, rameuses, striées. Feuilles glabres, un peu charnues, entières ou obscurément sinuées dentées ; les radicales elliptiques allongées, obtuses, trinerviées, longuement pétiolées ; les caulinaires linéaires lancéolées aiguës, sessiles. Capitules disposés en corymbe. Folioles de l'involucre très inégales ; les extérieures plus courtes, ovales, obtuses, d'un brun rougeâtre ; les intérieures oblongues, jaunâtres, membraneuses blanchâtres sur les bords. Fleurons de la circonférence rayonnants, ord. d'un bleu pâle, quelquefois nuls ; ceux du centre jaunes. Akènes jaunâtres, pubescents. ② ou ♃. Août octobre.

A. C.—Lieux fangeux baignés par la marée.— Laviers ; Saint-Valery ; Mers ; Noyelles - sur - Mer ; Le Hourdel près Cayeux ; Pinchefalise près Boismont (P. Fl.).

32. DORONICUM L. *Gen.*

1. **D. plantagineum** L. *Sp.;* Coss. et Germ. *Fl.* 514 ; B. *Extr. Fl.;* P. *Fl.;* Dub. *Bot.;* Gren. et Godr. *Fl.*

♃. Mai-juin.

R R.— Bois couverts montueux.— Bois de Rampval près Mers ; bois de Size près Ault ; Saint-Quentin-La-Motte-Croix-au-Bailly (*Abbé Duteyeul*) ; Pendé (*B. Extr. Fl.*) ; Poix (P. Fl.).

S.-v. *polycephalum.*— Tige portant 2-3 capitules.— *R R.*— Bois de Rampval près Mers.

2. **D. Pardalianches** L. *Sp.;* Coss et Germ. *Fl.* 514 ; P. *Fl.;* Dub. *Bot.;* Gren. et Godr *Fl.*

♃. Mai-juin.

R R.—Bois couverts montueux.— Bois de Size près Ault (*B. in Baill. Herb*).— Cultivé dans les jardins. — Quelquefois subspontané dans les bosquets près des habitations.— Buigny-Saint-Maclou ; Les Alleux près Béhen.

33. CINERARIA L. *Gen.* ex parte.

1. **C. lanceolata** Lmk. *Fl. Fr.* ed. 1; Coss. et Germ. 515.—
C. spathulæfolia Gmel. *Fl. Bad.;* Coss. et Germ. *Syn. Fl. Par.* ed. 2.
—*C. campestris* DC. *Fl. Fr.;* Coss. et Germ. *Fl.* ed 1; P. *Fl.;* Dub.
Bot. non Retz.—*C. integrifolia* B. *Extr. Fl.—Senecio spathulæfolius*
DC. *Prodr.;* Gren. et Godr. *Fl.*

♃. Mai-juin.

RR.— Bois couverts.— Bois de Rampval près Mers; bois de
Size près Ault; Bovelles (*Rom.*); bois de Lambercourt près
Miannay (*Baill.* Herb.); Cambron (*Poulain* Herb.); Saint-Achard
près Belloy (P. Fl.).

2. **C. palustris** L. *Sp.;* Coss. et Germ. *Fl.* 516; B. *Extr. Fl.;*
P. *Fl.;* Dub. *Bot.;* E. V. in *Bull. Soc. bot. Fr.* 4, 1033 — *Senecio
palustris* DC. *Prodr.;* Gren. et Godr. *Fl.;* Puel et Maille *Fl. loc.*
exsicc. n. 162.

① ou ②. Mai-juin.

RR —Marais tourbeux inondés.— Marais des dunes de Saint-
Quentin-en-Tourmont; Sailly-Bray près Noyelles-sur-Mer; Quend;
Bernay (*Baill.* Herb); Ailly, Dreuil, Rue (P. Fl.).—Observé en
1775 dans les fossés des fortifications d'Abbeville près de la porte
Marcadé (*du Maisniel de Belleval* Not. manuscr.). - Le *C. palustris*
devient de plus en plus rare par suite du dessèchement des
marais.

34. SENECIO L. *Gen.*

1. **S. vulgaris** L. *Sp.;* Coss. et Germ. *Fl.* 516; B. *Extr. Fl.;*
P. *Fl.;* Dub. *Bot.;* Gren. et Godr. *Fl.*—(Vulg. *Seneçon*).

①. Mars-novembre.

CC.— Lieux cultivés, décombres, champs en friche.

2. **S. sylvaticus** L. *Sp.;* Coss. et Germ. *Fl.* 517; B. *Extr. Fl.;*
P. *Fl.;* Dub. *Bot.;* Gren. et Godr. *Fl.*

①. Juin-septembre.

R.— Lieux sablonneux et pierreux, bois.— Forêt de Crécy; bois
des Bruyères près Boismont; Fort-Mahon près Quend; Cambron,
Villers-sur-Authie (*T. C.*).

3. **S. viscosus** L. *Sp.;* Coss. et Germ. *Fl.* 517; B. *Extr. Fl.;* P. *Fl.;* Dub. *Bot.;* Gren. et Godr. *Fl.*

①. Juin-août.

R. — Lieux incultes, terrains remués. — Saint-Valery (*B.* Herb.); Laviers (*Baill* Herb.; *B.* Extr. Fl.).

4. **S. erucæfolius** L. *Sp ;* Coss. et Germ. *Fl.* 518; B. *Extr. Fl.;* P. *Fl.;* Dub. *Bot.;* Gren. et Godr. *Fl.* .

♃. Juillet-septembre.

A. R., — Coteaux incultes, bords des bois et des chemins. — Quend; Boyelles (*Rom.*); Menchecourt près Abbeville (*Poulain* Herb.); Boves, Cagny, Dury; Bussy, Hamelet, Rue (*P.* Fl.); Saint-Valery (*B.* Extr. Fl.); Saint-Maurice près Amiens (*Picard* Not. manuscr.).

5. **S. Jacobœa** L. *Sp.;* Coss. et Germ. *Fl.* 518; B. *Extr. Fl.;* P. *Fl.;* Dub. *Bot.;* Gren. et Godr. *Fl.*

♃. Juin-septembre.

C C. — Prairies, bords des bois, des haies et des chemins, coteaux secs.

6. **S. aquaticus** Huds. *Fl. Angl.;* B. *Extr. Fl.;* P. *Fl.;* Dub. *Bot.;* Gren. et Godr. *Fl.* — *S. aquaticus* var. *aquaticus* Coss. et Germ. *Fl.* 519.

♃. Juin-août.

R R. — Marais, bois humides. — Nampont (*B.* Extr. Fl.); vers Péronne (*P.* Fl.). — Commun dans le département du Pas-de-Calais près de nos limites : Verton; Sorus; Montreuil (*Baill* Herb.); Marconnel (*Poulain* Herb.); Hesdin (*T. C.* Herb.).

38. EUPATORIUM Tourn. *Inst.*

1. **E. cannabinum** L. *Sp.;* Coss. et Germ. *Fl.* 521; B. *Extr* *Fl.;* P. *Fl.;* Dub. *Bot.;* Gren. et Godr. *Fl.*

♃. Juillet-septembre.

C. — Marais, bois humides, bords des eaux. — Drucat; Vercourt; Saint-Quentin-en-Tourmont; Mers; Frucourt; Huchenneville; Picquigny; Suzanne; Le Mesge (*Rom.*); Saint-Maurice, Fortmanoir, Pont-de-Metz (P. Fl.); Abbeville (*B.* Extr. Fl.).

36. TUSSILAGO L. *Gen.* ex parte.

1. **T. Farfara** L. *Sp.;* Coss. et Germ. *Fl.* 521; B. *Extr. Fl.;* P. *Fl.;* Dub. *Bot.;* Gren. et Godr. *Fl.*

♃. Mars-mai.

C.— Terrains humides argileux ou calcaires, lieux où l'eau a séjourné l'hiver.—Abbeville; Caubert près Abbeville; Yonval près Cambron; Drucat; Yvrench; Mers; Aveluy; Bovelles, Revelles (*Rom.*); Amiens, Ham, Péronne (*P. Fl.*).

37. PETASITES Tourn. *Inst.*

1. **P. vulgaris** Desf. *Atl.;* Coss. et Germ. *Fl.* 522; P. *Fl.—* Petasites officinalis Mœnch *Méth.;* Gren. et Godr. *Fl.— Tussilago Petasites* L. *Sp.;* B. *Extr. Fl.;* Dub. *Bot*

♃. Mars-avril.

R R.— Bords des eaux, lieux humides ombragés — Faubourg Rouvroy a Abbeville; Menchecourt près Abbeville (*B.* Herb.; P. Fl.).

Trib. III. CICHORACEÆ Juss. *Gen.*

38. LAPSANA L. *Gén.* ex parte.

1. **L. communis** L. *Sp.;* Coss. et Germ. *Fl.* 523; B. *Extr. Fl.—Lampsana communis* Lmk. *Encycl. méth.;* P. *Fl.;* Dub. *Bot.;* Gren. et Godr. *Fl.*

①. Juin-août.

C C.—Lieux cultivés, bords des bois et des chemins, décombres.

39. ARNOSERIS Gærtn. *Fruct.*

1. **A. pusilla** Gærtn: *Fruct* ; Gren. et Godr. *Fl.—A. minima* Coss. et Germ. *Fl.* 523.— *Hyoseris minima* L. *Sp.— Lampsana minima* Lmk. *Encycl. méth ;* Dub. *Bot.*

①. Juin-août.

R R. — Champs sablonneux arides. — Ancienne garenne de Villers-sur-Authie.

40. CICHORIUM L. *Gen.*

1. **C. Intybus** L. *Sp.;* Coss. et Germ. *Fl.* 524; B. *Extr. Fl.;* P. *Fl.;* Dub. *Bot.;* Gren. et Godr. *Fl.*— (Vulg. *Chicorée sauvage*).

♃. Juillet-août.

C C.—Lieux incultes, bords des chemins, coteaux arides — Quelquefois cultivé.

2. **C. Endivia** L. *Sp.;* Coss. et Germ. Not. in *Fl.* 524; B. *Extr. Fl.;* P. *Fl.;* Dub. *Bot.*

①. Juin-août.

Cultivé dans les potagers.

Var. α. *latifolium* (P. *Fl.* 229.— *Endivia vulgaris* Bauh. Pin. 125.— Vulg. *Scarole, Scariole*).— Feuilles larges non dentées.

Var. β *angustifolium* (P. *Fl.* 229 — *Endivia angustifolia* Bauh. loc cit.—Vulg. *Petite Endive*) — Feuilles étroites allongées.

Var. γ. *crispum* (P *Fl.* 229.— *Endivia crispa* Bauh. loc. cit. — Vulg. *Chicorée frisée*).— Feuilles découpées, crépues.

41. HYPOCHOERIS L. *Gen.*

1. **H. glabra** L. *Sp.;* Coss et Germ. *Fl.* 525 excl. var. β. et γ.; B. *Extr. Fl.;* Dub. *Bot.;* Gren. et Godr. *Fl.* excl. var. β. et γ.; Rchb. *Ic.* 19, t. 1398, f. 2.

①. Juin-août

R R.—Coteaux arides, moissons des terrains maigres. — Villers-sur-Authie; Forêt-l'Abbaye (*Baill.* Herb.; *Picard* Herb.); Villers-sur-Mareuil, Nouvion (*Picard* Not. manuscr.); Laviers (*B.* Herb.); Brailly, ferme de Saint-Nicolas près Abbeville (*du Maisniel de Belleval* Not. manuscr.).

2. **H. radicata** L. *Sp.;* Coss. et Germ. *Fl.* 525; B. *Extr. Fl.;* P. *Fl.;* Dub. *Bot.;* Gren. et Godr. *Fl.;* Rchb. *Ic.* 19, t. 1397.

♃. Juin-septembre.

C C.—Prés secs ou humides, champs arides, bords des chemins et des bois.

42 THRINCIA Roth. *Cat. bot.*

1. **T. hirta** Roth *Cat. bot.;* Coss. et Germ. *Fl.* 526; Gren. et Godr. *Fl.*— T. *hirta* et T. *hispida* P. *Fl.* non T. *hispida* Roth *Cat. bot.*—Leontodon *hirtus* L. *Sp.* sec. *Sm.* — *Hyoseris taraxacoides* Vill. *Dauph.;* B. *Extr. Fl.*

② ou ♃. Juillet-août.

Var. α. *hirta* (Coss. et Germ. *Fl.* 526).— *C C.*— Lieux secs ou humides, prés, coteaux, bords des chemins et des bois.

Var. β. *arenaria* (D C *Prodr ;* Coss. et Germ. *Fl.* 526; Gren. et Godr.- *Fl.*).—*C.* - Sables maritimes. — Le Crotoy; Quend; Saint-Quentin-en-Tourmont.

43. LEONTODON L. *Gen* ex parte.

1. **L. hispidus** L. *Sp.;* Coss. et Germ. *Fl.* 527.—*L. proteiformis* Vill. *Dauph.;* Gren. et Godr. *Fl.*

♃. Juin-septembre.

Prés secs ou humides, coteaux, lisières des bois.

Var. α. *hispidus* Coss. et Germ. *Fl.* 527.— *L. hispidus* P. *Fl.;* Dub. *Bot.*—*L. proteiformis* var. *vulgaris* Gren. et Godr. *Fl.*) — *C.*— Drucat; remparts d'Abbeville; Villers sur-Mareuil ; marais Saint-Gilles à Abbeville; Montières près Amiens, Bovelles, Ailly-sur-Somme (*Rom.*); Cambron, Laviers, Port, Renancourt, Rivery, Fortmanoir (P. Fl.).

Var. β. *hastilis* (Coss. et Germ. *Fl.* 527.— *L. hastilis* L. *Sp.;* P. *Fl.*— L. *proteiformis* var. *glabratus* Gren. et Godr. *Fl.*).- *R.* — Marais de Menchecourt près Abbeville (*Baill.* Herb.).

2. **L. autumnalis** L *Sp.;* Coss. et Germ. *Fl.* 527; B. *Extr. Fl.;* P. *Fl.;* Dub. *Bot.;* Gren. et Godr. *Fl.*

♃. Juillet-octobre.

C.— Coteaux, prairies, lieux incultes, bords des chemins.— Huchenneville ; Drucat ; Mers ; marais de Rouvroy et de Caubert près Abbeville (*T. C.*); Bovelles (*Rom.*).

44. PICRIS Juss. *Gen.*

1. **P. hieracioïdes** L. *Sp.;* Coss. et Germ. *Fl.* 528; B. *Extr. Fl.;* P. *Fl.;* Dub. *Bot.;* Gren. et Godr. *Fl.*

②. Juillet-septembre.

A C.— Lieux incultes, coteaux pierreux, bords des chemins et des bois — Drucat; Bray-lès-Mareuil; Béhen; Picquigny; Cayeux; bois de Size près Ault; Mers; Bovelles (*Rom*); Gouy, Mareuil, Menchecourt près Abbeville (*P. Fl.*).

45. HELMINTHIA Juss. *Gen.*

1. **H. echioides** Gærtn *Fruct ;* Coss. et Germ. *Fl.* 528; P. *Fl.*; Dub. *Bot.;* Gren. et Godr. *Fl.*— *Picris echioides* L. *Sp.;* B. *Extr. Fl.*

①. Août-octobre.

R.— Lieux incultes, bords des chemins et des fossés. — Le Hourdel près Cayeux; Mers; Les Alleux près Béhen; Cambron (*T. C.*); Bovelles (*Rom.*); Saint-Pierre à Gouy, Mareuil (*P. Fl.*); Laviers, Boismont (*B. Extr. Fl.*).

46. TRAGOPOGON L. *Gen.*

1. **T. pratensis** L. *Sp.;* Coss. et Germ. *Fl.* 529; B. *Extr. Fl.*; P. *Fl.;* Dub. *Bot.;* Gren. et Godr. *Fl.*—(Vulg. *Salsifis des prés*).

②. Juin-septembre.

C.— Bords des haies et des bois, prés secs ou humides.— Drucat; bois de Villers-sur-Mareuil; Mers; Bouillancourt-en-Sery; Le Mesge; Pont-de-Metz; Cambron (*T. C.*); Bovelles (*Rom.*); Menchecourt et bois Boullon près Abbeville (*Picard* Not. manuscr.); Gouy, Mareuil, Amiens, Renancourt, Camon (*P. Fl.*).

S. v. *tortilis* (Coss. et Germ. *Fl.* 529.— *T. pratensis* var. **undulatus** P. *Fl.*).

2. **T. major** Jacq. *Austr.;* Coss. et Germ. *Fl.* 529; P. *Fl.;* Dub. *Bot.;* Gren. et Godr. *Fl.*

②. Juin-août.

R R.— Prés secs, coteaux pierreux.— Remparts d'Abbeville près de la rue Millevoye (*Baill. Herb.*).

On cultive dans les potagers le *T. porrifolius* (L. *Sp.;* Coss. et Germ. Not. in *Fl.* 529; B. *Extr. Fl.;* P. *Fl.;* Gren. et Godr. *Fl.* — Vulg. *Salsifis blanc*).

47. SCORZONERA L. *Gén. ex parte.*

1. **S. humilis** L. *Sp.;* Coss. et Germ. *Fl.* 530; B. *Extr. Fl.;* P. *Fl.;* Dub. *Bot.;* Gren. et Godr. *Fl.*

♃. Mai-juillet.

C. — Prés tourbeux. — Marais autour d'Abbeville; Laviers; Saint - Quentin - en - Tourmont; Mareuil, Airondel, Cambron, Camon, Glisy, Fortmanoir (P. Fl.).

S.-v. *angustifolia* (Coss. et Germ. *Fl.* 530.— S. *humilis* var. *lineari-lanceolata* P. Fl.).

Le S. *Hispanica* (L. *Sp.;* Coss et Germ. Not. in *Fl.* 530; B. *Extr. Fl.;* P. *Fl.;* Dub. *Bot.;* Gren et Godr. *Fl.* — Vulg. *Scorzonère d'Espagne*, *Salsifis noir*) est fréquemment cultivé dans les potagers.

48. PODOSPERMUM DC. *Fl. Fr.*

1. **P. laciniatum** DC. *Fl. Fr.;* Coss. et Germ. *Fl.* 530; P. *Fl.;* Dub *Bot ;* Gren. et Godr. *Fl.—Scorzonera laciniata* L. *Sp.*

④. Juin-août.

R R. — Lieux incultes, vieux murs, décombres. — Remparts d'Amiens (*Picard* Herb.; P. Fl.).

49. TARAXACUM Juss. *Gen.*

1. **T. Dens-leonis** Desf. *Atl.;* Coss. et Germ. *Fl.* 531; P. *Fl.* —*Leontodon Taraxacum* L. *Sp.;* B. *Extr. Fl.* — (Vulg. *Pissenlit*).

♃. Avril-octobre.

Var. α. *Dens leonis* (Coss. et Germ. *Fl.* 531. — T. *Dens-leonis* Dub. *Bot.*). — C C. — Prairies, pelouses, bords des chemins.

Var. β. *lœvigatum* (Coss. et Germ. *Fl.* 532. — T. *lœvigatum* DC. *Fl. Fr.;* Dub *Bot*). A. R. — Lieux secs et pierreux. — Mers; Abbeville.

Var. γ. *palustre* (Coss. et Germ. *Fl.* 532. — T *palustre* DC. *Fl. Fr.;* Dub. *Bot.;* Gren. et Godr. *Fl.* - *Leontodon R ii* Gouan *Illustr.;* B. *Extr. Fl.*). — A. C. — Prés salés, marais tourbeux, allées humides des bois. — Laviers; marais Saint-Gilles à Abbe-

ville; dunes de Saint-Quentin-en-Tourmont; bois de La Motte
à Cambron; bois d'Estrées-lès-Crécy; forêt d'Ailly-sur-Somme
(*Rom.*).

50. PHÆNOPUS D C. *Prodr.* emend.

1. **P. muralis** Coss. et Germ. *Fl* 533.— *Prenanthes muralis*
L. *Sp.*; B. *Extr. Fl.*; P. *Fl.*— *Chondrilla muralis* Lmk. *Encycl. méth.;*
Dub. *Bot.*— *Lactuca muralis* Fresen. *Tasch.;* Gren. et Godr. *Fl.*—
Mycelis muralis Rchb. *Fl. Germ. excurs.*

①. Juin-septembre.

C.— Vieux murs, bois ombragés, lieux cultivés.— Abbeville;
Feuquières; bois de Bouillancourt-en-Sery; Cambron (*T. C.*):
Amiens (*Rom.*); Crécy (*B. Not. manuscr.*).

S.-v. *coloratus* (Coss. et Germ. *Fl.* 533).

51 LACTUCA L. *Gen.*

1. **L. perennis** L. *Sp.;* Coss. et Germ *Fl.* 533; B. *Extr. Fl.;*
P. *Fl.;* Dub. *Bot.;* Gren. et Godr. *Fl.;* Puel et Maille *Fl. loc.* exsicc.
n. 183.

♃. Juin-août.

C.— Moissons des terrains calcaires.— Huchenneville; Bray-
lès-Mareuil; Limeux; Frucourt; Bouillancourt-en-Sery; Oust-
Marest; Drucat; Caux; Pont-Remy; Francières; Picquigny;
Dury; Wailly; Liomer; Frettecuisse; Jumel; Berny-sur-Noye;
Thiepval; Meaulte; Bovelles, Ferrières, Saisseval (*Rom*); Port
(*T. C.*); Amiens, Notre-Dame de Grâce, Allonville, Abbeville
(*P. Fl.*).

S.-v. *alba.*— Fleurons blancs.— *A. R.*

2. **L. saligna** L. *Sp.;* Coss. et Germ. *Fl* 534; Dub. *Bot.;*
Gren. et Godr. *Fl.*

②. Juillet-août.

R R.— Lieux arides pierreux et sablonneux.— Bords des moissons entre Le Hourdel et Cayeux.

Cette espèce a probablement été prise pour le *Chondrilla
juncea* (L. *Sp.;* Coss. et Germ. *Fl.* 532) indiqué entre Saint-Valery
et Cayeux (*P. Fl.*), où nous l'avons vainement cherché.

3. **L. Scariola** L. *Sp.;* Coss. et Germ. *Fl.* 534; B. *Extr. Fl.;* Gren. et Godr. *Fl.—L. sylvestris* Lmk. *Encycl. méth.;* P. *Fl.;* Dub. *Bot.*

②. Juin-août.

RR.— Lieux incultes pierreux.— Amiens (*P.* Fl.); Abbeville (*B.* Extr. Fl.).

4. **L. sativa** L. *Sp.;* Coss. et Germ. *Fl.* 534; B. *Extr. Fl.;* P. *Fl ;* Dub. *Bot.;* Gren. et Godr. *Fl.* — (Vulg. *Laitue cultivée*).

②. Juin-septembre.

Cultivé dans les potagers.

Var. α. *Romana* (Coss. et Germ. *Fl.* **535.**— *L. sativa* var. *longifolia* P. *Fl.* – Vulg. *Laitue romaine.* — En picard *Chicon*).

Var. β. *capitata* (Coss. et Germ. *Fl.* 535 ; P. *Fl.* - Vulg. *Laitue pommée*).

Var. γ *crispa* (Coss. et Germ. *Fl.* 535 ; P. *Fl.*— Vulg. *Laitue frisée*).

52. SOUCHUS L. *Gen.*

1. **S. oleraceus** L. *Sp.* excl. var. γ. et δ.; Coss et Germ. *Fl.* 535; P. *Fl.* ex parte; Dub. *Bot.* excl. var. β.; Gren. et Godr. *Fl.—S. lævis* Vill. *Dauph.;* B. *Extr. Fl.*—(Vulg. *Laitron.*— En picard *Lanceron*).

①. Juin-octobre.

CC.— Lieux cultivés, décombres

2. **S. asper** Vill. *Dauph.;* Coss. et Germ. *Fl.* 536; B. *Extr. Fl.;* Gren. et Godr. *Fl.—S. oleraceus* var. *asper* L. *Sp.;* P. *Fl ;* Dub. *Bot.*—(Vulg. *Laitron.*— En picard *Lanceron*).

①. Juin-octobre.

CC.—Lieux cultivés, décombres.

Le *S. oleraceus* et le *S. asper* varient à feuilles entières, sinuées dentées ou roncinées pinnatifides.

3. **S. arvensis** L. *Sp.;* Coss. et Germ. *Fl.* 536; B. *Extr. Fl.;* P. *Fl ;* Dub. *Bot.;* Gren. et Godr. *Fl.*

♃. Juillet septembre.

CC — Lieux cultivés, bords des moissons, terrains pierreux.

S.-v. *elatior* (Coss. et Germ. *Fl* 536).

4. **S. palustris** L. *Sp.;* Coss. et Germ. *Fl.* 537; B. *Extr. Fl.;* P. *Fl.;* Dub. *Bot.;* Gren. et Godr. *Fl.*

♃. Juillet-août.

R R.—Marais tourbeux ombragés.— Ham (*P.* Fl.); Cambron (*B.* Extr. Fl.).

53. BARKHAUSIA Mœnch. *Meth.*

1. **B. fœtida** DC. *Fl. Fr.;* Coss. et Germ. *Fl.* 537; P. *Fl.;* Dub. *Bot.*—*Crepis fœtida* L. *Sp.;* B. *Extr. Fl.;* Gren. et.Godr. *Fl.;* Rchb. *Ic.* 19, t. 1434.

①. Juin-août.

A. R.—Lieux secs et arides, coteaux incultes, bords des chemins.— Beauvoir près Hocquincourt; Limeux; Caubert près Abbeville; Épagne; Drucat; Mers; Bovelles, Saisseval (*Rom.*); Laviers (*Baill.* Herb.); Saint-Maurice, Longueau, Boves (*P.* Fl.); fortifications d'Abbeville (*B.* Not. manuscr.).

2. **B. taraxacifolia** DC. *Fl. Fr.;* Coss. et Germ. *Fl.* 538; P. *Fl.;* Dub. *Bot.*—*Crepis taraxacifolia* Thuill. *Fl. Par.;* Gren. et Godr. *Fl.*

②. Juin-août.

C C.—Prairies, moissons, pâtures, champs arides, bords des chemins.

3. **B. setosa** DC. *Fl. Fr.;* Coss. et Germ *Fl.* 538; Dub. *Bot.*—*Crepis setosa* Hall. fil. in Rœm. *Arch.;* Gren. et Godr. *Fl.*

① ou ②. Juillet-août.

R R.— Prairies artificielles, champs de Luzerne et de Trèfle.— Béhen; Bovelles, Saisseval (*Rom.*).—Introduit accidentellement. — Trouvé à Berneval près Criel [Seine-Inférieure] sur un éboulement des falaises.

54. CREPIS L. *Gen.* ex parte.

1. **C. pulchra** L. *Sp.;* Coss. et Germ. *Fl.* 539; Gren. et Godr. *Fl.*—*Prenanthes pulchra* DC. *Fl. Fr.;* Dub. *Bot.*

①. Juin-juillet.

R R.—Lieux pierreux, coteaux calcaires.—Boves près des ruines du château.

2. **C. virens** Vill. *Dauph.;* Coss. et Germ. *Fl.* 540; B. *Extr. Fl.;* P. *Fl.;* Gren. et Godr. *Fl.*—*C. virens, C. stricta* et *C. diffusa* Dub. *Bot.*—*C. polymorpha* Wallr. *Sched.;* DC. *Prodr.*

①. Juin-octobre.

C C. – Prairies, pelouses, champs, bords des chemins et des bois, sables maritimes.

Var. α. *virens* (Coss. et Germ. *Fl.* 540).

S.-v. *subnuda* (Coss. et Germ. *Fl.*).

S.-v. *elatior* (Coss. et Germ. *Fl.*).

S.-v. *integrifolia* (Coss. et Germ. *Fl.*).

Var. β. *diffusa* (Coss. et Germ. *Fl.* 510.— *C. diffusa* DC. *Cat. hort. Monsp.*).

3. **C. biennis** L. *Sp.;* Coss. et Germ. *Fl.* 540; B. *Extr. Fl.;* P. *Fl.;* Dub. *Bot.;* Gren. et Godr. *Fl.*

②. Juin-juillet.

A. R.— Prairies humides, bois ombragés. – Drucat; Abbeville; Wailly; Jumel; Aveluy; Épagnette près Abbeville (*T. C.*); Renancourt près Amiens (*Rom.*); Pont-de-Metz, Glisy (*P. Fl.*).

On trouve très près de nos limites, sur les éboulements des falaises au Tréport [Seine-Inférieure], le *Crepis maritima* (B. *Extr. Fl.* 59). Cette plante ne nous paraît être qu'une variété du *C. biennis* L., dont elle diffère par les caractères suivants : tige moins élevée (4-6 décim.), plus robuste, quelquefois rameuse dès la base; feuilles sinuées dentées ou roncinées, à lobes courts; akênes profondément striés; plante noircissant par la dessiccation. — Le *Crepis maritima* (B. *Extr. Fl.*) est cité par erreur dans la *Flore du département de la Somme* (P. *Fl.* 244) sous le nom de *Picridium vulgare* (Desf. *All.*), espèce de la région méditerranéenne. La description s'applique bien au *Picridium vulgare*, mais ne convient nullement au *Crepis maritima*.

55. HIERACIUM Tourn. *Inst.*

1. **H. Pilosella** L. *Sp.;* Coss. et Germ. *Fl.* 541 excl. var. γ.; B. *Extr. Fl.;* P. *Fl.;* Dub. *Bot.* ex parte; Gren. et Godr. *Fl.* ex parte.

♃. Juin-septembre.

C C.— Lieux arides, coteaux, bois, bords des chemins.

11

2. **H. Auricula** L. *Sp.;* Coss. et Germ. *Fl.* 542; B. *Extr. Fl.;* P. *Fl.;* Dub. *Bot.;* Gren. et Godr. *Fl.*

♃. Juin-septembre.

R R.— Pelouses et bois humides.— Feuquières ; forêt de Crécy (*Baill.* Herb.).

Var. β. *monocephalum* (Coss. et Germ. *Fl.* 542). — Marais d'Épagnette près Abbeville (*T. C.*).

3. **H. murorum** L. *Sp.;* Coss. et Germ. *Fl.* 543; B. *Extr. Fl.;* P. *Fl.*

♃. Juin-août.

Bois, lieux pierreux.— Drucat; forêt de Crécy ; Ligescourt; Yvrencheux ; Port; bois de Tachemont et d'Inval près Huchenneville; bois du Mont-Blanc près Huppy; bois de Sery près Gamaches; Bouttencourt ; Wailly ; Notre-Dame de Grâce, Ailly, Dury, Boves, Laviers, bois de Gouy (*P. Fl.*).

Var. α. *murorum* (Coss. et Germ. *Fl.* 543.— *H. murorum* Dub. *Bot.*).— *C.*

Var. β. *intermedium* (Coss. et Germ. *Fl.* 543).— *A. R.*

Var. γ. *sylvaticum* (Coss. et Germ. *Fl.* 513. — *H. murorum* var. *umbrosum* P. *Fl.*— *H. sylvaticum* Lmk. *Encycl. méth.;* Dub. *Bot.;* Gren. et Godr. *Fl.* ex parte.—*H. vulgatum* Fries *Nov. Suec.*).— *C C.*

4. **H. boreale** Fries *Nov. Suec.;* Koch *Syn.;* Gren. et Godr. *Fl.* ex parte.— *H. lævigatum* var. *boreale* Coss. et Germ *Fl.* 544.— *H. Sabaudum* L. *Fl. Suec.;* B. *Extr. Fl.;* P. *Fl.*

♃. Juillet-octobre.

R.— Lisières et clairières des bois.— Bois de Size près Ault ; Lanchères ; bois de Rampval près Mers ; bois de Sery près Gamaches ; Bouttencourt ; Port (*Baill.* Herb.); Saint - Riquier (*P. Fl.*) ; Marcuil (*B.* Not. manuscr.).

5. **H. umbellatum** L. *Sp.;* Coss. et Germ. *Fl.* 545; B. *Extr. Fl.;* P. *Fl.;* Dub. *Bot.;* Gren. et Godr. *Fl.*

♃. Juillet-octobre.

C.— Bois, sables maritimes. — Bois de Belloy près Huppy ; Bouttencourt ; bois de Size près Ault ; bois de Rampval près

Mers; Lanchères; Drucat; Yvrencheux; Yvrench; dunes de
Saint Quentin-en-Tourmont; Bichecourt près Hangest-sur-Somme
(*T.C.*); Bovelles (*Rom.*); Notre-Dame de Grâce, Dury, Boves,
Port (*P. Fl.*).

S.-v. *serotinum* (Coss. et Germ. *Fl.* 545).

L. AMBROSIACEÆ Link. *Handb*.

1. XANTHIUM Tourn. *Inst.*

1. **X. Strumarium** L. *Sp.*; Coss. et Germ. *Fl.* 546; B. *Extr.
Fl.*; P. *Fl.*; Dub. *Bot.*; Gren. et Godr. *Fl.*; Rchb. *Ic.* 19, t. 1576, f. 2.
①. Juillet-septembre.

R R.— Lieux humides, bords des chemins et des fossés,
villages.— Saint-Quentin-en-Tourmont; Le Royon près Quend;
Brutelles, Noyelles-sur-Mer (*B.* Not. manuscr.); Rue, Quend
(*P. Fl.*).

LI. CAMPANULACEÆ Juss. *Gen.* ex parte.

1. CAMPANULA Tourn. *Inst.*

1. **C. Rapunculus** L. *Sp*; Coss. et Germ. *Fl.* 425; B. *Extr.
Fl.*, P *Fl.*; Dub. *Bot.*; Gren. et Godr. *Fl.*; Rchb. *Ic.* 19, t 1613, f. 2.
—(Vulg. *Raiponce*).

②. Juin-septembre.
C C.— Haies, bois, prairies, bords des chemins.

2. **C. rotundifolia** L. *Sp.*; Coss. et Germ. *Fl.* 426; B. *Extr.
Fl.*; P. *Fl.*; Dub. *Bot.*; Gren. et Godr. *Fl.*; Rchb. *Ic.* 19, t. 1603, f. 1.
♃. Juin-septembre.

C C.— Coteaux secs, pelouses, bords des chemins et des
champs.

3. **C. Trachelium** L. *Sp.*; Coss. et Germ. *Fl.* 426; B. *Extr.
Fl.*; P. *Fl.*; Dub. *Bot.*; Gren. et Godr. *Fl.*; Rchb. *Ic.* 19, t. 1600, f. 1.
♃. Juillet-septembre.

C. — Bois couverts.—Drucat; Yvrench.; Liercourt; Mareuil; Huchenneville; Frucourt; bois de Rampval près Mers; Lanchères; Aveluy; Bovelles, Ailly-sur-Somme (*Rom.*); Laviers, Port, Boves, Cagny, Dury, Notre-Dame de Grâce, Allonville (*P. Fl.*).

S. v. *urticæfoli* (Coss. et Germ. *Fl.* 427). — Bois de Roche à Yvrench.

4. **C. glomerata** L. *Sp.;* Coss et Germ. *Fl.* 427.; B. *Extr. Fl.;* P. *Fl.;* Dub. *Bot.;* Gren. et Godr. *Fl ;* Rchb. *Ic.* 19, t. 1596, f. 2.

♃. Juin-septembre.

A.C.—Coteaux secs, terrains calcaires, lisières des bois.— Huchenneville; Bray-lès-Mareuil; Pont-Remy; Fontaine-le-Sec; Bernapré; Bouillancourt-en-Sery; Bouvaincourt; Boves; Wailly; Bovelles (*Rom.*); Querrieux, Ailly (*P. Fl.*).

S.-v. *pumila* (Coss. et Germ. *Fl.* 427).

2. SPECULARIA Heist. *Syst. pl. gen.*

1 **S. Speculum** Alph. DC. *Camp ;* Coss. et Germ. *Fl.* 428; Gren. et Godr. *Fl ;* Rchb. *Ic.* 19, t. 1616, f. 2.—*Campanula Speculum* L. *Sp.;* B. *Extr. Fl.*—*Prismatocarpus Speculum* L'Hérit. *Sert. Angl.;* P. *Fl.;* Dub. *Bot.*—(Vulg. *Miroir de Vénus*).

①. Juin-août.

C C.—Moissons.

S.-v. *alba.*—Fleurs blanches.— R.

2. **S. hybrida** Alph. DC. *Camp.;* Coss. et Germ. *Fl.* 428; Gren. et Godr. *Fl.;* Rchb. *Ic.* 19, t. 1616, f. 4.—*Campanula hybrida* L. *Sp.;* B. *Extr. Fl.*—*Prismatocarpus hybridus* L'Hérit. *Sert. Angl.;* P. *Fl.;* Dub. *Bot.*

①. Juin-juillet.

R. - Moissons.-- Caubert près Abbeville; Bray-lès-Mareuil; Abbeville (*H. Sueur*); Cambron, Hangest-sur-Somme (*T.C.*); Bovelles, Guignemicourt (*Rom.*); Vauchelles-lès-Quesnoy (*Picard Not. manuscr.*); Dury, Notre-Dame de Grâce, Poix (*P. Fl.*); Laviers (*B. Extr. Fl.*).

Le *Phyteuma spicatum* (L. *Sp ;* Coss. et Germ. *Fl.* 429; P. *Fl.;* Dub. *Bot.;* Gren. et Godr. *Fl ;* Rchb *Ic.* 19, t. 1586, f. 2) a été indiqué à Boulogne, localité du département de l'Oise peu éloignée de Montdidier (P. Fl.).

3. JASIONE L. Gen.

1. **J. montana** L. *Sp.;* Coss. et Germ. *Fl.* 430; B. *Extr. Fl.;* P. *Fl.;* Dub. *Bot.;* Gren. et Godr. *Fl.;* Rchb. *Ic.* 19, t. 1578, f. 1.

① ou ②. Juillet-septembre.

R R.— Lieux secs, terrains sablonneux.— Notre-Dame de Grâce près Amiens (P. Fl.).

Var. β. *littoralis* (Fries *Nov.* 269; Koch *Syn.* 533; Rchb. *Ic.* 19, t. 1578, f. 2).— Tiges de 10-15 centim., ord. nombreuses, grêles, couchées étalées redressées. - *A. R.*— Sables maritimes.— Dunes de Saint-Quentin en-Tourmont; Cayeux; Hautebut près Woignarue; Saint-Valéry (P. Fl.).

S.-v. *hirsuta.*— Partie inférieure des tiges et feuilles velues hérissées.

S.-v. *glabra.*— Plante glabre.

LII. VACCINIEÆ DC. Théor. élém.

1. VACCINIUM L. Gen. ex parte.

1. **V. Myrtillus** L. *Sp.;* Coss. et Germ. *Fl.* 422; B. *Extr. Fl.;* P. *Fl.;* Dub. *Bot.;* Gren. et Godr. *Fl.*—(Vulg. *Airelle*).

♄. *Fl.* avril-mai. *Fr.* juin-juillet.

R R.— Bois montueux, bruyères.— Bois de Citernes (*Rom.*); Boves, Fienvillers (P. Fl.). — Commun près de nos limites dans la forêt d'Eu vers les landes de Beaumont.— Trouvé à Sorus [Pas-de-Calais] (*Baill.* Herb.).

2. OXYCOCCOS Tourn. Inst.

1. **O. palustris** Pers. *Syn.;* Coss. et Germ. *Fl.* 423.— *O. vulgaris* Gren. et Godr. *Fl.*— *Vaccinium Oxycoccos* L. *Sp.;* B. *Extr. Fl.;* P. *Fl.;* Dub. *Bot.*

♄. *Fl.* juin. *Fr.* juillet-août.

R R. — Marais tourbeux. — Villers-sur-Authie (*T. C.* Herb.; *Baill.* Herb.; *B.* Extr. Fl.; *P.* Fl.). — Il est à craindre que l'*O. palustris* n'ait disparu de cette localité par suite du dessèchement d'une partie du marais.

LIII. ERICINEÆ Desv. *Journ. bot.*

1. CALLUNA Salisb. in *Linn. trans.*

1. **C. vulgaris** Salisb. in *Linn. trans.*; Coss. et Germ. *Fl.* 289; Gren. et Godr. *Fl.* — *Erica vulgaris* L. *Sp ;* B. *Extr. Fl.* — *Calluna Erica* DC. *Fl. Fr.*; P. *Fl.*; Dub. *Bot.* — (Vulg. *Bruyère*).

ђ. Juillet-septembre.

A. R. — Landes, bois secs. — Linœux; Dondelainville; Bouillancourt-en-Sery; Saint-Valery; Boismont; Rue; Boves; Jumel; Val-de-Maison près Talmas (*Rom.*); Caguy, Notre-Dame de Grâce (*P.* Fl.); bois du Val près Laviers, bois de Francières (*B.* Extr. Fl.).

L'*Erica cinerea* (L. *Sp.*; Coss. et Germ. *Fl.* 287; B. *Extr. Fl.*; P. *Fl.*; Dub. *Bot.*; Gren. et Godr. *Fl.*), qui se trouve dans la forêt d'Eu [Seine-Inférieure], a été indiqué d'une manière vague vers Péronne (*B.* Extr. Fl.; *P.* Fl.).

Nous avons rencontré près de nos limites à Sorus [Pas-de-Calais] l'*E. Tetralix* (L. *Sp.*; Coss. et Germ. *Fl.* 288; B. *Extr. Fl.*; Dub. *Bot.*; Gren. et Godr. *Fl.*). Il a été aussi observé dans les bois de Monthuy et de Saint-Jossé [Pas-de-Calais] (*B.* Extr. Fl.; *Baill.* Herb.).

LIV. PYROLACEÆ Lindl *Nat. syst.*

1. PYROLA Tourn. *Inst.*

1. **P. rotundifolia** L. *Sp.*; Coss. et Germ. *Fl.* 86; B. *Extr. Fl.*; P. *Fl.*; Dub. *Bot.*; Gren. et Godr. *Fl.*

ꝣ. Juin-juillet.

R R. — Bois montueux ombragés. — Bois de Sîze près Ault; Ailly-sur-Somme (*Rom.*); Saint-Riquier (*Baill.* Herb.); Dury, Boves, Bertaugles (*P.* Fl); Francières (*B.* Extr. Fl. et Herb.).

Var. β. *arenaria* (Koch *Syn.* 550; Gren. et Godr. *Fl.* 2, 437; E. V. in *Bull. Soc. bot. Fr.* 4, 1034; Rchb. *Ic.* 17, t. 1153, f. 2; Puel et Maille *Fl. loc. exsicc.* n. 157; Billot *Exsicc.* n. 1528 *ter*). — Plante ord. moins élevée. Feuilles plus petites, quelquefois un peu aiguës. Pédicelles plus courts, égalant à peine la longueur du calice. Calice à divisions oblongues, obtuses. — Juillet-août. — Abondant dans les dunes du Marquenterre où il croît parmi les *Hippophae* et les *Salix repens.* — Se trouve aussi dans les dunes du Boulonnois.

2 **P. minor** L. *Sp.;* Coss. et Germ. *Fl.* 86; B. *Extr. Fl;* P. *Fl.;* Dub. *Bot.;* Gren. et Godr. *Fl.*

♃. Juin-juillet.

R. — Bois montueux ombragés. — Limeux; Bouillancourt-en-Sery; Saint-Riquier; Lucheux; Francières (*H. Sueur*); Hallencourt (*Abbé Dufourny*); Ailly-sur-Somme (*Rom.*); Dury (P. *Fl.*).

LV. MONOTROPEÆ Nutt. *Gen. Amer.*

1. MONOTROPA L. *Gen.*

1. **M. Hypopitys** L. *Sp.;* Coss. et Germ. *Fl.* 78; B. *Extr. Fl.;* P. *Fl.;* Dub. *Bot.;* Gren. et Godr. *Fl.*

♃. Juin-août.

R. — Bois couverts, croissant au pied des Hêtres, des Chênes, des Pins, etc. — Ercourt; bois de Tachemont et bois Grillé à Huchenneville; bois de Belloy et de Tronquoy près Huppy; bois de Fréchencourt près Bailleul; bois de Sery près Gamaches; Cambron; bois de Roche à Yvrench; Wailly; Bovelles, Ailly-sur-Somme (*Rom.*); Ailly-sur-Noye (*Abbé Dufourny*); Francières (*B.* Herb.); Allonville, Dury, Pont-Remy (P. *Fl.*).

Var. β. *glabra* (Coss. et Germ. *Fl.* 78).

LVI. ILICINÉÆ Brongn. in *Ann. sc. nat.*

1. ILEX L. *Gen.*

1. **I. Aquifolium** L. *Sp.;* Coss. et Germ. *Fl.* 302; B *Extr. Fl.;* P. *Fl.;* Dub. *Bot.;* Gren. et Godr. *Fl.* — *Vulg. Houx*).

♄. *Fl.* mai-juin. *Fr.* octobre.
C C.—Bois, haies.

LVII. OLEINEÆ Hoffm. et Link *Fl. Portug.*

1. LIGUSTRUM Tourn. *Inst.*

1. **L. vulgare** L. *Sp.;* Coss. et Germ. *Fl.* 303; B. *Extr. Fl.;* P. *Fl.;* Dub. *Bot.;* Gren. et Godr. *Fl.—*(Vulg. *Troëne*).

♄. *Fl.* juin-juillet. *Fr.* septembre.
C C.—Bois, haies.

2. FRAXINUS Tourn. *Inst.*

1. **F. excelsior** L. *Sp.;* Coss. et Germ. *Fl.* 304; B. *Extr. Fl ;* P. *Fl.;* Dub. *Bot.;* Gren. et Godr. *Fl.—*(Vulg. *Frêne*).

♄. *Fl.* avril-mai. *Fr.* juin-juillet.
C C.—Bois.

3. SYRINGA L. *Gen.*

1. **S. vulgaris** L. *Sp.;* Coss. et Germ. *Fl.* 304; B. *Extr. Fl.*
—*Lilac vulgaris* Lmk. *Fl. Fr.;* P. *Fl.;* Dub. *Bot.;* Gren. et Godr. *Fl.—*(Vulg. *Lilas*).

♄. *Fl* avril-mai. *Fr.* août-septembre.

Planté dans les jardins et dans les parcs.—Naturalisé dans quelques bois.

On cultive aussi le *S. Persica* (L. *Sp.;* Coss. et Germ. Not. in *Fl.* 304.— Vulg. *Lilas de Perse*) et le *S dubia* (Pers. *Syn.;* Coss. et Germ. Not. in *Fl.* 301.— *S. Rothomagensis* Ach. Rich.—Vulg. *Lilas-Varin*).

LVIII. ASCLEPIADEÆ R. Br. in *Wern. Trans. Edinb.*

1. VINCETOXICUM Mœnch *Meth.*

1. **V. officinale** Mœnch *Meth.;* Coss. et Germ. *Fl.* 308; Gren. et Godr. *Fl.—Asclepias Vincetoxicum* L. *Sp.;* B *Extr. Fl ;* P. *Fl.—Cynanchum Vincetoxicum* R. Br. in *Wern. Trans. Edinb.;* Dub. *Bot.*

♃. Juin-août.

A. R.— Bois pierreux.— Huchenneville ; Mareuil ; Caubert près Abbeville; Bovelles (*Rom.*) ; bois de Size près Ault (*Baill.* Herb.).

L'*Asclepias Syriaca* (L. *Sp.*; B. *Extr. Fl.*; P. *Fl.*— *A. Cornuti* Dene in D C. *Prodr* ; Coss. et Germ. *Fl.* 308) a été signalé dans la forêt de Crécy près Forêt-l'Abbaye (*B.* Extr. Fl.; P. Fl.). Nous ne pensons pas qu'on y ait retrouvé cette plante échappée sans doute de quelque jardin.

LIX. APOCYNEÆ R. Br. *Prod. Nov. Holl.*

1. VINCA L. *Gen.*

1. **V. minor** L. *Sp.;* Coss. et Germ. *Fl.* 306; B *Extr. Fl.;* P. *Fl.;* Dub. *Bot.*; Gren. et Godr. *Fl.*— (Vulg. *Petite Pervenche*).

♃. Avril-juin.

C C.— Bois, haies ombragées.

S.-v. *alba.*— Fleurs blanches.— *R R.*— Feuquières.

Le *V. major* (L. *Sp* ; Coss. et Germ. *Fl.* 306 ; Dub. *Bot* ; Gren. et Godr. *Fl.*— Vulg. *Grande Pervenche*), planté dans les parcs, se trouve quelquefois à l'état subspontané dans le voisinage des habitations.

LX. GENTIANEÆ Juss *Gen.*

1. MENYANTHES Tourn. *Inst.*

1. **M. trifoliata** L. *Sp.*; Coss. et Germ. *Fl.* 310 ; B. *Extr. Fl.;* P. *Fl.;* Dub. *Bot.*; Gren. et Godr. *Fl.*—(Vulg. *Trèfle d'eau*).

♃. Mai-juin.

A. C — Prés humides, marais tourbeux. — Abbeville ; Drucat ; Mareuil ; Sailly-Bray près Noyelles-sur-Mer ; Suzanne ; Longueau (*Rom.*); Fortmanoir, Fouencamps, Péronne (P. Fl.) ; Airondel près Bailleul (*Picard* Not. manuscr.).

2. LIMNANTHEMUM Gmel. in *Act. Petrop.*

1. **L. Nymphoides** Hoffm. et Link *Fl. Port.;* Coss. et Germ. *Fl.* 311 ; Gren. et Godr. *Fl.*— *Menyanthes Nymphoides* L. *Sp.:* B.

Extr. Fl.—Villarsia Nymphoides Vent. *Ch. Pl. Cels ;* P. *Fl.;* Dub. *Bot.*

♃. Juillet-septembre.

R R.— Fossés, canaux, étangs.— Ancien lit de la Somme à Suzanne ; Amiens vers l'île de Sainte-Aragone (*Rom.*); Camon dans les tourbières près du grand pont sur la rive droite de la Somme (*Baill.* Herb.) ; Glisy, Péronne (*P. Fl.*).

3. CHLORA L. *Gen.*

1. **C. perfoliata** L. *Mant.;* Coss. et Germ. *Fl.* 312 ; B. *Extr. Fl.;* P. *Fl.;* Dub. *Bot.;* Gren. et Godr. *Fl.—Gentiana perfoliata* L. *Sp.*

①. Juin-août.

R. — Coteaux calcaires, bois taillis. — Coteaux et bois de Bouillancourt-en-Sery ; Cambron (*T.C.* Herb.); au bas des monts Caubert près Abbeville (*Baill.* Herb.); Bertangles, garenne dite Le Morgan entre Albert et Péronne, Haute-Visée près Doullens, Domart-en-Ponthieu, Quend (*P. Fl.*).

4. GENTIANA Tourn. *Inst.*

1. **G. Pneumonanthe** L. *Sp.;* Coss. et Germ. *Fl.* 313; B. *Extr. Fl.;* P. *Fl.;* Dub. *Bot.;* Gren. et Godr. *Fl.*

♃. Juillet-septembre.

R R.— Marais tourbeux. — Fortmanoir, Camon, Glisy (*Baill.* Herb.; *Garnier* Herb ; P. Fl.) ; Cagny, Rivery (*B.* Extr. Fl.).

2. **G. Cruciata** L. *Sp.;* Coss. et Germ. *Fl.* 313; B. *Extr. Fl.;* P. *Fl.;* Dub. *Bot ;* Gren. et Godr. *Fl*

♃. Juillet-août.

R R.— Bois secs et montueux.— Boves, Cagny, Saint-Nicolas de Rigny, Poix, bois l'Abbé près Villers-Bretonneux (*P. Fl.*).

3. **G. Germanica** Willd. *Sp.;* Coss. et Germ. *Fl.* 314; P. *Fl.;* Dub. *Bot.;* Gren. et Godr. *Fl.*

①. Août-octobre.

A. R.— Lieux arides et montueux, pelouses des terrains calcaires, coteaux boisés. — Drucat; Yvrencheux; Caumondel et Inval près Huchenneville; bois de Tronquoy près Huppy; Limeux;

Bernapré; Bouillancourt-en-Sery; Oust-Marest; Mers; Cambron
(*T. C.*); monts Caubert près Abbeville (*H. Sueur*); Ferrières,
Bovelles, Saisseval, Ailly-sur-Somme (*Rom.*); Amiens, Notre-
Dame de Grâce, Boves, Poix, Laviers (*P. Fl.*).

. 4. **G. amarella** L. *Sp.* 334; Gren. et Godr. *Fl.* 2, 494; Brébiss.
Fl. Norm. 163; Lloyd *Fl. Ouest* 294; E. V. in *Bull. Soc. bot. Fr.* 4,
1034; Rchb. *Ic.* 17, t. 1046, f. 4; Schultz *Herb. norm.* n. 319.— *G.
Germanica* var. *minor* P. *Fl.* 259.

Espèce voisine du *G. Germanica* Willd. Plante moins élevée.
Tige de 5-12 centim., simple ou rameuse. Feuilles étroites, ovales
ou lancéolées linéaires. Fleurs petites en panicule souvent pauci-
flore. Calice à divisions allongées, égalant presque le tube de la
corolle. Capsule petite, subsessile ou brièvement stipitée. ①.
Août-septembre.

Marais sablonneux.— Assez commun dans les dunes de Quend
et de Saint-Quentin-en-Tourmont.

5. ERYTHRÆA Reneaiui. *Sp.*

1. **E. Centaurium** Pers. *Syn.;* Coss. et Germ. *Fl.* 316; P.
Fl. ex parte; Gren. et Godr. *Fl.*— *Gentiana Centaurium* L. *Sp.* ex
parte; B. *Extr. Fl.*— *Chironia Centaurium* Sm. *Fl. Brit.;* Dub. *Bot.*
ex parte.— (Vulg. *Petite Centaurée*).

②. Juin-septembre.

C C.— Bois, prairies, pâturages.

S.-v. *alba.*— Fleurs blanches.— *R.*— Bois de Sery près Gamaches; bois de Franqueville; bois de Creuse (*Baillet*).

Var. β. *capitata* (Koch *Syn.* 566.—*E. capitata* Rœm. et Sch.
Syst. Veg. 4, 163 — *E. Centaurium* var. *fasciculata* Brébiss. *Fl.
Norm.* 161).— Fleurs nombreuses, disposées en corymbes très
compactes, à rameaux ne s'allongeant pas après la maturité.— *R.*
— Marais des dunes de Saint-Quentin-en-Tourmont.

2. **E. littoralis** Fries *Nov. Suec.* ed. 2. 74; *Fl. Dan.* 11,
t. 1814; E. V. in *Bull. Soc. bot. Fr.* 4, 1034; Puel et Maille *Fl. loc.*
exsicc. n. 212; Billot *Exsicc.* n. 2883.— *E. linarifolia* Pers. *Syn.* 1,
283; Rchb. *Ic.* 17, t. 1061, f. 2.— *E linariæfolia* Koch *Syn.* 566.—
Gentiana linariæfolia Lmk. *Encycl. méth.* 2, 641.

Tiges de 1-2 décim., nombreuses, rarement solitaires, souvent rameuses au sommet, à rameaux opposés, ascendants. Feuilles un peu épaisses, trinerviées, rudes aux bords; les radicales disposées en rosette, étalées, ovales oblongues, atténuées en pétiole, détruites au moment de la floraison; les supérieures linéaires étroites, dressées. Fleurs ord. nombreuses, presque sessiles, disposées en cymes corymbiformes, à rameaux s'allongeant à la maturité. Calice à divisions égalant le tube de la corolle. Corolle d'un rose vif à lobes ovales aigus. Plante d'un vert jaunâtre, même à l'état jeune. ① ou ②. Juillet-août.

Commun dans les marais sablonneux des dunes de Saint-Quentin-en-Tourmont et de Quend, où il a été découvert par M. Tillette de Clermont-Tonnerre.— Se trouve aussi dans les dunes du Boulonnois.

3. **E. pulchella** Fries *Nov. Suec.;* Coss. et Germ. *Fl.* 316; Gren. et Godr. *Fl.—Gentiana Centaurium* var. β. L. *Sp. — G. ramosissima* Vill. *Dauph.;* B. *Extr. Fl. — Erythræa Centaurium* var. *a. b.* et *c.* P. *Fl.—Chironia Centaurium* var. β. et γ. Dub. *Bot.*

① ou ②. Juin-septembre.

*A. C.—*Pelouses sèches ou humides, marais.— Laviers; Saint-Quentin-en-Tourmont; Quend; Cayeux; Le Hourdel près Cayeux; Ault; Oust-Marest; Cambron (*T. C.*); Longpré près Amiens (*Garnier* Herb.); Camon, Dreuil (*P. Fl.*).

S.-v. *pusilla* (Coss. et Germ. *Fl.* 316.—*E. pulchella* var. *palustris* P. *Fl.—Chironia Centaurium* var. *nana* Dub. *Bot.*).

LXI. CONVOLVULACEÆ Juss. *Gen.* ex parte.

1. CONVOLVULUS L. *Gen.*

1. **C. arvensis** L. *Sp.;* Coss. et Germ. *Fl.* 318; B. *Extr. Fl.;* P. *Fl.;* Dub. *Bot.;* Gren. et Godr. *Fl.;* Rchb. *Ic* 18, t. 1317, f. 3.— (Vulg. *Liseron*).

♃. Juin-septembre.

C C.— Lieux cultivés, terrains en friche, bords des chemins.

2. CALYSTEGIA R. Br. *Prodr. Nov. Holl.*

1. **C. sepium** R. Br. *Prodr. Nov. Holl.;* Coss. et Germ. *Fl.* 318;
Rchb. *Ic.* 18, t. 1340 et 1341, f. 1.— *Convolvulus sepium* L. *Sp.;* B.
Extr. Fl.; P. *Fl.;* Dub. *Bot.;* Gren. et Godr. *Fl.*— (Vulg. *Liseron
des haies, Grand Liseron*).

⚄. Juin-octobre.

C C.— Haies, buissons.

2. **C. Soldanella** R. Br. *Prodr. Nov. Holl.;* Rchb. *Ic.* 18,
t. 1341, f. 2.— *Convolvulus Soldanella* L. *Sp.* 226; B. *Extr. Fl.* 16;
P. *Fl.* 262; Dub. *Bot.* 329; Gren. et Godr. *Fl.* 2, 500; Brébiss. *Fl.
Norm.* 165; Lloyd *Fl. Ouest* 298; Billot *Exsicc.* n. 2317; Puel et
Maille *Fl. région* exsicc. n. 16.

Souche longuement traçante. Tiges de 1-3 décim., étalées
rampantes. Feuilles pétiolées, épaisses, glabres, réniformes obtuses. Pédoncules axillaires, uniflores, anguleux ailés, dépassant
les feuilles. Bractées ovales obtuses, appliquées, presqu'aussi
longues que le calice. Corolle très grande, purpurine. Capsule
subglobuleuse. Graines noires. ⚄. Juillet-septembre.

A.C.— Sables maritimes. — Le Crotoy; Saint-Quentin-en-
Tourmont; Quend; Fort-Mahon.

LXII. CUSCUTEÆ J. S. Presl. *Fl Cech.*

1. CUSCUTA Tourn. *Inst.*

1. **C. Epithymum** Murray in L. *Syst. veg.;* Coss. et Germ.
Fl. 319 et *Illustr.;* Gren. et Godr. *Fl.;* Rchb. *Ic.* 18, t. 1343, f. 3.—
C. Europæa var. β. L. *Sp.*— *C. minor* DC. *Fl. Fr.;* P. *Fl.;* Dub *Bot.*

①. Juillet-septembre.

A. R.— Coteaux, pâturages, bruyères, prairies artificielles. —
Parasite sur le *Thymus Serpyllum*, le *Calluna vulgaris*, sur plusieurs espèces de la famille des *Papilionacées*, etc. — Frucourt,
Pont-Remy; Épagne; Saleux; Villers-sur-Authie (*T. C.*); Beauvoir
près Hocquincourt (*Abbé Dufourny*); Ferrières, Renancourt
près Amiens (*Rom.*).

Var. β. *Trifolii* (Coss. et Germ. *Fl.* 320 ; Rchb. *Ic.* 18, t. 1313,
f. 4.— *C. Trifolii* Babingt. et Gibs. in *Phyt.*; Gren. et Godr. *Fl.*
— *C. minor* var. *Trifolii* D C. *Prodr*).— *A. C.*— Champs de Trèfle
et de Luzerne.— Huchenneville ; Béhen ; Oust-Marest ; Drucat ;
Yvrench ; Meaulte ; Saint-Firmin près Rue (*Abbé Dufourny*) ;
Bovelles (*Rom.*).— Cette variété, regardée comme une espèce par
plusieurs auteurs, diffère du type par un mode particulier de
développement. Elle s'étend en cercles réguliers et étreint si
fortement le Trèfle qu'elle le fait périr. Le *C. Epithymum*, au
contraire, se développe d'une manière vague, et ne fait pas périr
les plantes qu'il embrasse (Gren. et Godr. *Fl.* 2, 505).

2. **C. major** C. Bauh. *Pin* ; Coss. et Germ. *Fl.* 320 et *Illustr.*;
P. *Fl.*; Dub. *Bot.*; Rchb. *Ic.* 18, t. 1342, f. 4.— *C. Europæa* L. *Sp.*
excl. var. β.; Gren. et Godr. *Fl.*

④. Juin-août.

R R.— Lieux incultes, buissons.— Parasite sur le *Cannabis
sativa*, l'*Urtica divica*, etc.— Amiens, Querrieux, Épagne, Hamelet
(*P. Fl.*).— Cette espèce nous paraît douteuse pour notre Flore.

3. **C. densiflora** Soy. Willm in *Ann. soc. Linn. Par.*; Coss.
et Germ. *Fl.* 320 et *Illustr.*; Gren. et Godr. *Fl.*; Rchb. *Ic.* 18, t. 1342,
f. 3.— *C. Epilinum* Weihe in *Arch. Apoth.*

④. Juillet-août.

R R.— Champs de Lin.— Huchenneville ; Béhen.

LXIII. BORRAGINEÆ Juss. *Gen.* ex parte.

1. BORRAGO Tourn. *Inst.*

1. **B. officinalis** L. *Sp.*; Coss. et Germ. *Fl.* 324 ; B. *Extr. Fl.*;
P. *Fl.*; Dub. *Bot.*; Gren. et Godr. *Fl.*; Rchb. *Ic.* 18, t. 1202, f. 3.—
(Vulg. *Bourrache*).

④. Juin-octobre.

Cultivé dans les jardins.— Subspontané près des habitations,
terres rapportées, décombres.— Mers ; Caumondel près Huchenneville ; Cambron (*T. C.*) ; fortifications d'Abbeville (*H. Sueur*).

On rencontre aussi quelquefois à l'état subspontané l'*Anchusa sempervirens* (L. *Sp.;* Coss. et Germ. *Fl.* 324 ; Dub. *Bot.;* Gren. et Godr. *Fl.*) et l'*A. Italica* (Retz *Obs.;* Coss. et Germ. *Fl.* 324 ; B. *Extr. Fl.;* P. *Fl* ; Dub. *Bot.;* Gren et Godr. *Fl.*).

2. LYCOPSIS L. *Gen.* ex parte.

1. **L. arvensis** L. *Sp.;* Coss. et Germ. *Fl.* 325; B. *Extr. Fl.;* P. *Fl.;* Dub. *Bot.—Anchusa arvensis* Bieb. *Taur. Cauc.;* Gren. et Godr. *Fl.;* Rchb. *Ic.* 18, t. 1310, f. 1.

①. Juin-septembre.

A. C.— Moissons, bords des champs et des chemins.— Drucat ; Nouvion ; Dompierre ; Château-Neuf près Quend ; Le Crotoy ; Saint-Blimont ; Mers ; Les Alleux près Béhen ; Frucourt ; Suzanne ; Chaussoy-Épagny.

3. SYMPHYTUM Tourn. *Inst.*

1. **S. officinale** L. *Sp.;* Coss. et Germ. *Fl.* 326; B. *Extr. Fl.;* P. *Fl.;* Dub. *Bot.;* Gren. et Godr. *Fl.;* Rchb. *Ic.* 18, t. 1303, f. 1.— (Vulg. *Grande Consoude*).

♃. Juin-septembre.

C. - Prés humides, fossés, bords des eaux.

4. MYOSOTIS L *Gen.*

1. **M. palustris** With. *Arr. Brit.—M. palustris* var. *palustris* Coss. et Germ. *Fl.* 326.—*M. palustris* var. *vulgaris* Coss. et Germ. *Illustr.—M. palustris* var. *genuina* Gren. et Godr. *Fl.;* Rchb. *Ic.* 18, t. 1320, f. 1.—*M perennis* DC. *Fl. Fr.* ex parte; P. *Fl.* excl. var. *a.;* Dub. *Bot.—M. scorpioides* var. β. L. *Sp.—* (Vulg. *Ne m'oubliez pas*).

♃. Juin-juillet.

C.— Marais, fossés, bords des eaux.

2. **M. lingulata** Lehm. *Asper.;* Gren. et Godr. *Fl.;* Rchb. *Ic.* 18, t. 1321, f. 1.—*M. cæspitosa* Schultz *Fl. Starg.—M. palustris* var. *lingulata* Coss. et Germ. *Fl.* 327.

②. Juin-juillet.

C C.— Marais, bords des eaux.

On rencontre dans les parties marécageuses des dunes un *Myosotis* que nous regardons comme une forme du *M. lingulata* Lehm. Il en diffère cependant par son port, sa souche plus épaisse, ses tiges plus courtes (5-20 centim.), ses grappes à fleurs nombreuses plus rapprochées, ses pédicelles ord. plus courts, et sa corolle souvent plus petite. Plusieurs de ces caractères semblent le rapprocher du *M. Sicula* (Guss. *Syn. Fl. Sic.* 1, 214 ; Gren. et Godr. *Fl.* 2, 529), mais nous ne les avons trouvés ni assez tranchés, ni assez constants pour le désigner sous ce nom.

3. **M. hispida** Schlecht. in *Mag. Naturf. Berl.;* Coss. et Germ. *Fl.* 327 et *Illustr.;* Gren. et Godr. *Fl.;* Rchb. *Ic.* 18, t. 1323, f. 2-3. — *M. annua* var *collina* D C *Fl. Fr.;* P. *Fl.*

①. Mai-septembre.

C C.— Bords des chemins, lieux incultes, coteaux, vieux murs.

S.-v. *nana.*— Plante de 2-5 centim.— Lieux très arides.

4. **M. intermedia** Link *Enum hort. Berol.;* Coss. et Germ. *Fl.* 327 et *Illustr.;* Gren. et Godr. *Fl.;* Rchb. *Ic.* 18, t. 1323, f. 1.— *M. scorpioides* var. *arvensis* L. *Sp.*— *M. annua* var. *arvensis* D C. *Fl. Fr.*— *M. arvensis* B. *Extr. Fl*

① ou ②. Mai-septembre.

C C.— Bords des chemins, moissons, clairières des bois.

5. **M. versicolor** Rchb. in *Amœn. Dresd.;* Coss. et Germ. *Fl.* 328 et *Illustr.;* Gren. et Godr. *Fl.;* Rchb. *Ic.* 18, t. 1325, f. 1.— *M. annua* var. *versicolor* P. *Fl.*

①. Mai-juin.

A. R.— Champs en friche, prairies artificielles, bords des chemins. — Huchenneville ; Les Alleux près Béhen ; Huppy ; Blingues près Mers; Villers-sur-Authie; Drucat; Cambron (*T. C.*); Yonville près Citernes (*Rom.*).

5. LITHOSPERMUM Tourn. *Inst.*

1. **L. arvense** L. *Sp.;* Coss. et Germ. *Fl.* 328; B. *Extr. Fl.;* P. *Fl.;* Dub. *Bot.;* Gren. et Godr. *Fl.*— *Rhytispermum arvense* Link *Handb.;* Rchb. *Ic.* 18, t. 1314, f. 5.

①. Mai-juillet.

C C.— Moissons, champs en friche.

2. **L. officinale** L. *Sp.;* Coss. et Germ. *Fl.* 329.; B. *Extr. Fl.;* P. *Fl.;* Dub. *Bot ;* Gren. et Godr. *Fl.;* Rchb. *Ic.* 18, t. 1313, f. 1.— (Vulg. *Herbe aux perles*).

♃. Juin-juillet.

A. C.— Taillis des bois secs et montueux.—Bois du Brusle et de Tachemont près Huchenneville; bois de Tronquoy près Huppy; Bouillancourt-en-Sery; bois de Rampval près Mers; Pont-Remy; Franqueville; Wailly; Bovelles (*Rom.*); Mareuil (*Baill.* Herb.); Boves, Cagny, Allonville, Folleville, Caubert près Abbeville, Laviers (*P. Fl.*).

6. PULMONARIA Tourn. *Inst.*

1. **P. angustifolia** Schrank in *Act. nat. cur.*; Gren. et Godr. *Fl.*; B. *Extr. Fl.*; Dub. *Bot.*—*P. azurea* Bess. *Prim. fl. Galic.;* Koch *Syn.;* Rchb. *Ic.* 18, t 1319, f. 1-2.—*P. angustifolia* var. *azurea* Coss. et Germ. *Fl.* 330.—*P. officinalis* var. *angustifolia* P. *Fl.*— (Vulg. *Pulmonaire*).

♃. Avril-juin.

R R.—Bois converts. - Bois de Port; Poix, Molliens-Vidame, Etréjust (*P. Fl*).

7. ECHIUM L. *Gen.*

1. **E. vulgare** L. *Sp.;* Coss. et Germ. *Fl.* 331; B. *Extr. Fl.;* P. *Fl.;* Dub. *Bot.*; Gren. et Godr. *Fl.;* Rchb. *Ic* 18, t. 1298, f. 2.

②. Juin-septembre.

C C.— Bords des chemins, lieux incultes, moissons des terrains maigres.

8. ECHINOSPERMUM Sw. in Lehm. *Asper.*

1. **E. Lappula** Lehm. *Asper ;* Coss. et Germ. *Fl* 331; Gren. et Godr. *Fl.;* Rchb. *Ic.* 18, t. 1329, f. 2.—*Myosotis Lappula* L. *Sp.;* B. *Extr. Fl* ; P. *Fl.*; Dub. *Bot.*

②. Juin-août.

R R — Lieux arides et pierreux, vieux murs. —Ruines du château de Boves ; bastion de Longueville et Petit-Saint-Jean à Amiens, châteaux d'Essertaux et de Folleville (*P. Fl.*).

9. CYNOGLOSSUM L. *Gen.*

1 **C. officinale** L. *Sp.;* Coss. et Germ. *Fl.* 332; B. *Extr. Fl.;* P. *Fl.;* Dub. *Bot* ; Gren. et Godr. *Fl.;* Rchb. *Ic.* 18, t. 1330.

②. Mai-juillet.

A. R — Lieux incultes sablonneux ou pierreux , bords des chemins. — Fortifications d'Abbeville près de la porte Marcadé ; Caubert près Abbeville ; Caumondel près Huchenneville ; dunes de Saint-Quentin-en-Tourmont; Brutelles; Cambron (*T. C.*); Saisseval (*Rom.*) ; Amiens, Saint-Pierre à Gouy, Eppeville près Ham, marais de Berny (*P. Fl.*).

L'*Asperugo procumbens* (L. *Sp.;* Coss. et Germ. *Fl.* 333 ; B. *Extr. Fl.;* P. *Fl.;* Dub. *Bot.;* Gren. et Godr. *Fl.;* Rchb. *Ic.* 18, t. 1327) a été trouvé près de nos limites au bord de la route d'Eu au Tréport (*Poulain* Herb.; *Baill.* Herb.). Il a été signalé à Mers (*B.* Extr. Fl.), où nous l'avons vainement cherché.

LXIV. SOLANEÆ Juss. *Gen.*

1. SOLANUM L. *Gen.*

1. **S. Dulcamara** L. *Sp.;* Coss. et Germ. *Fl.* 336; B. *Extr. Fl.;* P. *Fl.;* Dub. *Bot.;* Gren. et Godr. *Fl.;* Rchb. *Ic.* 20, t. 1633, f. 1-2.—(Vulg. *Douce-amère*).

♄. Juin-septembre.

C.—Haies, buissons, surtout dans les lieux humides.

2. **S. nigrum** L. *Sp.;* Coss. et Germ. *Fl.* 336 ex parte ; B. *Extr. Fl.;* P. *Fl ;* Gren. et Godr. *Fl.;* Rchb. *Ic.* 20, t. 1631 ex parte.—(Vulg. *Morelle*).

①. Juillet-octobre.

C.—Lieux cultivés, décombres, bords des chemins.

Var. α. *nigrum* (Coss. et Germ. *Fl.* 336.—*S. nigrum* Dub. *Bot.*—*S. nigrum* var. *genuinum* Gren. et Godr. *Fl.*).

Var. β. *ochroleucum* (Coss. et Germ. *Fl* 336.— *S. ochroleucum* Bast. in *Journ. bot.;* Dub. *Bot.*— *S. nigrum* var. *chlorocarpum* Gren. et Godr. *Fl.* — *S luteo-virescens* Gmel. *Fl. Bad.*).

3. **S. tuberosum** L. *Sp.*; Coss. et Germ. *Fl.* 337; B. *Extr. Fl ;* P. *Fl* ; Dub. *Bot.;* Gren. et Godr. *Fl.;* Rchb. *Ic.* 20, t. 1633, f. 3-4.— (Vulg. *Pomme de terre*).

♃. Juin-septembre.

Cultivé dans les potagers et en plein champ.— Présentant un grand nombre de variétés.

On cultive aussi dans quelques jardins le *S. Lycopersicum* (L. *Sp.— Lycopersicum esculentum* Dun *Sol.;* Coss. et Germ. Not in *Fl.* 337.— Vulg. *Tomate*).

2. PHYSALIS L. *Gen.*

1. **P. Alkekengi** L. *Sp.;* Coss et Germ. *Fl.* 338; B. *Extr. Fl.;* P. *Fl.;* Dub. *Bot.;* Gren. et Godr. *Fl.;* Rchb. *Ic.* 20, t. 1630.

♃. Juin-septembre.

RR.— Lieux cultivés, haies, pâtures ombragées — Monflières et Vauchelles près Abbeville (*B.* Extr. Fl. et Not. manuscr.).

3. ATROPA L. *Gen.* ex parte.

1. **A. Belladonna** L. *Sp.;* Coss. et Germ. *Fl.* 338; B. *Extr. Fl.;* P. *Fl.;* Dub. *Bot.;* Gren. et Godr. *Fl.;* Rchb. *Ic.* 20, t. 1629.— (Vulg. *Belladone*).

♃. Juin-août.

RR.— Endroits ombragés des forêts.— Crécy; Luchenx.— Se trouve dans la forêt d'Eu [Seine-Inférieure].

4. LYCIUM L. *Gen.*

1. **L. Barbarum** L. *Sp.;* Coss. et Germ. *Fl.* 339; P. *Fl ;* Dub. *Bot.;* Gren. et Godr. *Fl.*

♄. Juin-septembre.

Planté çà et là et naturalisé dans quelques haies.—Menchecourt près Abbeville ; Amiens, Bussy-lès-Poix (P. Fl.).

5. NICOTIANA L. *Gen.*

1. **N. rustica** L. *Sp.;* Coss. et Germ. *Fl.* 339, B. *Extr. Fl.;* P. *Fl.;* Dub. *Bot.;* Rchb. *Ic.* 20, t. 1626, f. 1.

①. Août-octobre.

Cultivé quelquefois dans les jardins.—Subspontané dans le voisinage des habitations.

Le *N. Tabacum* (L. *Sp.;* Coss. et Germ. Not. in *Fl.* 340; B. *Extr. Fl.;* Dub. *Bot.*—Vulg. *Tabac*) est aussi cultivé dans quelques jardins comme plante médicinale.

6. DATURA L. *Gen.*

1. **D. Stramonium** L. *Sp.;* Coss. et Germ. *Fl.* 340; B. *Extr. Fl.;* P. *Fl.;* Dub. *Bot.;* Gren. et Godr. *Fl.;* Rchb. *Ic.* 20, t. 1624, f. 1. —(Vulg. *Stramoine, Pomme épineuse*).

①. Juillet-septembre.

R.—Bords des cultures, décombres, villages.—Abbeville près de la porte d'Hocquet; Pendé (*Baill.* Herb.); Amiens, Montières, Sallenelle, Saint-Valery (*P.* Fl.).

7. HYOSCIAMUS L. *Gen.*

1. **H. niger** L. *Sp.;* Coss. et Germ. *Fl.* 341; B. *Extr. Fl.;* P. *Fl.;* Dub. *Bot.;* Gren. et Godr. *Fl.;* Rchb. *Ic.* 20, t. 1623, f. 2.— (Vulg. *Jusquiame*).

① ou ②. Juin-juillet.

A. R.—Villages, lieux incultes, bords des chemins, décombres. — Abbeville; Drucat; Noyelles-sur-Mer; Le Crotoy; Rue; Monchaux près Quend; Ault; Mers; Mareuil; Ferrières (*Rom.*); Saint-Nicolas près Oresmaux, Eppeville près Ham (*P.* Fl.).

LXV. VERBASCEÆ (Scrofularinearum Trib.)
Bartl *Ord. nat.*

1. VERBASCUM L. *Gen.*

1. **V. Thapsus** L. *Fl. Suec;* Coss. et Germ. *Fl.* 342; B. *Extr. Fl.;* P. *Fl.* excl. var. *a.* et *c.;* Dub. *Bot.;* Gren. et Godr. *Fl.*— *V. Schraderi* Mey. *Chl. Hanov.;* Koch *Syn.;* Rchb. *Ic.* 20, t. 1637.— (Vulg. *Bouillon blanc*).

②. Juillet-septembre.

C C.—Bords des chemins, lieux incultes, coteaux arides.

2. **V. thapsiforme** Schrad. *Monogr.;* Coss. et Germ. *Fl.* 343; Dub. *Bot.;* Gren. et Godr. *Fl.;* Rchb. *Ic.* 20, t. 1638. — *V. Thapsus* var. *thapsiforme* P. *Fl.*—(Vulg. *Bouillon blanc*).

②. Juillet-septembre.

C C.— Lieux incultes, bords des chemins.

Nous avons observé entre le *V. Thapsus* L. et le *V. thapsiforme* Schrad. des formes intermédiaires qui ne nous ont pas paru assez tranchées pour les signaler comme des variétés. Nous rencontrons aussi des *Verbascum* dont l'inflorescence, les corolles, les étamines et les styles présentent les caractères de l'une ou de l'autre de ces deux espèces, et qui en diffèrent par leurs feuilles caulinaires à limbe non décurrent sur la tige ou décurrent seulement dans la moitié de l'entrenœud. La description du *V. phlomoides* (L. *Sp.;* Coss. et Germ. *Fl.* 343), ou celle du *V. montanum* (Schrad. *Hort. Gœtt.;* Coss. et Germ. *Fl.* 343), semble pouvoir leur être appliquée; mais il est nécessaire de les étudier de nouveau avant de leur donner avec certitude l'un ou l'autre de ces noms. Nous devons faire remarquer, d'ailleurs, que la plupart des espèces du genre *Verbascum* offrent souvent des modifications et peuvent donner naissance à des hybrides.

3. **V. Blattaria** L. *Sp.;* Coss. et Germ. *Fl.* 344; B. *Extr. Fl.;* P. *Fl.;* Dub. *Bot.;* Gren. et Godr. *Fl.;* Rchb *Ic.* 20, t. 1652, f. 1.

②. Juin-septembre.

R R.—Bords des bois, lieux herbeux, berges des rivières.— Bords de la Somme à Amiens (*Rom.*); Querrieux, Bussy-lès-Poix (P. Fl.); Abbeville (*B. Not.* manuscr.).

4. **V. pulverulentum** Vill. *Fl. Dauph.;* Coss. et Germ. *Fl.* 344; Gren. et Godr. *Fl.—V. floccosum* Waldst. et Kit. *Rar. Hung.;* P. *Fl.;* Dub. *Bot.;* Rchb. *Ic.* 20, t. 1647.

②. Juin-septembre.

A. R — Lieux incultes, bords des chemins.— Drucat; Neuilly-l'Hôpital; talus des fortifications de la citadelle à Amiens; Aveluy; Cappy; Villers-sur-Anthie (*T C.*); Bovelles, Saint-Maurice près Amiens, Ailly-sur-Somme (*Rom.*); La Neuville près Amiens, Longueau, Dury, Folleville, Quiry-le-Sec, Caubert près Abbeville (**P. Fl.**).

5. **V. Lychnitis** L. *Sp.;* Coss. et Germ. *Fl.* 345; B. *Extr. Fl.;* P. *Fl.;* Dub. *Bot.;* Gren. et Godr. *Fl.;* Rchb. *Ic.* 20, t. 1648.

②. Juillet-septembre.

A.R.— Lieux arides, champs en friche, bois.—Bois de Fréchencourt près Bailleul; Bernapré; Bouillancourt-en-Sery; Bouvaincourt; Oust-Marest; Jumel; Wailly; Aveluy; Hamel près Thiepval; Mareuil (*Baill.* Herb.); monts Caubert près Abbeville (*Poulain* Herb.); Boves, Fortmanoir, Dury, Fontaine-sur-Somme (*P.* Fl); Saint-Riquier (*B.* Extr. Fl.).

6. **V. nigrum** L. *Sp.;* Coss. et Germ. *Fl.* 345; B. *Extr. Fl.;* P. *Fl.;* Dub. *Bot.;* Gren. et Godr. *Fl.;* Rchb. *Ic.* 20, t. 1649, f. 1.

② ou ♃. Juillet-septembre.

A.C.— Lieux incultes, bords des bois et des chemins. - Drucat; Caux; Pont-Remy; Cocquerel-sur-Somme; Picquigny; Hocquincourt; Frucourt; Bray-lès-Mareuil; bois de Fréchencourt près Bailleul; Inval près Huchenneville; Mareuil; Gamaches; Oust-Marest; Brutelles; Cambron; Cappy; fortifications d'Abbeville (*H. Sueur*); bois du Gard près Picquigny (*T.C.*); Bovelles, Saisseval (*Rom.*); Chaussoy-Épagny, Hornoy, Bussy-lès-Poix, Fieffes, Flixecourt (*P.* Fl.); Menchecourt et Caubert près Abbeville (*B.* Extr. Fl.).

S.-v. ramosum (Coss. et Germ. *Fl.* 345.— *V. Parisiense* Thuill. *Fl. Par.*— *V. nigrum* var. *Parisiense* P. *Fl.*).— *A.R.*— Bois de Beauvoir près Hocquincourt; remparts d'Abbeville (*Baill.* Herb.).

S.-v. tomentosum (Coss. et Germ. *Fl.* 345.— *V. Alopecurus* Thuill. *Fl. Par.;* P. *Fl;* Dub. *Bot.*).— *RR.* — Vers Péronne (*P.* Fl).

LXVI. SCROFULARINEÆ R. Br. *Prodr. Nov. Holl.*

1. VERONICA Tourn. *Inst.*

1. **V. hederæfolia** L. *Sp.;* Coss. et Germ. *Fl.* 348 et *Illustr.;* B. *Extr. Fl.;* P. *Fl.;* Dub. *Bot.;* Gren. et Godr. *Fl.;* Rchb. *Ic.* 20 t. 1698, f. 3-4.

④. Avril-juin, et souvent en automne.

CC.—Lieux cultivés, champs en friche.

2. **V. agrestis** L. *Sp.;* Coss. et Germ. *Fl.* 349 et *Illustr.;* B. *Extr. Fl.;* P. *Fl.;* Dub. *Bot.*

①. Avril-octobre.

Lieux cultivés, champs en friche, bords des chemins.

Var. α. *agrestis* (Coss. et Germ. *Fl.* 349.— *V. agrestis* Gren. et Godr. *Fl* ; Koch *Syn.;* Rchb. *Ic.* 20, t. 1700, f. 3).—*C C.*

Var. β. *didyma* (Coss. et Germ. *Fl.* 349.— *V. didyma* Ten. *Fl. Nap* ; Gren. et Godr. *Fl.;* Rchb. *Ic.* 20, t. 1698, f. 1-2 — *V. polita* Fries *Nov. Suec.;* Koch *Syn.; Fl. Dan.* t. 449).—*A. R.*—Abbeville; Les Alleux près Béhen ; Fransu ; Cambron (*T C.*) ; Bovelles (*Rom.*).

3. **V. Persica** Poir. *Encycl. méth.;* Coss. et Germ. *Fl.* 349 ; Gren. et Godr. *Fl.;* Rchb. *Ic.* 20, t 1699.— *V. Buxbaumii* Ten. *Fl. Nap.;* Coss. et Germ. *Fl.* ed. 1 et *Illustr.—V. filiformis* DC. *Fl. Fr.;* Dub. *Bot.*

①. Avril-octobre.

A. C.—Bords des champs, lieux cultivés, prairies artificielles. — Abbeville ; Drucat ; Cambron ; Bovelles, Amiens (*Rom.*).— Le *V. Persica* Poir., qui n'a pas encore été signalé dans le département de la Somme, y a probablement été introduit assez récemment avec des graines de prairies artificielles. Il s'est naturalisé autour d'Abbeville, et se rencontre communément dans les terrains cultivés des faubourgs Saint-Gilles, du Bois et de La Bouvaque.

4. **V. triphyllos** L. *Sp.;* Coss. et Germ. *Fl.* 350 et *Illustr.;* B. *Extr. Fl.;* P. *Fl.;* Dub. *Bot.;* Gren. et Godr. *Fl.;* Rchb. *Ic* 20, t. 1721, f. 2-4.

①. Avril-mai.

R.— Champs pierreux, vieux murs.—Abbeville entre la porte du Bois et la porte Saint-Gilles ; Caubert près Abbeville (*Baill. Herb*) ; Amiens (*Garnier*) ; Notre-Dame de Grâce, Dury, Saint-Gratien (*P. Fl.*) ; Épagnette près Épagne (*B. Extr. Fl.*).

5. **V. præcox** All. *Auct.;* Coss. et Germ. *Fl.* 350 et *Illustr.;* Dub. *Bot.;* Gren. et Godr. *Fl.;* Rchb. *Ic.* 20, t. 1721, f. 1.—*V. ocymifolia* Thuill. *Fl. Par.;* B. *Extr Fl* ; P. *Fl.*

①. Avril-mai.

R — Champs cultivés, vieux murs. — Bovelles, Guignemicourt (*Rom.*); château de La Vallée près Amiens (*Garnier*); Notre-Dame de Grâce, faubourg de Noyon à Amiens (**P. Fl.**).

6. **V. acinifolia** L. *Sp.;* Coss. et Germ. *Fl.* 351 et *Illustr.;* B. *Extr. Fl.;* Dub. *Bot.;* Gren. et Godr. *Fl.;* Rchb. *Ic.* 20, t. 1719, f. 2.

①. Avril mai.

R. — Champs argileux humides, moissons. — Limeux; Limercourt près Huchenneville; Bienfay près Moyenneville; Yvrencheux; Épagne (*Baill.* Herb.); Bray-lès-Mareuil (*B.* Extr. Fl.); Woincourt (*B.* Not. manuscr.); Saint-Riquier (*du Maisniel de Belleval* Not. manuscr.).

7. **V. verna** L. *Sp.;* Coss. et Germ. *Fl.* 351 et *Illustr.;* P. *Fl.;* Dub. *Bot.;* Gren et Godr. *Fl.;* Rchb. *Ic.* 20, t. 1720, f. 1.

①. Avril-mai.

RR. — Terrains sablonneux. — Faubourg Thuison à Abbeville (*Baill* Herb.).

8. **V. arvensis** L. *Sp.;* Coss. et Germ. *Fl.* 352 et *Illustr.;* B. *Extr. Fl.;* P. *Fl.;* Dub. *Bot.;* Gren. et Godr. *Fl.;* Rchb. *Ic.* 20, t. 1720, f. 2. — *V. polyanthos* Thuill. *Fl. Par.*

①. Avril-octobre.

CC. — Champs cultivés, bords des chemins.

9. **V. serpyllifolia** L. *Sp.;* Coss. et Germ. *Fl.* 352 et *Illustr.;* B. *Extr. Fl.;* P. *Fl* ; Dub. *Bot.;* Gren. et Godr. *Fl.;* Rchb. *Ic.* 20, t. 1718, f. 2.

♃. Avril-octobre.

CC. — Lieux humides, moissons, allées des bois.

Var. β. *humifusa* (Dicks. *Act. Soc. Linn* 2, 288; DC. *Fl. Fr.* 3, 471; P. *Fl.* 311. — *V. nummularifolia* Thuill. *Fl. Par.* 6). — Plante plus petite. Tiges plus rampantes. Feuilles presqu'orbiculaires.

10. **V. officinalis** L. *Sp* ; Coss. et Germ. *Fl.* 354 et *Illustr.;* B. *Extr. Fl.;* P. *Fl.;* Dub. *Bot.;* Gren. et Godr. *Fl.;* Rchb. *Ic* 20, t. 1706, f. 1-2.

♃. Mai-juillet.

C.—Lisières et clairières des bois, coteaux secs. — Saint-Riquier ; Ligescourt ; forêt de Crécy ; Hautvillers ; Franqueville ; bois de Visquemont près Bailleul ; bois du Brusle près Huchenneville ; bois de Tronquoy près Huppy ; Aveluy ; La Faloise ; Cambron (*T. C*) ; Dury, Boves, Allonville, Villers-Bocage, Laviers (*P*. Fl.) ; Francières (*B.* Extr. Fl.).

11. **V. montana** L. *Sp.;* Coss. et Germ. *Fl.* 354 et *Illustr.;* B *Extr. Fl.;* P. *Fl.;* Dub. *Bot.;* Gren. et Godr. *Fl.;* Rchb. *Ic.* 20, t. 1705, f. 3-4 ; Billot *Exsicc.* n. 1730

♃. Juin-juillet.

R R.—Forêts.— Forêt de Crécy.

12. **V. scutellata** L. *Sp.;* Coss. et Germ. *Fl.* 355 et *Illustr.;* B. *Extr. Fl.;* P. *Fl.;* Dub. *Bot.;* Gren. et Godr. *Fl.;* Rchb. *Ic.* 20, t. 1703, f. 2.

♃. Juin-septembre.

A. R.— Fossés, lieux marécageux.— Drucat ; Villers-sur-Authie ; Renancourt près Amiens (*Rom.*) ; Abbeville (*Poulain* Herb.) ; Saint-Maurice près Amiens, Longpré, Picquigny, Saleux-Salouel (*P*. Fl.).

13. **V. Anagallis** L. *Sp.;* Coss. et Germ. 355 et *Illustr.;* B. *Extr. Fl.;* P. *Fl.;* Dub. *Bot.;* Gren. et Godr. *Fl.;* Rchb. *Ic.* 20, t. 1702, f. 1.

①, ② ou ♃. Juin-septembre.

C.—Marais, fossés, bords des eaux.—Drucat ; Abbeville ; Le Crotoy ; Gamaches ; Picquigny ; Saint-Quentin-en-Tourmont (*T. C.*) ; Saint-Maurice près Amiens, Le Mesge (*Rom.*).

14. **V. Beccabunga** L. *Sp.;* Coss. et Germ. *Fl.* 356 et *Illustr.;* B. *Extr. Fl.;* P. *Fl.;* Dub. *Bot.;* Gren. et Godr. *Fl.;* Rchb. *Ic.* 20, t. 1701.

♃. Juin-septembre.

C C.— Lieux marécageux, fossés, bords des eaux.

15. **V. Chamœdrys** L. *Sp.;* Coss. et Germ. *Fl.* 356 et *Illustr.;* B. *Extr. Fl.;* P. *Fl.;* Dub. *Bot.;* Gren. et Godr. *Fl.;* Rchb. *Ic.* 20, t. 1704, f. 2.-4.

♃. Mai-août.

C C. — Prés secs, bois taillis, haies, bords des chemins.

Var. β. *pilosa* (Benth. in DC. *Prodr.* 10, 475 ; Gren. et Godr·
Fl. 2, 588) — Tiges nombreuses, couchées étalées, pubescentes
sur toute leur surface. Feuilles assez longuement pétiolées. - *R R.*
— Forêt de Crécy.

16. **V. Teucrium** L. *Sp.;* B. *Extr. Fl.;* P. *Fl.;* Dub. *Bot.—V.
Teucrium* Coss. et Germ. *Fl.* 356 excl. var. α.; Coss. et Germ. *Illustr.*
—*V. Teucrium* var. *normalis* Gren. et Godr. *Fl.;* Rchb. *Ic.* 20,
t. 1709. f. 1-3.

♃. Mai-juillet.

A. R. — Coteaux secs, pelouses arides, bords des bois. — Bois
Grillé près Huchenneville ; bois de Fréchencourt près Bailleul ;
Senarpont; bois Waffin à Drucat; Jumel; Ailly-sur-Noye; La
Faloise; Bovelles, Ferrières (*R·m.*); Pont-Remy, Caubert près
Abbeville (*H. Sueur*); bois des Chartreux à Port (*Baill.* Herb.);
Cambron (*Poulain* Herb.); Notre-Dame de Grâce, Caguy, Boves,
Dury (*P. Fl*); Laviers (*B. Extr. Fl.*).

Var. β. *prostrata* (Coss. et Germ. *Fl.* 357 et *Illustr.*). — *R.* —
Caubert près Abbeville (*Baill.* Herb.).

2. SCROFULARIA Tourn. *Inst.*

1. **S. nodosa** L *Sp.;* Coss. et Germ. *Fl.* 358; B. *Extr. Fl;*
P. *Fl.;* Dub. *Bot.;* Gren. et Godr. *Fl.;* Rchb. *Ic.* 20, t. 1674.—(Vulg.
Scrofulaire).

♃. Juin-août.

C. — Lieux frais, bois, bords des eaux. — Mareuil ; Fontaine-le-
Sec; Bainast près Béhen; bois de Saint-Riquier; Hautvillers;
Bovelles (*Rom.*); Gouy, Saint-Fuscien, Querrieux, Dury, Ailly
(*P. Fl*); Cambron (*B. Extr. Fl.*).

2. **S. aquatica** L. *Sp.;* Coss. et Germ. *Fl* 359; B. *Extr. Fl.;*
P. *Fl.;* Dub. *Bot.;* Gren. et Godr. *Fl.;* Rchb. *Ic.* 20, t. 1673, f. 1.—
(Vulg. *Scrofulaire*).

♃. Juin-août.

C C. — Marais, fossés, bords des eaux.

Le S. *vernalis* (L. *Sp.;* Coss. et Germ. *Fl.* 359 ; Dub. *Bot.;*
Gren. et Godr. *Fl.*) a été signalé dans les environs de Roye (*B.*
Extr. Fl.; *P.* Fl.).

3. DIGITALIS Tourn. *Inst.*

1. **D. purpurea** L. *Sp.;* Coss. et Germ. *Fl.* 361 ; B. *Extr. Fl.;*
P. *Fl.;* Dub *Bot.;* Gren. et Godr. *Fl.;* Rchb. *Ic.* 20, t. 1688.—(Vulg.
Digitale).

② ou ♃. Juin-août.

R.—Forêts, bois montueux.—Commun dans la forêt de Crécy;
Conty, Hornoy, Posières près Poix (P. Fl.).

2. **D. lutea** L. *Sp.;* Coss. et Germ. *Fl.* 361; B. *Extr. Fl.;*
P. *Fl.:* Gren. et Godr. *Fl.;* Rchb. *Ic.* 20, t. 1691, f. 1.—*D. parviflora*
Lmk. *Fl. Fr.;* Dub. *Bot*

② ou ♃. Juin-août.

R R — Coteaux pierreux, bords des bois. — Boves; Bovelles
(*Rom.*); Ailly (*de Marsy* Herb.); Montdidier (*Abbé Dufourny*);
Saint-Pierre à Gouy et Le Gard près Picquigny (P. Fl.).—Natu-
ralisé au bois Boullon près Abbeville.

4. ANTIRRHINUM Juss. *Gen.*

1. **A. Orontium** L. *Sp.;* Coss. et Germ. *Fl.* 362 ; B. *Extr. Fl.;*
P. *Fl.;* Dub. *Bot.;* Gren. et Godr. *Fl.;* Rchb. *Ic.* 20, t. 1678, f. 1.

④. Juillet-septembre.

A. C.—Moissons, champs en friche.— Les Alleux près Béhen;
Huchenneville; Drucat; Bovelles (*Rom.*); Laviers, Menchecourt
près Abbeville, Saint-Maurice près Amiens, Dury, Boves (P. Fl.);
Cambron (*B.* Extr. Fl.).

2. **A. majus** L. *Sp.;* Coss. et Germ. *Fl.* 362; B. *Extr. Fl.;*
P. *Fl.;* Dub. *Bot.;* Gren. et Godr. *Fl.;* Rchb *Ic.* 20, t. 1679, f. 2.—
(Vulg. *Muflier, Gueule de lion*).

♃. Juin-septembre.

Cultivé dans les jardins.— Subspontané sur les vieux murs.—
Abbeville; Aveluy; Longueau; Amiens; Cagny (P. Fl.).

8. LINARIA Juss. *Gen.*

1. **L. minor** Desf. *Atl.;* Coss. et Germ. *Fl.* 363; P. *Fl.;* Dub. *Bot.;* Gren. et Godr. *Fl.;* Rchb. *Ic.* 20, t. 1682, f. 1.—*Antirrhinum minus* L. *Sp.;* B. *Extr. Fl.*

①. Juin-septembre.

C.—Lieux cultivés ou incultes, champs après la moisson.— Drucat; Caubert près Abbeville; Huchenneville; Bovelles (*Rom.*); Saint-Maurice près Amiens, Dury, Ailly, Boves (*P. Fl.*); Menche-court près Abbeville (*B.* Extr. Fl.).

2. **L. Elatine** Desf. *Atl.;* Coss. et Germ. *Fl.* 364; P. *Fl.;* Dub. *Bot.;* Gren. et Godr. *Fl.;* Rchb. *Ic.* 20, t. 1680, f. 3.—*Antirrhinum Elatine* L. *Sp.;* B. *Extr. Fl.*

①. Juillet-octobre.

A. C.—Champs en friche, lieux cultivés.— Huppy; Huchenne-ville; Drucat; Cambron, Le Hourdel près Cayeux (*T. C.*); Bovelles (*Rom.*); Épagne, Port, Notre-Dame de Grâce, Rivery, Querrieux, Allonville (*P. Fl.*); Caubert près Abbeville (*B.* Extr. Fl.).

3. **L. spuria** Mill. *Dict.;* Coss. et Germ. *Fl.* 364; P. *Fl.;* Dub. *Bot.;* Gren. et Godr. *Fl.;* Rchb. *Ic.* 20, t. 1680, f. 2.—*Antirrhinum spurium* L. *Sp.;* B. *Extr. Fl.*

①. Juillet-octobre.

C C.— Champs calcaires après la moisson

4. **L. Cymbalaria** Mill. *Dict.;* Coss. et Germ. *Fl.* 364; P. *Fl.;* Dub. *Bot.;* Gren. et Godr. *Fl.;* Rchb. *Ic.* 20, t. 1680, f. 1.— *Antir-rhinum Cymbalaria* L. *Sp.;* B. *Extr. Fl.*

♃. Juin-septembre.

R R.— Vieux murs humides.— Gamaches; Abbeville; Doullens (*Baill.* Herb.; *P.* Fl.); Amiens (*B.* Extr. Fl.).

5. **L. striata** DC. *Fl. Fr.;* Coss. et Germ. *Fl.* 365; P. *Fl.;* Dub. *Bot.;* Gren. et Godr. *Fl.*—*L. repens* Steud. *Nom. bot.;* Rchb. *Ic.* 20, t 1684, f. 2.—*Antirrhinum repens* et *A. Monspessulanum* L. *Sp.*

♃. Juillet-septembre.

R R.— Coteaux calcaires, lieux incultes. — Picquigny ; Saint-Pierre à Gouy (*T. C.*) ; Ault (*Baill.* Herb.).

6. **L. vulgaris** Mœnch *Meth.;* Coss. et Germ. *Fl.* 365 ; P. *Fl.;* Dub. *Bot.;* Gren. et Godr. *Fl.;* Rchb. *Ic.* 20, t. 1685, f. 2.— *Antirrhinum Linaria* L. *Sp.;* B. *Extr. Fl.*

♃. Juillet-septembre.

C C. - Lieux arides et pierreux, bords des fossés et des chemins.

7. **L. supina** Desf. *Atl.;* Coss. et Germ. *Fl.* 366 ; P. *Fl.;* Dub. *Bot.;* Gren et Godr. *Fl.;* Rchb. *Ic.* 20, t. 1681, f. 5.— *Antirrhinum supinum* L. *Sp.;* B. *Extr. Fl.*

①. Juin-septembre.

A. C. Champs arides, coteaux secs, lieux incultes.— Huchenneville ; Beauvoir près Hocquincourt ; Bovelles, Ailly-sur-Somme (*Rom.*) ; Épagne (*Baill* Herb.) ; Saint-Maurice et Notre-Dame de Grâce près Amiens, Dury (*P. Fl.*).

6. PEDICULARIS Tourn. *Inst.*

1. **P. sylvatica** L. *Sp.;* Coss. et Germ *Fl.* 367 ; B. *Extr. Fl.;* P. *Fl.;* Dub. *Bot.;* Gren. et Godr. *Fl.;* Rchb. *Ic.* 20, t. 1749, f. 1.

♃ ou ②. Mai-juillet.

A. R. — Bois couverts, pelouses humides. — Les Alleux près Béhen ; bois de Canvrières près Doudelainville ; Drucat ; Rue ; forêt de Crécy ; bois de Bonnance près Port (*Baill.* Herb.) ; Laviers (*Poulain* Herb.).

2. **P. palustris** L. *Sp.;* Coss. et Germ. *Fl.* 368 ; B. *Extr. Fl ;* P. *Fl.;* Dub. *Bot.;* Gren. et Godr. *Fl.;* Rchb. *Ic.* 20, t. 1749, f. 2-3.

② ou ♃. Mai-août.

A. C. — Marais tourbeux, prés humides. — Drucat ; Saint-Quentin-en-Tourmont ; Picquigny ; Suzanne ; Montières près Amiens (*Rom.*) ; Caubert près Abbeville (*T. C.*), Menchecourt près Abbeville (*Poulain* Herb.) ; Rivery, Longpré, Fortmanoir, Camon (*P. Fl.*) ; marais Saint-Gilles à Abbeville (*B. Extr. Fl.*).

7. RHINANTHUS L. *Gen.* ex parte.

1. **R. major** Ehrh. *Beitr.;* Coss. et Germ. *Fl.* 368 ; Gren. et Godr. *Fl.;* Rchb. *Ic.* 20, t. 1739.— *R. Crista-galli* var. γ. L. *Sp.*

④. Mai-juillet.

Prés humides, pâtures.

Var. α. *glaber* (F. Schultz *Arch. Fl.* 139; Gren et Godr. *Fl.* 2, 612; Rchb. *Ic.* 20, t. 1739, f. 2.— *R. major* Koch *Syn.* 626).— Feuilles florales et calice glabres. — *C C.*

Var. β. *hirsutus* (F. Schultz *Arch. Fl.* 139; Gren. et Godr. *Fl.* 2, 612; Rchb *Ic.* 20, t 1739, f. 1.—*R. hirsuta* Lmk. *Fl. Fr.* 2, 363; P. *Fl.* 304; Dub, *Bot* 353.— *R. Alectorolophus* Koch *Syn.* 626; B. *Extr. Fl.* 46).— Feuilles florales et calice velus. - *R —* Marcuil; Épagne; Jumel; Thiepval; Renancourt près Amiens (*Rom.*); Péronne (*B.* Extr. Fl.).

2. **R. minor** Ehrh. *Beitr.*; Coss et Germ. *Fl.* 369; Gren. et Godr. *Fl.*; Koch *Syn.*; Rchb. *Ic.* 20, t. 1738.—*R. Crista-galli* var. α. L. *Sp.*

④. Mai-juillet.

A.R.— Prairies humides, lieux herbeux ombragés. — Saint-Quentin-en-Tourmont; Fort-Mahon près Quend; bords du bois de Wailly; Jumel; Le Mesge, Renancourt près Amiens (*Rom*); Laviers (*Poulain* Herb.).

8. MELAMPYRUM Tourn. *Inst.*

1. **M. cristatum** L. *Sp*; Coss. et Germ. *Fl.* 369; B. *Extr Fl.*; P. *Fl.*; Dub. *Bot.*; Gren et Godr. *Fl*; Rchb. *Ic.* 20, t. 1737.

④. Juin-août.

A.R.— Clairières des bois montueux.— Bois de Tachemont près Uuchenneville; Ercourt; Bouvaincourt; Bouillancourt-en-Sery; bois de Rampval près Mers; Liomer; Bezencourt près Trouchoy; Frucourt, Bougainville (*Rom.*); Laviers (*Baill.* Herb.); Dury (*P.* Fl.).

2. **M. arvense** L. *Sp.*; Coss. et Germ. *Fl.* 370; B. *Extr. Fl.*; P. *Fl.*; Dub. *Bot.*; Gren. et Godr. *Fl.*; Rchb. *Ic.* 20, t. 1736, f. 1.— (Vulg. *Queue de renard.*— En picard *Brunette*).

④. Juin-août.

C C.— Moissons des terrains maigres, champs en friche.

3. **M. pratense** L. *Sp.*; Coss. et Germ. *Fl.* 370; Dub. *Bot.*; Gren. et Godr. *Fl.*; Rchb. *Ic.* 20, t. 1733.— *M. sylvaticum* B. *Extr. Fl.*; P. *Fl.* non L. *Sp.*

④. Juin août.

● *C C.* — Bois, jeunes taillis.

9. EUPHRASIA L. *Gen.* ex parte.

1. **E. officinalis** L. *Sp.*; Coss. et Germ. *Fl.* 371 et *Illustr.*; B *Extr. Fl.*; P. *Fl.* Dub. *Bot.* excl. var.; Rchb. *Ic.* 20, t. 1731.

①. Juillet-octobre.

C C. — Pâtures, pelouses sèches, bois arides, coteaux.

Var. α. *officinalis* (Coss. et Germ. *Fl.* 371.— *E. officinalis* var. *pratensis* Koch *Syn.*— *E. officinalis* Gren. et Godr. *Fl.*).

Var. β. *nemorosa* (Coss. et Germ. *Fl.* 371; Koch *Syn.*— *E. nemorosa* Pers. *Syn* ; Gren. et Godr. *Fl.*).

10. ODONTITES Hall. *Helv.*

1 **O. rubra** Pers. *Syn.*; Coss et Germ. *Fl.* 372 et *Illustr.*— *Euphrasia Odontites* L. *Sp.*

④. Juin-octobre.

Var. α. *verna* (Coss. et Germ. *Fl.* 372.— *O. rubra* Gren. et Godr. *Fl.*—*Euphrasia Odontites* var. *verna* P. *Fl.*—*E. verna* Bell. in *App. Fl. Ped.*; Dub. *Bot.*— *Bartsia verna* Rchb. *Ic.* 20, t. 1728, f. 2.—Juin août.— *C C.*—Lieux herbeux ombragés, clairières des bois, moissons.

Var. β. *serotina* (Coss. et Germ. *Fl.* 372.— *O. serotina* Rchb. *Fl. excurs* ; Gren. et Godr. *Fl.*— *Euphrasia serotina* Lmk. *Fl. Fr.* — *E. Odontites* P. *Fl.*; Dub. *Bot.*— *Bartsia Odontites* Rchb. *Ic.* 20, t. 1727, f. 1).— Juillet-octobre.— *C C.*—Pelouses arides, prés secs, moissons.

LXVII. OROBANCHEÆ Juss. in *Ann. Mus.*

1. PHELIPÆA C. A. Mey. in Ledeb. *Fl. Alt.*

1. **P. ramosa** C. A. Mey. *Enum Cauc.*; Coss. et Germ. *Fl.* 378 et *Illustr.*; Gren. et Godr. *Fl.*; Rchb. *Ic.* 20, t. 1773.—*Orobanche ramosa* L. *Sp.*; B. *Extr. Fl.*; P. *Fl.*; Dub. *Bot.*

Parasite sur le *Cannabis sativa*. ④. Juin-septembre.

Chenevières — Abbeville (*Baill.* Herb.); Cambron (*T. C.* Herb); Épagnette près Épagne (*Poulain* Herb.); Menchecourt près Abbeville (*du Maisniel de Belleval* Not. manuscr.); Glisy (*P.* Fl.).

Le *P. ramosa* C. A. Mey., que l'on rencontrait assez fréque~~ment~~ dans les environs d'Abbeville, paraît en avoir disparu ~~depuis que~~ l'on n'y cultive plus qu'une variété de Chanvre~~ à~~ haute tige, connue dans le pays sous le nom de *Chanvre* ~~de~~ *Piémont*.

2. OROBANCHE L. ~~pa~~ ex parte.

1. O. Rapum Thuill. *Fl.* ~~r~~.; Coss. et Germ. *Fl.* 379 et *Illustr.*; Dub. *Bot* ; Gren. et Godr. ~~n~~.; Rchb. *Ic.* 20, t. 1778.—*O. major* DC. *Fl. Fr.*; B. *Extr. Fl.*; ~~n Fl.~~

Parasite sur le ~~Sarothamnus scoparius~~. ♃. Juin-juillet.

R.—Bois. Bois de Size près Ault; forêt de Crécy (*Baill.* Herb.); Notre-~~Dame~~ de Grâce, Ailly, Boves (*P.* Fl.).

2. O. Galli Dub. *Bot.*; Coss. et Germ. *Fl.* 380 et *Illustr.*; Gren. et Godr. *Fl.*; Rchb. *Ic.* 20, t. 1783, f. 1.—*O. vulgaris* DC. *Fl. Fr.*— *O. caryophyllacea* Sm. in *Act. soc. Linn.*; P. *Fl.*

Parasite sur les *Galium Mollugo*, *verum*, etc. ♃. Juin-juillet.

R. — Pâturages, lisières des bois, lieux herbeux, dunes —Saint-Quentin-en-Tourmont; Wailly; Ailly-sur-Somme, Bovelles (*Rom.*); Cagny, Querrieux (*Garnier*); Fortmanoir, Bertangles (*P.* Fl.).

3. O. Epithymum DC *Fl. Fr.*; Coss. et Germ. *Fl.* 380 et *Illustr.*; Dub. *Bot.*; Gren. et Godr. *Fl.*; Rchb. *Ic.* 0, t. 1784

Parasite sur le *Thymus Serpyllum*. ♃. Juin-juillet.

R R. — Coteaux arides, lisières des bois.—Bois d'Airondel près Bailleul (*Baill.* Herb.).

4. O. Picridis F. Schultz ap. Koch *Deutschl. Fl.*; Coss. et Germ. *Fl.* 382 et *Illustr.*; Gren. et Godr. *Fl.*

Parasite sur le *Picris hieracioides*. ④. Juin-juillet.

R R.— Coteaux arides. — Bords du bois de Rampval près Mers.

5. O. minor Sutt. in *Trans. soc. Linn.*; Coss. et Germ. *Fl.* 382 et *Illustr.*; P. *Fl.*; Dub. *Bot.*; Gren. et Godr. *Fl.*; Rchb. *Ic.* 20, t. 1804.

Parasite sur le *Trifolium pratense*, l'*Eryngium campestre*, etc.
④. Juin-juillet.

Pâturages, coteaux arides. — Bois de Gouy (*Baill.* in P. Fl) ;
prés entre Saleux et Plachy (*P.* Fl.). — Espèce douteuse pour
notre Flore.

6. **O. amethystea** Thuill *Fl. Par.;* Coss et Germ *Fl.* 382;
P. *Fl.;* Gren. et Godr. *Fl.;* Rchb. *Ic.* 20, t. 1806. — *O. Eryngii* Dub.
Bot.; Coss. et Germ. *Illustr.*

Parasite sur l'*Eryngium campestre.* ♃. Juin-juillet.

Lieux incultes, coteaux arides. bords des bois. — Bois de Guignemicourt (P. Fl.). — Espèce douteuse pour notre Flore.

5 LATHRÆA L. *Gen.* ex parte.

1. **L. Squamaria** L. *Sp.;* Coss. et Germ. Not in *Fl.* 383;
B. *Extr. Fl.;* P. *Fl.;* Dub. *Bot.;* Gren. et Godr. *Fl.;* Rchb. *Ic.* 20,
t. 1764.

Parasite sur les racines de plusieurs espèces d'arbres. ♃. Avril-
mai.

R R. — Bois couverts — Bois Le Comte et bois Saint-Laurent
près Albert (*B.* Herb.; *P.* Fl.). — Trouvé à proximité de nos
limites dans le bois de Créquy près Hesdin [Pas-de-Calais]
(*Dovergne* in *Baill.* et *Poulain* herb.).

LXVIII. LABIATÆ Juss. *Gen.*

1. MENTHA L. *Gen.*

1. **M. rotundifolia** L. *Sp.;* Coss. et Germ. *Fl.* 388; B. *Extr.*
Fl.; P. *Fl.;* Dub. *Bot.;* Gren. et Godr. *Fl.;* Rchb. *Ic.* 18, t. 1282. —
(Vulg. *Menthe, Baume sauvage*.

♃. Juillet-septembre.

A.C. — Lieux humides, fossés, bords des eaux. — Abbeville ;
Drucat; Senarpont; Oust-Marest; Le Mesge (*Rom*); Cambron
(*Baill.* Herb); Fortmanoir, Dreuil (P. Fl.).

2. **M. sylvestris** Koch *Syn.* ed. 1; Coss. et Germ. *Fl.* 388;
B. *Extr. Fl.;* P. *Fl.*

♃. Juillet-septembre.

Prés et bois humides.

Var. *α. sylvestris* (Coss. et Germ. *Fl.* 388 et *Illustr. — M. sylvestris* L. *Sp.;* B. *Extr. Fl.;* Dub. *Bot ;* Gren. et Godr. *Fl.;* Rchb. *Ic.* 18, t. 1282 ex parte). — *R.* — Marais de Rue (*Baill.* Herb.); Cambron (*Poulain* Herb.); Fortmanoir, Liancourt près Roye (*P.* Fl.); Montdidier (*Besse*); Bernay (*B.* Extr. Fl.).

Var. *β. viridis* (Coss. et Germ. *Fl.* 388. — *M. viridis* L. *Sp ;* Dub. *Bot ;* Gren. et Godr. *Fl. — M. sylvestris* var. *glabra* Koch *Syn.;* Rchb. *Ic.* 18, t. 1284, f. 1). — *R R.* — Bords de la rivière des Chartreux à Abbeville (*B.* Herb); Abbeville (*Baill.* Herb.).

3. **M. aquatica** L. *Sp.;* Coss. et Germ. *Fl.* 389 et *Illustr.;* Gren. et Godr. *Fl.;* Rchb. *Ic.* 18, t. 1286, f. 1.

♃. Juillet-septembre.

Lieux humides, marais, bords des eaux.

Var. *α. hirsuta* (Coss. et Germ. *Fl.* 389 ; Gren. et Godr. *Fl. — M. hirsuta* L. *Mant.;* B. *Extr. Fl ;* P. *Fl.;* Dub. *Bot.*). — *C C.*

Var. *β. glabrescens* (Coss. et Germ. *Fl.* 389. — *M. aquatica* var. *genuina* Gren. et Godr. *Fl. — M. aquatica* B. *Extr. Fl. — M. hirsuta* var. *aquatica* P. *Fl.*). — *A. R.* — Mers.

Nous avons observé, à Fort-Mahon près Quend dans les sables humides, un *Mentha*, qui présente les caractères suivants : plante velue hérissée; tiges de 2-4 décim., couchées redressées, flexueuses, rameuses; feuilles ovales aiguës, dentées en scie, les florales étalées réfléchies, diminuant insensiblement de grandeur dans la partie supérieure de la plante où elles sont beaucoup plus courtes que les glomérules; glomérules très nombreux, les inférieurs espacés, les supérieurs rapprochés en un épi nu au sommet ou surmonté de quelques petites feuilles ; calice à gorge nue. — Cette plante pourrait être rapportée au *M. verticillata* (Riv. t. 48; Kirschleg. *Fl. Als.* 1, 621), ou c'est un de ces hybrides si fréquents, d'après les auteurs, dans le genre *Mentha*.

4. **M. arvensis** L. *Sp.;* Coss. et Germ. 390 et *Illustr.;* B. *Extr. Fl.;* P. *Fl ;* Dub. *Bot.;* Gren. et Godr. *Fl.;* Rchb. *Ic.* 18, t. 1289, f. 1.

♃. Juillet-septembre.

C C. — Champs humides, moissons, bords des chemins.

5. **M. Pulegium** L. *Sp.;* Coss. et Germ. *Fl.* 390 et *Illustr.;*
P. *Fl.;* Dub. *Bot.;* Gren. et Godr. *Fl.;* Rchb. *Ic.* 18, t. 1290, f. 2.

♃. Juillet-septembre.

R R. — Marais, fossés, champs humides. — Hombleux, entre
Nesle et Ham (P. Fl.).

2. LYCOPUS L. *Gen.*

1. **L. Europæus** L. *Sp.;* Coss. et Germ. *Fl.* 390; B. *Extr. Fl;*
P. *Fl.;* Dub. *Bot.;* Gren. et Godr. *Fl.;* Rchb. *Ic.* 18, t. 1291, f. 1.

♃. Juillet-septembre.

A. C. — Lieux humides, marais, bords des eaux. — Abbeville;
Le Hourdel près Cayeux; Le Mesge; Cambron (*T. C*); Amiens
(*Rom.*); Rivery, Saint-Maurice (P. Fl.).

3. SALVIA L. *Gen.*

1 **S. pratensis** L. *Sp.;* Coss. et Germ. *Fl.* 391; B. *Extr. Fl.;*
P. *Fl.;* Dub. *Bot.;* Gren. et Godr. *Fl.;* Rchb. *Ic.* 18, t. 1252, f. 1. —
(Vulg. *Sauge des prés*).

♃. Juin-juillet

C C. — Prés, pâturages, bords des chemins.

2. **S. Verbenaca** L. *Sp.;* Coss. et Germ. *Fl.* 391; B. *Extr.
Fl.;* P. *Fl.;* Dub. *Bot.;* Gren. et Godr. *Fl.;* Rchb. *Ic* 18, t. 1255, f. 2.

♃. Juin-août.

R R. — Lieux arides, coteaux herbeux. — Talus des fortifications
d'Abbeville.

Le *S. officinalis* (L. *Sp.;* Coss. et Germ. [Not. in *Fl.* 393;
Dub. *Bot.;* Gren. et Godr. *Fl.* — Vulg. *Sauge*) est cultivé dans
les jardins.

On cultive également le *Rosmarinus officinalis* (L. *Sp.;* Coss. et
Germ. Not. in *Fl.* 393; Dub. *Bot.;* Gren. et Godr. *Fl.* — Vulg.
Romarin).

4. ORIGANUM L. *Gen.* ex parte.

1. **O. vulgare** L. *Sp.;* Coss. et Germ. *Fl.* 394; B. *Extr. Fl.;*
P. *Fl.;* Dub. *Bot.;* Gren. et Godr. *Fl.;* Rchb. *Ic.* 18, t. 1262, f. 1.

♃. Juillet-octobre.

C C. Lisières et clairières des bois, haies, lieux incultes.

S.-v *pallescens* (Coss. et Germ. *Fl* 394).— *R.*— Lieux ombragés.— Drucat.

5. THYMUS L. *Gen.* ex parte.

1. **T. Serpyllum** L. *Sp.;* Coss. et Germ. *Fl.* 394; B. *Extr. Fl.;* P. *Fl.;* Dub. *Bot.;* Rchb. *Ic.* 18, t. 1266 et 1267 ex parte.—(Vulg. *Serpolet*).

♃. Juillet-octobre.

C C.— Coteaux secs, pelouses arides, bords des bois.

Var. *α. Serpyllum* (Coss. et Germ. *Fl.* 394.— *T. Serpyllum* Fries *Nov.;* Gren. et Godr. *Fl*).

S.-v. *albus.*— Fleurs blanches.— *R.* — Wailly.

Var. *β. Chamœdrys* (Coss. et Germ. *Fl.*— *T. Chamœdrys* Fries *Nov.;* Gren. et Godr. *Fl.*).

On cultive fréquemment dans les potagers le *T. vulgaris* (L. *Sp.;* Coss. et Germ. Not. in *Fl.* 395; Dub *Bot.;* Gren. et Godr. *Fl.*— Vulg. *Thym*).

L'*Hyssopus officinalis* (L. *Sp.;* Coss et Germ. *Fl.* 395 ; B. *Extr. Fl.;* P. *Fl.;* Dub. *Bot ;* Gren. et Godr. *Fl ;* Rchb. *Ic.* 18, t. 1259. — Vulg. *Hyssope*) est cultivé dans quelques jardins. Il se trouvait autrefois à Abbeville sur la grosse tour au bout de la rue Millevoye (*B.* Herb. et Extr. Fl.; *Baill.* Herb.; *P.* Fl.).

6. CALAMINTHA Tourn. *Inst.* ex parte.

1. **C. Acinos** Gaud. *Fl. Helv.;* Coss. et Germ. *Fl.* 396; Gren. et Godr. *Fl.;* Rchb. *Ic.* 18, t. 1274, f. 2.— *Thymus Acinos* L. *Sp.;* B. *Extr. Fl.;* P. *Fl.;* Dub. *Bot.*

① ou ②. Juin-septembre.

C C.—Lieux incultes, moissons des terrains maigres.

2. **C. sylvatica** Bromfleld in *Engl. bot.;* Benth. in D C. *Prodr.* — *C. officinalis* var. *sylvatica* Coss. et Germ. *Fl.* 396.— *C. officinalis* Gren. et Godr. *Fl.*— *C. officinalis* var. *vulgaris* Rchb. *Ic.* 18, t. 1276, f. 2.— *Melissa Calamintha* L. *Sp.*— *Thymus Calamintha* DC. *Fl. Fr.;* Dub. *Bot.*

♃. Juillet-septembre.

R R.—Bois montueux, taillis ombragés.—Bois de Bouillancourt-en-Sery près Blangy.

C'est par erreur que le *C. sylvatica* Bromfield (*Thymus Cala-mintha* D C.) est indiqué a Abbeville, à Cambron et à Saint-Valery (*P. Fl.*). Il a été certainement confondu avec le *C. Nepeta* Hoffm. et Link, que nous avons seul rencontré dans ces localités.

3. **C. Nepeta** Hoffm. et Link *Fl. Port.*; Coss. et Germ. *Fl.* 397; Gren. et Godr. *Fl.*—*C. officinalis* var. *Nepeta* Rchb. *Ic.* 18, t. 1277, f. 2.—*Melissa Nepeta* L. *Sp.*; B. *Extr. Fl.*—*Thymus Nepeta* Sm. *Brit.*; Dub. *Bot.*

♃. Juillet-septembre.

A.R.— Lieux secs et pierreux, coteaux calcaires exposés au midi, bords des chemins.— Faubourg Thuison à Abbeville; Cambron; Saint-Valery; Brutelles; Ault (*Baill.* Herb.).— Très commun dans la vallée de la Bresle: Mers, Oust Marest, Bouvaincourt, Beauchamps, Gamaches, Bouttencourt.

7. CLINOPODIUM Tourn. *Inst.*

1. **C. vulgare** L. *Sp.*; Coss. et Germ. *Fl.* 397; B. *Extr. Fl.*; P. *Fl.*; Dub. *Bot.*—*Calamintha Clinopodium* Benth. in DC. *Prodr*; Gren. et Godr. *Fl.*; Rchb. *Ic.* 18, t. 1274, f. 1.

♃. Juillet-octobre.

C.—Bois, haies, pâturages, lieux incultes.—Drucat; Caumon-del près Huchenneville; Bezencourt près Tronchoy; Cambron (*T.C.*); Cagny, Dury, Boves, Allonville (*P. Fl.*); Laviers (*B. Extr. Fl.*).

Le *Melissa officinalis* (L. *Sp.*; Coss. et Germ. *Fl.* 398; B. *Extr. Fl.*; P. *Fl.*; Dub. *Bot.*; Gren. et Godr. *Fl*; Rchb. *Ic.* 18, t. 1261. —Vulg. *Citronnelle*), cultivé quelquefois dans les jardins, a été signalé comme subspontané dans les haies à Avesnes près Vron (*B. Extr. Fl*; *P. Fl.*).

On cultive aussi dans les potagers le *Satureia hortensis* (L. *Sp.*; Coss. et Germ. Not. in *Fl.* 399; Dub. *Bot.*; Gren. et Godr. *Fl.*— Vulg. *Sarriette*).

8. NEPETA L. *Gen.*

1. **N. Cataria** L. *Sp.;* Coss. et Germ. *Fl.* 399; B. *Extr. Fl.;* P. *Fl.;* Dub. *Bot.;* Gren. et Godr. *Fl.;* Rchb. *Ic.* 18, t. 1242.

♃. Juillet-septembre.

R.—Haies, buissons, bords des chemins.— Bords de la Somme près de l'île Sainte-Aragone à Amiens (*Rom.*); faubourg Saint-Martin à Montdidier (*Abbé Dufourny*); faubourg Thuison à Abbeville (*Baill. Herb.*); Dury (*Garnier*); Cardonnette, Camon, Rivery, Laviers, Nouvion, Menchecourt près Abbeville (*P. Fl.*).

9. GLECHOMA L. *Gen.*

1. **G. hederacea** L. *Sp.;* Coss. et Germ. *Fl.* 400; B. *Extr. Fl.;* P. *Fl* ; Dub *Bot.;* Gren. et Godr. *Fl.—Nepeta Glechoma* Benth. in D.C. *Prodr.;* Rchb. *Ic.* 18, t. 1241, f. 1.—(Vulg. *Lierre terrestre*).

♃. Avril-juin.

CC.—Lieux herbeux, haies, buissons.

S.-v. *hirsuta* (Coss. et Germ. *Fl.* 400).

Le *Melittis Melissophyllum* (L. *Sp.;* Coss. et Germ. *Fl.* 400; P. *Fl* ; Dub *Bot.;* Gren. et Godr. *Fl.;* Rchb. *Ic.* 18, t. 1202) a été indiqué à La Faloise (*P. Fl.*), où il n'a pas été revu à notre connaissance.

10. LAMIUM L. *Gen.* emend.

1. **L. amplexicaule** L. *Sp.;* Coss. et Germ. *Fl.* 401; B. *Extr. Fl.;* P. *Fl.;* Dub. *Bot.;* Gren. et Godr. *Fl.;* Rchb. *Ic* 18, t. 1204, f. 2.

①. Avril-octobre.

C.—Moissons, champs en friche, bords des chemins.—Abbeville; Yvrench; Noyelles-sur-Mer; Moyenneville; Béhen; Bailleul; Berny-sur-Noye; Chaussoy-Épagny; Bovelles (*Rom.*); Cambron (*T. C.*).

2. **L. purpureum** L. *Sp.;* Coss. et Germ. *Fl.* 402; B. *Extr. Fl.;* P. *Fl.;* Dub. *Bot.;* Gren et Godr. *Fl.;* Rchb. *Ic.* 18, t. 1204, f. 3.

①. Avril-octobre.

CC.— Lieux cultivés, bords des chemins, décombres.

3. **L. album** L. *Sp.;* Coss. et Germ. *Fl.* 403; B. *Extr. Fl.;* P. *Fl.;* Dub. *Bot.;* Gren. et Godr. *Fl.;* Rchb. *Ic.* 18, t. 1205, f. 1.— (Vulg. *Ortie blanche*).

♃. Avril-octobre.

C C.— Lieux incultes, haies, bords des chemins.

11. GALEOBDOLON Huds. *Fl. Angl.*

1. **G. luteum** Huds. *Fl. Angl.;* Coss. et Germ. *Fl.* 403; P. *Fl.;* Dub. *Bot.*— *Galeopsis Galeobdolon* L. *Sp ;* B. *Extr. Fl.*— *Lamium Galeobdolon* Crantz *Aust.;* Gren. et Godr. *Fl.;* Rchb. *Ic.* 18, t. 1206, f. 3.—(Vulg. *Ortie jaune*).

♃. Mai-juin.

C.— Lieux ombragés, bois, haies, buissons.— Drucat; Moyen-neville; Ercourt; Huppy; Huchenneville; Limeux; Bovelles (*Rom.*); Airondel près Bailleul (*Poulain* Herb.); Notre-Dame de Grâce, Fortmanoir, Allonville, Gouy, Saint-Riquier (*P. Fl.*); Laviers (*B.* Extr. Fl).

S.-v. *maculatum.* (*G. luteum* var. *maculatum* P. *Fl.* 286).— Feuilles tachetées de blanc.

12. GALEOPSIS L. *Gen.* ex parte.

1. **G. Tetrahit** L. *Sp.;* Coss. et Germ. *Fl.* 404; B. *Extr. Fl.;* P. *Fl.;* Dub. *Bot.;* Gren. et Godr. *Fl.;* Rchb. *Ic.* 18, t 1231, f. 1.

①. Juillet-septembre.

A. C.— Lieux frais, haies, bois, champs.—Abbeville ; Drucat ; Yvrench ; Les Alleux près Béhen ; bois, de Belloy près Huppy; Mers ; Cambron (*T. C.*); Montières près Amiens, Yonville près Citernes (*Rom.*); Saint-Maurice et Renancourt près Amiens (P. Fl.); faubourg Rouvroy à Abbeville (*B.* Extr. Fl.).

2. **G. Ladanum** L. *Sp.;* Coss. et Germ. *Fl.* 404; B. *Extr. Fl.;* P. *Fl.:* Dub. *Bot.*— *G. angustifolia* Ehrh. *Herb.;* Gren. et Godr. *Fl.;* Rchb. *Ic.* 18, t. 1220, f. 1.

①. Juillet-octobre.

C C.—Lieux incultes, moissons des terrains calcaires, champs en friche.

Var. β. *littoralis.*— Plante velue blanchâtre. Racine longuement pivotante. Tige de 1-2 décim., robuste, rameuse dès la base, à rameaux courts, étalés, souventdivariqués. Glomérules nombreux, multiflores , couverts de poils laineux. — Galets maritimes. — Cayeux ; Le Hourdel.

13. STACHYS L. *Gen.*

1. **S. Germanica** L. *Sp.;* Coss. et Germ. *Fl.* 406; B. *Extr. Fl.;* P. *Fl.;* Dub. *Bot.;* Gren. et Godr. *Fl.;* Rchb. *Ic.* 18, t. 1210, f. 1-2. ② ou ♃. Juillet-août.

R.—Coteaux secs, lieux incultes, bords des chemins.—Jumel ; Cappy ; Saisseval (*Rom.*); Saint-Milfort près Abbeville (*B.* Herb); Laviers (*Baill.* Herb.); Querrieux (*Garnier*); Notre-Dame de Grâce, Boves, Mouflers (*P. Fl.*).

2. **S. Alpina** L. *Sp.;* Coss. et Germ. *Fl.* 406; B. *Extr. Fl.;* P. *Fl.;* Dub. *Bot.;* Gren. et Godr. *Fl.;* Rchb. *Ic.* 18, t. 1209, f. 2. ♃. Juillet-août.

R R. — Bois , buissons ombragés. — Bovelles (*Rom.*); Boves , Mouflers (*P. Fl.*).— Trouvé dans la forêt d'Eu [Seine-Inférieure] près de Blangy (*Baill.* Herb.; *Poulain* Herb.).

3. **S. sylvatica** L. *Sp.;* Coss. et Germ. *Fl.* 407; B. *Extr. Fl.;* P. *Fl.;* Dub. *Bot.;* Gren. et Godr. *Fl.;* Rchb. *Ic.* 18, t. 1211, f. 2. ♃. Juin-août.

C C.—Lieux couverts, bois, haies.

4. **S. palustris** L. *Sp.;* Coss. et Germ. *Fl.* 407; B. *Extr. Fl.;* P. *Fl.:* Dub. *Bot.;* Gren. et Godr. *Fl.;* Rchb. *Ic* 18, t. 1211, f. 1. ♃. Juillet-septembre.

C. - Lieux cultivés humides , marais , fossés. — Abbeville ; Drucat ; Caux ; Mareuil ; Cambron (*T. C.*); Le Mesge, Renancourt près Amiens (*Rom.*); Glisy, Fortmanoir (*P. Fl.*).

5. **S. arvensis** L. *Sp.;* Coss. et Germ. *Fl.* 408; B. *Extr. Fl.;* P. *Fl* ; Dub. *Bot.;* Gren. et Godr. *Fl.;* Rchb. *Ic.* 18, t. 1212, f. 1. ①. Juillet-octobre.

C C.— Moissons, champs en friche.

6. **S. annua** L. *Sp.;* Coss. et Germ. *Fl.* 408; B. *Extr. Fl.;* P. *Fl.;* Dub. *Bot.;* Gren. et Godr. *Fl.;* Rchb. *Ic.* 18, t. 1212, f. 2.

④ Juillet-octobre.

C C.— Moissons des terrains maigres, champs en friche.

7 **S. recta** L. *Mant.;* Coss. et Germ. *Fl.* 408; B. *Extr. Fl.;* Gren. et Godr. *Fl.;* Rchb. *Ic.* 18, t. 1214, f. 1.—*S. Sideritis* Vill. *Dauph.;* P. *Fl.;* Dub. *Bot.*

♃. Juin-septembre.

R R.— Lieux incultes et arides, bords des bois.— Jumel; Notre-Dame de Grâce, Boves, Querrieux, Dury (*P.* Fl.); Fortmanoir (*Garnier*).

14 BETONICA L. *Gen.*

1. **B. officinalis** L. *Sp.;* Coss. et Germ. *Fl.* 409; B. *Extr. Fl.;* P. *Fl.;* Dub. *Bot* ; Gren. et Godr. *Fl.*

♃. Juillet-septembre.

C C.— Lisières et clairières des bois.

S.-v. alba.— Fleurs blanches.-- *R.—* Bois de Lauchères.

15. MARRUBIUM L. *Gen.* ex parte.

1. **M. vulgare** L. *Sp.;* Coss. et Germ. *Fl.* 409 et *Illustr.;* B. *Extr. Fl.;* P. *Fl.;* Dub. *Bot.;* Gren. et Godr. *Fl.;* Rchb. *Ic.* 18, t. 1224, f. 1.

♃. Juillet-octobre.

C — Bords des routes, villages, lieux arides, décombres.— Abbeville; Villers-sur-Mareuil; Huchenneville ; Le Hourdel près Cayeux ; Drucat; Bovelles (*Rom.*)

16. BALLOTA L. *Gen.*

1. **B. fœtida** Lmk. *Encycl. méth.;* P. *Fl.;* Dub. *Bot.;* Gren. et Godr. *Fl.—B. nigra* Sm. *Engl. Bot.;* B. *Extr. Fl.—B. nigra* var. *fœtida* Koch *Syn.;* Coss. et Germ. *Fl* 411; Rchb. *Ic.* 18, t. 1218, f. 1.

♃. Juillet-septembre.

C C.— Bords des chemins, villages, haies, décombres.

17. LEONURUS L. *Gen.*

1. **L. Cardiaca** L. *Sp.;* Coss. et Germ. *Fl.* 411; B. *Extr Fl.;* P. *Fl.;* Dub. *Bot.;* Gren. et Godr. *Fl.;* Rchb. *Ic.* 18, 1233, f. 2.

♃. Juillet-octobre.

R. — Haies , buissons , villages. — Tours; Drucat; Bovelles (*Rom.*); Roye (*Besse*); Caubert près Abbeville (*Baill.* Herb.); Cambron (*B.* Extr. Fl.) ; Cagny, Folleville (P. Fl.).

18. BRUNELLA Tourn. *Inst.*

1. **B. vulgaris** Mœnch *Meth.;* Coss. et Germ. *Fl.* 412; Rchb. *Ic.* 18, t. 1223, f. 2 et 3.

♃. Juillet-août.

Var. *α. vulgaris* (Coss. et Germ. *Fl.* 412.— *B. vulgaris* var. *genuina* Gren. et Godr. *Fl.* — *B. vulgaris* P. *Fl.;* Dub. *Bot.*— *Prunella vulgaris* L. *Sp.* excl. var. *β.*; B. *Extr. Fl.*).— *C C.* - Prairies, bords des bois et des chemins.

. S -v. *pinnatifida* (Coss. et Germ. *Fl.* 413.— *B. vulgaris* var. *pinnatifida* Gren. et Godr. *Fl*).— *A. R.* — Lieux secs, pelouses arides.— Caubert près Abbeville; Drucat; Wailly; coteaux de Grâce près Amiens (*T. C.*) ; bois de Cagny (*Garnier*).

Var. *β. alba* (Coss. et Germ. *Fl.* 413.— *B. alba* Pall. ap. Bieb. *Fl. Taur. Cauc.;* Gren. et Godr. *Fl.*).— *R.* — Pelouses sèches, coteaux arides — Wailly ; Jumel; Bovelles (*Rom.*).

S.-v. *integrifolia.* (*B. alba* var. *integrifolia* Godr. *Fl. Lorr.* 2, 211; Gren. et Godr. *Fl.* 2, 704).— Feuilles entières.— *R R.*— Forêt de Dompierre.

19. SCUTELLARIA L. *Gen.*

1. **S. galericulata** L. *Sp.;* Coss. et Germ. *Fl.* 414; B. *Extr. Fl.;* P. *Fl.;* Dub. *Bot.;* Gren. et Godr. *Fl.;* Rchb. *Ic.* 18, t. 1256, f. 2.

♃. Juillet-septembre.

A. C.—Marais, bords des eaux. — Mareuil; Abbeville; Drucat; Caux; Villers-sur-Authie ; Quend; Cambron ; Wailly ; Amiens (*Rom.*) ; Camon, Rivery, Fortmanoir (P. Fl.) ; Laviers, Dreuil-lès-Amiens (*Picard* Not. manuscr.).

Nous avons rencontré près de nos limites à Sorus [Pas-de-Calais] le *S. minor* (L *Sp.;* Coss. et Germ. *Fl.* 414; Dub. *Bot.;* Gren. et Godr. *Fl.;* Rchb. *Ic.* 18, t. 1256, f. 3). Il a aussi été

trouvé dans le bois de Belledame près Airon [Pas-de-Calais]
(*Baill.* Herb.).

20. AJUGA L. *Gen.* ex parte.

1. **A. reptans** L. *Sp.;* Coss. et Germ. *Fl.* 415; B. *Extr. Fl.;*
P *Fl.;* Dub. *Bot.;* Gren. et Godr. *Fl.;* Rchb. *Ic.* 18, t. 1234, f. 3.

♃. Mai-juillet.

C C.— Lieux ombragés, bois, haies, prairies.

2. **A. Genevensis** L. *Sp.;* Coss. et Germ. *Fl.* 415; B. *Extr.*
Fl.; Dub. *Bot.;* Gren. et Godr *Fl.;* Rchb. *Ic.* 18, t. 1234, f. 1.

♃. Juin-juillet.

A. R.— Lieux secs, coteaux calcaires. — Limeux ; Bailleul ;
Frucourt ; Wailly ; La Faloise ; Bovelles, Saisseval, Ailly-sur-
Somme (*Rom.*); Hocquincourt (*Abbé Dufourny*); Cambron (*T. C.*);
Pont-Remy, Gouy (*B.* Extr. Fl.).

3. **A. Chamæpitys** Schreb. *Unilab.;* Coss. et Germ. *Fl.* 416;
B. *Extr. Fl.;* P. *Fl.;* Dub. *Bot* ; Gren. et Godr. *Fl.;* Rchb. *Ic.* 18,
t. 1235, f. 2.— *Teucrium Chamæpitys* L. *Sp.*

①. Juillet-septembre

A. C.— Moissons des terrains calcaires, champs en friche.—
Caumondel près Huchenneville ; Limeux ; Bray-lès-Mareuil ;
Frucourt ; Bouillancourt-en-Sery ; Oust-Marest ; Caubert près
Abbeville ; Eaucourt ; Pont-Remy ; Francières ; Wailly ; Jumel ;
Cambron (*T. C.*) ; Bovelles (*Rom.*) ; Boves, Cagny (*Picard* Not.
manuscr.) ; Ailly, Dury (P. Fl.).

21. TEUCRIUM L. *Gen.* ex parte.

1. **T. Scorodonia** L. *Sp.;* Coss. et Germ. *Fl.* 416; B. *Extr.*
Fl.; P. *Fl.;* Dub. *Bot.;* Gren. et Godr. *Fl.;* Rchb. *Ic.* 18, t. 1237, f. 2.

♃. Juillet-septembre.

C.— Lisières et clairières des bois.— Huchenneville ; bois de
Blingues près Mers ; Élincourt près Saint-Blimont ; Bovelles,
Ailly-sur-Somme (*Rom.*) ; Saint-Riquier, Caubert près Abbeville
(*B.* Extr. Fl) ; Mareuil, Port (P. Fl).

2. **T. Botrys** L. *Sp* ; Coss. et Germ. *Fl.* 417; B. *Extr. Fl.*
P. *Fl.;* Dub. *Bot.;* Gren. et Godr. *Fl.:* Rchb. *Ic.* 18, t. 1239, f. 1.

④. Juillet-octobre.

A. C. — Champs secs et pierreux, coteaux calcaires. — Inval
près Huchenneville; Limeux; Bouillancourt-en-Sery; Hocquincourt; Liercourt; Pont-Remy; Franqueville; Picquigny; Wailly;
Jumel; Aveluy; Saint-Pierre à Gouy (*T. C.*); Cagny (*Picard* Not.
manuscr.); Boves, Allonville, Querrieux (*P. Fl.*); Mareuil (*B.
Extr. Fl*).

3. **T. Scordium** L. *Sp.*; Coss. et Germ. *Fl.* 417; P. *Fl.*; Dub.
Bot.; Gren. et Godr. *Fl.*; Rchb. *Ic.* 18, t. 1239, f. 2..

♃. Juillet-octobre.

Lieux marécageux, prairies humides. — Assez commun dans les
marais des dunes de Saint-Quentin-en-Tourmont. — Indiqué entre
Belloy-sur-Somme et Le Gard (*P. Fl.*).

4. **T. Chamædrys** L. *Sp.;* Coss. et Germ. *Fl.* 417; B. *Extr.
Fl.;* P. *Fl.;* Dub. *Bot.;* Gren. et Godr. *Fl.*; Rchb. *Ic* 18, t. 1239, f. 4.

♃. Juillet-septembre.

A. R. — Lieux pierreux, coteaux calcaires, lisières des bois. —
Caux; Boves; La Faloise; Bezencourt près Tronchoy; Oissy,
Picquigny, Bovelles (*Rom.*); Montdidier (*Abbé Dufourny*); Notre-
Dame de Grâce, Dury, Fortmanoir (*P. Fl.*).

5. **T. montanum** L. *Sp.*; Coss. et Germ. *Fl.* 418; B. *Extr.
Fl.;* P. *Fl.;* Dub. *Bot.;* Gren. et Godr. *Fl.;* Rchb. *Ic.* 18, t. 1238, f. 1-3.

♃. Juin-août.

R R. — Coteaux secs et calcaires — Bouillancourt - en - Sery;
Jumel. — Indiqué au Bois-Robin près Aumale [Seine-Inférieure]
(*B. Extr. Fl.; P. Fl.*).

LXIX. VERBENACEÆ Juss. in *Ann. Mus.*

1. VERBENA Tourn. *Inst.*

1. **V. officinalis** L. *Sp.;* Coss. et Germ. *Fl.* 419; B. *Extr. Fl.;*
P. *Fl.;* Dub. *Bot.;* Gren. et Godr. *Fl.;* Rchb. *Ic.* 18, t. 1292, f. 2.

② ou ♃. Juin-octobre.

C C. — Lieux incultes, décombres, villages, bords des chemins.

LXX. LENTIBULARIEÆ Rich in Poit. et Turp. *Fl. Par.*

1. PINGUICULA Tourn. *Inst.*

1. **P. vulgaris** L. *Sp.;* Coss. et Germ. *Fl.* 374; B. *Extr. Fl.;* P. *Fl.;* Dub. *Bot.;* Gren. et Godr. *Fl.;* Rchb. *Ic.* 20, t. 1819, f. 1-3.

♃. Mai-juin.

R.— Marais tourbeux. — Épagnette près Abbeville; Épagne; Bray-lès-Mareuil; Mareuil; Boves, Cagny, marais Saint-Gilles à Abbeville (*P. Fl.*).

2. UTRICULARIA L. *Gen.*

1. **U. vulgaris** L. *Sp.;* Coss. et Germ. *Fl.* 375 excl. var β.; Coss. et Germ. *Illustr.;* B. *Extr. Fl.;* P. *Fl.;* Dub. *Bot ;* Gren. et Godr. *Fl.;* Rchb. *Ic.* 20, t. 1822.—(Vulg. *Utriculaire*).

♃. Juin-août.

A. C.— Mares et fossés des prés tourbeux.— Marais autour d'Abbeville; Mareuil; Bray-lès-Mareuil; Villers-sur-Authie; Vercourt; Rue; Bray-sur-Somme; Suzanne; Cambron (*T. C.*); Glisy, Renancourt, Fortmanoir, Cagny (*P. Fl.*); Sur-Somme près Abbeville (*B. Extr. Fl.*).

L'*U. minor* (L. *Sp.;* Coss. et Germ. *Fl.* 376 et *Illustr ;* B. *Extr. Fl ;* P. *Fl.;* Dub. *Bot.;* Gren. et Godr. *Fl.;* Rchb. *Ic.* 20, t. 1826, f. 1) a été signalé d'une manière vague dans les mêmes lieux que l'*U. vulgaris* L. (*P. Fl.*). Nous ne l'avons rencontré qu'en dehors de nos limites dans les landes de Beaumont près Eu [Seine-Inférieure].

LXXI. PRIMULACEÆ Vent. *Tabl.*

1. PRIMULA L *Gen.*

1. **P. officinalis** Jacq. *Misc.;* Coss. et Germ. *Fl.* 291; B. *Extr. Fl.;* Dub. *Bot.;* Gren. et Godr. *Fl.*—*P. veris* var. *officinalis* L. *Sp.;* P. *Fl.*—(Vulg. *Primevère, Coucou*).

♃. Avril-juin.

C C.— Prés, bois, pâtures.

2. **P. elatior** Jacq. *Misc.;* Coss. et Germ. *Fl.* 292; B. *Extr. Fl.;* P. *Fl.;* Dub. *Bot.;* Gren. et Godr. *Fl.*—*P. veris* var. *elatior* L. *Sp.*

♃. Avril-juin.

CC.—Clairières des bois, prairies.

3. **P. grandiflora** Lmk. *Fl. Fr.;* Coss. et Germ. *Fl.* 292; P. *Fl.;* Dub. *Bot.;* Gren. et Godr. *Fl.*—*P. acaulis* Jacq. *Misc.;* B. *Extr. Fl.*—*P. veris* var. *acaulis* L. *Sp.*—*P. sylvestris* Scop. *Carn.*

♃. Avril-juin.

R.—Bois couverts.—Bois de La Motte à Cambron; bois du Val près Laviers; bois de Blingues près Mers; Ailly, Bertangles, Querrieux (*P. Fl.*).

Les *P. grandiflora, elatior* et *officinalis* donnent naissance à des formes intermédiaires très remarquables que nous regardons comme des hybrides. Nous avons cru distinguer parmi ces formes le *P. variabilis* (Goupil in *Ann. Soc. Linn.* Paris, 1825, p. 294); mais comme la valeur de cette espèce ne nous semble pas suffisamment établie (1), nous nous contentons de constater la réunion de nos trois *Primula* dans le bois de La Motte, commune de Cambron près Abbeville, et, au milieu d'eux, la présence de formes intermédiaires entre les *P. grandiflora* et *officinalis* et entre les *P. grandiflora* et *elatior*. Nous avons aussi observé une forme intermédiaire entre les *P. officinalis* et *elatior* dans un bosquet aux Alleux près Béhen, où ces deux espèces croissent seules.

2. HOTTONIA L. *Gen.*

1. **H. palustris** L. *Sp.;* Coss. et Germ. *Fl.* 293; B. *Extr. Fl.;* P. *Fl.;* Dub. *Bot.;* Gren. et Godr. *Fl.*

♃. Mai-juin.

R. — Marais inondés, fossés. — Mareuil; Noyelles-sur-Mer; Saint-Quentin-en-Tourmont; Rue; Vercourt; Villers-sur-Authie; Favières (*T. C.*); Quend (*Baill* Herb.).

---

(1) Voir *Bull. Soc. bot. Fr.* t, 7, p. 253, 306, 872; t. 8, p. 7, 235, 299, 438; t. 9, p. 235, 438; t. 10, p. 178, 565; t. 11, p. 87.

3. LYSIMACHIA L. *Gen.* ex parte.

1. **L. vulgaris** L. *Sp.;* Coss. et Germ. *Fl.* 293; B. *Extr. Fl.;* P. *Fl.;* Dub. *Bot.;* Gren. et Godr. *Fl.*

♃. Juin-août.

C.— Marais, bords des eaux.— Mareuil ; Caubert près Abbeville ; marais Saint-Gilles à Abbeville ; Drucat ; Cambron ; Saint-Quentin-en-Tourmont ; Suzanne ; Glisy, Longpré, Fortmanoir (P. Fl.).

2. **L. Nummularia** L. *Sp.;* Coss. et Germ. *Fl.* 293; B. *Extr. Fl.;* P. *Fl.;* Dub. *Bot.;* Gren. et Godr. *Fl.*

♃. Juin-août.

A.C. — Bois humides , prairies. — Drucat ; Huchenneville ; Abbeville (*T.C.*) ; Saint-Riquier (B. Extr. Fl.) ; Gouy, Rivery, Camon, Longpré, Cagny, Allonville (P. Fl.).

3. **L. nemorum** L. *Sp.;* Coss. et Germ. *Fl.* 294; B. *Extr. Fl.;* P. *Fl.;* Dub. *Bot.;* Gren. et Godr. *Fl.*

♃. Juin-août.

A. R.— Forêts, bois couverts.— Crécy ; Ligescourt; Dompierre; Lucheux ; Argoules (*de Beaupré*).

On rencontrait, il n'y a pas encore très longtemps, dans les fossés des fortifications d'Abbeville vers la porte d'Hocquet, le *L. thyrsiflora* (L *Sp.* 209 ; B. *Extr. Fl.* 16; Dub. *Bot.* 380 ; Gren. et Godr. *Fl.* 2, 463 ; Rchb. *Ic.* 17, t. 1085, f. 2) qui se reconnaît, entre autres caractères, à ses feuilles lancéolées linéaires et à ses fleurs disposées en grappes axillaires denses, pédonculées, dépassées par les feuilles florales. Les herbiers des botanistes abbevillois (*B.; T.C.; Baill.; Poulain*) en renferment des échantillons recueillis dans la localité que nous venons de citer. Cette plante a disparu par suite des travaux faits aux fortifications.

4. SAMOLUS Tourn. *Inst.*

1. **S. Valerandi** L. *Sp.;* Coss. et Germ. *Fl.* 294; B. *Extr. Fl.;* P. *Fl.;* Dub. *Bot ;* Gren. et Godr. *Fl.*

♃. Juin-août.

A. R. — Marais, bords des eaux. — Abbeville; Laviers; Saint-Quentin-en-Tourmont; Fort-Mahon près Quend; Mers; Saint-Maurice près Amiens, Longpré, Camon, Épagne (*P. Fl.*).

5. GLAUX L. *Gen.* n. 291.

Calice campanulé, 5-fide, coloré. Corolle nulle. Étamines 5, insérées au fond du calice. Capsule uniloculaire à 5 valves.

1. **G. maritima** L. *Sp.* 301; B. *Extr. Fl.* 18; P. *Fl.* 134; Dub. *Bot.* 385; Gren. et Godr. *Fl.* 2, 462; Brébiss. *Fl. Norm.* 208; Lloyd *Fl. Ouest* 371; Rchb. *Ic.* 17, t. 1127, f. 1-3; Puel et Maille *Fl. loc. exsicc.* n. 165; Billot *Exsicc.* n. 167.

Plante glabre, glauque. Souche rampante, à fibres épaisses, allongées. Tiges de **3-12** centim., rameuses, ord. couchées. Feuilles sessiles, opposées, ovales lancéolées, un peu épaisses, rapprochées, ord. plus longues que les entrenœuds. Fleurs d'un blanc rosé, axillaires, solitaires, sessiles, disposées en grappes feuillées. Capsule ovoïde. Graines 3-5, trigones. ♃. Mai-juillet.

C. — Prés salés, pelouses maritimes. — Menchecourt près Abbeville; Laviers; Noyelles-sur-Mer; Le Crotoy; Saint-Quentin-en-Tourmont; Fort-Mahon près Quend; Cayeux; Cambron, Saigneville, Rue, Saint-Valery (*P. Fl.*).

6. CENTUNCULUS L. *Gen.*

1. **C. minimus** L. *Sp.;* Coss. et Germ. *Fl.* 295; Dub. *Bot.;* Gren. et Godr. *Fl.*

④. Juillet-septembre.

R. — Champs argileux, bois couverts. — Les Croisettes près Béhen; Béhen; Ercourt; bois du Brusle près Huchenneville; bois de Belloy près Huppy; Estrées-lès-Crécy; Yvrench.

7. ANAGALLIS Tourn. *Inst.*

1. **A. arvensis** L. *Sp.;* Coss. et Germ. *Fl.* 295; Dub. *Bot.;* Gren. et Godr. *Fl.* — (Vulg. *Mouron des champs*).

④. Juin-octobre.

Lieux cultivés, champs en friche.

Var. α. *phœnicea* (Coss. et Germ. *Fl.* 296; Gren. et Godr. *Fl.*
—*A. phœnicea* Lmk. *Fl. Fr.;* P. *Fl.*—*A. arvensis* B. *Extr. Fl.*).
—*C C.*

Var. β. *cœrulea* (Coss. et Germ. *Fl.* 296; Gren. et Godr. *Fl.*—
A. cœrulea Lmk. *Fl. Fr.;* B. *Extr. Fl.*; P. *Fl.*).—*A. R.*— Mareuil;
Limeux; Jumel; Gouy (*T. C.*).

2. **A. tenella** L. *Mant.;* Coss. et Germ. *Fl.* 296; B. *Extr. Fl.;*
P. *Fl.;* Dub. *Bot.;* Gren. et Godr. *Fl.*

♃. Juin-août.

A. R.—Marais tourbeux, prairies humides.— Saint-Quentin-
en-Tourmont; Quend; Fort-Mahon; Mareuil; Abbeville; Cambron
(*Baill.* Herb.); Laviers, Épagne (P. Fl.).

LXXII. GLOBULARIEÆ DC. *Fl. Fr.*

1. GLOBULARIA L. *Gen.*

1. **G. vulgaris** L. *Sp.;* Coss. et Germ. *Fl.* 420; B. *Extr. Fl.;*
P. *Fl.;* Dub. *Bot.;* Gren. et Godr. *Fl.;* Rchb. *Ic.* 20, t. 1817.

♃. Mai-juin.

R. — Coteaux calcaires boisés, pelouses arides. — Bernapré;
Wailly; Bezencourt près Tronchoy; Oissy (*Rom.*); Notre-Dame
de Grâce, Ailly, Cagny, Boves, Jumel (P. Fl.).

LXXIII. PLUMBAGINEÆ Endl. *Gen.*

1. ARMERIA Willd. *Hort. Berol.*

1. **A. maritima** Willd. *Hort. Berol.* 1, 333; Gren. et Godr.
Fl. 2, 733; Brébiss. *Fl. Norm.* 211; Coss. et Germ. Not. in *Fl.* 297;
Rchb. *Ic.* 17, t. 1548, f. 1; Puel et Maille *Fl. loc. exsicc.* n. 236; Billot
Exsicc. n. 2521.— *Statice Armeria* Sm. *Brit.* 341; B. *Extr. Fl* 23;
Lloyd *Fl. Ouest* 372.— *Statice Armeria* var. *pubescens* P. *Fl.* 317;
Dub. *Bot.* 389.—(Vulg. *Gazon d'Olympe*).

Souche cespiteuse terminée en racine pivotante. Feuilles toutes
radicales, nombreuses, formant un gazon compacte, linéaires,

14

obtuses, uninerviées, glabres ou ciliées à la base. Pédoncules radicaux de 5-20 centim., pubescents. Fleurs d'un rose lilas en capitule hémisphérique. Involucre à folioles extérieures obtuses ou terminées en pointe obtuse; les intérieures largement scarieuses, mutiques. Calice à tube très velu égalant le pédicelle, muni de côtes aussi larges que les sillons, à 5 divisions ovales mucronées. ⁊. Mai-septembre.

C.— Prés salés, pelouses maritimes.— Menchecourt près Abbeville; Laviers; Port; Noyelles-sur-Mer; Le Crotoy; Saint-Quentin-en-Tourmont; Fort-Mahon près Quend ; Ault; Cayeux (*T. C.*); Saint-Valery, Saigneville (*P. Fl.*).

2. STATICE Willd. *Hort. Berol.* 333.

Calice infundibuliforme, membraneux, à 5 angles. Corolle à 5 pétales libres, plus rarement soudés à la base. Étamines 5, insérées sur les onglets des pétales ou à la base de la corolle. Styles 5, glabres. Fruit monosperme, indéhiscent, renfermé dans le calice. Tige rameuse. Feuilles radicales en rosette. Fleurs disposées en épis unilatéraux. Épillets munis de bractées.

1. **S. Limonium** L. *Sp.* 394; B. *Extr. Fl.* 23; *P. Fl.* 317; Dub. *Bot.* 388; Gren. et Godr. *Fl.* 2, 739; Brébiss. *Fl. Norm.* 209; Lloyd *Fl. Ouest* 373; *Fl. Dan.* t. 315; Billot *Exsicc.* n. 1052.— *S. Behen* Drej. *Fl. hafn.* 422; Rchb. *Ic.* 17, t. 1140, f. 1.

Souche épaisse. Tiges de 2-5 décim., raides, nues, striées, rameuses dans leur moitié supérieure. Feuilles glabres, ovales oblongues, longuement atténuées en pétiole, munies d'une seule nervure rameuse, obtuses ou un peu aiguës, terminées par une petite pointe subulée naissant quelquefois un peu au-dessous du sommet. Fleurs bleuâtres en panicule corymbiforme. Rameaux de la panicule arqués en dehors, garnis d'épillets nombreux uniflores, rarement biflores. Bractée intérieure beaucoup plus grande que les extérieures. Calice velu, à divisions ovales aiguës. ⁊. Juillet-septembre.

R R.— Prés salés, endroits marécageux dans la région maritime. — Laviers; Noyelles-sur-Mer; Saint-Valery (*B. Extr. Fl.; P. Fl.*).

Le *S. minuta* (L. *Mant.* 59 ; Dub. *Bot.* 388 ; Gren. et Godr. *Fl.* 2, 745) a été indiqué par erreur au Crotoy (*P.* Fl.). On a sans doute pris pour cette espèce méditerranéenne une forme rabougrie du *S. Limonium* L.

LXXIV. PLANTAGINEÆ Juss. *Gen.*

1. LITTORELLA L. *Gen.*

1. **L. lacustris** L. *Mant.*; Coss. et Germ. *Fl.* 299 ; P. *Fl.*; Dub. *Bot.*; Gren. et Godr. *Fl.*

♃. Juin-septembre.

Marais sablonneux.— Commun dans les marais des dunes : Le Crotoy ; Saint-Quentin-en-Tourmont ; Quend (*P.* Fl.).

2. PLANTAGO L. *Gen.*

1. **P. major** L. *Sp.*; Coss. et Germ. *Fl.* 300 ; B. *Extr.* *Fl.*; P. *Fl.*; Dub. *Bot.*; Gren. et Godr. *Fl.*— (Vulg. *Plantain des oiseaux*).

♃. Mai-octobre.

C C.— Prairies, pâturages, villages, bords des chemins.

S.-v. *minima* (Coss. et Germ. *Fl.* 300.— *P. intermedia* Gilib. *Pl. Europ.*).— *A. R.*— Champs humides, allées des bois.

2. **P. media** L. *Sp.*; Coss. et Germ. *Fl.* 300 ; B. *Extr.* *Fl.*; P. *Fl.*; Dub. *Bot.*; Gren. et Godr. *Fl.*

♃. Juin-août.

C C.— Bords des chemins, pelouses sèches, prairies.

3. **P. lanceolata** L. *Sp.*; Coss. et Germ. *Fl.* 300 ; B. *Extr.* *Fl.*; P. *Fl.*; Dub. *Bot.*; Gren. et Godr. *Fl.*

♃. Mai-octobre.

C C.— Pâturages, prairies, bords des chemins et des moissons.

Les *P. major* et *lanceolata* sont sujets à des monstruosités dont plusieurs auteurs ont fait mention : bractées foliacées (*P. major* var. *foliosa* et *P. lanceolata* var. *foliosa* P. *Fl.* 320 et 321.— *P. phyllostachya* Mert. et Koch *Deutsch. Fl.* 1, 801 ; Kirschleg. *Fl. Als.* 559 et 560) ; épi bifide ou rameux (*P. major* var. *polystachia*

et *P. lanceolata* var. *digitata* P. *Fl.* 320 et 321.— *P. polystachia*
Mert. et Koch loc. cit.; Kirschleg. loc. cit.); épi surmonté d'un
bouquet de feuilles (*P. comosa* Kirschleg. loc. cit.).

4. **P. maritima** L. *Sp.* 165; B. *Extr. Fl.* 13; Gren. et Godr.
Fl. 2, 723; Brébiss. *Fl. Norm.* 212; Lloyd *Fl. Ouest* 376; Rchb. *Ic.*
17, t. 1132, f. 1.

Souche épaisse. Feuilles toutes radicales, charnues, lancéolées
linéaires planes ou linéaires étroites semi-cylindriques, à 3 nervures équidistantes. Pédoncules radicaux de 1-4 décim., ascendants, cylindriques, pubescents, à poils appliqués. Fleurs
blanchâtres en épis linéaires. Bractées d'un vert noirâtre, ord.
obtuses, concaves, étroitement scarieuses aux bords, égalant
presque le calice. Calice à divisions latérales obtuses, largement
scarieuses, carénées, ciliées au sommet. Corolle à tube pubescent,
à lobes lancéolés aigus. Capsule oblongue, biloculaire, à loges
monospermes. Graines ovoïdes oblongues. ♃. Juillet-septembre.

C.— Prés salés, bords des fossés baignés par la marée.

Var. α. *graminea* (Brébiss. *Fl. Norm.* 212.— *P. graminea* Lmk.
Illustr. n. 1685; P. *Fl.* 321; Dub. *Bot.* 391).— Feuilles lancéolées
linéaires, planes, ord. lâchement dentées, glabres ou munies à la
base de poils laineux.

Var. β. *Wulfenii.* (*P. Wulfenii* Willd. *Hort. Berol.* 1, 161;
Gren. et Godr. Not. in *Fl.* 2, 723.— *P. maritima* P. *Fl.* 321;
Dub. *Bot.* 391).— Plante plus petite. Feuilles linéaires étroites,
entières, charnues, souvent semi-cylindriques.

5. **P. Coronopus** L. *Sp.*; Coss et Germ. *Fl.* 301; B. *Extr.*
Fl.; P. *Fl.*; Dub. *Bot.*; Gren. et Godr. *Fl.*

① ou ②. Juin-août.

C.—Terrains sablonneux, prés salés, pelouses maritimes.—
Menchecourt près Abbeville; Laviers; Noyelles-sur-Mer; Saint-
Quentin-en-Tourmont; Cambron (*T. C.*); Saigneville, Saint-
Valery (*P. Fl.*).

Le *P. arenaria* (Waldst et Kit. *Rar. Hung.*; Coss. et Germ. *Fl.*
299; Gren. et Godr. *Fl.*) a été trouvé dans un champ de Luzerne
à Bovelles (*Rom.*), où sa présence était sans doute accidentelle.

LXXV. AMARANTACEÆ R. Br. *Prod. Nov. Holl.*

1. AMARANTUS L. *Gen.* ex parte.

1. **A. Blitum** L. *Sp.* non auct. plurim.; Coss. et Germ. *Fl.*
549; B. *Extr. Fl.*— *A. sylvestris* Desf. *Cat. hort. Par.;* P. *Fl.*; Dub.
Bot.; Gren. et Godr. *Fl.*

ⓛ. Juillet-septembre.

R R. — Lieux cultivés, décombres.— Amiens (P. Fl.); Abbeville
(B. Extr. Fl.).

2. EUXOLUS Rafin *Fl. Tell.*

1. **E. viridis** Moq.-Tand. in DC. *Prodr.*; Coss. et Germ *Fl.*
550 —*Amarantus Blitum* auct. plurim. non L.; P. *Fl.*; Dub. *Bot.;*
Gren. et Godr. *Fl.*— *Albersia Blitum* Kunth *Fl. Berol.*

ⓛ. Juillet-septembre.

R.— Lieux cultivés, décombres, pied des murs.— Abbeville;
Amiens (*Rom.*).

LXXVI. SALSOLACEÆ Moq.-Tand. in DC. *Prodr.*

1. BETA Tourn. *Inst.*

1. **B. vulgaris** Moq.-Tand. in DC. *Prodr.* 13, 55.—*B. maritima*
et *B. vulgaris* L. *Sp.* 322; P. *Fl.* 338; Dub. *Bot.* 399; Gren. et Godr.
Fl. 3, 16.

Juillet-septembre.

Var. α. *maritima* (Moq.-Tand. loc. cit.; Brébiss. *Fl. Norm.*
214.— *B. maritima* L. *Sp.* 322; B. *Extr. Fl.* 19; P. *Fl.* 338; Dub.
Bot. 399; Gren. et Godr. *Fl.* 3, 16; Lloyd *Fl. Ouest* 385).—
Racine grêle. Tiges de 3-8 décim., couchées étalées, grêles, per-
sistantes à la base et reproduisant l'année suivante de nouveaux
rameaux Feuilles charnues, ondulées, vertes ou rougeâtres; les
inférieures ovales rhomboïdales, décurrentes sur le pétiole; les
supérieures lancéolées. Fleurs verdâtres ou rougeâtres, 2-3 par
glomérule, disposées en longs épis nus et feuillés. ② ou ♃.—

Bords de la mer, sables et galets maritimes.— *R R.*— Le Crotoy ;
Mers (Poulain Herb.) ; Saint-Valery, Le Hourdel près Cayeux
(*P. Fl.*).— Se trouve aussi à Criel [Seine-Inférieure].— Cette
plante est généralement regardée comme le type des Betteraves
cultivées.

Var. β. *Cicla* (Moq.-Tand. in D C. *Prodr.*— *B. vulgaris* var.
Cicla Coss. et Germ. *Fl.* 560 ; P. *Fl.* ; Gren. et Godr. *Fl.*— *B.
Cicla* L. *Syst.* ed. Murr. ; B. *Extr. Fl.*— Vulg. *Belte - Carde,
Poirée*).— ① ou ②.— Cultivé dans quelques potagers.

Var. γ. *rapacea*. (*B. vulgaris* var. *rapacea* Coss. et Germ. *Fl.*
560.— *B. vulgaris* P. *Fl.*— Vulg. *Betterave*).— ① ou ②.— Cultivé .
en grand et présentant plusieurs variétés.

2. CHENOPODIUM L. *Gen*. ex parte ;
Moq.-Tand. in D C. *Prodr.*

1. **C. polyspermum** L. *Sp.* ; Coss. et Germ. *Fl.* 553 ; B.
Extr. Fl. ; P. *Fl.* ; Dub. *Bot.* ; Gren. et Godr. *Fl.*

①. Août-octobre.

C C.— Lieux cultivés, voisinage des habitations.

Var. α. *spicatum* (Moq.-Tand. in D C. *Prodr.* ; Coss et Germ.
Fl. 553 ; Gren. et Godr. *Fl.*).

Var. β. *cymosum* (Coss. et Germ. *Fl.* 554 ; P. *Fl.* ; Gren. et
Godr. *Fl.* – *C. cymosum* Chevall. *Fl.* Par.).

2 **C. Vulvaria** L. *Sp.* ; Coss. et Germ. *Fl.* 554 ; B. *Extr. Fl.* ;
P. *Fl.* ; Dub. *Bot.* ; Gren. et Godr. *Fl.*

①. Juillet-octobre.

R.— Décombres, bords des chemins, pied des murs.— Abbeville (*B.* Herb. ; *Baill.* Herb.) ; Amiens (*Rom.*).

3. **C. album** Moq.-Tand in D C. *Prodr.* ; Coss. et Germ. *Fl.*
554 ; Gren. et Godr. *Fl.*—*C. leiospermum* D C. *Fl. Fr.* ; Dub. *Bot.*

①. Juillet-octobre.

C C.— Lieux cultivés, villages, décombres, bords des chemins.

Var. α. *album* (Coss. et Germ. *Fl.* 554. — *C. album* var.
commune Moq.-Tand. in D C. *Prodr.* ; Gren. et Godr. *Fl.*—*C.
album* L. *Sp.* ; B. *Extr. Fl.* ; P. *Fl.*).

S.-v. *microphyllum* (Coss. et Germ. *Fl.* 554).

Var. β. *viridescens* (Moq.-Tand. in D C. *Prodr.*; Coss. et Germ. *Fl.* 554).

Var. γ. *viride* (Moq.-Tand. in D C. *Prodr.*; Coss. et Germ. *Fl.* 554.— *C. album* var. *viride* et var. *lanceolatum* Gren. et Godr. *Fl.* — *C. viride* L. *Sp.*; B. *Extr. Fl.*; P. *Fl.*— *C. concatenatum* Thuill. *Fl. Par.*).

4. **C. murale** L. *Sp.*; Coss. et Germ. *Fl.* 555; B. *Extr. Fl.*; P. *Fl.*; Dub. *Bot.*; Gren. et Godr. *Fl.*

④. Juillet-octobre.

A. C.— Décombres, rues des villages, bords des chemins.— Abbeville; Saint-Valery; Cayeux; Le Hourdel; Mers; Petit-Laviers et Rouvroy près Abbeville (*B.* Extr. Fl.).

5. **C. hybridum** L. *Sp.*; Coss. et Germ. *Fl.* 556; B. *Extr. Fl.*; P. *Fl.*; Dub. *Bot.*; Gren. et Godr. *Fl.*— *C. stramoniifolium* Chevall. *Fl. Par.*

①. Juillet-octobre.

A. R.— Lieux cultivés, décombres.— Drucat; Abbeville; Saint-Maurice près Amiens (*Rom.*); Amiens (P. Fl.).

3. BLITUM Tourn. *Inst.* emend.; Moq.-Tand. in D C. *Prodr.*

1. **B. rubrum** Rchb. *Fl. excurs.*; Coss. et Germ. *Fl.* 557; Moq.-Tand. in D C. *Prodr.*— *Chenopodium rubrum* L. *Sp.*; B. *Extr. Fl.*; P. *Fl.*; Dub. *Bot.*; Gren. et Godr. *Fl.*

④. Juillet-octobre.

Lieux humides, terrains remués, décombres.

Var. α. *rubrum* (Coss. et Germ. *Fl.* 557.— *B. rubrum* var. *commune* Moq.-Tand. in D C. *Prodr.*).— *C C.*

Var. β. *crassifolium* (Moq.-Tand. in D C. *Prodr.*; Coss. et Germ. *Fl.* 557.— *Chenopodium patulum* Mérat *Fl. Par.*— *Chenopodium rubrum* var. *patulum* P. *Fl.*).— *A. R.*— Marais des dunes de Saint-Quentin-en-Tourmont et de Quend.

2. **B. virgatum** L. *Sp.*; Coss. et Germ. *Fl.* 558; B. *Extr. Fl.*; P. *Fl.*; Dub. *Bot.*; Gren. et Godr. *Fl.*

④. Juillet-septembre.

R.— Subspontané.— Décombres, voisinage des habitations.— Entre Camon et Rivery (*P.* Fl.); remparts d'Abbeville (*B.* Not. manuscr.).

3. **B. Bonus-Henricus** Rchb. *Fl. excurs.*; Coss. et Germ. *Fl.* 558; Moq.-Tand. in D C. *Prodr.*—*Chenopodium Bonus-Henricus* L. *Sp.*; B. *Extr. Fl.*; P. *Fl.*; Dub. *Bot.*; Gren. et Godr. *Fl.*

♃. Juillet-octobre.

A. R.— Rues des villages, pied des murs.— Drucat; Inval près Huchenneville; La Faloise; Mautort près Abbeville (*H. Sueur*); Le Mesge, Pissy, Montonvillers, Saint-Maurice près Amiens (*Rom.*); Abbeville (*Baill.* Herb.); Valines (*Poulain* Herb.); Cagny, Allonville, Dury (*P.* Fl.).

4. ATRIPLEX Tourn. *Inst.*

1. **A. hortensis** L. *Sp.*; Coss. et Germ. *Fl.* 559; B. *Extr. Fl.*; P. *Fl.*; Dub. *Bot.*; Gren. et Godr. *Fl.*— (Vulg. *Arroche, Bonne-Dame*).

①. Juillet-septembre.

Cultivé dans les potagers.— Quelquefois subspontané dans le voisinage des habitations.

S.-v. rubra (Coss. et Germ. *Fl.* 559.— *A. hortensis* var. *rubra* L. *Sp.*; Moq.-Tand. in D C. *Prodr*).

2. **A. crassifolia** C. A. Mey. in Ledeb. *Fl. Alt.* 4, 309; Moq.-Tand. in D C. *Prodr.* 13, 93; Gren. et Godr. *Fl.* 3, 10.— *A. rosea* P. *Fl.* 341; Brébiss. *Fl. Norm.* 218; Lloyd *Fl. Ouest* 387.

Tiges de 3-5 décim, couchées ascendantes, rameuses, anguleuses, rougeâtres dans leur partie inférieure. Feuilles alternes, épaisses, glauques, farineuses argentées sur les deux faces, ovales rhomboïdales, sinuées dentées subtrilobées. Fleurs en grappes feuillées allongées interrompues. Valves fructifères soudées dans leur moitié inférieure, épaisses, cartilagineuses, blanchâtres, triangulaires rhomboïdales, trilobées, hastées, dentées ou entières, lisses ou muriquées. Graines ovoïdes comprimées. ①. Août-septembre.

R.—Sables maritimes.— Le Crotoy; Saint-Valery (*T.C.*).

3. **A. hastata** L. *Sp.* 1494; Moq.-Tand. in DC. *Prodr.* 13, 94; Gren. et Godr. *Fl.* 3, 12.— *A. patula* Sm. *Fl. Brit.* 3, 1091.— *A. patula* et *A. hastata* P. *Fl.* 342; Dub. *Bot.* 398.— *A. patula* var. *hastata* Coss. et Germ. *Fl.* 559.— *A. latifolia* Wahlenb. *Fl. Suec.* 2, 660.

Tige de 2-8 décim., dressée ou étalée, rameuse. Feuilles vertes ou blanchâtres, minces ou épaisses, glabres ou farineuses, alternes, plus rarement opposées, ord. triangulaires hastées. Fleurs en grappes latérales et terminales. Valves fructifères triangulaires ou ovales rhomboïdales, dentées ou entières, lisses ou muriquées. ①. Juillet-octobre.

Var. α. *deltoides* (Moq.-Tand. in DC. *Prodr.* 13, 94. — *A. hastata* var. *genuina* Gren. et Godr. *Fl.* 3, 12.— *A. patula* var. *latifolia* Brébiss. *Fl. Norm.* 217). - Tige ord. élevée, dressée ou ascendante, rameuse à rameaux dressés. Feuilles inférieures et moyennes grandes, minces, vertes sur les deux faces, rarement un peu farineuses, triangulaires hastées, entières ou profondément sinuées dentées, alternes ou opposées. Valves fructifères ord. lisses, entières.— *C C.*—Lieux incultes, fossés, décombres, voisinage des habitations.

Var. β. *salina*. (*A. latifolia* var. *salina* Koch *Syn.* 702).— Tige ord. couchée, à rameaux étalés. Feuilles moins grandes que dans la var. α, alternes, rarement opposées, épaisses, d'un vert pâle, souvent blanchâtres farineuses surtout en dessous. Valves fructifères ord. dentées, muriquées.— *C C.*— Prés salés, digues et fossés dans la région maritime.

Var. γ. *prostrata*. (*A. prostrata* B. *Extr. Fl.* 76 ; P. *Fl.* 342 ; DC. *Fl. Fr.* 3, 387 ; Dub. *Bot.* 398 ; Puel et Maille *Fl. loc. exsicc.* n. 181 ; Billot *Exsicc.* n. 2524. — *A. patula* var. *prostrata* Brébiss. *Fl. Norm.* 217).—Tige grêle, couchée, à rameaux étalés. Feuilles petites, alternes, épaisses, ord. hastées, d'un vert pâle ou blanchâtres farineuses surtout en dessous. Valves fructifères lisses, denticulées sur les bords.— *C C.*— Prés salés, digues et fossés dans la région maritime.

Var. δ. *microsperma* (Moq.-Tand. in DC. *Prodr.* 13, 95 ; Gren. et Godr. *Fl.* 3, 12. — *A. microsperma* W. et K. *Pl. rar. Hung.*

250. — *A. latifolia* var. *microcarpa* Koch *Syn.* 702). — Tige dressée. Valves fructifères lisses, convexes, entières, dépassant à peine les graines. Graines très petites.— *A. R.*— Lieux cultivés. —Mautort, Petit-Laviers et Sur-Somme près Abbeville.

4. **A. patula** L. *Sp.* 1494; Moq.-Tand. in DC. *Prodr.* 13, 95; Gren. et Godr. *Fl.* 3, 13.— *A. patula* var. *patula* Coss. et Germ. *Fl.* 559.— *A. angustifolia* Sm. *Fl. Brit.* 4, 258; P. *Fl.* 342; Dub. *Bot.* 398.

Tige de 2-8 décim., très rameuse, ord. couchée, à rameaux étalés. Feuilles vertes, glabres, rarement farineuses, lancéolées ou linéaires, ord. atténuées à la base; les inférieures seules quelquefois hastées, entières ou un peu dentées; les moyennes lancéolées entières; les supérieures linéaires. Valves fructifères rhomboïdales hastées, entières ou denticulées, lisses ou muriquées. ⊕. Juillet-octobre.

C C.—Lieux incultes, champs après la moisson, bords des chemins.

Var. β *microcarpa* (Koch *Syn.* 702; Moq.-Tand. in DC. *Prodr.* 13, 95) —Valves fructifères entières, convexes, dépassant à peine les graines. Graines très petites.

5. **A. littoralis** L. *Sp.* 1494; B. *Extr. Fl.* 76; P. *Fl.* 340; Dub. *Bot.* 398; Gren. et Godr. *Fl.* 3, 13; Brébiss. *Fl. Norm.* 218; Lloyd *Fl. Ouest* 366; Billot *Exsicc.* n. 353.

Tige de 3-8 décim., dressée, très rameuse à rameaux ord. dressés. Feuilles vertes, rétrécies en pétiole; les inférieures lancéolées linéaires, entières ou sinuées dentées; les supérieures linéaires étroites aiguës. Fleurs disposées en longs épis grêles au sommet de la tige et des rameaux. Valves fructifères ovales rhomboïdales, dentées, ord. muriquées. ⊕. Juillet-septembre.

R R. — Galets et sables maritimes.—Château-Neuf près Quend (*Baill.* Herb); Ault (*P. Fl.*).

5. OBIONE Gærtn. *Fruct.* 2, 198.

Fleurs monoïques ou dioïques. Fleurs mâles: sépales 4-5, soudés à la base; étamines 4-5, insérées sur le réceptacle. Fleurs femelles : périgone à deux valves trilobées, conniventes, plus ou moins soudées, renflées, durcies et subéreuses à la maturité : styles 2, filiformes. Fruit comprimé. Graine verticale, à testa membraneux. Embryon annulaire. Radicule supère saillante.

1. **O. Portulacoïdes** Moq.-Tand. in DC. *Prodr.* 13, 112; Gren. et Godr. *Fl.* 3, 14; Brébiss. *Fl. Norm.* 218; Billot *Exsicc.* n. 1058. — *Atriplex Portulacoïdes* L. *Sp.* 1493; B. *Extr. Fl.* 76; P. *Fl.* 341; Dub *Bot.* 398; Lloyd *Fl. Ouest* 385. — *Halimus Portulacoïdes* Wallr. *Sched. crit.* 117; Koch. *Syn.* 700.

Tige de 3-6 décim , sous-frutescente, couchée à la base, striée anguleuse , rameuse. Feuilles opposées , dressées , pétiolées , entières, ovales oblongues obtuses, épaisses, farineuses blanchâtres argentées; les supérieures étroites aiguës. Fleurs jaunâtres en glomérules formant des panicules spiciformes. Périgone fructifère sessi'e ou subsessile. Valves soudées presque jusqu'au sommet, triangulaires ou rhomboïdales triangulaires, rétrécies à la base, rarement muriquées, à trois lobes arrondis. ♄. Juillet-septembre.

R. — Lieux fangeux baignés par la marée. — Le Hourdel près Cayeux ; entre Mers et Le Tréport ; Saint-Valery (*T. C.*) ; Cayeux (*Poulain* Herb.) ; Le Crotoy (*P. Fl.*).

2. **O. pedunculata** Moq.-Tand. in DC. *Prodr.* 13, 115; Brébiss. *Fl. Norm.* 219; E. V. in *Bull. Soc. bot. Fr.* 4, 1034; Puel et Maille *Fl. région.* Exsicc. n 43; Billot *Exsicc.* n. 2525. — *Atriplex pedunculata* L. *Sp.* 1675; B. *Extr. Fl.* 76; P. *Fl.* 341; Dub. *Bot.* 398; *Fl. Dan.* 1. 304 — *Halimus pedunculatus* Wallr. *Sched. crit.* 117; Koch *Syn.* 701.

Tige de 5-20 centim., herbacée, dressée, flexueuse, simple ou rameuse dès la base, à rameaux divergents. Feuilles alternes, entières, ovales ou oblongues, atténuées à la base, obtuses, quelquefois mucronées, épaisses, farineuses blanchâtres argentées. Fleurs en grappes latérales et terminales. Périgone fructifère ord. longuement pédicellé , à pédicelle étalé réfracté. Valves petites, soudées dans toute leur longueur, lisses, triangulaires obcordées, cunéiformes à la base, bilobées au sommet à lobes tronqués divergents, présentant une dent à l'angle de la bifidité

et rappelant la forme de la silicule du *C·psella Bursa-pastoris*.
④. Juillet-septembre.

RR.—Lieux fangeux baignés par la marée.— Bords de la Bresle
entre Mers et Le Tréport ; Le Crotoy (*B.* Herb.; *Baill.* Herb) ;
Saint-Valery (*B.* Not. manuscr.).— Nous l'avons trouvé en abon-
dance, en 1858, à l'embouchure de la Canche au Trépied près
Étaples [Pas-de-Calais].

L'*O. pedunculata* Moq.-Tand., espèce septentrionale, ne paraît
pas avoir été rencontré sur les côtes de France au sud du Tréport
[Seine-Inférieure]. Il est à craindre qu'il ne disparaisse de cette
localité par suite de travaux de canalisation.

6. SPINACIA Tourn. *Inst.*

1. **S. glabra** Mill. *Dict.;* Coss. et Germ. *Fl.* 561; Gren. et
Godr. *Fl.—S. inermis* Mœnch *Meth.;* P. *Fl.;* Dub. *Bot.—S. oleracea*
var. β. L. *Sp.*—(Vulg. *Gros Épinard, Épinard de Hollande*).

④. Juin-septembre.
Cultivé dans les jardins potagers. – Quelquefois subspontané
près des habitations.

2. **S. oleracea** L. *Sp.;* Coss. et Germ. *Fl.* 561; Gren. et Godr.
Fl.—S. spinosa Mœnch *Meth.;* P. *Fl.;* Dub. *Bot.—* (Vulg. *Épinard*
commun).

④. Juin-septembre.
Cultivé dans les jardins potagers.— Quelquefois subspontané
près des habitations.

7. SALICORNIA Tourn. *Inst. coroll.* 51, t. 485.

Fleurs en épis, hermaphrodites, ternées, cachées dans les excavations du rachis. Calice obscurément denté, renflé charnu à
la maturité. Étamines 1-2. Style très court. Stigmates 2, papilleux,
saillants. Fruit comprimé, renfermé dans le calice. Graine verticale, à tégument membraneux adhérent.

1. **S. herbacea** L. *Sp.* 5; B. *Extr. Fl.* 1; P. *Fl.* 349; Dub.
Bot. 395; Gren. et Godr. *Fl.* 3, 27; Brébiss. *Fl. Norm.* 220; Lloyd
Fl. Ouest 380; *Fl. Dan.* t. 303; Billot *Exsicc.* n. 1317.— (Vulg.
Passe-pierre).

Plante d'un vert glauque, charnue, articulée, dépourvue de feuilles. Tige de 1-3 décim., ord. dressée, rameuse, glabre, herbacée, devenant un peu ligneuse à la base. Rameaux opposés, ascendants, composés d'articles épais, cylindriques comprimés, échancrés. Fleurs en épis charnus, cylindriques obtus, atténués au sommet, naissant à l'aisselle des articulations supérieures. ①. Juillet-septembre.

C C.— Plages maritimes, lieux fangeux baignés par la marée.

8. CHENOPODINA Moq.-Tand. in DC. *Prodr.* 13, 159.

Fleurs ord. hermaphrodites, munies de petites bractées. Calice urcéolé, 5-partit, charnu, renflé à la maturité. Étamines 5, insérées sur le récéptacle ou à la base du calice. Style nul. Stigmates 3. Fruit déprimé, renfermé dans le calice. Graine horizontale, à testa crustacé. Embryon roulé en spirale.

1. **C. maritima** Moq.-Tand. in DC. *Prodr.* 13, 161.—*Chenopodium maritimum* L. *Sp.* 321; B. *Extr. Fl.* 19; P. *Fl.* 348; Dub. *Bot.* 396.—*Suæda maritima* Dumort. *Fl. Belg.* 22; Gren. et Godr. *Fl.* 3, 30; Bréhiss. *Fl. Norm.* 220; Lloyd *Fl. Ouest* 381; Billot *Exsicc.* n. 1057.—*Schoberia maritima* Mey. *Fl. All.* 400, Koch *Syn.* 692.

Plante glauque, verte ou rougeâtre, charnue, non articulée. Tige de 1-4 décim., herbacée, quelquefois un peu ligneuse à la base, ord. très rameuse, à rameaux diffus, dressés ou étalés ascendants. Feuilles glabres, linéaires semi-cylindriques aiguës. Fleurs 2-3, en glomérules axillaires. Calice fructifère caréné. Graine rostellée, luisante, ponctuée, à bords aigus. ④. Juillet-septembre.

C C.— Plages maritimes, lieux fangeux baignés par la marée.

9. SALSOLA Gærtn. *Fruct.* 1, 359, t. 75.

Fleurs hermaphrodites, munies de 2 bractées. Calice ord à 5 sépales, ailés transversalement à la maturité. Étamines 3-5. Fruit déprimé, renfermé dans le calice. Graine horizontale, presque globuleuse, à tégument simple, membraneux. Embryon roulé en hélice.

1. **S. Kali** L. *Sp.* 822; B. *Extr. Fl.* 19; P. *Fl.* 848; Dub. *Bot.* 395; Gren. et Godr. *Fl.* 3, 31; Brébiss. *Fl. Norm.* 220; Lloyd *Fl. Ouest* 381; Billot *Exsicc.* n. 841.—*S. Kali* var. *hirta* Moq.-Tand. in DC. *Prodr.* 13, 187.

Tige de 1-3 décim., herbacée, velue, striée, ord. rameuse dès la base, à rameaux diffus, étalés ascendants. Feuilles velues, alternes, étalées, charnues, triquètres, linéaires subulées épineuses. Bractées épineuses, divergentes, égalant ou dépassant le calice. Fleurs ord. solitaires à l'aisselle des feuilles. Sépales 5, ovales lancéolés aigus, cartilagineux à la maturité, munis sur le dos d'une aile transversale, membraneuse, sinuée érodée, blanche ou rosée. ①. Juillet-septembre.

A. C.— Sables maritimes.— Saint - Valery ; Fort - Mahon près Quend ; Cayeux ; Le Crotoy ; Saint-Quentin-en-Tourmont.

LXXVII. POLYGONEÆ Juss. *Gen.*

1. RUMEX L. *Gen.* ex parte.

1. **R. palustris** Sm. *Fl. Brit.;* Coss. et Germ. *Fl.* 564; Dub. *Bot.;* Gren. et Godr. *Fl.*—*R. maritimus* B. *Extr. Fl.*—*R. limosus* Thuill. *Fl. Par.*—*R. maritimus* var. *limosus* P. *Fl.*

② ou ⚥. Juillet-septembre.

R.—Lieux marécageux surtout dans la région maritime, bords des fossés.— Laviers ; Saint-Quentin-en-Tourmont ; Cayeux ; Le Hourdel ; Saint - Valery ; Longpré près Amiens (*Rom.*); Petit-Laviers près Cambron (*T. C.*); marais Saint-Gilles à Abbeville (*Baill.* Herb.); Camon (P. Fl.).

Nous n'avons jamais rencontré dans nos limites le *R. maritimus* (L. *Sp.;* Coss. et Germ. *Fl.* 563; Dub. *Bot.;* Gren. et Godr. *Fl.*).

Le *R. pulcher* (L. *Sp ;* Coss. et Germ. *Fl.* 564 ; Dub. *Bot.;* Gren. et Godr. *Fl.*), signalé à Doullens (*B.* Extr. Fl.; P. Fl.), n'a pas été retrouvé à notre connaissance.

2. **R. obtusifolius** L. *Sp.;* Coss. et Germ. *Fl.* 564; B. *Extr. Fl.;* P. *Fl.;* Dub. *Bot.*— *R. Friesii* Gren. et Godr *Fl.*

⚥. Juillet-septembre.

C C. — Prairies humides, lieux frais et ombragés.

Var. *β. acutifolius* (Coss. et Germ. *Fl.* 565. — *R. pratensis* Mert. et Koch *Deutschl. Fl.*).

3. **R. crispus** L. *Sp.;* Coss. et Germ. *Fl.* 565; B. *Extr. Fl.*; P. *Fl.;* Dub. *Bot.;* Gren. et Godr. *Fl.*

♃. Juillet-septembre.

C C. — Lieux incultes, prairies, bords des chemins, moissons.

On cultive quelquefois dans les potagers le *R. Patientia* (L. *Sp.;* Coss. et Germ. *Fl.* 565 ; Dub. *Bot.;* Gren. et Godr. *Fl.* — Vulg. *Patience*).

4. **R. Hydrolapathum** Huds. *Fl. Angl.;* Coss. et Germ. *Fl.* 566; Gren. et Godr. *Fl.* — *R. aquaticus* Vill. *Dauph.;* B. *Extr. Fl.;* P. *Fl.;* Dub. *Bot.* non Lin.

♃. Juillet-août.

C. — Bords des rivières, lieux aquatiques. — Bords de la Somme et du canal à Abbeville ; Picquigny ; Renancourt et Petit-Saint-Jean près Amiens (*Rom.*) ; Mautort près Abbeville (*T. C.* Herb.).

5. **R. conglomeratus** Murr. *Prodr. Gatt.;* Coss. et Germ. *Fl.* 566; Gren. et Godr. *Fl.* — *R. acutus* Sm. *Fl. Brit.;* Dub. *Bot.*

♃. Juillet-septembre.

A. C. — Bords des eaux , fossés , bois humides. — Drucat ; Airondel près Bailleul ; Saint-Quentin-en-Tourmont ; Cambron (*T. C.*) ; Bovelles (*Rom.*).

6. **R. sanguineus** L. *Sp.;* Coss. et Germ. *Fl.* 567; Meisner in D C. *Prodr.*

♃. Juin-septembre.

Var. *α. sanguineus* (Coss. et Germ. 567. — *R. sanguineus* Dub. *Bot.* - *R. nemorosus* var. *sanguineus* P. *Fl.* - *R. nemorosus* var. *coloratus* Gren. et Godr. *Fl.* — Vulg. *Sang de dragon*). — Cultivé dans quelques jardins. — Subspontané dans le voisinage des habitations.

Var. *β. nemorosus* (Coss. et Germ. *Fl* 567. — *R. nemorosus* Schrad. in Willd. *Enum.;* P. *Fl.;* Dub *Bot.;* Gren. et Godr. *Fl.* — *R. sanguineus* var. *viridis* Meisner in D C. *Prodr.* — *C.* — Lieux

humides ombragés , bois. — Drucat ; Oust - Marest ; Cambron
(*T. C.*) ; Dury, bois de Size près Ault (*P. Fl.*).

7. **R. Acetosa** L. *Sp.;* Coss. et Germ. *Fl.* 567 ; B. *Extr.
Fl.;* P. *Fl.;* Dub. *Bot.;* Gren. et Godr. *Fl.*—(Vulg. *Oseille commune*).
⚥. Mai-juillet.

C.— Prairies, clairières des bois.— Drucat ; Les Alleux près
Béhen ; bois de Size près Ault ; bois de Rampval près Mers.—
Cultivé dans les potagers.

8. **R. Acetosella** L. *Sp.;* Coss. et Germ. *Fl.* 568 ; B. *Extr.
Fl.;* P. *Fl.;* Dub. *Bot.;* Gren. et Godr. *Fl.*—(Vulg. *Petite Oseille*).
⚥. Mai-juillet.

C C.— Pâturages, lieux incultes, champs après la moisson.

2. POLYGONUM L. *Gen.* ex parte.

1. **P. Bistorta** L. *Sp.;* Coss. et Germ. *Fl.* 569 ; B. *Extr. Fl.;*
P. *Fl.;* Dub. *Bot.;* Gren. et Godr. *Fl.*
⚥. Juin-juillet.

R R.—Prairies, lieux herbeux humides.—Senarpont ; Gamaches.
— Trouvé près de nos limites dans la forêt et dans les prairies
d'Hesdin (*Baill.* Herb. ; *Poulain* Herb.) et à Auxi-le-Château
(*P.* Fl.).

2. **P. amphibium** L. *Sp.;* Coss. et Germ. *Fl.* 570 ; B. *Extr.
Fl.;* P. *Fl.;* Dub. *Bot.;* Gren. et Godr. *Fl.*
⚥. Juillet-septembre.

C. — Fossés , tourbières , lieux marécageux. — Abbeville ;
Noyelles - sur - Mer ; Saint - Quentin - en - Tourmont ; Nampont ;
Picquigny ; Mareuil (*B.* Herb.) ; Rivery, Camon, Renancourt
(*P.* Fl.).

Var. α. *natans* (Coss. et Germ. *Fl.* 570 ; Gren. et Godr. *Fl*).

Var. β. *terrestre* (Coss. et Germ. *Fl.* 570 ; P. *Fl.;* Gren. et
Godr. *Fl.*).

3. **P. lapathifolium** L. *Sp.;* Coss. et Germ. *Fl.* 570 ; B. *Extr.
Fl.;* P. *Fl.;* Gren. et Godr. *Fl.*—*P. Persicaria* var. *lapathifolia* Dub.
Bot.

④. Juin-septembre.

CC.—Champs humides, prés, fossés, bords des eaux.

Var. β. *incanum* (Coss. et Germ. *Fl.* 570; Gren. et Godr. *Fl.*—
P. *Persicaria* var. *incana* Dub. *Bot.*).

Var. γ. *nodosum* (Coss. et Germ. *Fl.* 570; Gren. et Godr. *Fl.*
— P. *nodosum* Pers. *Syn.*).

α. β. γ. s.-v. *maculatum* (Coss. et Germ. *Fl.* 571).

4. **P. Persicaria** L. *Sp.;* Coss. et Germ. *Fl.* 571; B. *Extr.
Fl.;* P. *Fl.;* Dub. *Bot.* excl. var. β. et γ.; Gren. et Godr. *Fl.*—
(Vulg. *Persicaire*).

④. Juillet-septembre.

CC.— Champs humides, prés, fossés, bords des eaux.

S.-v. *maculatum* (Coss. et Germ. *Fl.* 571).

Le *P. mite* (Schrank *Baier. Fl.;* Coss. et Germ. *Fl.* 571) a été
trouvé près de nos limites dans les prairies de la ville d'Eu
(*Abbé Duteycul*).

5. **P. Hydropiper** L. *Sp.;* Coss. et Germ. *Fl.* 572; B. *Extr.
Fl.;* P. *Fl.;* Dub. *Bot.;* Gren. et Godr. *Fl.*—(Vulg. *Poivre d'eau*).

④. Juillet-octobre.

C.— Lieux humides, marais, rues ombragées des villages.—
Abbeville; Cambron; Tœufles; Caux; Drucat; Aveluy; Thiepval;
Petit-Saint-Jean près Amiens (*Rom.*); Saint-Maurice et Renan-
court près Amiens, Rivery, Camon (*P. Fl.*).

6. **P. aviculare** L. *Sp.;* Coss. et Germ. *Fl.* 572; B. *Extr.
Fl.;* P. *Fl.;* Dub. *Bot.;* Gren. et Godr. *Fl.*—(Vulg. *Trainasse.*— En
picard *Charneuse*).

④. Juin-octobre.

CC.—Moissons, lieux incultes, bords des chemins.

S.-v. *latifolium* (Coss. et Germ. *Fl.* 572).

Var. β. *erectum* (Roth. *Tent. Fl. Germ.;* Coss. et Germ. *Fl.*
572; P. *Fl.;* Gren. et Godr. *Fl.*).

Var. γ. *littorale* (Koch *Syn.* 712; Brébiss. *Fl. Norm.* 223).—
Feuilles rapprochées, ovales, épaisses, un peu charnues. Gaînes
scarieuses, finement laciniées.—Sables maritimes.— *R.*— Le
Crotoy.

15

Le *P. maritimum* (*L. Sp.* 519; Dub. *Bot.* 405; Gren. et Godr.
Fl. 3, 51; Brébiss. *Fl. Norm.* 223; Lloyd *Fl. Ouest* 392) a été
indiqué dans les sables maritimes à Cayeux (*B.* Extr. Fl), où
nous ne l'avons pas rencontré. Nous pensons qu'on a pris pour
cette espèce le *P. aviculare* var. *littorale* Koch.

7. **P. Convolvulus** L. *Sp.*; Coss. et Germ. *Fl.* 573; B. *Extr.
Fl.*; P. *Fl.*; Dub. *Bot.*; Gren. et Godr. *Fl.*

④. Juillet-octobre.

C C.— Champs, moissons, terrains en friche.

8. **P. dumetorum** L. *Sp.*; Coss. et Germ. *Fl.* 573; B. *Extr.
Fl.*; P. *Fl.*; Dub *Bot.*; Gren. et Godr. *Fl.*

④. Juillet-septembre.

R R.— Bords des bois, haies, buissons.— Cambron (*T. C.*);
Bovelles (*Rom.*); Laviers (*Baill.* Herb.); forêt de Crécy (*B.* Extr.
Fl.); Cagny, Boves, Heilly, Caubert près Abbeville (*P.* Fl.).

3. FAGOPYRUM Tourn. *Inst.* ex parte.

1. **F. esculentum** Mœnch *Meth.*; Coss. et Germ. *Fl.* 573.—
Polygonum Fagopyrum L. *Sp.*; B. *Extr. Fl.*; P. *Fl.*; Dub. *Bot.*;
Gren. et Godr. *Fl.*—(Vulg. *Blé noir, Sarrasin*).

④. Juillet-septembre.

Cultivé en grand dans les terrains maigres.— Quelquefois
subspontané dans les moissons.

On cultive aussi, mais beaucoup plus rarement, le *F. Tataricum*
(Gærtn. *Fruct.*; Coss. et Germ. *Fl.* 574.— *Polygonum Tataricum*
L. *Sp.*; P. *Fl.*; Gren. et Godr. *Fl.*).

LXXVIII. THYMELÆÆ Juss *Gen.*

1. DAPHNE L. *Gen.*

1. **D. Laureola** L. *Sp.*; Coss. et Germ. *Fl.* 587; R. *Extr. Fl.*;
P. *Fl.*; Dub. *Bot.*; Gren. et Godr. *Fl.*

ђ. *Fl.* mars-avril. *Fr.* juin.

R.—Bois montueux.—Bois de Tachemont et de Caumondel près Huchenneville; Cambron; Argoules (*de Beaupré*); La Faloise, Pissy, bois de Size près Ault, Saint-Quentin-La-Motte-Croix-au-Bailly (*P. Fl.*).

2. **D. Mezereum** L. *Sp.;* Coss. et Germ. *Fl.* 587; B. *Extr. Fl.;* P. *Fl.;* Dub *Bot.;* Gren. et Godr. *Fl.*—(Vulg. *Bois joli*).

♄. *Fl.* février-mars. *Fr.* juin.

R R.—Bois montueux.—Bois du parc à Cambron; Fontaine-sous-Montdidier (*Abbé Dufourny*); Notre-Dame de Grâce, Boves, La Faloise, bois d'Aumont près Oresmaux (*P. Fl.*) — Souvent planté dans les jardins.

LXXIX. SANTALACEÆ R. Br. *Prodr. Nov Holl.*

1. THESIUM L. *Gen.*

1. **T. humifusum** DC. *Fl. Fr.* suppl. emend.; Koch *Syn.;* Gren. et Godr. *Fl.*— *T. humifusum* var. *humifusum* Coss. et Germ. *Fl.* 591.— *T. linophyllum* B. *Extr. Fl.;* P. *Fl.*— *T. linophyllum* var. *humifusum* Dub. *Bot.*

♃. Juin-septembre.

A. C.—Coteaux incultes, terrains secs et calcaires, sables maritimes. — Inval près Huchenneville ; Bailleul ; Liercourt ; Francières ; Franqueville ; Saint-Quentin-en-Tourmont ; Fort-Mahon près Quend ; Mers ; Wailly ; Jumel ; La Faloise ; Bovelles, Ferrières, Ailly-sur-Somme (*Rom.*) ; Bray-lès-Mareuil (*Baill. Herb.*) ; Cagny (*Garnier*) ; Boves, Fortmanoir, bois Boullon près Abbeville (*P. Fl.*).

LXXX. ELÆAGNEÆ R. Br. *Prodr. Nov. Holl.* 350.

Fleurs dioïques, polygames ou hermaphrodites. Calice gamosé-pale, libre, régulier, 2-4 fide. Corolle nulle. Étamines 4-8, insérées à la gorge du calice. Anthères presque sessiles, bilobées, introrses. Ovaire libre, uniovulé, renfermé dans le calice tubuleux. Style 1. Stigmate 1, linguiforme. Fruit monosperme, indéhiscent, recouvert par le calice charnu ou induré. Graine à albumen charnu. Embryon droit. Radicule dirigée vers le hile.

1. HIPPOPHAE L. *Gen.* n. 1106.

Fleurs dioïques. — Fleurs mâles disposées en chaton. Calice bipartit. Étamines 4. — Fleurs femelles axillaires, pédicellées. Calice tubuleux, bifide. Baie ovoïde subglobuleuse.

1. **H. rhamnoïdes** L. *Sp.* 1452; B. *Extr. Fl.* 74; P. *Fl.* 374; Dub. *Bot.* 409; Gren. et Godr. *Fl.* 3, 69; Brébiss. *Fl. Norm.* 227; Rchb. *Ic.* 11, t. 549, f. 1165; Puel et Maille *Fl. loc. exsicc.* n. 185; Billot *Exsicc.* n. 2735; Coss. et Germ. Not. in *Fl.* 588.

Arbrisseau de 10-15 décim., à écorce grisâtre, très rameux, à rameaux terminés en épine. Feuilles entières, oblongues lancéolées ou linéaires, obtuses, d'un vert grisâtre en-dessus, argentées et couvertes en-dessous d'écailles rousses. Fleurs femelles disposées à la base des rameaux en grappes interrompues. Baies de 5 6 millim., d'un jaune orangé. ♄. *Fl.* avril. *Fr.* août-septembre.

C C. — Sables maritimes. — Dunes de Saint Quentin-en-Tourmont et de Quend.

L'*Aristolochia Clematitis* (L. *Sp.*; Coss. et Germ. *Fl.* 593; B. *Extr. Fl.*; Dub. *Bot.*; Gren. et Godr. *Fl.*) de la famille des *Aristolochiées* a été signalé à Mareuil (*B.* Extr. Fl.; *du Maisniel de Belleval* Not. manuscr.), où nous ne l'avons pas revu. Il se trouve près de nos limites à Criel [Seine-Inférieure].

LXXXI. EUPHORBIACEÆ Juss. *Gen.*

1. EUPHORBIA L. *Gen.*

1. **E. helioscopia** L. *Sp.*; Coss. et Germ. *Fl.* 595; B. *Extr. Fl.*; P. *Fl.*; Dub. *Bot.*; Gren. et Godr. *Fl.* — (Vulg. *Réveil-matin*).
④. Juin-octobre.
C C. — Lieux cultivés, jardins.

2. **E. palustris** L. *Sp.*; Coss. et Germ. *Fl.* 598; B. *Extr. Fl.*; P. *Fl.*; Dub. *Bot.*; Gren. et Godr. *Fl.*

♃. Mai-juillet.

R R. — Prés tourbeux humides, bords des fossés. — Marais Saint-Gilles et marais de Mautort près Abbeville; La Faloise (P. Fl.).

3. **E. Peplus** L. *Sp.;* Coss. et Germ. *Fl.* 598, B. *Extr. Fl.;* P. *Fl.;* Dub. *Bot.;* Gren. et Godr. *Fl.*

①. Juin-octobre.

C C. — Lieux cultivés, jardins.

4. **E. exigua** L. *Sp.;* Coss. et Germ. *Fl.* 599; B. *Extr. Fl.;* P. *Fl.;* Dub. *Bot* ; Gren. et Godr. *Fl.*

①. Juin-octobre.

C C. — Champs cultivés, moissons, terrains en friche.

5. **E. Lathyris** L. *Sp.;* Coss. et Germ. *Fl.* 599; B. *Extr. Fl.;* P. *Fl.;* Dub. *Bot.;* Gren. et Godr. *Fl.* — (Vulg. *Épurge*).

②. Juin-juillet.

R. — Subspontané. — Lieux cultivés, jardins, voisinage des habitations. — Naturalisé dans le Marquenterre (*Baill. Herb.* ; P. Fl.).

6. **E. Parallas** L. *Sp.* 657; B. *Extr. Fl.* 36; P. *Fl.* 326; Dub. *Bot.* 415; Gren. et Godr. *Fl.* 3, 86; Brébiss. *Fl. Norm.* 235; Lloyd *Fl. Ouest* 402; Rchb. *Ic.* 5, t. 145 f. 4789; Puel et Maille *Fl. loc.* exsicc. n. 161; Billot *Exsicc.* n. 845.

Plante glabre, glauque. Souche frutescente. Tige de 3-5 décim., dressée ou ascendante, simple ou rameuse à la base, donnant souvent naissance au-dessous de l'ombelle à des rameaux florifères. Feuilles alternes, nombreuses, rapprochées, sessiles, oblongues lancéolées, entières, obtuses ou aiguës. Ombelles ord. à 5 rayons bifurqués. Feuilles de l'involucre ovales ou lancéolées. Bractées libres, cordiformes. Glandes jaunâtres, en forme de croissant. Capsule glabre, trigone, un peu rugueuse, à lobes sillonnés sur le dos. Graines lisses d'un blanc cendré. ♃. Juillet-septembre.

C. — Sables maritimes, bords de la mer. — Saint-Quentin-en-Tourmont; Quend; Le Crotoy.

L'*E. Cyparissias* (L. *Sp.;* Coss. et Germ. *Fl.* 600 ; Dub. *Bot.;* Gren. et Godr. *Fl.*) a été signalé près d'Amiens (*B.* Extr. Fl.), où nous ne pensons pas qu'on l'ait retrouvé.

7. **E. sylvatica** L. *Sp.;* Coss. et Germ. *Fl.* 601; P. *Fl.;* Dub. *Bot.—E. amygdaloides* L. *Sp.;* Gren. et Godr. *Fl.—E. sylvatica* et *E. amygdaloides* B. *Extr. Fl.*

♃. Mai-juin.

C C.— Bois.

2. MERCURIALIS Tourn. *Inst.*

1. **M. annua** L. *Sp.;* Coss. et Germ. *Fl.* 602; B. *Extr. Fl.;* P. *Fl.;* Dub. *Bot ;* Gren. et Godr. *Fl.—*(Vulg. *Mercuriale*).

①. Juin-octobre.

*C C.—*Lieux cultivés, moissons, jardins.

2. **M. perennis** L *Sp.;* Coss. et Germ. *Fl.* 602; B. *Extr. Fl.;* P. *Fl.;* Dub. *Bot.;* Gren. et Godr. *Fl.*

♃. Avril-juin.

*C.—*Bois, haies, lieux ombragés.— Drucat ; Cambron ; Moyenneville ; Mareuil ; Caumondel près Huchenneville; Bovelles, Ferrières, Ailly-sur-Somme (*Rom.*) ; bois de Bonnance près Port, Airondel près Bailleul, Querrieux, Cagny, Coisy (*P.* Fl.).

5. BUXUS Tourn. *Inst.*

1. **B. sempervirens** L. *Sp.;* Coss. et Germ. *Fl.* 602; P. *Fl.;* Dub. *Bot.;* Gren. et Godr. *Fl.—*(Vulg. *Buis*).

♄. *Fl.* mars-avril *Fr.* juillet-août.

Planté dans les parcs et les jardins.— Souvent subspontané.

Var. β. *suffruticosa* (L. *Sp.* 1395; DC. *Fl. Fr.* 3, 315 ; P. *Fl.* 327.—*B. suffruticosa* Lmk. *Encycl. méth.* 1, 511 —Plante naine. — Fréquemment cultivé en bordures dans les jardins.

LXXXII. URTICEÆ DC. *Fl. Fr.* ex parte.

1. URTICA Tourn. *Inst.* ex parte.

1. **U. dioïca** L. *Sp ;* Coss. et Germ. *Fl* 581; B. *Extr. Fl.;* P. *Fl.;* Dub. *Bot.;* Gren. et Godr. *Fl.—*(Vulg. *Ortie, Grande Ortie*).

♃. Juin-octobre.

C C. — Lieux incultes, villages, décombres, haies, bords des chemins.

2. **U. urens** L. *Sp.;* Coss. et Germ. *Fl.* 581; B. *Extr. Fl.;* P. *Fl.;* Dub. *Bot.;* Gren. et Godr. *Fl.* — (Vulg. *Petite Ortie*).

①. Mai-octobre.

C C. — Lieux incultes, décombres, villages, pied des murs.

2. PARIETARIA Tourn. *Inst.*

1. **P. officinalis** L. *Sp.;* Coss. et Germ. *Fl.* 582; B. *Extr. Fl.* — (Vulg. *Pariétaire*).

♃. Juin-octobre.

Var. α. diffusa (Wedd. *Monogr. Urtic;* Coss. et Germ. *Fl.* 582.— *P. diffusa* Mert. et Koch *Deutschl. Fl.;* Gren. et Godr. *Fl.* — *P. Judaica* DC. *Fl Fr.;* P. *Fl;* Dub. *Bot.* et auct. plur. non L.).— *C.* — Vieux murs, décombres. — Abbeville; Pont - Remy; Drucat; Cayeux; Ault; Amiens (*Rom*).

Var. β. erecta (Wedd. *Monogr. Urtic.;* Coss. et Germ. *Fl.* 582.— *P. erecta* Mert. et Koch *Deutschl. Fl ;* Gren. et Godr. *Fl.* — *P. officinalis* DC. *Fl. Fr.;* P. *Fl.;* Dub. *Bot.*).— *R.* — Haies, lieux ombragés. — Drucat.

LXXXIII. CANNABINEÆ Endlich. *Gen.*

1. CANNABIS Tourn. *Inst.*

1. **C. sativa** L. *Sp.;* Coss. et Germ. *Fl.* 577; B. *Extr. Fl.;* P. *Fl.;* Dub. *Bot ;* Gren. et Godr *Fl.* — (Vulg. *Chanvre*).

①. Juillet-septembre.

Cultivé en grand.

On cultive surtout une variété à taille plus élevée connue dans le pays sous le nom de *Chanvre de Piémont*.

2. HUMULUS L. *Gen.*

1. **H. Lupulus** L. *Sp.;* Coss. et Germ. *Fl.* 577; B. *Extr. Fl.;* P. *Fl.;* Dub. *Bot.;* Gren. et Godr. *Fl.* — (Vulg. *Houblon*).

♃. Juillet-août.

A. C. — Haies, buissons, lieux ombragés. — Drucat; Mareuil; Gamaches; Oust-Marest; Brutelles; La Faloise; Aveluy; Bovelles; Amiens (*Rom.*). — Cultivé en grand dans quelques localités.

Le *Morus nigra* (L. *Sp* ; Coss. et Germ. *Fl.* 575; B. *Extr. Fl.*; P. *Fl.*; Dub. *Bot.*; Gren. et Godr. *Fl.* — Vulg. *Murier noir*) de la famille des *Morées* est quelquefois planté dans les jardins.

On cultive aussi le *Ficus Carica* (L. *Sp.*; Coss. et Germ. *Fl.* 576; B. *Extr. Fl.*; P. *Fl.*; Dub. *Bot.*; Gren. et Godr. *Fl.* — Vulg. *Figuier*).

LXXXIV. ULMACEÆ Mirbel *Élém.*

1. ULMUS L. *Gen.*

1. **U. campestris** L. *Sp.*; Coss. et Germ. *Fl.* 578; B. *Extr. Fl.*; P. *Fl.*; Dub. *Bot.*; Gren. et Godr. *Fl.* — (Vulg. *Orme, Orme commun*).

♄. Avril-mai.

C C. — Bois, villages, plantations.

Var. α. *campestris* (Coss. et Germ. *Fl.* 578. — *U. campestris* var. *nuda* Koch *Syn.*; Gren. et Godr. *Fl.*).

S.-v. *corylifolia* (Coss. et Germ. *Fl.* 578).

Var. β. *suberosa* (Coss. et Germ. *Fl.* 578; P. *Fl.*; Gren. et Godr. *Fl*).

L'*U. effusa* (Willd. *Prodr. fl. Berol.*; Coss. et Germ. *Fl.* 579; B. *Extr. Fl.*; P. *Fl.*; Dub. *Bot* ; Gren. et Godr. *Fl.*) est indiqué comme planté quelquefois au bord des routes (*P. Fl.*). Nous n'avons pas encore constaté sa présence dans nos limites.

LXXXV. JUGLANDEÆ DC. *Théor. élém.*

1. JUGLANS L. *Gen.* ex parte.

1. **J. regia** L. *Sp.*; Coss. et Germ. *Fl.* 607; B. *Extr. Fl.*; P. *Fl.*; Dub. *Bot.*; Gren. et Godr *Fl.* — (Vulg. *Noyer*).

♄. *Fl.* avril-mai. *Fr.* août-octobre.
Planté dans les cours et les vergers.

LXXXVI. CUPULIFERÆ A. Rich. *Elém. bot.*

1. FAGUS Tourn. *Inst.*

1. **F. sylvatica** L. *Sp.;* Coss. et Germ. *Fl.* 608; B. *Extr. Fl.;*
P. *Fl.;* Dub. *Bot.;* Gren. et Godr. *Fl.*—(Vulg. *Hêtre*).

♄. *Fl.* avril-mai. *Fr.* août-septembre.
C C.—Bois, forêts.

2. CASTANEA Tourn. *Inst.*

1. **C. vulgaris** Lmk. *Encycl. méth.;* Coss. et Germ. *Fl.* 609;
P. *Fl.;* Dub. *Bot.;* Gren. et Godr. *Fl.*—*Fagus Castanea* L. *Sp.;* B.
Extr. Fl.—(Vulg. *Châtaignier*).

♄. *Fl.* mai-juin. *Fr.* septembre-octobre.
A. R. — Bois montueux, terrains sablonneux.— Caux ; bois des
environs de Saint-Valery ; Lanchères ; bois de Bouillancourt-en-
Sery ; Tœufles ; bois de Belloy près Huppy ; Marcuil ; Aveluy ;
bois de Valanglart près Moyenneville (*T. C.*); Allonville, Bussy-
lès-Poix, bois du Val près Laviers (*P. Fl.*).—Souvent planté dans
les parcs.

3. QUERCUS Tourn. *Inst.*

1. **Q. sessiliflora** Sm. *Fl. Brit.;* Coss. et Germ. *Fl.* 610;
P. *Fl.;* Dub. *Bot.;* Gren. et Godr. *Fl.*—(Vulg. *Chêne*).

♄. *Fl.* avril-mai. *Fr.* septembre-octobre.
A. R. — Bois, forêts — Jumel ; Boves ; Ailly - sur - Somme ,
Bovelles (*Rom.*); Le Mesge (*Baillet*); Laviers (*Baill.* Herb.);
Dury, Notre-Dame de Grâce, Querrieux (*P. Fl.*).

2. **Q. pedunculata** Ehrh. *Arb.;* Coss. et Germ. *Fl.* 611; P.
Fl.; Gren. et Godr. *Fl.*—*Q. racemosa* Lmk. *Encycl. méth ;* B. *Extr.
Fl.;* Dub. *Bot.*—*Q. Robur* var. α. L. *Fl. Suec.*—(Vulg. *Chêne,
Chêne commun*).

♄. *Fl.* avril-mai. *Fr.* septembre-octobre.
C C.—Bois, forêts.

4. CORYLUS Tourn. *Inst.*

1. **C. Avellana** L. *Sp.;* Coss. et Germ. *Fl.* 612; B. *Extr. Fl.;* P. *Fl.;* Dub. *Bot.;* Gren. et Godr. *Fl.*—(Vulg. *Noisetier*).

♃. *Fl.* février-mars. *Fr.* août septembre.

CC.— Bois, taillis, haies, buissons.

5. CARPINUS L. *Gen.* ex parte.

1. **C. Betulus** L. *Sp.;* Coss. et Germ. *Fl.* 613; B. *Extr. Fl* ; P. *Fl.;* Dub. *Bot.;* Gren. et Godr. *Fl.*—(Vulg. *Charme*)

♃. *Fl.* avril-mai. *Fr.* juillet-août.

CC.— Bois, forêts, taillis.

LXXXVII. SALICINEÆ A. Rich. *Élém. bot.*

1. SALIX Tourn. *Inst.*

1. **S. alba** L. *Sp.;* Coss. et Germ. *Fl.* 615 et *Illustr.;* B. *Extr. Fl.;* P. *Fl.;* Dub. *Bot.;* Gren. et Godr. *Fl.*—(Vulg. *Saule commun, Saule blanc*).

♃. Avril-mai.

CC.—Bords des eaux, prairies.

Var. β. *vitellina* (Coss. et Germ. *Fl.* 615 ; Gren. et Godr. *Fl.*— *S. vitellina* L. *Sp* ; DC. *Fl. Fr.;* P. *Fl.*—Vulg. *Osier jaune*).— Souvent planté dans les oseraies.

2. **S. fragilis** L. *Sp.;* Coss. et Germ. *Fl.* 615 et *Illustr.;* B. *Extr. Fl.;* P. *Fl.;* Dub. *Bot.;* Gren. et Godr. *Fl.*

♃. Avril-mai.

A.R.— Lieux humides, prairies, bords des eaux. — Marais Saint-Gilles à Abbeville ; marais de Menchecourt près Abbeville; Bovelles (*Rom.*); Amiens, Renancourt et Petit-Saint-Jean près Amiens (*P.* Fl.) ; Mareuil (*B.* Extr. Fl.).

3. **S. Babylonica** L. *Sp.;* Coss. et Germ. *Fl.* 615 et *Illustr.;* P. *Fl.;* Dub. *Bot.;* Gren. et Godr. *Fl.*—(Vulg. *Saule-pleureur*).

♃. Mars-avril.

Souvent planté dans les parcs au bord des eaux.

4. **S. triandra** L. *Sp.*; Coss. et Germ. *Fl.* 616 et *Illustr.;* B. *Extr. Fl.;* P. *Fl.;* Dub. *Bot.—S. amygdalina* L. *Sp.*; B. *Extr. Fl.;* Gren. et Godr. *Fl.*

♄. Avril mai.
C C. — Prairies , bords des eaux. — Souvent planté dans les oseraies.

5. **S. purpurea** L. *Sp.;* Coss. et Germ. *Fl.* 617 et *Illustr.;* B. *Extr. Fl.;* Gren. et Godr. *Fl.—S. monandra* Hoffm. *Salic.;* P. *Fl.;* Dub. *Bot.*—(Vulg. *Osier rouge*).

♄. Avril-mai.
R R. — Prairies, bords des eaux. — Quelquefois planté dans les oseraies.— Le Boisle ; vers Péronne et Montdidier (*P. Fl.*) ; Abbeville (*B.* Extr. Fl).

6. **S. rubra** Huds. *Fl. Angl.*; Coss. et Germ. *Fl.* 617 et *Illustr.;* Gren. et Godr. *Fl.— S. fissa* Hoffm. *Salic.;* P. *Fl.;* Dub. *Bot.*

♄. Avril-mai.
R R.—Bords des eaux, oseraies.—Vers Péronne et Ham (*P. Fl.*).

7. **S. viminalis** L. *Sp.*; Coss. et Germ. *Fl.* 618 et *Illustr.;* B. *Extr. Fl.;* P. *Fl.;* Dub. *Bot.;* Gren. et Godr. *Fl.*—(Vulg. *Osier blanc, Osier vert*).

♄. Avril-mai.
C C.—Bords des eaux, oseraies.
Var. β. *angustissima* (Coss et Germ. *Fl.* 618).

8. **S. Smithiana** Willd. *Enum.*; Coss. et Germ. *Fl.* 619.— *S. Seringeana* Gaud. *Fl. Helv.;* Coss. et Germ. *Fl.* ed. 1 et *Illustr.* — *S. lanceolata* Seringe *Saul. Suiss.;* P. *Fl.;* Dub. *Bot.—S. Smithiana* et *S. affinis* Gren. et Godr. *Fl.—S. phylicifolia* Thuill. *Fl. Par.* non L.— *S. viminali-cinerea* Wimm. in *Flora.*

♄. Mars-avril.
A. C.—Prés humides, bords des eaux, oseraies.—Marais Saint-Gilles à Abbeville ; Le Boisle ; Ailly-sur-Somme (*Rom.*).

9. **S. cinerea** L. *Sp.;* Coss. et Germ. *Fl.* 619 et *Illustr.;* Dub. *Bot.;* Gren. et Godr. *Fl.—S. acuminata* Hoffm. *Salic.;* B. *Extr. Fl.* — *S. acuminata* et *S. rufinervis* DC. *Fl. Fr.;* P. *Fl.*

Varie à feuilles ovales acuminées (*S. acuminata* Hoffm. *Salic.*),

ou obovales brusquement et brièvement acuminées (*S. aquatica*
Sm. *Fl. Brit.*).

♄. Avril-mai.

C.—Prairies, bords des eaux, bois humides, oseraies.—
Abbeville ; Le Boisle ; Suzanne ; Renancourt près Amiens (*Rom.*);
Rivery (P. Fl.).

10. **S. aurita** L. *Sp.;* Coss. et Germ. *Fl* 620 et *Illustr.;* B.
Extr. Fl.; P. *Fl.;* Dub. *Bot.;* Gren. et Godr. *Fl.*

♄. Avril-mai

A. R.—Prairies, bords des eaux, bois humides.— Abbeville ;
Le Boisle ; Bovelles, Rivery, Renancourt près Amiens (*Rom.*);
Fortmanoir, Notre-Dame de Grâce (P. Fl.).

11. **S. caprea** L. *Sp.;* Coss. et Germ. *Fl.* 620 et *Illustr.;* B.
Extr. Fl.; P. *Fl.;* Dub. *Bot.;* Gren. et Godr. *Fl.* —(Vulg. *Saule
Marseau, Bourseau*).

♄. Mars-avril.

C C.— Bois secs ou humides, prairies, bords des eaux.

12. **S. repens** L. *Sp.;* Coss. et Germ. *Fl.* 621 et *Illustr.;* B.
Extr. Fl.; Dub. *Bot.;* Gren. et Godr. *Fl.*—*S. depressa* DC. *Fl. Fr.;*
Hoffm. *Salic.;* P. Fl.

♄. Avril-mai.

R.—Marais tourbeux. — Marais Saint-Gilles à Abbeville ;
Fouencamps, Fortmanoir, Long, Cambron (P. Fl.).

Var. β. *argentea* (Coss. et Germ. *Fl.* 621 et *Illustr.;* Koch *Syn.*
754 ; Gren. et Godr. *Fl* — *S. depressa* var. *arenaria* P. *Fl.*— *S.*
arenaria L. *Fl. Suec.*; B. *Extr. Fl.*—*S. argentea* Sm. *Fl. Brit.*).
—*C C.*— Sables humides. —Dunes de Saint-Quentin-en-Tourmont
et de Quend.

S.-v. *leiocarpa.* (*S. repens* var. *leiocarpa* Koch *Syn.* 754 ; Gren.
et Godr. *Fl.* 3, 137).— Capsules glabres.— Dans les mêmes lieux
que la var. β., mais moins commun.

2. POPULUS Tourn. *Inst.*

1. **P. alba** L. *Sp.;* Coss. et Germ. *Fl.* 622 ; B. *Extr. Fl.;* P. *Fl.;*
Dub. *Bot.;* Gren. et Godr. *Fl.*— (Vulg. *Blanc de Hollande*).

♄. Mars-avril.

A. R.— Bois humides.— Souvent planté dans les prairies et le long des routes.

2. **P. Tremula** L. *Sp.;* Coss. et Germ. *Fl.* 622; B. *Extr. Fl.;* P. *Fl.;* Dub. *Bot.;* Gren. et Godr. *Fl.*—(Vulg. *Tremble*).

♄. Mars-avril.

C C.—Bois.

3. **P. nigra** L. *Sp.;* Coss. et Germ. *Fl.* 623; B. *Extr. Fl.;* P. *Fl.;* Dub. *Bot.;* Gren. et Godr. *Fl.*

♄. Mars-avril.

Planté dans les lieux humides et au bord des eaux.

4. **P. pyramidalis** Rozier *Cours agr.;* Coss. et Germ. *Fl.* 623; Gren. et Godr. *Fl.*— *P. fastigiata* Poir. *Encycl. méth.;* B. *Extr. Fl.;* P. *Fl.;* Dub. *Bot.*—(Vulg. *Peuplier d'Italie*).

♄. Mars-avril.

Planté dans les lieux humides et le long des routes.

5. **P. monilifera** Ait. *Hort. Kew.;* Coss. et Germ. *Fl.* 623.— *P. Virginiana* Desf. *Cat.;* P. *Fl.*—(Vulg. *Peuplier de Virginie*).

♄. Mars-avril.

Fréquemment planté.

On plante également plusieurs autres espèces de ce genre : le *P. Canadensis* (Mich. *Fl. Bor. Amer.;* Coss. et Germ. Not. in *Fl.* 623), le *P. nivea* (Willd. *Arb.;* Lemaout et Decaisne *Fl. jard.* et *ch.* 687), etc.

LXXXVIII. BETULINEÆ A. Rich. *Élém. bot.*

1. BETULA Tourn. *Inst.*

1. **B. alba** L. *Sp.;* Coss. et Germ. *Fl.* 625; B. *Extr. Fl.;* P. *Fl.;* Dub. *Bot.;* Gren. et Godr. *Fl.*—(Vulg. *Bouleau* — En picard *Bouillet*).

♄. *Fl.* avril-mai. *Fr.* août-septembre.

C C.—Bois, taillis.

2. ALNUS Tourn. *Inst.*

1. **A. glutinosa** Gærtn. *Fruct.;* Coss. et Germ. *Fl.* 626; B. *Extr. Fl.;* P. *Fl.;* Dub. *Bot.;* Gren. et Godr. *Fl.*—(Vulg. *Aulne, Aulnois*).

♄. *Fl.* mars-avril. *Fr.* août-septembre.

C C.—Prairies, bords des eaux, bois humides.

LXXXIX. PLATANEÆ Lestib. in Mart. *hort. Monac.*

1. PLATANUS L. *Gen.*

1. **P. vulgaris** Spach in *Ann. sc. nat.;* Kirschleg. *Fl. Als.* 2, 76.— *P. Orientalis* et *P. Occidentalis* L. *Sp.;* Dub. *Bot.;* Gren. et Godr. *Fl.*—*P. Orientalis, P. Occidentalis* et *P. acerifolia* Coss. et Germ. *Fl.* 628-629.—(Vulg. *Platane*).

♄. *Fl.* mai. *Fr.* août.

Planté dans les parcs et les avenues.

XC. ABIETINEÆ Rich. *Conif.*

1. PINUS L. *Gen.* ex parte.

1. **P. sylvestris** L. *Sp ;* Coss. et Germ. *Fl.* 631; B. *Extr. Fl.;* P. *Fl.;* Dub. *Bot.;* Gren. et Godr. *Fl.*—(Vulg. *Pin sylvestre, Pin commun*).

♄. *Fl.* avril-mai.

Planté dans les parcs et les bois.

2. **P. maritima** C. Bauh. *Pin.;* Coss. et Germ. *Fl.* 632; P. *Fl.;* Dub. *Bot.*—*P. Pinaster* Soland in Ait. *Hort. Kew.;* Gren. et Godr. *Fl.*—(Vulg. *Pin maritime*).

♄. *Fl.* mai.

Planté surtout dans les dunes où l'on essaie de le naturaliser aussi par des semis.

On plante dans les parcs plusieurs autres espèces de Pins : le *P. Laricio* (Poir. *Encycl. méth.;* Coss. et Germ. Not. in *Fl.* 631.— Vulg. *Pin Laricio*), le *P. Strobus* (L. *Sp.* 1419; Kirschleg. *Fl. Als.* 2, 93.— Vulg. *Pin du Lord Weymouth*), etc.

2. LARIX Tourn. *Inst.*

1. **L. Europæa** DC. *Fl. Fr.;* Coss. et Germ. *Fl.* 632; P. *Fl.;* Dub. *Bot.*—*Pinus Larix* L. *Sp.;* Gren. et Godr. *Fl.*—(Vulg. *Melèze*).

♄ *Fl.* mai.

Planté dans les parcs et dans quelques bois.

3. ABIES Tourn. *Inst.*

1. **A. excelsa** DC. *Fl. Fr.;* Coss. et Germ. *Fl.* 633 ; P. *Fl.;* Dub. *Bot.*— *Pinus Abies* L. *Sp.;* Gren. et Godr. *Fl.*—(Vulg. *Epicea*).

♄. *Fl.* avril–mai.

Planté dans les parcs et dans quelques bois.

4. PICEA D. Don in Lamb. *Pin.*

1. **P. pectinata** Loud. *Arb. Brit.;* Coss. et Germ. *Fl.* 634.— *Abies pectinata* DC. *Fl. Fr.;* P. *Fl.;* Dub. *Bot.*—*Pinus Picea* L. *Sp.;* Gren. et Godr. *Fl.*—(Vulg. *Sapin commun, Sapin de Normandie*).

♄. *Fl.* Avril–mai.

Planté dans les parcs et dans les bois.—Introduit depuis très longtemps dans le pays.

XCI. CUPRESSINEÆ Rich. *Conif.*

1. JUNIPERUS L. *Gen.*

1 **J. communis** L. *Sp.;* Coss. et Germ. *Fl.* 635 ; B. *Extr. Fl.;* P. *Fl.;* Dub. *Bot.;* Gren. et Godr. *Fl.*—(Vulg. *Genévrier*).

♄. *Fl.* avril-mai. *Fr.* août-octobre.

C C.— Bois arides, coteaux, terrains calcaires.

On plante souvent dans les parcs et dans les cimetières les *Thuia Orientalis* et *Occidentalis* (L. *Sp.;* Coss. et Germ. Not. in *Fl.* 635.—Vulg. *Thuia*), et le *Cupressus sempervirens* (L. *Sp.;* Coss. et Germ. Not. in *Fl.* 635.— Vulg. *Cyprès*).

2. TAXUS Tourn. *Inst.*

1. **T. baccata** L. *Sp.*; Coss. et Germ. *Fl.* 636; B. *Extr. Fl.*; P. *Fl.*; Dub. *Bot.*; Gren. et Godr. *Fl.*— (Vulg. *If*).

♄. *Fl.* avril. *Fr.* août-septembre.

Planté dans les parcs et dans les jardins.

Class. II. MONOCOTYLEDONEÆ.

XCII. HYDROCHARIDEÆ Rich. in *Mém. Inst.*

1. HYDROCHARIS L. *Gen.*

1. **H. Morsus-ranæ** L. *Sp.*; Coss. et Germ. *Fl.* 700; B. *Extr. Fl.*; P. *Fl.*; Dub. *Bot.*; Gren. et Godr. *Fl.*

♃. Juillet-août.

C.—Eaux tranquilles, fossés, tourbières.— Marais Saint-Gilles à Abbeville; Noyelles-sur-Mer; Vercourt; Marcuil; Bray-lès-Mareuil; Picquigny; Jumel; Cappy; Suzanne; Aveluy; Ailly-sur-Somme, Petit-Saint-Jean, Renancourt et Longpré près Amiens (*Rom.*); Rivery, Longueau, Fortmanoir, Péronne (P. Fl.).

Le *Stratiotes Aloides* (L. *Sp ;* Coss. et Germ. *Fl.* 701 ; Dub. *Bot.*; Gren. et Godr. *Fl.*), indiqué dans les fossés des fortifications de Lille [Nord] (*Coss. et Germ.* Not. in Fl. 701) et dans les environs de Saint-Omer [Pas-de-Calais] (*Cussac* in *Vandomme* Fl. Hazebrouck), a été trouvé près de nos limites à Hesdin (*Dovergne* in *Baill.* herb.), où il a été probablement introduit.

XCIII. ALISMACEÆ R. Br. *Prodr. Nov. Holl.*

1. ALISMA L. *Gen.*

1. **A. Plantago** L. *Sp.*; Coss. et Germ. *Fl.* 638; B. *Extr. Fl.*; P. *Fl.*; Dub. *Bot.*; Gren. et Godr. *Fl.*—(Vulg. *Plantain d'eau*).

♃. Juin-septembre.

C C.— Lieux marécageux, fossés, bords des eaux.

S.-v. *latifolium* (Coss. et Germ. *Fl.* 638.—*A. Plantago* var. *latifolium* Gren. et Godr. *Fl.*).

S.-v. *angustifolium* (Coss. et Germ. *Fl.* 638.— *A. Plantago* var. *lanceolatum* Koch *Syn.;* P. *Fl.;* Gren. et Godr. *Fl.*).

2. **A. ranunculoides** L. *Sp.;* Coss. et Germ. *Fl.* 639; B. *Extr. Fl.;* P. *Fl.;* Dub. *Bot.;* Gren. et Godr. *Fl.*

♃. Juin-septembre.

A. R.— Marais, fossés, bords des eaux.— Abbeville ; Mareuil ; Saint-Quentin-en-Tourmont ; Fort-Mahon près Quend ; Cayeux ; Suzanne; Ailly-sur-Somme, Longpré près Amiens (*Rom.*); Laviers, Fortmanoir (*P.* Fl.).

2. SAGITTARIA L. *Gen.*

1. **S. sagittifolia** L *Sp.;* Coss. et Germ. *Fl.* 640; B. *Extr. Fl.;* P. *Fl.;* Dub. *Bot.;* Gren. et Godr. *Fl.*

♃. Juin-août.

C.— Marais, fossés, bords des eaux.— Abbeville ; Mareuil ; Bray-lès-Mareuil ; Picquigny ; Suzanne ; Amiens (*Rom.*)..

XCIV. BUTOMEÆ Rich in *Mém. Mus.*

1. BUTOMUS L. *Gen.*

1. **B. umbellatus** L. *Sp.;* Coss. et Germ. *Fl.* 641; B. *Extr. Fl.;* P. *Fl.;* Dub. *Bot.;* Gren. et Godr. *Fl.*—(Vulg. *Jonc fleuri*).

♃. Juin-août.

A. C.— Marais, bords des rivières, fossés.—Abbeville; Mareuil; Picquigny ; Petit-Saint-Jean , Saint-Maurice et Longpré près Amiens (*Rom.*).

XCV. JUNCAGINEÆ Rich. in *Mém. Mus.*

1. TRIGLOCHIN L. *Gen.*

1. **T. palustre** L. *Sp.;* Coss. et Germ. *Fl.* 702 ; B. *Extr. Fl.;* P. *Fl.;* Dub. *Bot.;* Gren. et Godr. *Fl.*

♃. Juillet-août.

A. R.— Marais tourbeux, prés humides.— Drucat; Abbeville; Saint-Quentin-en-Tourmont; Quend; Caubert près Abbeville (*T. C.*); Montières près Amiens (*Rom.*); Longueau, Camon, Laviers (*P. Fl*); Brutelles (*B. Extr. Fl.*).

2. **T. maritimum** L. *Sp.* 482; B. *Extr. Fl.* 27; P. *Fl.* 414; Dub. *Bot.* 438; Gren. et Godr. *Fl.* 3, 310; Brébiss. *Fl. Norm.* 248; Lloyd *Fl. Ouest* 422; Rchb. *Ic.* 7, t. 52; Puel et Maille *Fl. loc.* exsicc. n. 164; Billot *Exsicc.* 2ᵉ cent. lett. j.

Souche cespiteuse, épaisse, bulbiforme. Tige de 1-4 décim., robuste, nue. Feuilles disposées en fascicule radical, embrassantes, linéaires, semi-cylindriques, charnues, atteignant ord. les fleurs. Fleurs en grappe spiciforme serrée. Pédicelles courts, étalés redressés. Fruits ovoïdes, à 6 angles, composés de 6 carpelles. ♃. Juin-août.

CC.— Prés salés, bords des fossés baignés par la marée.

XCVI. POTAMEÆ Juss. in *Dict. sc. nat.*

1. POTAMOGETON Tourn. *Inst.*

1. **P. natans** L. *Sp.;* Coss. et Germ. *Fl.* 705; B. *Extr. Fl.;* P *Fl.;* Dub. *Bot.;* Gren. et Godr. *Fl.*

♃. Juillet-août.

C. - Eaux tranquilles, tourbières mares.— Abbeville; Mareuil; Saint-Quentin-en-Tourmont; Aveluy; Thiepval; Berny-sur-Noye; Amiens, Ailly-sur-Somme (*Rom.*); Rivery, Camon. Pont-de-Metz (*P. Fl.*).

Var. β. *fluitans* (Coss. et Germ. *Fl.* 705; P. *Fl.*— *P. fluitans* DC. *Fl. Fr.* excl. syn.).— *R.*— Marais de Quend (*Baill.* Herb.); Gouy (*P. Fl.*); Abbeville (*B. Extr. Fl.*).

2. **P. rufescens** Schrad in Chamisso *Adnot ;* Coss. et Germ. *Fl.* 706; Gren. et Godr. *Fl.*— *P. obscurum* DC. *Fl. Fr.;* Dub *Bot.*

♃. Juillet-août.

R R — Eaux stagnantes, fossés, tourbières.— Renancourt près Amiens, Le Mesge (*Rom.*); Le Boisle (*T. C.*); marais des Planches à Abbeville (*Poulain* Herb.).

3. **P. gramineus** L. *Sp.;* Coss. et Germ. *Fl.* 706; Gren. et Godr. *Fl.*— *P. heterophyllus* Schreb. *Spicil.;* Brébiss. *Fl. Norm.*

♃. Juin-août.

R R.—Marais tourbeux, mares dans les dunes.—Saint-Quentin-en-Tourmont; Cambron (*Baill* Herb.).

Var. α. *gramineus* (Gren. et Godr. *Fl.* 3, 314). — Feuilles toutes submergées, lancéolées linéaires.

Var. β. *heterophyllus* (Gren. et Godr. *Fl.* loc. cit.).— Feuilles supérieures flottantes, ovales élargies; les inférieures submergées, linéaires.

4. **P. plantagineus** Ducros in Rœm. et Schult *Syst. veg.;* Coss. et Germ. *Fl.* 707; Gren. et Godr. *Fl.*— *P. Hornemanni* Mey. *Chl. Han.;* Koch *Syn.*— *P. intermedius* P. *Fl.?*

♃. Juin-août.

R R.—Eaux tranquil'es, fossés, tourbières.—Rue; Vercourt; Mautort près Abbeville (*T. C.*); Gouy (*Baill.* Herb.).

5. **P. lucens** L. *Sp.;* Coss. et Germ. *Fl.* 707; B. *Extr. Fl.;* P. *Fl.;* Dub *Bot.;* Gren. et Godr. *Fl.*

♃. Juin-août.

A. C.— Eaux stagnantes ou courantes, mares, rivières.—Dans la Somme à Abbeville; Épagne; Suzanne; Le Mesge (*Rom.*); Camon, Longueau, Rivery (*P. Fl*).

Var. β. *fluitans* (Coss. et Germ. *Fl.* 707.—*P. longifolius* Jacq. Gay in Poir. *Encycl. méth.*-- *P. lucens* var. *longifolius* DC. *Fl. Fr.;* P. *Fl*).

6. **P. perfoliatus** L. *Sp.;* Coss. et Germ. *Fl.* 708; B. *Extr. Fl.;* P. *Fl.;* Dub. *Bot.;* Gren. et Godr. *Fl.*

♃. Juin-août.

C.—Rivières, fossés, tourbières. — Abbeville; Mers; Picquigny; Boves; Aveluy; Suzanne; Amiens (*Rom.*); Longueau, Camon, Rivery (*P. Fl.*).

7 **P. crispus** L. *Sp.;* Coss. et Germ. *Fl.* 708; B. *Extr. Fl.;* P. *Fl.;* Dub. *Bot.;* Gren. et Godr. *Fl.*

♃. Juin-août.

C. — Eaux courantes ou stagnantes, rivières, fossés, tourbières. — Drucat; Mareuil; Rue; Renancourt près Amiens, Le Mesge (*Rom.*); Longueau, Camon, Rivery (*P. Fl.*); Abbeville (*B. Extr. Fl.*).

8. **P. pusillus** L. *Sp.;* Coss. et Germ. *Fl.* 708 et *Illustr.;* B. *Extr. Fl*; P. *Fl.;* Dub. *Bot.;* Gren. et Godr. *Fl.*

♃. Juin-août.

R. — Fossés, tourbières, ruisseaux. — Le Mesge, Renancourt près Amiens (*Rom.*); marais de Gouy (*Baill.* Herb.); Abbeville (*B.* Extr. Fl.); Longpré, Rivery, Fortmanoir, Camon, Laviers (*P. Fl.*).

Nous avons vu des échantillons de *Potamogeton* recueillis dans le canal d'Abbeville à Saint-Valery (*Baill.* Herb.) qui nous paraissent appartenir au *P. Trichoides* (Chamisso et Schlecht. in Linn.; Coss. et Germ. *Fl.* 709; Gren. et Godr. *Fl.* — *P. monogynus* J. Gay in Coss. et Germ. *Fl.* ed. 1 et *Illustr.*). L'absence de carpelles mûrs nous a laissé des doutes sur leur détermination.

9. **P. acutifolius** Link ap. Rœm. et Schult *Syst. veg.;* Coss. et Germ. *Fl.* 709 et *Illustr.;* Gren. et Godr. *Fl.* — *P. compressus* DC. *Fl. Fr.;* P. *Fl.* — *P. compressus* var. β. Dub. *Bot.*

♃. Juin-août.

B R. — Eaux tranquilles, fossés, tourbières. — Renancourt et Petit-Saint-Jean près Amiens (*Rom.*); Longueau, Camon, Rivery (*P. Fl.*).

10. **P. densus** L. *Sp.;* Coss. et Germ. *Fl.* 710; B. *Extr. Fl.;* Gren. et Godr. *Fl.*

♃. Juillet-septembre.

A.C. — Eaux stagnantes ou courantes, fossés, tourbières. — Drucat; Caubert près Abbeville; Gamaches; Mers; Fort-Mahon près Quend; Cambron (*T.C.*); Montières, Renancourt et Petit-Saint-Jean près Amiens (*Rom.*); Longpré, Longueau, Pont-de-Metz (*P. Fl.*); Abbeville (*B.* Extr. Fl.).

Var. α. *densus* (Coss. et Germ. *Fl.* 710; Gren. et Godr. *Fl.* — *P. densus* DC. *Fl. Fr.;* P. *Fl.;* Dub. *Bot*).

Var. β. *serratus* (Coss. et Germ. *Fl.* 710. — *P. densus* var.

laxifolius Gren. et Godr. *Fl.* — *P. serratus* L. *Sp.* — *P. oppositi-
folius* DC. *Fl. Fr.;* P. *Fl ;* Dub. *Bot.*).

11. **P. pectinatus** L. *Sp.;* Coss. et Germ. *Fl.* 711 et *Illustr.;*
P. *Fl.;* Dub. *Bot.*

♃. Juillet-août.

C. — Eaux courantes ou stagnantes. fossés. mares, rivières. —
Abbeville; Laviers; Picquigny; Dompierre; Boves; Amiens
(*Rom.*).

Var. β. *scoparius* (Wallr. *Sched.* 68; Rchb. *Ic.* 7, t. 19. — *P.
marinus* Koch *Syn.* 781 ?) — Plante très grêle. Feuilles linéaires
sétacées; les supérieures nombreuses, fasciculées. — *A. R.* - Mares
dans les prés salés. — Laviers; Mers.

2. RUPPIA L. *Gen.*

Fleurs hermaphrodites, disposées sur deux rangs le long d'un
spadice solitaire. Spathe à 2 valves caduques. Périanthe nul.
Étamines 2, à filets très courts, squamiformes. Anthères à 2 loges
séparées par un connectif épais, libres, divergentes à la base,
contiguës au sommet. Stigmates 4. sessiles. Ovaires 4. Fruits
monospermes , d'abord sessiles , puis longuement pédicellés ,
portés sur un pédoncule commun s'allongeant à la maturité.

1. **R. rostellata** Koch *Syn.* 782; Gren. et Godr. *Fl.* 3, 324;
Brébiss. *Fl. Norm.* 251; Lloyd *Fl. Ouest* 428; Rchb. *Ic.* 7, t. 17, f. 25;
Puel et Maille *Fl. région.* exsicc. n. 23; Billot *Exsicc.* n. 655 — *R.
maritima* auct. plurim.; DC. *Fl. Fr.* 3, 183; B. *Extr. Fl.* 14; P.
Fl. 420; Dub. *Bot.* 440.

Plante submergée , très grêle. Tiges filiformes , rameuses.
Feuilles linéaires sétacées, à gaînes étroites , non anguleuses.
Anthères à loges presque globuleuses. Carpelles obliques, à bec
allongé, posés en travers sur les pédicelles. Pédoncule commun
de 2-4 centim., dressé ou courbé. ♃. Juin-octobre.

A. C. — Eaux saumâtres, fossés et mares des prés salés — Menchecourt près Abbeville; Laviers; Ault; Mers; Saint - Valery
(*Baill.* Herb.).

On n'a jamais constaté à notre connaissance dans nos limites

la présence du *R. maritima* (L. *Sp.* 184; Koch *Syn.* 781; Gren.
et Godr. *Fl.* 3, 324; Brébiss. *Fl. Norm.* 251; Llyod *Fl. Ouest* 427;
Rchb. *Ic* 7, t. 17, f. 26). Cette espèce diffère du *R. rostellata* Koch
par les caractères suivants : plante moins grêle; gaînes plus
grandes, anguleuses au sommet; loges des anthères oblongues;
carpelles ovoïdes, moins obliques, à bec plus court; pédoncule
beaucoup plus long (5 - 12 centim) ord. roulé en spirale à
plusieurs tours à la maturité.

3. ZANNICHELLIA L. *Gen.*

1. **Z. palustris** L. *Sp.*; Coss. et Germ. *Fl.* 711; B. *Extr. Fl.*;
Dub. *Bot.*—*Z. palustris* et *Z. dentata* P. *Fl.*

♃. Mai-septembre.

A.C.— Mares, fossés, eaux douces ou saumâtres.— Laviers;
Menchecourt près Abbeville; Ault; Mers; Cambron (*T. C.*);
Bovelles, Montières près Amiens (*Rom.*); Rivery, Camon, Fort-
manoir (*P.* Fl.).

On trouve quelquefois rejeté par la mer à Ault, au Hourdel et
à Saint-Valery le *Zostera marina* (L. *Sp.* 1374; B. *Extr. Fl.* 68;
P. *Fl.* 537; Dub. *Bot.* 440; Gren. et Godr. *Fl.* 3, 325; Rchb. *Ic.*
7, t. 4). Le genre *Zostera* de la famille des *Zosteracées* présente
les caractères suivants : fleurs monoïques, disposées d'un seul
côté et en avant sur un spadice linéaire; spadice renfermé dans
une spathe fendue à la base, prolongée en forme de feuille;
périanthe nul; anthère 1; pistil 1, uniovulé; style 1; stigmate 2.
— Le *Z. marina* se reconnaît à ses feuilles tri-multinerviées, à
sa spathe s'élargissant insensiblement de sa base au point où naît
le spadice et à ses graines striées longitudinalement.

XCVII. LEMNACEÆ Link *Handb*.

1. LEMNA L. *Gen.*

1. **L. trisulca** L. *Sp.*; Coss. et Germ. *Fl.* 715; B. *Extr. Fl*;
P. *Fl.*; Dub. *Bot.*; Gren. et Godr. *Fl.*

①. Avril-juin.

C. — Eaux tranquilles, mares, fossés. — Abbeville ; Drucat ; Mers, Cambron (*T. C.*) ; Ailly sur Somme, Le Mesge (*Rom.*).

2. **L. minor** L. *Sp.;* Coss. et Germ. *Fl.* 715 ; B. *Extr. Fl.;* P. *Fl.;* Dub. *Bot.;* Gren. et Godr. *Fl.*

④. Avril-juin.

C C. — Eaux stagnantes, mares, fossés.

3. **L. gibba** L. *Sp ;* Coss. et Germ. *Fl.* 716 ; B. *Extr. Fl.;* P. *Fl.;* Dub. *Bot.;* Gren. et Godr. *Fl.*

①. Avril-juin.

A. R. — Mares, fossés. — Mautort près Abbeville (*T. C.*); Bovelles (*Rom.*); Abbeville (*B.* Herb.; *Baill.* Herb.); Longueau, Glisy, Camon (*P.* Fl.).

4. **L. polyrrhiza** L. *Sp.;* Coss. et Germ. *Fl.* 716 ; B. *Extr. Fl.;* P. *Fl.;* Dub. *Bot ;* Gren. et Godr. *Fl.*

①. Avril-juin.

R. — Eaux tranquilles. — Cambron ; Camon (*Rom.*); Abbeville (*B.* Herb.; *Baill.* Herb.); Rivery, Petit-Saint-Jean, Renancourt (*P.* Fl.).

Le *L. arrhiza* (L. *Sp.;* Dub. *Bot.;* Gren. et Godr. *Fl.* — *Wolffia arrhiza* Coss. et Germ. *Fl.* 716) a été indiqué dans les marais Saint-Gilles à Abbeville (B. *Extr. Fl.;* P. *Fl.*), où nous ne l'avons pas observé. On a peut être pris pour cette espèce un état incomplet du *L. minor* L. ou du *L. gibba* L.

XCVIII. TYPHACEÆ Juss. *Gen.*

1. TYPHA L. *Gen.*

1. **T. latifolia** L. *Sp.;* Coss. et Germ. *Fl* 722 ; B. *Extr. Fl.;* P. *Fl.;* Dub. *Bot.;* Gren. et Godr. *Fl.*

♃. Juin-août.

C C. — Marais, étangs, fossés, tourbières.

Var. β. *media* (Coss. et Germ. *Fl* 722. — *T. media* DC. *Syn. Fl. Gall.*). — *R.* — Mareuil ; Authuille ; bords du canal de Saint-Valery (*T. C.*); Abbeville (*B.* Herb.).

2. **T. angustifolla** L. *Sp.;* Coss. et Germ. *Fl.* 722; B. *Extr. Fl.;* P. *Fl.;* Dub. *Bot.;* Gren. et Godr. *Fl.*

♃. Juin-août.

A. R. — Marais, fossés, tourbières. — Mareuil ; Bray-lès-Mareuil ; Hamel près Thiepval ; Authuille ; Laviers (*T. C.*); Renancourt près Amiens (*Rom.*); Mautort près Abbeville (*Baill.* Herb); Long (*B.* Extr. Fl.); Camon, Fortmanoir, Rivery (P. Fl.).

2. SPARGANIUM L. *Gen.*

1. **S. ramosum** Huds. *Fl. Angl.;* Coss. et Germ. *Fl.* 723; B. *Extr. Fl.;* P. *Fl.;* Dub. *Bot.;* Gren. et Godr. *Fl.* — *S. erectum* var. α. L. *Sp.*

♃. Juin-août.

C. — Bords des eaux, fossés, tourbières. — Abbeville ; Drucat ; Mers ; Jumel ; Aveluy ; Caubert près Abbeville (*T. C.*).

2. **S. simplex** Huds. *Fl. Angl.;* Coss. et Germ. *Fl.* 723; B. *Extr. Fl.;* P. *Fl.;* Dub. *Bot.;* Gren. et Godr. *Fl.* — *S. erectum* var. β. L. *Sp.*

♃. Juin-août.

A. C. — Marais, fossés, tourbières. — Abbeville ; Mers ; Suzanne.

3. **S. minimum** Fries *Summa;* Coss. et Germ. *Fl.* 723; Gren. et Godr. *Fl.* — *S. natans* Auct. plurim.; B. *Extr. Fl.;* P. *Fl.;* Dub. *Bot.;* non L.

♃. Juillet-août.

R. — Eaux tranquilles, tourbières. — Mareuil ; faubourg Saint-Gilles à Abbeville ; Caubert près Abbeville ; Renancourt près Amiens (*Rom.*); Villers-sur-Authie (*Poulain* Herb.); Pont-de-Metz, Glisy, Mesnil-Bruntel vers Péronne (P. Fl.).

XCIX. AROIDEÆ Juss. *Gen.*

1. ARUM L. *Gen.* ex parte.

1. **A. maculatum** L. *Sp.;* Coss. et Germ. *Fl.* 718; B. *Extr. Fl.;* Gren. et Godr. *Fl.* — *A. vulgare* Lmk. *Fl. Fr.;* P. *Fl.;* Dub. *Bot.* — (Vulg. *Pied de veau*).

♃. *Fl.* avril-mai. *Fr.* août-octobre.

C C. — Bois, haies, lieux ombragés

Var. β. *immaculatum* (Coss. et Germ. *Fl* 719).

C. ORCHIDEÆ Juss. *Gen.*

1 LOROGLOSSUM Rich. *Orch. Eur.* in *Mém. Mus.*

1. **L. hircinum** Rich. *Orch. Eur.;* Coss. et Germ. *Fl.* 676; P. *Fl.*—*Satyrium hircinum* L. *Sp.;* B. *Extr. Fl.*—*Orchis hircina* Crantz *Stirp. Aust.;* Dub. *Bot* —*Aceras hircina* Lindl. *Orch.;* Gren. et Godr. *Fl.*—(Vulg. *Orchis bouc*)

♃. Juin-juillet.

A. R. — Lieux sablonneux ou calcaires, bois, coteaux.— Neufmoulin; Épagne; Saint-Quentin-en-Tourmont; bois Boullon près Abbeville (*T. C.*); Bovelles (*Rom.*); Boves, Bertangles, Ailly, Dury (*P.* Fl.); Laviers (*B.* Extr. Fl.); bois de Port (*B.* Herb.).

2. ANACAMPTIS Rich. *Orch. Eur.*

1. **A. pyramidalis** Rich. *Orch. Eur.;* Coss. et Germ. *Fl.* 676; P. *Fl.*—*Orchis pyramidalis* L. *Sp.;* B. *Extr. Fl.;* Dub. *Bot.*—*Aceras pyramidalis* Rchb. *Ic.;* Gren. et Godr. *Fl.*

♃. Mai-juillet.

R R — Pelouses sèches, coteaux incultes. — Bailleul; Laviers (*Baill.* Herb.; *B.* Extr. Fl.).

3. ORCHIS L. *Gen.* ex parte.

1. **O. ustulata** L. *Sp.;* Coss. et Germ. *Fl.* 677; B. *Extr. Fl.;* P. *Fl.;* Dub. *Bot.;* Gren. et Godr. *Fl.*

♃. Mai-juin.

Coteaux secs, pelouses calcaires. — Abondant au-dessus des falaises entre Ault et Mers; Pinchefalise près Boismont (*B.* Not. manuscr.).

2. **O. purpurea** Huds. *Fl. Angl.;* Coss. et Germ. *Fl.* 678; B. *Extr. Fl.;* Gren. et Godr. *Fl.*—*O. militaris* var. β. et δ. L. *Sp.;* P. *Fl.;* Dub. *Bot.*—*O. fusca* Jacq. *Austr.;* Coss. et Germ. *Illustr.*

♃. Mai-juin.

Bois, coteaux calcaires boisés.

Var. α. *purpurea* (Coss. et Germ. *Fl.* 678). — *C.* — Drucat ;
Caux ; Neufmoulin ; Neuilly-l'Hôpital ; Estrées-lès-Crécy ; Port ;
Huchenneville ; Bailleul ; Bovelles, Saisseval (*Rom*.) ; Bray-lès-
Mareuil (*B.* Herb.) ; Bertangles, Dury, Cagny, Saveuse, Cambron,
Mareuil (*P* Fl.).

S.-v. *alba*. — Casque d'un blanc verdâtre. Labelle d'un blanc
pur non ponctué. — *R.* — Drucat.

Var. β. *Jacquini* (Coss. et Germ. *Fl.* 678. — *O. Jacquini* Godr.
Fl Lorr. *O. fusca* var. *stenoloba* Coss. et Germ. *Fl.* ed. 1 et
Illustr.). — *R.* — Mêlé avec le type. — Bois Boullon près Abbeville ;
Drucat ; bois de Port (*Baill.* Herb.).

Nous avons rencontré des *O. purpurea* dont le labelle, par
suite de la soudure des lobes latéraux avec le lobe moyen, était
entier, semi-orbiculaire, plus large que long, à bords frangés
dentés. Nous en trouvons aussi qui présentent un labelle presque
semblable à celui de l'*O. militaris* (L. *Sp.* excl. var.) et qui sont
probablement des hybrides (Coss. et Germ. not. in *Fl.* 678 et
680).

3. **O. militaris** L. *Sp.* excl. var.; Coss. et Germ. *Fl.* 679; B.
Extr. Fl.; Gren. et Godr. *Fl.* — *O. galeata* Lmk. *Encycl. méth.*;
P. *Fl.*; Dub. *Bot.*; Coss. et Germ. *Fl.* ed. 1 et *Illustr.*

♃. Mai-juin.

A. C. — Marais tourbeux, terrains calcaires, bois montueux —
Marais Saint-Gilles à Abbeville ; Épagne ; Pont-Remy ; Mareuil ;
Laviers ; bois Boullon près Abbeville ; Cambron. (*T. C.* Herb.);
Bovelles, Guignemicourt (*Rom*.) ; Pont-de-Metz, Camon, Glisy,
Fortmanoir, Renancourt (*P.* Fl.).

4. **O. Simia** Lmk. *Fl. Fr.*; Coss. et Germ. *Fl.* 680 et *Illustr.*;
B. *Extr. Fl.*; P. *Fl.*; Dub. *Bot.*; Gren. et Godr. *Fl.* — *O. militaris*
var. ε. L. *Sp.*

♃. Mai-juin.

R R. - Bois montueux, coteaux secs boisés. — Bovelles (*Rom*.) ;
bois de Port (*B.* Extr. Fl.).

L'*O. coriophora* (L. *Sp.*; Coss. et Germ. *Fl.* 681; B. *Extr. Fl.*;
Dub. *Bot.*; Gren. et Godr. *Fl.*) a été signalé à Abbeville dans les

prés le long de la Somme (*B*. Extr. Fl.), où nous ne l'avons
jamais observé.

5. **O. Morio** L. *Sp.;* Coss. et Germ. *Fl.* 681; B. *Extr. Fl.;*
P. *Fl.;* Dub. *Bot.;* Gren. et Godr. *Fl.*

♃. Mai-juin.

A.C. — Pâtures, pelouses sèches, bords des bois. -- Yvrench ;
Yvrencheux; Vercourt; Laviers; Buigny-Saint-Maclou ; Neuf-
moulin ; Les Alleux près Béhen ; Bovelles (*Rom*.); Hocquincourt
(*Abbé Dufourny*); Abbeville (*Baill*. Herb.; *B*. Herb.); Longueau,
Dury, Notre-Dame de Grâce (P. Fl.); Saint-Valery (*B*. Extr. Fl.).

6. **O. mascula** L. *Sp.;* Coss. et Germ. *Fl.* 682; B *Extr. Fl.;*
P. *Fl.;* Dub. *Bot.;* Gren. et Godr. *Fl.*

♃. Avril-juin.

A.R. — Bois montueux, pâturages. — Drucat; Millencourt;
Laviers; Cambron; Ercourt; Les Alleux près Béhen ; Limeux ;
Doudelainville ; Bovelles (*Rom*.); Cagny, Allonville, Boves, Notre-
Dame de Grâce, Ailly (*P*. Fl.).

7. **O. laxiflora** Lmk. *Fl. Fr.;* Coss. et Germ. *Fl.* 682; B. *Extr.
Fl.;* P. *Fl.*

♃. Mai-juin.

RR. — Marais, prés tourbeux.

Var. α. *laxiflora* (Coss. et Germ. *Fl.* 683.— *O. laxiflora* Dub.
Bot.; Gren. et Godr. *Fl.*) — Vers Montdidier et Péronne (P. Fl.).

Var. β. *palustris* (Coss. et Germ. *Fl.* 683 ; P. *Fl.*— *O. palustris*
Jacq. *Coll.;* Dub. *Bot* ; Gren. et Godr. *Fl.*).—Marais de Cambron
(*T. C* ; *Poulain* Herb.; *B*. Herb.); Mautort près Abbeville (*T. C.*
Herb.); bords du canal de Saint-Valery (*Baill*. Herb.); Abbeville
(*P*. Fl.).

8. **O. maculata** L. *Sp.;* Coss. et Germ. *Fl.* 683; B. *Extr. Fl.;*
P. *Fl.;* Dub. *Bot.;* Gren. et Godr. *Fl.*

♃. Juin-juillet.

CC. — Bois, prairies, pâtures.

9. **O. latifolia** L. *Sp.;* Coss. et Germ. *Fl.* 683; B. *Extr. Fl.;*
P. *Fl.;* Dub. *Bot.*

♃. Mai-juin.

Prés humides, marais tourbeux.

Var. α. *latifolia* (Coss. et Germ. *Fl.* 683.—*O. latifolia* Gren. et Godr. *Fl.*).—*C C*.

Var β. *incarnata* (Coss. et Germ. *Fl.* 684.—*O. incarnata* L *Sp.;* Gren. et Godr. *Fl.*).—*R.*— Drucat.

C'est probablement par suite d'une erreur de détermination que l'*O. sambucina* (L. *Sp.* 1333; Dub. *Bot.* 444; Gren. et Godr. 3. 295) a été indiqué dans les bois de Caux et de Monflières près Abbeville (*du Maisniel de Belleval* Not. manuscr.; *B.* Extr. *Fl.;* Dub. Bot).

4. OPHRYS L. *Gen.* ex parte.

1. **O. muscifera** Huds. *Fl. Angl.;* Coss. et Germ. *Fl.* 684 et *Illustr.;* B. *Extr. Fl.;* Gren. et Godr. *Fl.*— *O. myodes* Jacq. *Misc.;* B. *Extr. Fl.;* P. *Fl.;* Dub. *Bot.*

♃. Mai-juin.

A. C.— Bois, coteaux herbeux, terrains calcaires.— Huchenneville; Épagne; Drucat; Noyelles-sur-Mer; Cambron (*T. C.* Herb.); Borelles, Saisseval (*Rom.*); Bertangles, Boves, Caguy, Ailly, Oissy, Port (P. Fl.).

2. **O. aranifera** Huds. *Fl. Angl.;* Coss. et Germ. *Fl.* 685 et *Illustr.;* B. *Extr. Fl.;* Dub. *Bot;* Gren. et Godr. *Fl.*— *O. arachnites* var. β. *viridis* P. *Fl.*

♃. Mai-juin.

R R.— Coteaux secs, clairières des bois.— Saisseval, Guignemicourt (*Rom.*); bois de Caubert près Abbeville (*Baill.* Herb.); Caguy, Boves, Ailly, Mareuil, bois Boullon près Abbeville (P. Fl.).

3. **O. arachnites** Hoffm. *Deutschl. Fl.;* Coss. et Germ. *Fl.* 685 et *Illustr.;* P. *Fl.* excl. var.; Dub. *Bot.;* Gren. et Godr. *Fl.*

♃. Mai-juin.

A. R.— Coteaux calcaires, clairières des bois.— Caux; Neufmoulin; Épagne; Bouillancourt-en-Sery; Bovelles (*Rom.*); Cambron (*Baill.* Herb.); Boves (P. Fl.).

4. **O. apifera** Huds. *Fl. Angl.;* Coss. et Germ. *Fl.* 686 et

Illustr.; B. *Extr. Fl.*; Dub. *Bot.*; Gren. et Godr. *Fl.*—*O. arachnites*
var. *rosea* P. *Fl.*

♃. Juin-juillet.

A. R. — Coteaux herbeux, clairières des bois.— Huchenneville ;
Bouvaincourt; Limeux; Pont-Remy; Villers-sur-Mareuil ; Men-
checourt près Abbeville ; Ailly-sur-Somme (*Rom*); Épagne,
Cagny, Boves, Oissy (P. Fl.); Caubert près Abbeville (*B.* Extr.
Fl.).

L'*Herminium monorchis* (R. Br. in Ait. *Hort. Kew.;* Coss. et
Germ. *Fl.* 687. — *Ophrys monorchis* L. *Sp ;* B. *Extr. Fl ;* Dub.
Bot.— *Herminium clandestinum* Gren. et Godr. *Fl.*) indiqué sur
les monts Caubert près Abbeville (*B.* Extr. Fl.), n'y a pas été
retrouvé à notre connaissance. Il a été observé près de nos limites
dans la forêt d'Hesdin [Pas-de-Calais] (*Poulain* Herb.; *Baill.*
Herb.) et signalé dans la forêt d'Eu [Seine-Inférieure] (*du Maisniel de Belleval* Not. manuscr.; *B.* Extr. Fl.).

3. GYMNADENIA Rich. *Orch. Eur.* ex parte.

1. **G. conopsea** Rich. *Orch. Eur.;* Coss. et Germ. *Fl.* 687;
P. *Fl.*—*Orchis conopsea* L. *Sp.;* B. *Extr. Fl.;* Dub. *Bot.;* Gren. et
Godr. *Fl.*

♃. Juin-juillet.

C.— Prés humides, coteaux calcaires boisés, clairières des bois.
— Drucat; Caux; Neufmoulin ; Saint-Quentin-en-Tourmont ;
Yvrencheux; Francières; Pont-Remy; Épagne; Mareuil ; Huchen-
neville ; Frucourt; Bouillancourt-en-Sery; Oust-Marest; Jumel ;
Bezencourt près Tronchoy; Bovelles (*Rom.*); marais de Cambron
(*Poulain* Herb.); Laviers (*B.* Extr. Fl.); Dury, Ailly, Cagny,
Boves, Fortmanoir, Pont-de-Metz, bois de Caubert (P. Fl.).

2. **G. viridis** Rich. *Orch. Eur.;* Coss. et Germ. *Fl.* 688; P. *Fl.*
— *Satyrium viride* L. *Sp.;* B. *Extr. Fl.*— *Orchis viridis* All. *Ped.*;
Dub. *Bot.;* Gren. et Godr. *Fl.*

♃. Mai-juin.

R R.— Pâtures humides, pelouses sèches, coteaux herbeux.—
Pâturages au-dessus des falaises près de Mers; Doudelainville

(*H. Sueur*); Dury (*Poulain* Herb.; *Baill.* Herb.); Notre-Dame de Grâce, Le Gard près Picquigny, Camon, Fortmanoir, bois de Croixrault près Poix (*P.* Fl.).— Indiqué sur les coteaux de Laviers (*B.* Extr. Fl.), où nous ne l'avons pas observé.

6. PLATANTHERA Rich. *Orch. Eur.*

1. **P. bifolia** Rich. *Orch. Eur.;* Coss. et Germ. *Fl.* 689 et *Illustr.*—*Orchis bifolia* var. β. L. *Sp.*; Gren. et Godr. *Fl.*

♃. Mai-juin.

R R.— Lieux herbeux, pâtures ombragées, bois. — Bernapré; Doudelainville.

2. **P. montana** Schmidt *Fl. Boëm.;* Coss. et Germ. *Fl.* 689. — *P. chlorantha* Cust. ap. Rchb. in *Mœssl. Handb.;* Coss. et Germ. *Illustr.*—*Orchis bifolia* var. γ. L. *Sp.*— *Orchis montana* Gren. et Godr. *Fl.*

♃. Mai-juin.

C. — Bois, lieux herbeux, prés humides. — Huchenneville; Bienfay près Moyenneville; Mers; bois du Cap-Hornu près Saint-Valery; Noyelles-sur-Mer; Neufmoulin; Caux; Cambron (*T. C.*); Bovelles (*Rom.*).

7. LIMODORUM Tourn. *Inst.*

1. **L. abortivum** Sw. *Nov. act. Holm.;* Coss. et Germ. *Fl.* 690; P. *Fl.;* Dub. *Bot.;* Gren. et Godr. *Fl.*—*Orchis abortiva* L. *Sp.;* B. *Extr. Fl.*

♃. Juin-juillet.

R R. — Bois montueux, coteaux secs.— Bovelles (*Rom.*); Dury (*Garnier*); bois du Gard (*B.* Extr. Fl.); Boves (*Baill.* Herb.); Cagny, Ailly, Jumel, Notre-Dame de Grâce (*P.* Fl.).

8. CEPHALANTHERA Rich. *Orch. Eur.*

1. **C. grandiflora** Babingt. *Man. Brit. bot.:* Coss. et Germ. *Fl.* 691; Gren. et Godr. *Fl.;* Billot *Exsicc.* n. 3236.—*C. lancifolia* P. *Fl.*—*Serapias lancifolia* Murr. *Syst. veg.;* B. *Extr. Fl.*—*Epipactis pallens* Sw. in *Act. Holm.;* Dub. *Bot.*

♃. Mai-juin.

A. C. — Bois montueux, coteaux calcaires boisés. — Caumondel près Huchenneville; Villers-sur-Marcuil; Bouttencourt; Oust-Marest; Lanchères; Neuville près Estrebœuf; Drucat; Neuf-moulin; Neuilly-l'Hôpital; Francières; Cambron (*T. C.*); Bovelles (*Rom.*); Port (*Baill.* Herb.); Laviers, Caubert près Abbeville (*Poulain* Herb.); Boves, Cagny, Ailly, Dury, bois Boullon près Abbeville (*P.* Fl.); Épagne (*B.* Extr. Fl.).

2. **C. Xiphophyllum** Rchb. f. *Ic.*; Coss. et Germ. *Fl.* 691. — *C. ensifolia* Rich. *Orch. Eur.*; P. *Fl.*; Gren. et Godr. *Fl.;* Billot *Exsicc.* n. 2377. — *Serapias ensifolia* Murr. *Syst. veg.*; B. *Extr. Fl.* — *Epipactis ensifolia* Sw. in *Act. Holm.*; Dub. *Bot.*

♃. Mai-juin.

R R. — Bois montueux, lieux herbeux ombragés. — Bois de Port; bois de La Motte à Cambron (*H. Sueur; Baill.* Herb.); Laviers (*Poulain* Herb.); Jumel (*P.* Fl.).

Le *C. rubra* (Rich. *Orch. Eur.*; Coss. et Germ. *Fl.* 692; P. *Fl.;* Gren et Godr. *Fl.* — *Serapias rubra* L. *Mant.;* B. *Extr. Fl.* — *Epipactis rubra* All. *Ped.;* Dub. *Bot.*) a été signalé dans le bois de Port (*P.* Fl.), où nous l'avons vainement cherché.

9. EPIPACTIS Rich. Orch. Eur.

1. **E. latifolia** All. *Ped.;* Coss. et Germ. *Fl.* 692; P *Fl.;* Dub. *Bot.* — *Serapias latifolia* L. *Mant.;* B. *Extr. Fl.*

♃. Juin-août.

Bois, coteaux calcaires boisés, pelouses sèches, lieux sablon-neux.

Var. α. *latifolia* (Coss. et Germ. *Fl.* 693. — *E. latifolia* Koch *Syn.;* Gren. et Godr. *Fl.*). — *A. R.* — Neufmoulin; Noyelles-sur-Mer; dunes de Saint-Quentin-en-Tourmont; Cambron; bois de La-Motte-Croix-au-Bailly; Bouillancourt-en-Sery; Huchenneville; Francières; Jumel; Bezencourt près Tronchoy; Bovelles, Ailly-sur-Somme (*Rom.*).

Var. β. *atrorubens* (Coss. et Germ. *Fl.* 693. — *E. atrorubens* Hoffm. *Deutschl. Fl* ; Gren. et Godr. *Fl.* — *E. latifolia* var. *micro-*

phylla P. *Fl.*— *E. rubiginosa* Gaud. *Fl. Helv.;* Koch *Syn.*).— *C.*
— Neufmoulin ; Yvrencheux ; Francières ; Pont-Remy ; Épagne ;
Liercourt ; Huchenneville ; Bailleul ; Frucourt ; Boutlencourt ;
Bouillancourt-en-Sery ; Wailly ; Jumel ; Liomer ; Bezencourt près
Trouchoy ; Hocquincourt (*Abbé Dufourny*) ; Bovelles (*Rom.*).

S.-v. *lutescens* (Coss. et Germ. *Fl.* 693).— *R R.*— Bois de Fréchencourt près Bailleul.

2. **E. palustris** Crantz *Austr.;* Coss. et Germ. *Fl.* 693 ; P. *Fl.;*
Dub. *Bot.;* Gren. et Godr. *Fl.* — *Serapias palustris* Scop. *Carn.;*
B. *Extr. Fl.*

♃. Juillet-août.

C. — Marais tourbeux, près humides.— Faubourg Saint-Gilles
à Abbeville ; Épagne ; Saint-Quentin-en-Tourmont ; Quend ;
Suzanne ; Cambron (*T. C*) ; Ailly-sur-Somme (*Rom.*), Camon,
Glisy, Dreuil, Fortmanoir (*P. Fl.*).

10. NEOTTIA Rich. *Orch. Eur.*

1. **N. Nidus-avis** Rich. *Orch. Eur.;* Coss. et Germ. *Fl.* 694 ;
P. *Fl.;* Gren. et Godr. *Fl.*—*Ophrys Nidus-avis* L. *Sp.;* B. *Extr. Fl.*
— *Epipactis Nidus-avis* All. *Ped.;* Dub. *Bot.*

♃. Mai-juin.

R.—Bois couverts, lieux ombragés.— Limeux ; Bailleul ; Bray-
lès-Mareuil ; Yvrench ; Millencourt ; Drucat ; Laviers ; Noyelles-
sur-Mer ; Cambron ; Bovelles (*Rom.*) ; Cagny, Allonville, Querrieux, Pont-de-Metz, Jumel, Ailly, Saint-Riquier (*P. Fl*) ; Neuilly-
l'Hôpital (*B.* Extr. Fl.).

2. **N. ovata** Bluff. et Fingerh. *Comp* ; Coss. et Germ. *Fl.* 694 ;
P. *Fl.*—*Ophrys ovata* L. *Sp.;* B. *Extr. Fl.*—*Epipactis ovata* All.
Ped.; Dub. *Bot.*—*Listera ovata* R. Br. in Ait. *Hort. Kew.;* Gren. et
Godr. *Fl.*

♃. Mai-juillet.

C C.— Bois, lieux ombragés.

11. SPIRANTHES Rich. *Orch. Eur.*

1. **S. æstivalis** Rich. *Orch. Eur.;* Coss. et Germ. *Fl.* 695 ;
P. *Fl.;* Gren. et Godr. *Fl.*—*Ophrys æstivalis* Lmk. *Encycl. méth.;*

B. *Extr. Fl.—Neottia æstivalis* DC. *Fl. Fr.;* Dub. *Bot.—Ophrys spiralis* var. *γ.* L. *Sp.*

♃. Juillet-août.

R R —Prés humides, marais tourbeux. — Saint-Quentin-en-Tourmont; Mautort près Abbeville, Cambron (*Poulain* Herb.; *Baill.* Herb.; *B.* Extr. Fl.).

2. **S. autumnalis** Rich. *Orch. Eur.;* Coss. et Germ. *Fl.* 696; Gren. et Godr. *Fl.—S. spiralis* Chevall. *Fl. Par.;* P. *Fl.—Ophrys spiralis* L. *Sp.;* B. *Extr. Fl.—Neottia spiralis* Sw. in *Act. Holm.;* Dub. *Bot.*

♃. Août-septembre.

A. R. — Coteaux incultes, pelouses sèches. — Monts Caubert près Abbeville; Chaussoy près Tœufles; Cambron (*T. C.*); fortifications d'Abbeville (*Poulain* Herb.); Naours, Querrieux, Erchen (*P.* Fl.).

12. LIPARIS Rich. *Orch. Eur.*

1. **L. Lœselii** Rich *Orch. Eur.;* Coss. et Germ. *Fl.* 698; P. *Fl.;* Gren. et Godr. *Fl.;* Puel et Maille *Fl. loc.* exsicc. n. 146.—*Ophrys Lœselii* L. *Sp*; B. *Extr. Fl.—Malaxis Lœselii* Sw. in *Act. Holm;* Dub. *Bot.*

♃ Juin-juillet.

R.— Marais sablonneux.— Dunes de Saint-Quentin-en-Tourmont et de Quend.

CI. IRIDEÆ Juss. *Gen.*

1. IRIS L. *Gen.*

1. **I. Germanica** L. *Sp.;* Coss. et Germ. *Fl.* 666; B. *Extr. Fl.;* P. *Fl.;* Dub. *Bot.;* Gren et Godr. *Fl.—*(Vulg. *Iris.—*En picard *Glajeu*).

♃. Mai-juin.

Vieux murs, toits de chaume.— Plante naturalisée.

2. **I. Pseudo-Acorus** L. *Sp.;* Coss. et Germ. *Fl.* 666; B. *Extr. Fl.:* P. *Fl.;* Dub. *Bot.;* Gren. et Godr. *Fl.—*(Vulg. *Iris jaune, Glayeul des marais*).

♃. Juin-juillet.

17

C.— Lieux marécageux, bords des eaux.—Abbeville; Cambron; Noyelles-sur-Mer ; Drucat ; Marcuil ; Le Mesge, Ailly-sur-Somme, Longpré près Amiens (*Rom.*).

CII. AMARYLLIDEÆ R. Br. *Prodr. Nov. Holl.*

1. NARCISSUS L. *Gen.*

1. **N. Pseudo-Narcissus** L. *Sp.;* Coss. et Germ. *Fl.* 671 ; B. *Extr. Fl.;* P. *Fl.;* Dub. *Bot.;* Gren. et Godr. *Fl.*—(Vulg. *Ayault, Narcisse des bois*).

♃. Mars-mai.

C.— Bois, pâtures, vergers.

On cultive comme plantes d'ornement plusieurs espèces du genre *Narcissus,* entr'autres le *N. poeticus* (L. *Sp.;* Coss. et Germ. *Fl.* 669 ; B. *Extr. Fl.;* Dub. *Bot.;* Gren. et Godr. *Fl.*) et le *N. Jonquilla* (L. *Sp.;* Coss. et Germ. Not. in *Fl.* 670 ; B. *Extr. Fl.;* P. *Fl.;* Dub. *Bot.;* Gren. et Godr. *Fl.*—Vulg. *Jonquille*). On les rencontre quelquefois à l'état subspontané sur les pelouses et dans les vergers près des habitations

2. GALANTHUS L. *Gen.*

1. **G. nivalis** L. *Sp.;* Coss. et Germ. *Fl.* 672 ; B. *Extr. Fl.;* P. *Fl.;* Dub. *Bot.;* Gren. et Godr. *Fl.*—(Vulg. *Perce-neige*).

♃. Février-mars.

R. — Prairies, vergers. — Menchecourt et La Bouvaque près Abbeville ; Beauvoir près Hocquincourt (*Abbé Dufourny*); Saint-Maurice près Amiens, Le Gard près Picquigny (*P. Fl.*).

Le *Leucoium vernum* (L. *Sp.;* Coss. et Germ. Not. in *Fl.* 672 ; B. *Extr. Fl.;* P. *Fl.;* Dub. *Bot.;* Gren. et Godr. *Fl.*) s'est naturalisé sur les pelouses et dans le bois du parc de Villers-sur-Mareuil

CIII. ASPARAGINEÆ Rich. in *Dict. class.*

1. ASPARAGUS L. *Gen.*

1. **A. officinalis** L. *Sp.;* B. *Extr. Fl.;* P. *Fl.;* Dub. *Bot ;* Gren. et Godr. *Fl.*—(Vulg. *Asperge*).

♃. *Fl.* juin-juillet. *Fr.* août-octobre.

Var. α. *maritimus* (L. *Sp.* **448**; Gren. et Godr. *Fl.* 3, **231**; Lloyd *Fl. Ouest* **453**.— *A. prostratus* Dumort. *Floral. Belg* **178**). — Tige ord. peu élevée (3-6 décim.), couchée à la base, à rameaux courts, épais.— *R.*— Sables maritimes.— Dunes de Saint-Quentin-en-Tourmont.

Var. β. *campestris* (Gren. et Godr. *Fl.* 3, **231**.— *A. officinalis* Coss. et Germ. *Fl.* **660**).— Tige de 7-9 décim., dressée, à rameaux grêles, allongés — Cultivé dans les potagers.— Quelquefois sub-spontané.

2. CONVALLARIA L. *Gen.* ex parte.

1. **C. maialis** L. *Sp.;* Coss. et Germ. *Fl.* 660; B. *Extr. Fl.;* P. *Fl.;* Dub. *Bot.;* Gren. et Godr. *Fl.*—(Vulg. *Muguet à clochettes*).

♃. *Fl.* mai. *Fr.* août-septembre.

C.—Bois couverts.— Drucat ; Mareuil ; Bailleul ; Tilloy-Flori-ville; bois de La-Motte-Croix-au-Bailly ; bois de Size près Ault ; Lanchères ; La Faloise ; Port (*H. Sueur*); Ailly-sur-Somme, Bovelles (*Rom.*); Cagny, Dury, Allonville, Saint-Riquier (*P. Fl.*); forêt de Crécy (*B. Not.* manuscr.); Neuilly-l'Hôpital (*B. Extr. Fl.*).

3. POLYGONATUM Desf. in *Ann. Mus.*

1. **P. vulgare** Desf. in *Ann. Mus.;* Coss. et Germ. *Fl.* 661; Gren. et Godr. *Fl.—Convallaria Polygonatum* L. *Sp.;* P. *Fl.;* Dub. *Bot.—* (Vulg. *Sceau de Salomon*).

♃. *Fl.* avril-mai. *Fr.* août-septembre.

Bois ombragés. — Notre-Dame de Grâce, Dury, Querrieux (*P.* Fl.). — Nous n'avons pas observé nous-mêmes dans nos limites cette espèce, qui, si elle s'y trouve, est certainement beaucoup plus rare que la suivante.

2. **P. multiflorum** Desf. in *Ann. Mus* ; Coss. et Germ. *Fl.* 661; Gren. et Godr. *Fl.—Convallaria multiflora* L. *Sp.;* B. *Extr. Fl.;* P. *Fl.;* Dub. *Bot.—* (Vulg. *Sceau de Salomon*).

♃. *Fl.* avril-mai. *Fr.* août-septembre.

CC.—Bois couverts.

Le *Maianthemum bifolium* (DC. *Fl. Fr.;* Coss. et Germ. *Fl.* 661; Dub. *Bot.;* Gren. et Godr. *Fl.*) signalé à Dury (*Picard* Not. manuscr.) n'y a pas été retrouvé à notre connaissance.

4. PARIS L. *Gen.*

1. **P. quadrifolia** L. *Sp.;* Coss. et Germ. *Fl.* 662; B. *Extr. Fl.;* P. *Fl.;* Dub. *Bot.;* Gren. et Godr. *Fl.*

♃. *Fl.* mai-juin. *Fr.* juillet-août.

A. C. — Bois couverts. — Huchenneville; Huppy; Cambron; Drucat; Millencourt; Wailly; Bovelles, Ailly-sur-Somme (*Rom.*); Cagny, Dury, Allonville, Mareuil, Saint-Quentin-La-Motte-Croix-au-Bailly, Jumel (P. Fl.); Bray-lès-Mareuil (*B.* Extr. Fl.).

5. RUSCUS L. *Gen.*

1. **R. aculeatus** L. *Sp;* Coss. et Germ. *Fl.* 663; B. *Extr. Fl.;* P. *Fl.;* Dub. *Bot.;* Gren. et Godr. *Fl.*—(Vulg. *Petit Houx*).

♄. *Fl.* avril-mai. *Fr.* septembre.

R. — Bois montueux. — Bois de Size près Ault; bois de Rampval près Mers; Oust-Marest; Bouvaincourt.

CIV. DIOSCOREÆ R. Br. *Prodr. Nov. Holl.*

1. TAMUS L. *Gen.*

1. **T. communis** L. *Sp.;* Coss. et Germ. *Fl.* 664; B. *Extr. Fl.;* P. *Fl.;* Dub. *Bot.;* Gren. et Godr. *Fl.*

♃. *Fl.* juin-juillet. *Fr.* août-septembre.

A. R. — Bois couverts, haies, buissons. — Drucat; Estrées-lès-Crécy; Caubert près Abbeville; Huchenneville; Bailleul; Mers; Cambron (*T. C.*); Bovelles, Ferrières (*Rom.*); bois de Size près Ault (*Poulain* Herb.); Bertaugles, Querrieux, Mareuil, Ailly, Fortmanoir, Oresmaux (P. Fl.).

CV. LILIACEÆ DC. *Théor. élém.*

1. FRITILLARIA L. *Gen.*

1. **F. Meleagris** L. *Sp.;* Coss. et Germ. Not. in *Fl.* 645; B.

Extr. Fl.; P. *Fl.;* Dub. *Bot.;* Gren. et Godr. *Fl* ; Rchb. *Ic.* 10, 1. 442, f. 974 ; Puel et Maille *Fl. loc.* exsicc. n. 160; Billot *Exsicc.* n. 1077.

Bulbe petit, subglobuleux. Tige de 2-4 décim., grêle, dressée, uniflore, très rarement biflore. Feuilles 3-4, alternes, écartées, linéaires, canaliculées, recourbées. Fleur grande, penchée, marquée alternativement de carreaux blancs et de carreaux violets en manière de damier, plus rarement blanche. Divisions du périanthe conniventes en cloche, munies à la base d'une fossette nectarifère oblongue. Style allongé subclaviforme. Stigmates 3. Capsule petite, ovoïde oblongue, trigone, redressée. ♃. Avril-juin.

Marais tourbeux. — Abondant dans les prés du faubourg Saint-Gilles à Abbeville, d'Épagnette et d'Épagne ; Caubert et Menchecourt près Abbeville.

S.-v. *alba.* — Feur blanche.

S.-v. *biflora.* — Tige biflore.

2. ORNITHOGALUM L. *Gen.* ex parte.

1. **O. Pyrenaicum** L. *Sp.;* Coss. et Germ. *Fl.* 646 ; B *Extr. Fl.;* P. *Fl.;* Dub. *Bot.;* Gren. et Godr. *Fl.*

♃. Mai-juin.

R R. — Bois. — Dury (*B.* Extr. Fl.; *Poulain* Herb.; *Baill.* Herb.); Cagny, Fortmanoir (*P.* Fl.).

2. **O. umbellatum** L. *Sp.;* Coss. et Germ. *Fl.* 646 ; B. *Extr. Fl.;* P. *Fl.;* Dub. *Bot.;* Gren. et Godr. *Fl.* — (Vulg. *Dame d'onze heures*).

♃. Mai-juin.

A. R. — Prés, vergers, bois. — Drucat; Rue; bois du Cap-Hornu près Saint-Valery ; Sur-Somme près Abbeville ; Amiens ; Francières (*H. Sueur*) ; Le Mesge (*Rom.*) ; Pont de-Metz, Fortmanoir, Querrieux, Oissy, Jumel, Menchecourt près Abbeville (*P.* Fl.).

L'O. *nutans* (L. *Sp* 441 ; B. *Extr. Fl.* 24 ; P. *Fl.* 402 ; Dub. *Bot.* 467 ; Gren. et Godr. *Fl.* 3, 189 - *Albucea nutans* Rchb *Ic.* 10, t. 473, f. 1031), qui se trouvait à Thuison près Abbeville dans l'emplacement de l'ancien jardin des Chartreux (*Poulain* Herb.; *Baill.* Herb.), a disparu de cette localité.

3. GAGEA Salisb. in *Ann. bot.*

1. **G. arvensis** Schult. *Syst. veg.*; Coss. et Germ. *Fl.* 647; Gren. et Godr. *Fl.—Ornithogalum arvense* Pers. in *Ust. Ann.;* B. *Extr. Fl.—Ornithogalum minimum* DC. *Fl. Fr.*; P. *Fl.—Gagea villosa* Dub. *Bot.*

♃. Mars-avril.

R.— Champs argileux, prairies artificielles.— Beauvoir près Hocquincourt, champs entre Montdidier et Forestel (*Abbé Dufourny*) ; Bovelles, Ferrières (*Rom.*); Cambron, Boves (*T. C.*); Villers-sous-Ailly (*de Beaufort*); Laviers, Poulainville (*Baill.* Herb.; *Poulain* Herb.); Notre-Dame de Grâce, Saint-Fuscien, Querrieux, Dury, Cagny (*P.* Fl.).

4. SCILLA L. *Gen* ex parte.

1. **S. bifolia** L. *Sp.;* Coss. et Germ. *Fl.* 649; B. *Extr. Fl.*; P. *Fl.;* Dub. *Bot.—Adenoscilla bifolia* Gren. et Godr. *Fl.*

♃. Mars-avril.

R R. - Taillis, clairières des bois.— Bois l'Abbé près Villers-Bretonneux (*Poulain* Herb.; *P.* Fl.); Conty (*P.* Fl.); Péronne (*B* Extr. Fl.).

5. ENDYMION Dumort. *Fl. Belg.*

1. **E. nutans** Dumort. *Fl. Belg.;* Coss. et Germ. *Fl.* 650; Gren. et Godr. *Fl.— Hyacinthus non scriptus* L. *Sp.;* B. *Extr. Fl.—Scilla nutans* Sm. *Fl. Brit.*; P. *Fl* ; Dub. *Bot* —(Vulg. *Jacinthe des bois*).

♃. Avril-mai.

C C.— Bois, pâtures ombragées.

6. ALLIUM L. *Gen.*

1. **A. ursinum** L. *Sp.*; Coss. et Germ. *Fl.* 651; B. *Extr. Fl.;* P. *Fl.;* Dub. *Bot.*; Gren. et Godr. *Fl.*

. ♃. Avril-mai.

R R.— Forêts, bois couverts.— Forêt de Crécy; bois de Rampval près Mers; bois de Size près Ault (*Baill.* Herb.); forêt d'Heilly (*P.* Fl.).

2. **A. Cepa** L. *Sp.;* Coss. et Germ. *Fl.* 653; B. *Extr. Fl.*; P. *Fl.;* Dub. *Bot.*; Gren. et Godr. *Fl.*—(Vulg. *Oignon*).

♃ Juin-août.

Cultivé dans les jardins potagers.

Var. β. *bulbiferum* (Coss. et Germ. *Fl.* 653).

3. **A. Ascalonicum** L. *Sp.;* Coss. et Germ. Not. in *Fl.* 653; B. *Extr. Fl.;* P. *Fl.;* Dub. *Bot.;* Gren. et Godr. *Fl.*—(Vulg. *Échalotte*).

♃. Juillet-août.

Cultivé dans les jardins potagers.

4. **A. Schœnoprasum** L. *Sp.;* Coss. et Germ. Not. in *Fl.* 653; B. *Extr. Fl.;* P. *Fl.;* Dub. *Bot.;* Gren. et Godr. *Fl.*—(Vulg. *Civette, Ciboulette*).

♃ Juillet-août.

Cultivé dans les jardins potagers.

5. **A. oleraceum** L. *Sp.;* Coss. et Germ. *Fl.* 653; Dub. *Bot.;* Gren. et Godr. *Fl.*; Brébiss. *Fl. Norm.*

♃ Juillet-août.

R R. - Lieux cultivés, lisières des bois. - Ancennes près Bouillancourt-en-Sery; Ercourt; bois de Size près Ault.

6. **A. sativum** L. *Sp.;* Coss. et Germ. Not. in *Fl.* 654; B. *Extr. Fl.;* P. *Fl.;* Dub. *Bot.;* Gren. et Godr. *Fl.*—(Vulg. *Ail*).

♃. Juin-juillet.

Cultivé dans quelques potagers.

7. **A. vineale** L. *Sp ;* Coss. et Germ. *Fl.* 654; B. *Extr. Fl.;* P. *Fl.;* Dub. *Bot.;* Gren et Godr. *Fl.*

♃. Juin-juillet.

A. C.—Champs cultivés, moissons, prés, lisières des bois.— Menchecourt et bois Boullon près Abbeville; Caux; Ercourt; Huchenneville; Bray lès-Mareuil; Bovelles (*Rom*); dunes de Saint-Quentin-en-Tourmont (*Poulain* Herb.); Drucat, Villers-sur-Mareuil (*B. Extr. Fl.*); Sours (*P. Fl.*).

S.-v. *compactum* (Coss. et Germ. *Fl.* 655. — *A. compactum* Thuill. *Fl. Par.*—*A. vineale* var. *compactum* P. *Fl.*). — Plus commun que le type.

8. **A. Porrum** L. *Sp.*; Coss. et Germ. *Fl.* 655; B. *Extr. Fl.;* P. *Fl.;* Dub. *Bot.;* Gren. et Godr. *Fl.* — (Vulg. *Poireau, Porreau*).

② ou ♃. Juin-août.

Cultivé dans les jardins potagers.

L'*A. sphœrocephalum* (L. *Sp.;* Coss. et Germ. *Fl.* 655; Dub. *Bot.;* Gren. et Godr. *Fl.*) a été indiqué d'une manière vague vers Péronne et Montdidier (P. Fl.; B. Extr. Fl.).

7. MUSCARI Tourn. *Inst.*

1. **M. comosum** Mill. *Dict.;* Coss. et Germ. *Fl.* 656; P. *Fl.;* Dub. *Bot.;* Gren. et Godr. *Fl.* — *Hyacinthus comosus* L. *Sp.;* B. *Extr. Fl.*

♃. Mai-juillet.

C. — Champs, moissons des terrains maigres. — Huchenneville; Limeux; Bailleul; Bray-lès-Mareuil: Francières; Caux; Saint-Valery; Wailly; Jumel; Berny-sur-Noye; Pont-Remy (*H. Sueur*); Bovelles, Ferrières, Ailly-sur-Somme, Saisseval (*Rom.*).

2. **M. racemosum** Mill. *Dict.;* Coss. et Germ. *Fl.* 656; P. *Fl.;* Dub. *Bot.* — *Hyacinthus racemosus* L. *Sp.;* B. *Extr. Fl.* — (Vulg. *Ail des chiens*).

♃. Avril-mai.

RR. — Champs cultivés, pelouses sablonneuses. — Quend (*Baill. Herb.*); anciennes fortifications de Montdidier (*Abbé Dufourny*); Boves, Cagny, Miannay, Saint-Valery (P. Fl.).

3. **M. botryoïdes** Mill. *Dict.;* Coss. et Germ. *Fl.* 657; P. *Fl.;* Dub. *Bot.* — *Hyacinthus botryoïdes* L. *Sp.*

♃. Avril-mai.

RR. — Subspontané dans les bosquets et les lieux herbeux près des habitations. — Drucat; Amiens sur les remparts de la citadelle (P. Fl.). — Cultivé dans les jardins comme plante d'ornement.

8. PHALANGIUM Tourn. *Inst.*

1. **P. ramosum** Lmk. *Encycl. méth.* Coss. et Germ. *Fl.* 657; P *Fl.;* Dub. *Bot.;* Gren. et Godr *Fl.* — *Anthericum ramosum* L. *Sp.*

♃. Juillet-août.

R R.— Pelouses arides, coteaux calcaires boisés.—Bezencourt près Tronchoy.

CVI. COLCHICACEÆ DC. *Fl. Fr.*

1. COLCHICUM Tourn. *Inst.*

1. **C. autumnale** L. *Sp.;* Coss. et Germ. *Fl.* 642; B. *Extr. Fl.;* P. *Fl.;* Dub. *Bot.;* Gren. et Godr. *Fl.*—(Vulg. *Colchique*).

♃. *Fl* septembre-octobre. *Fr.* mai-juin.

A. C.—Pâtures ombragées, prairies humides.—Drucat; Ercourt; Bernapré; Montdidier (*Abbé Dufourny*); Bovelles (*Rom.*); Fort-manoir, Pont-de-Metz, Lheure près Caux, Ailly-sur-Noye, Fieffes (*P. Fl.*); Péronne (*B. Extr. Fl.*).

CVII. JUNCEÆ DC. *Fl. Fr.*

1. JUNCUS L. *Gen.* ex parte.

1. **J. maritimus** Lmk. *Encycl. méth.* 3, 264; B. *Extr. Fl.* 25; P. *Fl.* 408; Dub. *Bot.* 475; Gren. et Godr. *Fl.* 3, 341; Brébiss. *Fl. Norm.* 277; Lloyd *Fl. Ouest* 466; Rchb. *Ic.* 9, t. 402.

Souche à rhizomes horizontaux donnant naissance à une série simple de faisceaux de feuilles et de tiges. Tiges de 4-8 décim., nues, pleines, dressées, cylindriques. Feuilles cylindriques, subulées piquantes, à gaînes d'un brun rougeâtre. Fleurs en cyme rameuse, lâche, terminale, à feuille bractéale inférieure dépassant longuement les fleurs et paraissant être la continuation de la tige. Périanthe à divisions lancéolées aiguës. Étamines 6. Capsule elliptique, mucronée, égalant environ les divisions du périanthe. ♃. Juillet-août.

A. C.—Lieux marécageux dans la région maritime.—Laviers; Port; Saint-Quentin-en-Tourmont; Fort-Mahon près Quend; Quend (*Baill. Herb.*); Cayeux (*P. Fl.*); bords du canal de Saint-Valery (*B. Extr. Fl.*).

2. **J. effusus** L *Sp.* emend.; Coss. et Germ. *Fl.* 725.—*J. communis* Mey. *Junc.;* Dub. *Bot.*

♃. Juin-juillet.

C C.— Marais, lieux humides des bois.

Var. α. *effusus* (Coss. et Germ. *Fl.* 726.— *J. effusus* L. *Sp.* ex parte ; B. *Extr. Fl.*; P. *Fl* ; Gren. et Godr. *Fl.* — *J. communis* var. *effusus* Mey. *Junc.;* Dub. *Bot.*).

Var. β. *conglomeratus* (Coss. et Germ. *Fl.* 726.— *J. conglomeratus* L. *Sp* ; B. *Extr. Fl.*; P. *Fl.*; Gren. et Godr. *Fl.*— *J. communis* var. *conglomeratus* Mey. *Junc.;* Dub. *Bot.*).

3. **J. glaucus** Ehrh. *Beitr.;* Coss. et Germ. *Fl.* 726; P. *Fl.;* Dub. *Bot.;* Gren. et Godr. *Fl.*— *J. inflexus* Lœrs *Herb.;* B. *Extr. Fl.* —(Vulg. *Jonc des jardiniers*).

♃. Juin-août.

C.— Lieux humides , bords des eaux , fossés desséchés.— Drucat ; Laviers ; Mers ; bords du canal de Saint-Valery (*T. C.*) ; Le Mesge (*Rom.*) ; Longueau, Pont-de-Metz (P. Fl.) ; Cambron (*B.* Extr. Fl.).

4. **J. supinus** Mœnch *Enum. Hass.;* Coss. et Germ. *Fl.* 726 ; P. *Fl.;* Dub. *Bot ;* Gren. et Godr. *Fl.*— *J. uliginosus* Roth *Tent. Fl. Germ.;* B. *Extr. Fl.*— *J. fluitans* Lmk. *Encycl. méth.;* Dub. *Bot.*— *J. subverticillatus* Wulf. in Jacq. *Coll.*— *J. verticillatus* Pers. *Syn.*

♃. Juin-août.

R R.— Lieux humides, bords des étangs.— Villers-sur-Authie ; Cayeux (P. Fl.).

5. **J. obtusiflorus** Ehrh. *Beitr.;* Coss. et Germ. *Fl.* 727; P. *Fl.;* Dub. *Bot.;* Gren. et Godr. *Fl.*

♃. Juin-août.

C C.— Lieux humides, fossés, prés tourbeux.

6. **J. sylvaticus** Reich. *Fl Mœno-Francof.;* Coss. et Germ. *Fl.* 727; Gren. et Godr. *Fl.*— *J. acutiflorus* Ehrh. *Beitr.;* P. *Fl.;* Dub. *Fl.*

♃. Juin-août.

C C.— Lieux humides, marais tourbeux, fossés.

7. **J. lamprocarpus** Ehrh. *Calam.;* Coss. et Germ. *Fl.* 728; Dub. *Bot.;* Gren. et Godr. *Fl.*— *J. aquaticus* Roth *Tent. Fl. Germ.;*

B. *Extr. Fl.*—*J. acutiflorus* var. *longicapsularis* P. *Fl.*—*J. longi-capsularis* Chevall. *Fl. Par.*

♃. Juin août.

C.— Lieux humides, bords des eaux, marais.— Abbeville ; Saint-Quentin-en-Tourmont; Fort-Mahon près Quend ; Mareuil ; Cambron (*T.C.*).

S.-v. *viviparus.*— Fleurs vivipares.

Le *J. squarrosus* (L. *Sp.*; Coss. et Germ. *Fl.* 729 ; B. *Extr. Fl.*; Dub. *Bot.*; Gren. et Godr. *Fl.*) a été trouvé près de nos limites dans le département du Pas-de-Calais à Sorus, à Monthuy et à Saint-Josse (*Poulain* Herb.; *Baill.* Herb.).

8. **J. bulbosus** L. *Sp.* ed. 2; Coss. et Germ. *Fl.* 730; B. *Extr. Fl.;* P. *Fl.;* Dub. *Bot.*—*J. compressus* Jacq. *Enum. Vindob.;* Gren. et Godr. *Fl.*

♃. Juin-août.

A. C.— Prés humides, marais, bords des eaux.— Drucat; Menchecourt près Abbeville; Dompierre; Aveluy; Ailly-sur-Somme (*Rom.*); Gouy (*Baill.* Herb.); Camon, Renancourt, Longpré, Le Hourdel (*P.* Fl.).

9. **J. Gerardi** Lois. *Not.* 60 et *Fl. Gall.* ed. 2, 260; Dub. *Bot.* 476; Gren. et Godr. *Fl.* 3, 350; Brébiss. *Fl. Norm.* 279; Lloyd *Fl. Ouest* 470; Rchb. *Ic.* 9, t. 398, f. 888-889; Billot *Exsicc.* n. 2146 et bis.—*J. bulbosus* var. *Gerardi* P. *Fl.* 410.—*J. Bottnicus* Wahlbg. *Fl. Lapp.* 82, t. 6.

Cette espèce très voisine du *J. bulbosus* L. en diffère par les caractères suivants : tige grêle à peine comprimée;,feuille bractéale inférieure ord. plus longue que la panicule ; panicule lâche, peu fournie ; style aussi long que l'ovaire; capsule ovale oblongue, subtrigone, ne dépassant pas les divisions du périanthe.— ♃. Juin-août.

C.— Prés salés, marais dans la région maritime. — Laviers ; Menchecourt près Abbeville ; Le Hourdel près Cayeux.

10. **J. bufonius** L. *Sp.*; Coss. et Germ. *Fl.* 731; B. *Extr. Fl.;* P. *Fl.;* Dub. *Bot.;* Gren. et Godr. *Fl.*

①. Juin-août.

Marais, champs humides, allées et clairières des bois.

Var. α. *bufonius* (Coss. et Germ. *Fl.* 731).— *C C.*

Var. β. *hybridus* (Coss. et Germ. *Fl.* 731.— *J. hybridus* Brot. *Fl. Lus.*— *J. fasciculatus* Bert. *Fl. It.*— *J. bufonius* var. *fasciculatus* Gren. et Godr. *Fl.*).— *R R.*— Le Hourdel près Cayeux (*T.C.*).

2. LUZULA D C. *Fl. Fr.*

1. **L. Forsteri** DC. *Syn. Fl. Gall.;* Coss. et Germ. *Fl.* 731; P. *Fl.;* Dub. *Bot.;* Gren. et Godr. *Fl.*

♃. Mai-juin.

R.— Taillis des bois montueux.— Wailly ; Bovelles, Ferrières, Citernes (*Rom*); Notre-Dame de Grâce, Ailly, Cagny, Allonville (**P.** Fl.); environs d'Abbeville (*Picard* Not. manuscr.)

2. **L. vernalis** DC. *Fl. Fr.;* Coss. et Germ. *Fl.* 732; P. *Fl.;* Dub. *Bot.*— *L. pilosa* Willd. *Enum.;* Gren. et Godr. *Fl.*— *Juncus pilosus* L. *Sp.* excl. var.

♃. Avril-mai.

C C.— Bois, lieux ombragés.

3. **L. maxima** DC. *Fl. Fr.;* Coss. et Germ. *Fl.* 732; Dub. *Bot.* — *L. sylvatica* Gaud. *Helv.;* Gren. et Godr. *Fl.*— *Juncus pilosus* var. δ. L. *Sp.*— *Juncus maximus* Retz. *Prodr. Fl. Scand.*

♃. Mai-juin.

R R.— Bois montueux.— Assez répandu dans les bois voisins de la vallée de la Bresle : bois de Size près Ault; Saint-Quentin-La-Motte-Croix-au-Bailly : Bouvaincourt; Oust-Marest.— Se trouve aussi dans la forêt d'Eu [Seine-Inférieure].

4. **L. campestris** DC. *Fl. Fr.* excl. var.; P. *Fl.;* Dub. *Bot.;* Gren. et Godr. *Fl.*— *L. campestris* var. *campestris* Coss. et Germ. *Fl.* 732.— *Juncus campestris* L. *Sp.* excl. var.

♃. Avril-juin.

C C.— Pelouses, coteaux arides, pâturages, clairières des bois.

5. **L. multiflora** Lej *Fl. Spa.;* DC. *Fl. Fr.* suppl.; P. *Fl.;* Dub. *Bot.;* Gren. et Godr. *Fl.*— *L. campestris* var. *multiflora* Coss. et Germ. *Fl.* 733 — *Juncus campestris* var. γ. L. *Sp.*— *Juncus intermedius* Thuill. *Fl. Par.*

♃. Mai-juin.

C.—Clairières et allées des bois, pelouses ombragées.—Drucat; Ligescourt; **Yvrench**; Béhen; Huchenneville; Bailleul; bois de Size près Ault (*T. C*); Bovelles, Saisseval (*Rom.*); Cagny, Ailly, Allonville (*P. Fl.*).

S.-v. *pallescens* (*L. campestris* var. *multiflora* s v. *pallescens* Coss. et Germ. *Fl.* 733.— *L. multiflora* var. *pallescens* Gren. et Godr. *Fl.*).— *A. R.* — Forêt de Lucheux.

S.-v. *congesta.* (*L. campestris* var. *multiflora* s.-v. *congesta* Coss. et Germ. *Fl.* 733.— *L. multiflora* var. *congesta* Gren. et Godr. *Fl.*— *L. campestris* var. *congesta* Dub. *Bot.* — *L. congesta* Lej. *Fl. Spa ;* DC. *Fl. Fr.* suppl.; P. *Fl.* — *Juncus congestus* Thuill. *Fl. Par.*).— *A. R.* — Val-de-Maison près Talmas (*Rom.*); Gouy (*Baill.* Herb.).

CVIII. CYPERACEÆ Juss. *Gen.*

1. CAREX L. *Gen.*

1. **C. pulicaris** L. *Sp.*; Coss. et Germ. *Fl.* 737; B. *Extr. Fl.;* P. *Fl.*; Dub. *Bot.*; Gren. et Godr. *Fl.*

♃. Mai-juillet.

R R.— Marais tourbeux.— Épagnette près Abbeville (*T. C.*); marais de Cambron et de Gouy (*Poulain* Herb.; *Baill.* Herb.; P. Herb.; B. Extr. Fl.).

2 **C. vulpina** L. *Sp.;* Coss. et Germ. *Fl.* 738; B. *Extr. Fl.;* P. *Fl.;* Dub. *Bot.;* Gren. et Godr. *Fl.*

♃. Mai-juillet.

C.— Marais, bords des eaux.- Abbeville; Laviers; Cayeux; Suzanne; Hamel près Thiepval; Renancourt et Montières près Amiens (*Rom*); Gouy (*Baill.* Herb.); Camon, Fortmanoir, Mareuil (*P. Fl.*).

3. **C. muricata** L. *Sp.;* Coss. et Germ. *Fl.* 738.

♃. Mai-juillet.

C.— Prés, bois couverts.

Var. α. *muricata* (Coss. et Germ. *Fl.* **738.**— *C. muricata* L. *Sp.;* B. *Extr. Fl.;* P. *Fl.;* Dub. *Bot* , Gren. et Godr. *Fl.*).— Abbeville ; Drucat ; Buigny-Saint-Maclou ; forêt de Crécy ; Lanchères ; Cayeux ; Mers ; Frucourt ; Limeux ; Bienfay près Moyenneville ; Franqueville; forêt de Lucheux; Hamel près Thiepval; La Faloise; Cambron (*T. C.*) ; Bovelles (*Rom.*) ; Notre-Dame de Grâce, Dury, Ailly, Boves, Fortmanoir (*P. Fl.*).

Var. β. *divulsa* (Coss. et Germ. *Fl.* **738.**— *C. divulsa* Good. in *Trans. Linn. soc.;* B. *Extr. Fl.;* P. *Fl.;* Dub. *Bot.;* Gren. et Godr. *Fl.*).— Laviers ; forêt de Crécy ; forêt de Lucheux ; Wailly ; bois de Size près Ault (*T. C.*); Bovelles (*Rom.*); Notre-Dame de Grâce, Dury, Querrieux, Liancourt près Roye (*P. Fl.*); Villers-sur-Mareuil (*B.* Extr. *Fl.*).

4. **C. paradoxa** Willd. in *Act: Berol.;* Coss. et Germ. *Fl.* 739; Dub. *Bot.;* Gren. et Godr. *Fl.*

♃. Mai-juin.

R R.— Marais tourbeux.— Faubourg Saint-Gilles à Abbeville ; Mareuil.

Le *C. teretiuscula* (Good. in *Trans. Linn. soc.;* Coss. et Germ. *Fl.* 739 ; P. *Fl.;* Dub. *Bot.;* Gren. et Godr. *Fl.*) indiqué à Cambron (*P. Fl.*) n'a pas été rencontré à notre connaissance dans nos limites.

5. **C. paniculata** L. *Sp.;* Coss. et Germ. *Fl.* 739; B. *Extr. Fl.;* P. *Fl.;* Dub. *Bot.;* Gren. et Godr. *Fl.*

♃. Mai-juin. '

C.— Prés humides, marais tourbeux. — Abbeville ; Drucat ; Mareuil ; Bray-lès-Mareuil ; Suzanne ; marais de Gouy près Cahon (*T. C.*) ; Camon, Longpré, Fortmanoir, Long, Glisy, Caubert et Sur-Somme près Abbeville (*P* Fl.).

Var. β. *minor* (Lmk. *Encycl. méth.* **3,** 384 ; P. *Fl.* 520).— Tiges grêles. Feuilles étroites. Panicule petite , contractée en épi. Épillets peu nombreux.

6. **C. leporina** L. *Sp.;* Coss. et Germ. *Fl.* 740; Gren. et Godr. *Fl.*— *C. ovalis* Good. in *Trans. Linn. soc.;* B. *Extr. Fl.;* P. *Fl.;* Dub. *Bot.*

♃. Mai-juin.

A. R.—Marais, bords des eaux, bois humides.— Forêt de Crécy;
Villers-sur-Authie ; forêt d'Ailly-sur-Somme (*Rom.*); Notre-Dame
de Grâce, Fortmanoir, Long (*P.* Fl.).

Le *C. stellulata* (Good. in *Trans. Linn. soc.;* Coss. et Germ. *Fl*
741 ; Dub. *Bot.*— *C. echinata* Murr. *Prodr. Gott.;* Gren. et Godr.
Fl.) se trouve dans les landes de Beaumont près Eu [Seine-
Inférieure]. Il a été indiqué dans nos limites (*B.* Extr. Fl.; P. *Fl.*),
mais nous pensons qu'on a pris pour cette espèce une forme
appauvrie du *C. muricata* L.

7. **C. remota** L. *Sp.;* Coss. et Germ. *Fl.* 741 ; B. *Extr.* Fl ;
P. *Fl.;* Dub. *Bot.;* Gren. et Godr. *Fl.*

♃. Mai-juin.

R.— Forêts , bois humides. — Forêt de Lucheux ; Ailly-sur-
Somme (*Rom.*) ; forêt de Crécy (*B.* Herb.) ; Dury, Heilly, Cahon
(*P.* Fl.).

Le *C. canescens* (L. *Sp.;* Coss. et Germ. *Fl.* 741 ; Gren. et Godr.
Fl.— *C. curta* Good. in *Trans. Linn. soc ;* Dub. *Bot.*) a été signalé
dans la forêt de Crécy (*B.* Extr. Fl.; *P.* Fl.). Cette indication nous
paraît très douteuse.

8. **C. divisa** Huds. *Fl. Angl.* ed. 1, 348; P. *Fl.* 518; Dub. *Bot.*
489; Gren. et Godr. *Fl.* 3, 390; Brébiss. *Fl. Norm.* 296; Lloyd *Fl.*
Ouest 484; Rchb. *Ic.* 8, t. 205, f. 545; Billot *Exsicc.* n. 2755.—*C.*
hybrida Lmk. *Encycl. méth.* 3, 382; B. *Extr. Fl.* 69.

Souche à rhizome horizontal, tortueux, longuement traçant.
Tiges de 1-6 décim. dressées, triquètres, ord. scabres supé-
rieurement. Feuilles linéaires, carénées, scabres. Bractée inférieure
prolongée en foliole sétacée, rude, dépassant ord. l'épi. Épi
ovoïde ou oblong, composé de 3-6 épillets rapprochés, mâles au
sommet. Stigmates 2. Utricules ovales, plans sur une face, convexes sur l'autre, nerviés, contractés en un bec court profondément bifide à bords scabres, égalant environ l'écaille. Écailles
ovales aiguës mucronées. ♃. Mai-juin.

A. R.— Prés salés, marais de la région maritime.— Laviers;
Menchecourt près Abbeville ; Petit-Port, bords du canal de Saint-
Valery (*P.* Fl.).

9. **C. disticha** Huds. *Fl. Angl.;* Coss. et Germ. *Fl.* 742; P. *Fl.;* Dub. *Bot.;* Gren. et Godr. *Fl.—C. intermedia* Good. in *Trans. Linn. soc.;* B. *Extr. Fl.*

♃. Mai-juin.

A. C.—Marais, prés humides, bords des eaux. - Abbeville ; Drucat ; Noyelles-sur-Mer ; Saint-Quentin-en-Tourmont ; Senarpont ; Mareuil ; Boves ; Montières près Amiens (*Rom.*); Renancourt, Rivery, Fortmanoir, Camon, Cambron (P. Fl.).

10. **C. arenaria** L. *Sp.;* Coss. et Germ. *Fl.* 742; B. *Extr. Fl.;* P. *Fl.;* Dub. *Bot.;* Gren. et Godr. *Fl* —(Vulg. *Salsepareille d'Allemagne).*

♃. Mai-juillet.

C C. — Dunes, sables maritimes.

11. **C. Goodenovii** J. Gay in *Ann. sc. nat.;* Coss. et Germ. *Fl.* 744; Gren. et Godr. *Fl.—C. cæspitosa* Good. in *Trans. Linn. soc.;* B. *Extr. Fl.;* P. *Fl.;* Dub. *Bot.* et auct. plurim. non L.— *C. vulgaris* Fries *Nov. Suec.* mant ; Koch *Syn.*

Akêne brun châtain, subpyriforme, plus large que long (Billot *Annot. Fl. Fr.* et *Allm.* 115). ♃. Mai-juin.

A. R. — Marais tourbeux, bords des fossés, terrains sablonneux humides. — Saint-Quentin-en-Tourmont ; Fort-Mahon près Quend ; Rue ; Vercourt ; Villers-sur-Authie ; Abbeville ; Glisy, Long, Fortmanoir, Gouy (P. Fl.).

12. **C. cæspitosa** L. *Fl. Suec.* ed. 2; Coss. et Germ. *Fl.* 745. — *C. stricta* Good. in *Trans. Linn. soc.;* B. *Extr. Fl.;* P. *Fl.;* Dub. *Bot.;* Gren et Godr. *Fl.—C. melanochloros* Thuill. *Fl. Par.*

Akêne jaunâtre, ovale, à contour presqu'hexagonal, particulièrement sur les sujets récoltés avant la parfaite maturité, plus long que large, ayant sa plus grande largeur au tiers inférieur (Billot *Annot Fl. Fr.* et *Allm.* 115). ♃. Mai-juin.

C. — Prés humides, marais, bords des eaux. — Abbeville ; Drucat ; Camon, Rivery, Fortmanoir, Pont-de-Metz, Lheure près Abbeville, Gouy, Cambron (P. Fl.).

13. **C. acuta** L. *Sp.* ex parte ; Fries *Nov. Suec.* mant.; Coss. et Germ. *Fl.* 745; Dub. *Bot.;* Gren. et Godr. *Fl.—C. gracilis* Curt. *Lond.;* P. *Fl.—C. virens* Thuill. *Fl. Par.* non Lmk.

Akêne d'un brun pâle, elliptique allongé, moitié plus long que large (Billot *Annot. Fl. Fr.* et *Allm.* 116). ♃. Mai-juin. ,

A. C.— Marais tourbeux, prés humides, bords des eaux.— Abbeville ; Drucat ; Longpré, Dreuil, Fortmanoir, Long (*P. Fl.*).

14. **C. trinervis** Desgl. in Lois. *Gall.* ed. 1, 731 ; P. *Fl.* 525 ; Dub. *Bot.* 492 ; Gren. et Godr. *Fl.* 3, 403 ; Brébiss. *Fl. Norm.* 295 ; Lloyd *Fl. Ouest* 490 ; Puel et Maille *Fl. loc.* exsicc. n. 156 ; Billot *Exsicc.* n. 1972.

Souche longuement rampante. Tiges de 1-4 décim., dressées, triquètres, lisses. Feuilles linéaires étroites, pliées carénées, rudes aux bords, ord. plus longues que les tiges, à gaînes entières. Bractées brièvement engaînantes, auriculées, les inférieures dépassant longuement les épis. Épis mâles ord. 2, rapprochés, linéaires cylindriques. Épis femelles 3-5, ovoïdes allongés. Stigmates 2. Utricules d'un vert brunâtre terne, serrés imbriqués, ovoïdes comprimés, brièvement pédicellés, 3-6 nerviés, à bec court entier, dépassant l'écaille. Écailles lancéolées obtuses, brunes, présentant sur le dos une large bande verte, ord. trinerviée. ♃. Mai-juillet.

C.—Sables maritimes humides.— Dunes de Saint-Quentin-en-Tourmont, de Quend et de Fort-Mahon.— Se trouve aussi dans les dunes des départements du Pas-de-Calais et du Nord.

15. **C. pilulifera** L. *Sp.*; Coss. et Germ. *Fl.* 746 ; P. *Fl.*; Dub. *Bot.;* Gren. et Godr. *Fl.*

♃. Mai-juin.

R.— Forêts, bois montueux, pelouses sèches.—Bois de Tachemont près Hucheuneville.— Commun dans la forêt de Crécy.

16. **C. præcox** Jacq. *Austr.*; Coss. et Germ. *Fl.* 747 ; B. *Extr. Fl.*; P. *Fl.*; Dub. *Bot.;* Gren. et Godr. *Fl.*

♃. Avril-juin.

C.— Pelouses sèches, coteaux incultes, bois arides.—Drucat ; Crécy ; Laviers ; Port ; Cambron ; Bienfay près Moyenneville ; Ercourt ; Caubert près Abbeville ; Les Alleux près Béhen ; Huchenneville ; Limeux ; forêt de Lucheux ; Wailly ; Bovelles, Ferrières (*Rom.*) ; Notre-Dame de Grâce, Dury, Ailly (*P. Fl.*) ; Mareuil (*B. Extr. Fl.*).

1

S.-v. *umbrosa* (Coss. et Germ. *Fl.* 747.— *C. umbrosa* Host. *Gram.*).— *R.*— Bois couverts.— Drucat.

17. **C. digitata** L. *Sp.;* Coss. et Germ. *Fl.* 748; B. *Extr. Fl.;* P. *Fl.;* Dub. *Bot* ; Gren. et Godr. *Fl.*

♃. Mai–juin.

RR. -- Bois montueux.— Boves, bois de Saint-Laurent entre Heilly et Albert (*P.* Fl. et herb.) ; Albert (*B.* Extr. Fl.).

18. **C. glauca** Scop. *Carn.;* Coss. et Germ. *Fl.* 749; B. *Extr. Fl.;* P. *Fl.;* Dub. *Bot.;* Gren. et Godr. *Fl.*

♃. Mai–juin.

C C.— Lieux secs ou humides, coteaux, bois, prairies.

Le *C. strigosa* (Huds. *Fl. Angl.;* Coss. et Germ. *Fl.* 750 ; Dub. *Bot.;* Gren. et Godr. *Fl.*) a été trouvé près de nos limites dans la forêt d'Eu (*Baill.* Herb.)

19. **C. panicea** L. *Sp.;* Coss. et Germ. *Fl.* 750; B. *Extr. Fl.;* P. *Fl.;* Dub. *Bot.;* Gren. et Godr. *Fl.*

♃. Mai–juin.

C.— Prés, bois humides, marais tourbeux.-- Abbeville; Mareuil; Drucat ; Sailly-Bray près Noyelles-sur-Mer ; Vercourt ; Rue ; Saint-Quentin-en-Tourmont ; Suzanne ; Rivery, Camon, Fort-manoir, Pont-de-Metz, Long, Laviers, Cambron (*P.* Fl.) ; Bray-lès-Mareuil (*B.* Extr. Fl.).

Var. β. *rhizogyna* (Rchb. *Ic.* 8, t. 245, f. 607 ex parte.— *C. panicea* var. *pedunculata* P. *Fl.* 530).— Épi femelle inférieur à pédoncule radical, long et grêle.— *R.*

20. **C. pallescens** L. *Sp.;* Coss. et Germ. *Fl.* 750; B. *Extr. Fl.;* P. *Fl.;* Dub. *Bot.;* Gren. et Godr. *Fl.*

♃. Mai–juin.

A. C.— Bois couverts, pâturages ombragés.— Bois de Caubert près Abbeville ; Laviers ; Saint-Riquier ; forêt de Crécy ; bois de Rampval près Mers ; forêt de Lucheux ; Aveluy ; bois de Jumel ; Bovelles (*Rom*); Cambron (*B.* Herb.); Notre-Dame de Grâce, Petit-Saint-Jean, Renancourt, Glisy (*P.* Fl.); Bray-lès-Mareuil (*B.* Extr. Fl.).

21. **C. depauperata** Good. in *Trans. Linn. soc.;* Coss. et Germ. *Fl.* 751; B. *Extr. Fl.;* P. *Fl.;* Dub. *Bot.;* Gren. et Godr. *Fl.*

♃. Mai-juin. .

R R.— Bois couverts.— Boves (*P.* Fl.).— Indiqué au bois du Val près Laviers (*B.* Extr. Fl.), où nous l'avons vainement cherché.— Espèce douteuse pour notre Flore.

22. **C. flava** L. *Sp.;* B. *Extr. Fl.;* P. *Fl.* excl. var. *b.;* Dub. *Bot.* excl. var.; Gren. et Godr. *Fl.*—*C. flava* var. α. Coss. et Germ. *Fl.* 752 et *Illustr.*

♃. Mai-juin.

C.— Prés humides, marais tourbeux.— Abbeville ; Mareuil ; Bray-lès-Mareuil ; Picquigny; Saint-Sauveur ; Suzanne ; Cambron, Saint-Quentin-en-Tourmont (*T. C.*); Montières et Renancourt près Amiens (*Rom.*); Glisy, Fortmanoir, Camon, Pont-de-Metz, Épagne, Cambron (*P.* Fl.); Gouy (*B.* Extr. Fl.).

23. **C. OEderi** Ehrh. *Calam.;* Gren. et Godr. *Fl.;* Koch *Syn.;* Brébiss. *Fl. Norm.*— *C. flava* var. *OEderi* Coss. et Germ. *Fl.* 752; P. *Fl.;* Dub. *Bot.*

♃. Mai-juin.

Marais sablonneux, prés humides.— Commun dans les marais des dunes de Saint-Quentin-en-Tourmont, de Quend et de Fort-Mahon.

24. **C. distans** L. *Sp.;* Coss. et Germ. *Fl.* 754 et *Illustr.;* B. *Extr. Fl ;* P. *Fl.;* Dub. *Bot.;* Gren. et Godr. *Fl.*

♃. Mai-juin.

C.— Marais, prés humides.— Laviers ; Menchecourt près Abbeville; Cayeux; Saint-Quentin-en-Tourmont; Fort-Mahon; Drucat; Mareuil ; Bray-lès-Mareuil ; Ailly-sur-Somme, Le Mesge (*Rom.*); Cambron, Le Hourdel près Cayeux (*T. C.*); Camon, Fortmanoir, Glisy, Pont-de-Metz, Long (*P.* Fl.).

Nous avons rencontré dans les landes de Beaumont près Eu [Seine-Inférieure] le *C. binervis* (Sm. *Fl. Brit.* 993; Coss. et Germ. Not. in *Fl.* 754; P. *Fl.* 529; Dub. *Bot.* 495; Gren. et Godr *Fl.* 426; Brébiss. *Fl. Norm.* 291 ; Rchb. *Ic.* 8, t. 255 ; Billot *Exsicc.* n. 3482.— *C. distans* var. *binervis* Lloyd *Fl. Ouest* 494). Cette espèce très voisine du *C. distans* L. en diffère par les caractères suivants : souche moins compacte ; tige plus élevée (4-8 décim.), inclinée à la maturité ; feuilles glauques, fermes ; épis femelles plus grêles, cylindriques oblongs, les inférieurs longuement pédonculés, pendants à la maturité ; utricules tachés d'un brun pourpre, entourés sur le dos et près du bord d'une nervure saillante.— Le *C. binervis* a été indiqué dans le marais de Gouy près Cambron (P. Fl.), où nous ne l'avons pas observé.

25. **C. extensa** Good. in *Trans. Linn. soc.* 2, 17, t. 21, f. 7 ; Dub. *Bot.* 494 ; Gren. et Godr. *Fl.* 3, 426 ; Brébiss. *Fl. Norm.* 292 ; Lloyd *Fl. Ouest* 492 ; Rchb. *Ic* 8, t. 274, fig sinistra ; Puel et Maille *Fl. loc.* exsicc. n. 39 ; Billot *Exsicc* n. 3257.

Souche cespiteuse. Tiges de 1-4 décim., obscurément trigones, lisses. Feuilles linéaires étroites, raides, enroulées sétacées, un peu rudes au sommet. Bractées très longues, engaînantes, foliacées, étalées recourbées. Épi mâle linéaire oblong, sessile, solitaire ou accompagné à sa base d'un épi plus petit. Épis femelles 2-4, ovoïdes, rapprochés sessiles ; l'inférieur quelquefois écarté, pédonculé à pédoncule inclus. Utricules d'un vert pâle, ovoïdes, nerviés, atténués en un bec court, brièvement bidenté, lisse aux bords, dépassant l'écaille. Écailles ovales mucronées par le prolongement de la nervure. ♃. Juin-juillet.

R.—Digues près de la mer, pelouses baignées par la marée.— Saint-Quentin-en-Tourmont ; Quend ; Fort-Mahon.

S.-v. minima.— Plante formant des touffes compactes. Tiges de 8-10 centim., souvent arquées. Feuilles recourbées plus longues que la tige. Épis femelles petits, très rapprochés, subglobuleux. —Fort-Mahon.

26. **C. sylvatica** Huds. *Fl. Angl.* ; Coss. et Germ. *Fl.* 755 ; Gren. et Godr. *Fl.—C. patula* Scop. *Carn.* ; B. *Extr. Fl.* ; P. *Fl.* ; Dub. *Bot.*

♃. Mai-juillet

C C.—Bois, taillis ombragés.

27. **C. Pseudo-Cyperus** L. *Sp.* ; Coss. et Germ. *Fl.* 755 ; B. *Extr. Fl.* ; P. *Fl.* ; Dub. *Bot.* ; Gren. et Godr. *Fl.*

♃. Juin-juillet.

A. C.—Marais, bords des eaux.—Abbeville ; Mareuil ; Jumel ; Berny-sur-Noye ; Cambron (*T. C.*) ; Saint-Maurice près Amiens, Ailly-sur-Somme (*Rom.*) ; marais de Caubert près Abbeville (*Baill.* Herb.) ; Épagne (*Poulain* Herb.) ; Amiens, Camon, Fortmanoir (*P. Fl.*).

28. **C. ampullacea** Good. in *Trans. Linn. soc.;* Coss. et Germ. *Fl.* 756 ; P. *Fl.;* Dub. *Bot.;* Gren. et Godr. *Fl.*

♃. Mai-juin.

A. C.—Prés humides, marais tourbeux.— Abbeville ; Drucat ; Villers-sur-Authie ; Rue ; Saint-Quentin-en-Tourmont ; Noyelles-sur-Mer ; Mareuil ; Picquigny ; Suzanne ; Cappy ; Renancourt près Amiens (*Rom.*) ; Gouy (*P. Fl.*).

29. **C. vesicaria** L. *Sp.;* Coss. et Germ. *Fl.* 756 ; B. *Extr. Fl.;* P. *Fl.;* Dub. *Bot.;* Gren. et Godr. *Fl.*

♃. Mai-juin.

R R.— Lieux marécageux, bords des eaux.— Cambron (*B.* Extr. Fl. et herb.) ; Camon, Fortmanoir, Glisy, Gouy, Mareuil (*P. Fl.*). —Cette espèce ne paraît pas avoir été récemment observée dans notre circonscription.

30. **C. paludosa** Good. in *Trans. Linn. soc.;* Coss. et Germ. *Fl.* 756 ; B. *Extr. Fl.;* P. *Fl.;* Dub. *Bot.;* Gren. et Godr. *Fl.*

♃. Mai-juin.

C C.— Lieux marécageux, bords des eaux.

Var. β. *Kochiana* (Coss. et Germ. *Fl.* 757 ; Gren. et Godr. *Fl.* —*C. Kochiana* D C. *Cat. hort Monsp ;* Dub. *Bot.*).—*A. R.*— Neufmoulin.

31. **C. riparia** Curt. *Fl. Lond.;* Coss. et Germ. *Fl.* 757 ; B. *Extr. Fl.;* P. *Fl.;* Dub. *Bot.;* Gren. et Godr. *Fl.*

♃. Mai-juin.

C.— Marais, bords des eaux.— Abbeville ; Noyelles-sur-Mer ; Le Mesge (*Rom.*) ; Gouy (*Baill.* Herb.).

Var. β. *gracilis* (Coss. et Germ. *Fl.* 757).—*R.*— Drucat.

32. **C. hirta** L. *Sp.;* Coss. et Germ. *Fl.* 757 ; B. *Extr. Fl.;* P. *Fl.;* Dub. *Bot.;* Gren. et Godr. *Fl.*

♃. Mai-juin.

A.C. — Marais, bords des eaux, lieux herbeux humides. —
Abbeville; Drucat; Fort-Mahon près Quend; Cayeux; Bray-lès-
Mareuil; Airondel près Bailleul; Jumel; Hamel près Thiepval;
Le Crotoy (*T.C.*); Bovelles, Renancourt près Amiens (*Rom.*);
Rivery, Camon, Longueau, Fortmanoir, Cambron (*P.* Fl.).

33. C. filiformis L. *Sp.;* Coss. et Germ. *Fl.* 758; Dub. *Bot.;*
Gren. et Godr. *Fl.;* Puel et Maille *Fl. loc.* exsicc. n. 51.

♃. Mai-juin.

RR. — Marais, anciennes tourbières. — Mareuil; Bray-lès-
Mareuil.

Le *Rhynchospora alba* (Vahl. *Enum.;* Coss. et Germ. *Fl.* 758;
Gren. et Godr. *Fl.* — *Schœnus albus* L. *Sp.;* Dub. *Bot.*) indiqué
dans les marais près d'Abbeville (*B.* Extr Fl.) n'y a pas été
observé récemment. Nous l'avons recueilli à proximité de nos
limites à Sorus près Montreuil [Pas-de-Calais]. — Le *R. fusca*
(Rœm. et Schult. *Syst. veg.;* Coss. et Germ. *Fl.* 759; Gren. et
Godr. *Fl.* — *Schœnus fuscus* L. *Sp.;* Dub. *Bot.*) a aussi été trouvé
près de Montreuil à Saint-Josse (*Baill.* Herb.; *Poulain* Herb.).

2. HELEOCHARIS R. Br. *Prodr. Nov. Holl.*

1. H. palustris R. Br. *Prodr. Nov. Holl.;* Coss. et Germ. *Fl.*
759; Gren. et Godr. *Fl.* — *Scirpus palustris* L. *Sp.;* B. *Extr. Fl.;*
P. *Fl.;* Dub. *Bot.*

♃. Juin-août.

CC. — Marais, fossés, bords des eaux.

Var. β. *minor* (Coss. et Germ. *Fl.* 759. — *Scirpus palustris*
var. *reptans* P. *Fl.* — *S. reptans* et *S. intermedius* Thuill. *Fl. Par.*).
— Endroits desséchés dans les marais. — Saint-Quentin-en-
Tourmont; Le Crotoy; Le Hourdel près Cayeux (*T.C.*); Ailly-sur-
Somme (*Rom.*); Quend (*Baill.* Herb.).

2. H. uniglumis Rchb. *Fl. excurs.;* Coss. et Germ. *Fl.* 759;
Gren. et Godr. *Fl.* — *Scirpus uniglumis* Link *Jahrb.*

♃. Juin-juillet.

R. — Marais tourbeux, prés humides. — Drucat.

3. **H. acicularis** R. Br. *Prodr. Nov. Holl.;* Coss. et Germ. *Fl.* 760; Gren. et Godr. *Fl.— Scirpus acicularis* L. *Sp.;* B. *Extr. Fl.;* Dub. *Bot.— Schœnus acicularis* P. *Fl.*

♃. Juin-août.

R.—Marais tourbeux, bords des eaux.— Cambron, Saint-Quentin-en-Tourmont, Épagnette près Abbeville (*T. C.*); Villers-sur-Authie (*B.* Herb.); Saint-Maurice, Renancourt, Rivery, Camon (*P.* Fl.); marais de Caubert près Abbeville (*B.* Not. manuscr.).

3. SCIRPUS L. *Gen.* ex parte.

1. **S. pauciflorus** Lightf. *Fl. Scot.;* Coss. et Germ. *Fl.* 761; Gren. et Godr. *Fl.— S. Bœothryon* Ehrh. *Phyt* ; P. *Fl.;* Dub. *Bot.*

♃. Juin-août.

A. R.—Marais tourbeux, prés sablonneux humides.— Marais des dunes de Saint-Quentin-en-Tourmont ; Épagnette près Abbeville (*T. C.*); Quend, Fort-Mahon (*Poulain* Herb.; *Baill.* Herb.).

Le *S. cœspitosus* (L. *Sp.;* Coss. et Germ. *Fl.* 762 ; Dub. *Bot.;* Gren. et Godr. *Fl.*) a été rencontré dans une localité peu éloignée des limites de notre Flore a Sorus [Pas-de-Calais] (*Baill.* Herb.).

2. **S. fluitans** L. *Sp.;* Coss. et Germ. *Fl.* 762; B. *Extr. Fl.;* Dub. *Bot.;* Gren. et Godr. *Fl.—Schœnus fluitans* P. *Fl.*

♃. Juin-août.

R R.— Mares et fossés dans les terrains tourbeux.— Villers-sur-Authie (*Poulain* Herb ; *Baill.* Herb.; *B.* Herb.); Quend (*P.* Fl.).

3. **S. setaceus** L. *Sp.;* Coss. et Germ. *Fl.* 763; B. *Extr. Fl.;* Dub. *Bot.;* Gren. et Godr. *Fl.—Schœnus setaceus* P. *Fl.*

①. Juillet-août.

R.—Marais, bords des fossés, lieux humides.— Rue ; Cambron (*Baill.* Herb.); Laviers, Cayeux (*P.* Fl.); Saint-Valery (*B.* Not. manuscr.).

4. **S. Savii** Seb. et Maur. *Fl. Rom.* 22; Gren. et Godr. *Fl.* 3, 377; Brébiss. *Fl. Norm.* 284; Lloyd *Fl. Ouest* 479; Rchb. *Ic.* 8, t. 301, f. 714; Billot *Exsicc.* n. 1560; Schultz *Herb. norm.* n. 575.—*S.*

filiformis Savi *Fl. Pis.* 1, 46. — *Isolepis Saviana* Schult. *Mant.* 3, 63; Puel et Maille *Fl. loc.* exsicc. n. 178.

Plante annuelle formant des touffes compactes. Tiges de 5-8 centim., filiformes, cylindriques, striées, dressées ou ascendantes, munies à la base de gaînes prolongées en une foliole subulée ord. très courte. Bractée continuant la direction de la tige, dressée, verte, canaliculée, subulée, ord. plus courte que les épillets. Épillets 2-3, souvent solitaires par avortement, petits, ovoïdes, 4-12 flores. Écailles ovales obtuses, nerviées et comme plissées en long à l'état sec, brunes bordées de blanc, à nervure dorsale verte. Stigmates 3. Akêne petit, blanchâtre, subglobuleux trigone, finement ponctué. Soies hypogynes nulles. ①. Juin-août.

R R. — Marais dans la région maritime. — Saint-Quentin-en-Tourmont; marais du Petit-Laviers près Cambron.

5. **S. lacustris** L. *Sp.*; Coss. et Germ. *Fl.* 763; B. *Extr. Fl.;* P. *Fl.;* Dub. *Bot.;* Gren. et Godr. *Fl.*

♃. Juin-juillet.

, *C.* — Bords des eaux, tourbières, étangs, rivières. — Abbeville ; Saint-Quentin-en-Tourmont; Picquigny; La Faloise; Aveluy ; Cappy; Suzanne; Renancourt, Longpré et Montières près Amiens (*Rom.*).

Var. *β. glaucus* (Coss. et Germ. *Fl.* 763. — *S. glaucus* Sm. *Engl. Bot.* — *S. lacustris* var. *digynus* Godr. *Fl. Lorr.;* Gren. et Godr. *Fl.* — *S. Tabernæmontani* Gmel. *Fl. Bad.;* Brébiss. *Fl. Norm.*). — *A. R.* — Mers; Laviers; Renancourt près Amiens (*Rom.*).

6. **S. Rothii** Hoppe in Sturm. *Deutschl. Fl.* 36, t. 4; Gren. et Godr. *Fl.* 3, 375; Lloyd *Fl. Ouest* 481; Koch *Syn.* 857; Rchb. *Ic.* 8, t. 304, f. 717 et 718; Billot *Exsicc.* n. 1084 — *S. mucronatus* Roth *Tent. Fl. Germ.* 2, 60 non L. — *S. triqueter* var. *mucronatus* P. *Fl.* 506. — *S. tenuifolius* DC. *Fl. Fr.* 5, 300; Dub. *Bot.* 487. — *S. pungens* Valh. *Enum.* 2, 255; Brébiss. *Fl. Norm.* 283.

Souche rampante. Tiges de 2-5 décim., grêles, triquètres, à angles aigus lisses, à faces planes ou excavées, munies à la base de 2-3 feuilles triquètres subulées, longuement engaînantes. Bractée foliacée continuant la direction de la tige, dépassant longuement les épillets. Épillets 1-5, multiflores, ovoïdes, sessiles,

agglomérés. Écailles brunes, scarieuses aux bords, frangées ·
ciliées, échancrées à lobes aigus, mucronées. Anthères terminées
en pointe subulée, denticulée ciliée. Stigmates 2. Akêne d'un
brun noirâtre luisant, obovale, plan sur une face, convexe sur
l'autre, mucroné. Soies hypogynes plus courtes que l'akêne. ♃.
Juillet-août.

R R.— Marais sablonneux dans la région maritime. — Saint-
Quentin-en-Tourmont.

7. **S. maritimus** L. *Sp.;* Coss. et Germ. *Fl.* 764; B. *Extr. Fl.;*
P. *Fl.;* Dub. *Bot.;* Gren. et Godr. *Fl.*

♃. Juin-septembre.

C.— Marais, bords des rivières, fossés des prés salés.—Laviers;
Saint-Quentin-en-Tourmont; Le Hourdel près Cayeux ; Ault ;
Mers; Renancourt, Fortmanoir, Glisy, Saigneville, Cayeux (P. Fl.);
Boismont (*B.* Extr. Fl.).

8. **S. sylvaticus** L. *Sp.;* Coss. et Germ. *Fl.* 764; B. *Extr.*
Fl.; P. *Fl.;* Dub. *Bot.;* Gren. et Godr. *Fl.*

♃. Juin-août.

C.—Marais , fossés , bords des eaux. — Abbeville; Drucat;
Nampont; Bernapré; Jumel ; Renancourt près Amiens, Le Mesge
(*Rom.*); Fortmanoir, Glisy, Camon, Pont-de-Metz, Lheure près
Abbeville, Cambron (P. Fl.).

Le S. *radicans* (Schkuhr. in *Ust. ann.* 4, 48, t. 1 ; Koch *Syn.*
858; Gren. et Godr. *Fl.* 3, 369; Rchb. *Ic.* 8, t. 314, f. 732 ;
Schultz *Herb. norm.* n. 156) a été indiqué d'une manière vague
dans les mêmes lieux que le S. *sylvaticus* L. (P. Fl.). Nous ne
l'avons jamais observé dans nos limites. Il diffère du S. *sylvaticus*
L. par ses épillets allongés aigus, non fasciculés, longuement
pédicellés, par ses écailles florales obtuses, non mucronées et par
ses soies hypogynes tortillées, lisses, beaucoup plus longues.

9. **S. compressus** Pers. *Syn.;* Coss. et Germ. *Fl.* 764; P. *Fl.;*
Gren. et Godr. *Fl.*—*Schœnus compressus* L. *Sp.;* B. *Extr. Fl.;* Dub.
Bot.—*Scirpus Caricis* Retz *Prodr.;* DC. Fl. *Fr.*

♃. Juin-août.

A. R.—Prés tourbeux, marais.— Sailly-Bray près Noyelles-sur-Mer; Vercourt; Saint-Quentin-en-Tourmont; Abbeville (*Poulain* Herb.); Quend (*Baill.* Herb.); marais de Sur-Somme près Abbeville (*B.* Not. manuscr.).

4. CLADIUM P. Browne *Jam.*

1. **C. Mariscus** R. Br. *Prodr. Nov. Holl.;* Coss. et Germ. *Fl.* 765; Gren. et Godr. *Fl.*— *Schœnus Mariscus* L. *Sp.;* B. *Extr. Fl.;* P. *Fl.;* Dub. *Bot.*

♃. Juillet-août.

A. R.— Marais, fossés, tourbières.— Saint-Quentin-en-Tourmont; Rue; Mareuil; bords du canal de Saint-Valery (*T. C*); Gouy (*Baill.* Herb.); Fortmanoir, Fouencamps (*P. Fl.*); Mautort près Abbeville (*B.* Extr. Fl.).

5. ERIOPHORUM L. *Gen.*

1. **E. latifolium** Hoppe *Taschenb.;* Coss. et Germ. *Fl.* 766; Gren. et Godr. *Fl.*— *E. polystachyon* β. L. *Fl. Suec.* ed. 2; B. *Extr. Fl.;* Dub. *Bot.*— *E. vulgare* Pers. *Syn.;* P. *Fl.*

♃. Mai-juin.

A. C. — Prés humides, marais tourbeux.— Mareuil; Saint-Quentin-en-Tourmont; Vercourt; Fortmanoir, Glisy, Abbeville (*P. Fl.*).

2. **E. angustifolium** Roth *Tent. Fl. Germ.;* Coss. et Germ. *Fl.* 766; Dub. *Bot.;* Gren. et Godr. *Fl.*— *E. Vaillantii* P. *Fl.*

♃. Mai-juin.

A. C.—Marais tourbeux, prés humides.— Drucat; Sailly-Bray près Noyelles-sur-Mer; Rue; Vercourt; Saint-Quentin-en-Tourmont; Suzanne; Abbeville (*Baill.* Herb.).

Var. β. *congestum* (Coss. et Germ. *Fl.* 767; Gren. et Godr. *Fl.* — *E. polystachyon* var. *Vaillantii* Dub. *Bot.*— *E. Vaillantii* Poit. et Turp. *Fl. Par.*).

Nous n'avons jamais observé dans les limites de notre Flore le véritable *E. gracile* (Koch ap. Roth *Cat. bot.;* Coss. et Germ. *Fl.* 767; Gren. et Godr. *Fl.*) qui a été signalé à tort dans les marais des dunes de Saint-Quentin-en-Tourmont (*P. Fl.*). Cette espèce se distingue des *E. latifolium* et *angustifolium* principalement par ses pédoncules rudes et tomenteux.

6. SCHOENUS L. *Gen.* ex parte.

1. **S. nigricans** L. *Sp.*; Coss. et Germ. *Fl.* 767; B. *Extr. Fl.*; Dub. *Bot.*; Gren. et Godr. *Fl.*—*Scirpus nigricans* P. *Fl.*

♃. Juin-juillet.

A.C.—Prés humides sablonneux ou tourbeux.—Saint-Quentin-en-Tourmont; Quend; Gouy (*Baill.* Herb.); Fortmanoir, Glisy, Saigneville, Cambron (P. Fl.).

7. CYPERUS L. *Gen.*

1. **C. flavescens** L. *Sp.*; Coss. et Germ. *Fl.* 768; B. *Extr. Fl*; P. *Fl.*; Dub. *Bot.*; Gren. et Godr. *Fl.*

①. Juillet-août.

R R.—Prés humides, marais tourbeux.— Mautort près Abbeville (*T.C.*); Épagne, Gouy (*Baill.* Herb.; *B.* Herb.); Cambron (*B.* Extr. Fl.).

2. **C. fuscus** L. *Sp.*; Coss. et Germ. *Fl.* 768; B. *Extr. Fl.*; P. *Fl.*; Dub. *Bot.*; Gren. et Godr. *Fl.*

①. Juillet-septembre.

R.—Marais, bords des eaux.—Cambron, Caubert près Abbeville (*T.C.*); Saint-Quentin-en-Tourmont (*de Marsy*); Ailly-sur-Somme (*Rom*); marais Saint-Gilles et des Planches à Abbeville (*B.* Herb.); Épagne, Cahon (*Poulain* Herb.; *Baill.* Herb.); Saigneville (*B.* Not. manuscr.); Saint-Maurice, Longpré, Fortmanoir, Fouencamps (P. Fl.).

Var. β. *virescens* (Vahl. *Enum.* 2, 336.— *C. virescens* Hoffm. *Deutschl. Fl.* 1, 21).—Écailles brunes à carène verte, scarieuses blanchâtres aux bords.—Cambron (*T.C.*).

CIX. GRAMINEÆ Juss. *Gen.*

1. ZEA L. *Gen.*

1. **Z. Mays** L. *Sp.*; Coss. et Germ. *Fl.* 780.—*Mays Zea* Gærtn. *Fruct.*; P. *Fl*; Dub. *Bot.*—(Vulg. *Maïs, Blé de Turquie*).

④. Juillet-septembre.

Cultivé dans quelques jardins.

Le *Nardus stricta* (L. *Sp.*; Coss. et Germ. *Fl.* 781 ; Dub. *Bot.*; Gren. et Godr. *Fl.*) se trouve près de nos limites à Sorus [Pas-de-Calais].

2. ANTHOXANTHUM L. *Gen.*

1. **A. odoratum** L. *Sp.*; Coss. et Germ. *Fl.* 783 ; B. *Extr. Fl.*; P. *Fl.*; Dub. *Bot.*; Gren. et Godr. *Fl.*—(Vulg. *Flouve*).

♃ Juin-juillet.

C C.— Lieux herbeux, prairies, pâturages secs, bois.

3. BALDINGERA *Fl. Wett.*

1. **B. arundinacea** Dumort. *Agrost.*; Coss. et Germ. *Fl.* 784. — *Phalaris arundinacea* L. *Sp.*; B. *Extr. Fl.*; Dub. *Bot.*; Gren. et Godr. *Fl.*— *Calamagrostis colorata* Sibth. *Oxon.*; P. *Fl.*

♃. Juin-juillet.

C.— Bords des eaux, lieux marécageux.—Menchecourt près Abbeville; Cambron; Drucat; Le Mesge (*Rom.*).

Le *Phalaris Canariensis* (L. *Sp.*; Coss. et Germ. Not. in *Fl.* 784 ; B. *Extr. Fl.*; P. *Fl.*; Dub. *Bot.*; Gren. et Godr. *Fl.*) se rencontre quelquefois sur les terres rapportées dans le voisinage des habitations.

4. OPLISMENUS P. B. *Agrost.*

1. **O. Crus-galli** Kunth *Enum.*; Coss. et Germ. *Fl.* 785.— *Panicum Crus-galli* L. *Sp.*; B. *Extr. Fl.*; P. *Fl.*; Dub. *Bot.*; Gren. et Godr. *Fl.*

④. Juillet-septembre.

A. R.— Terrains humides, lieux cultivés, chenevières. — Caumont près Huchenneville; Drucat; Cambron (*T. C.*); Amiens (*Rom*); Abbeville, Épagne (*Baill.* Herb); Montières, Glisy (P. Fl.); Laviers (*B.* Not. manuscr.).

On cultive dans les jardins le *Panicum miliaceum* (L. *Sp.*; Coss. et Germ. Not. in *Fl.* 786 ; P. *Fl* ; Dub. *Bot* , Gren. et Godr. *Fl.*— Vulg. *Millet*).

5. DIGITARIA Scop. *Carn.*

1. **D. sanguinalis** Scop. *Carn.;* Coss. et Germ. *Fl.* 786 ; P. *Fl.;* Dub. *Bot.*— *Panicum sanguinale* L. *Sp.;* B. *Extr. Fl.;* Gren. et Godr. *Fl.*

④. Août-septembre.

R.—Lieux cultivés.— Drucat ; Amiens (*Rom*) ; Brailly, Mareuil (*du Maisniel de Belleval* Not. manuscr.).

2. **D. filiformis** Kœl. *Gram.;* Coss. et Germ. *Fl.* 786 ; Dub. *Bot.*—*Digitaria ambigua* Chevall. *Fl. Par.;* P. *Fl.*—*Panicum glabrum* Gaud. *Agrost.;* Gren. et Godr. *Fl.*

④. Août-octobre.

A. R.— Lieux cultivés ou incultes, bords des moissons.— Drucat ; Huchenneville ; Bovelles (*Rom.*).

6. SETARIA P. B. *Agrost.*

1. **S. verticillata** P. B. *Agrost.;* Coss. et Germ. *Fl.* 787 ; Gren. et Godr. *Fl.*—*Panicum verticillatum* L. *Sp.;* B. *Extr. Fl.;* P. *Fl.;* Dub. *Bot.*

④. Juillet-septembre.

R.—Lieux cultivés, jardins.—Abbeville ; Épagne (*Baill.* Herb.) ; Brailly (*du Maisniel de Belleval* Not. manuscr.).

L. S. *Italica* (P. B. *Agrost.;* Coss. et Germ. Not. in *Fl.* 787 ; Gren. et Godr. *Fl.*— *Panicum Italicum* L. *Sp.;* B. *Extr. Fl* ; P. *Fl.;* Dub. *Bot.*—Vulg. *Millet à grappe*) est quelquefois cultivé dans les jardins.

2. **S. viridis** P. B. *Agrost.;* Coss. et Germ. *Fl.* 788 ; Gren. et Godr. *Fl.*—*Panicum viride* L. *Sp.;* B. *Extr. Fl.;* P. *Fl.;* Dub. *Bot.*

④. Juillet-septembre.

C.—Lieux cultivés, bords des champs, terrains en friche.— Huchenneville ; Abbeville ; Drucat ; Acquet près Neuilly-le-Dieu ; Cayeux ; Bovelles, Ailly-sur-Somme (*Rom.*).

3. **S. glauca** P. B. *Agrost.;* Coss. et Germ. *Fl.* 788 ; Gren. et Godr. *Fl.*—*Panicum glaucum* L. *Sp.;* Dub. *Bot.*

④. Juillet-octobre.

A. R.— Lieux cultivés, bords des champs, terrains en friche.—
Huchenneville ; Drucat ; Cambron (*T. C.*) ; Bovelles (*Rom.*).

L'*Andropogon Ischœmum* (L. *Sp.;* Coss. et Germ. *Fl.* 790 ; P.
Fl.; Dub. *Bot ;* Gren et Godr. *Fl.*) a été observé une seule fois
dans nos limites sur le bord de la route d'Amiens à Roye, entre
Bouchoir et Roye (*P.* Fl.).

7. ALOPECURUS L. *Gen.*

1. **A. agrestis** L. *Sp.;* Coss. et Germ. *Fl.* 792; B. *Extr. Fl.;*
P. *Fl.;* Dub. *Bot.;* Gren. et Godr. *Fl.*—(En picard *Épirolle*).

①. Mai-août.

CC.—Moissons, lieux cultivés, bords des chemins, champs en
friche, bois.

S.-v. *decumbens.* (*A. agrestis* var. *decumbens* P. *Fl.* 440).—
Tiges couchées étalées.— Galets maritimes. - Mers.

2. **A. pratensis** L. *Sp.;* Coss. et Germ. *Fl.* 792; B. *Extr. Fl.;*
P. *Fl.;* Dub. *Bot.;* Gren. et Godr. *Fl.*—(Vulg. *Vulpin des prés*).

♃. Mai-juin.

CC.— Prairies, pâturages.

3. **A. geniculatus** L. *Sp.;* Coss. et Germ. *Fl.* 792; B. *Extr.
Fl.;* Dub. *Bot.*

♃. Juin-août.

Marais, fossés, bords des eaux.

Var. α. *geniculatus* (Coss. et Germ. *Fl.* 793.—*A. geniculatus*
P. *Fl.* excl. var.; Gren. et Godr. *Fl.*).— *A. R.*—Le Mesge (*Rom.*);
Le Hourdel (*T. C.*); Cayeux (*Baill.* Herb.); fossés des fortifica-
tions d'Abbeville (*Poulain* Herb.).

Var. β. *fulvus* (Coss. et Germ. *Fl.* 793.—*A. fulvus* Sm. *Engl.
bot.;* Gren. et Godr. *Fl.*). — *R.*—Picquigny.

4. **A. bulbosus** L. *Sp.* 1665; B. *Extr. Fl.* 6; Gren. et Godr.
Fl. 3, 451; Brébiss. *Fl. Norm.* 302; Lloyd *Fl. Ouest* 506; Rchb.
Agrost. Germ. t. 49, f 1475; Puel et Maille *Fl. loc.* exsicc. n. 227;
Billot *Exsicc.* n. 1355.—*A. geniculatus* var. *bulbosus* P. *Fl.* 439.

Tiges de 2-5 décim., grêles, dressées, couchées ou ascendantes,
à base renflée en bulbe. Panicule spiciforme cylindrique, à ra-

meaux courts ne portant ord. qu'un seul épillet. Épillets ovales
oblongs, d'un vert blanchâtre, noirâtres au sommet. Glumes
aiguës, pubescentes ou presque glabres, à carène brièvement
ciliée, à peine soudées dans leur partie inférieure. Glumelle inférieure ovale tronquée, aristée près de sa base. Arête colorée, deux
fois plus longue que les glumes. ♃. Juin-juillet.

C. — Marais et bords des fossés dans la région maritime. —
Laviers; Abbeville; Mers.

8. PHLEUM L. *Gen.*

1. **P. pratense** L. *Sp.;* Coss. et Germ. *Fl.* 794; B. *Extr. Fl.;*
P. *Fl.;* Dub. Bot.; Gren. et Godr. *Fl.* — (Vulg. *Phléole des prés).*
♃. Juin-juillet.

C C. — Prés, pâturages, coteaux secs.

S.-v. *viviparum. (P. pratense* var. *viviparum* P. *Fl.* 437. — *P.
viviparum* Schrad. *Fl Germ.* 1, 184). — Épillets vivipares. — *R.* —
Amiens (*P.* Fl.).

Var. *β. nodosum* (Coss. et Germ. *Fl.* 794; Dub. *Bot.;* Gren. et
Godr. *Fl.* — *P. pratense* var. *nodosum* et var. *minus* P. *Fl.* — *P.
nodosum* L. *Sp.).* — *C.* — Lieux arides.

2. **P. Bœhmeri** Wib. *Werth.;* Coss. et Germ. *Fl.* 794; Gren.
et Godr. *Fl* — *Phalaris phleoides* L. *Sp.;* B. *Extr. Fl.;* P. *Fl.;* Dub. Bot.
♃. Juin-juillet.

R. — Lieux arides, coteaux calcaires, bords des bois. — Boves,
sur les talus de l'ancien château; La Faloise; bois de Laviers (*B.*
in *T. C.* herb.); Saint-Riquier (*Baill.* Herb.); Épagne (*B.* Extr.
Fl.); Cagny, Fortmanoir (*P.* Fl.).

S -v. *viviparum. (Phalaris phleoides* var. *vivipara* P. *Fl.* 436.
— *Phalaris vivipara* Schrad. *Fl. Germ.* 1, 187). — Épillets vivipares — *R R.* — Fortmanoir (*Picard* in P. Fl.).

3. **P. arenarium** L. *Sp* ; Coss. et Germ. *Fl.* 795; B. *Extr.
Fl.;* Gren. et Godr. *Fl.;* Puel et Maille *Fl. loc.* exsicc. n. 159. —
Phalaris arenaria Willd. *Sp.;* P. *Fl.;* Dub. *Bot.*

④. Mai-juin.

C. — Sables et galets maritimes. — Saint-Quentin-en-Tourmont;
Fort-Mahon près Quend; Le Crotoy; Le Hourdel; Cayeux; Ault.

9. POLYPOGON Desf. *Atl.*

Épillets hermaphrodites, uniflores. Glumes 2, presqu'égales, dépassant longuement la fleur, convexes, carénées, aristées. Glumelles 2, membraneuses, minces, glabres à la base; l'inférieure souvent aristée sous le sommet. Styles très courts. Stigmates plumeux, latéraux. Caryopse ovoïde oblóng presque cylindrique, sillonné sur la face interne.

1. **P. Monspeliensis** Desf. *Atl.* 1, 67; Dub. *Bot.* 508; Gren. et Godr. *Fl.* 3, 490; Lloyd *Fl. Ouest* 510; Rchb. *Agrost. Germ.* t. 31, f. 1416.— *P. Monspeliense* var. *paniceum* P. *Fl.* 438; Brébiss. *Fl. Norm.* 304.— *Alopecurus paniceus* B. *Extr. Fl.* 6.

Plante annuelle. Tiges de 2-3 décim., coudées à la base, un peu rudes au sommet. Feuilles scabres à gaînes courtes. Ligule lancéolée, dentée. Panicule ovoïde spiciforme, d'un vert blanchâtre ou jaunâtre, velue, soyeuse. Épillets nombreux, rapprochés en fascicules compactes. Pédicelles articulés. Glumes oblongues lancéolées, pubescentes ciliées, rudes sur la carène, brièvement bilobées, à lobes obtus. Arête partant de l'échancrure, trois fois plus longue que la glume. Glumelle inférieure tronquée, dentée, aristée, à arête dépassant à peine les glumes. ④. Juin-juillet.

R R.— Lieux herbeux maritimes.— Saigneville sur les bords du canal de Saint-Valery (*B.* Extr. Fl. et herb.; *Baill.* Herb.).— Nous regardons la présence de cette espèce dans nos limites comme accidentelle.

10. AGROSTIS L. *Gen.*

1. **A. alba** Schrad. *Fl. Germ.;* P. *Fl.;* Dub. *Bot.;* Gren. et Godr. *Fl.*— *A. alba*, *A. stolonifera* et *A. decumbens* P. *Fl.*— *A. alba* var. *coarctata* Coss. et Germ. *Fl.* 797.

♃. Juin-septembre.

C C.— Lieux herbeux, champs en friche, prairies, bois, bords des chemins.

S.-v. *gigantea.* (*A. alba* var. *gigantea* Mey. *Chl. Hanov.* 655; Gren. et Godr. *Fl.* 3, 481).—Tiges de 6-10 décim., robustes,

dressées. Feuilles larges. Panicule plus ample, plus fournie.—
Prairies humides.

S.-v. *nana.*— Tiges de 6-12 centim., couchées à la base, radicantes. Panicule courte, contractée.—Sables maritimes.

Var. β. *maritima* (Mey. *Chl. Hanov.* 655; Gren. et Godr. *Fl.*
3, 481 ; Lloyd *Fl. Ouest* 512.—*A. maritima* Lmk. *Encycl méth.*
1, 61 ; Dub. *Bot.* 503 ; Brébiss. *Fl. Norm.* 304).—Tiges grêles,
couchées radicantes. Feuilles nombreuses, courtes, glauques,
raides, piquantes au sommet. Panicule contractée, spiciforme
compacte. —Sables maritimes.

2. **A. vulgaris** With. *Arr.* ed. 3; P. *Fl.;* Dub. *Bot.;* Gren. et
Godr. *Fl.*—*A. alba* var. *vulgaris* Coss. et Germ. *Fl.* 797.

♃. Juin-septembre.

C C. — Prés, champs, bois.

S.-v. *pallescens.* (*A vulgaris* var. *pallescens* Coss. et Germ. *Fl.*
ed. 1, 629).—Tiges élancées, très grêles. Panicule d'un vert
blanchâtre, à rameaux capillaires. Épillets très petits. Lieux
ombragés.

S.-v. *pumila.* (*A. pumila* L. *Mant* —*A. alba* var. *vulgaris* s.-v.
pumila Coss. et Germ. *Fl.* 797).— *R.* - Terrains secs sablonneux.
— Brutelles (*Baill.* Herb.).

3. **A. canina** L. *Sp.;* Coss. et Germ. *Fl.* 797; B. *Extr. Fl.;* P.
Fl.; Dub. *Bot.;* Gren. et Godr. *Fl.*

♃. Juin-août.

R. — Prairies, bois humides.—Bois de Laviers (*Baill.* Herb.) ;
Glisy, Fieffes, Fortmanoir, Pont-de-Metz, Cambron (*P.* Fl.) ;
Gouy (*B.* Extr. Fl.).

11. APERA Adans. *Fam.*

1. **A. Spica-venti** P. B. *Agrost.;* Coss. et Germ. *Fl.* 798.—
Agrostis Spica-venti L. *Sp.;* B. *Extr. Fl.;* P. *Fl.;* Dub. *Bot.;* Gren.
et Godr. *Fl.*

①. Juin-juillet.

C·C. — Moissons, champs en friche, bords des chemins.

L'*A. interrupta* (P. B. *Agrost.;* Coss. et Germ. *Fl.* 798.—

19

Agrostis interrupta L. *Sp.*; Dub. *Bot.*; Gren. et Godr. *Fl.*) a été signalé d'une manière vague entre Roye et Montdidier (*P.* Fl.).

12. CALAMAGROSTIS Adans. *Fam.*

1. **C. Epigelos** Roth *Tent Fl. Germ.*; Coss. et Germ. *Fl.* 799; P. *Fl.;* Dub. *Bot.;* Gren. et Godr. *Fl.—Arundo Epigeios* L. *Sp.* ♃. Juillet-août.

A. R. — Lieux arides, bords des bois montueux. — Tœufles ; Villers-sur-Mareuil ; Bray-lès-Mareuil ; bois de Fréchencourt près Bailleul ; Oust-Marest ; bois de Rampval près Mers ; Lanchères ; Boves ; Bovelles, Ailly-sur-Somme (*Rom.*). — Commun dans les dunes : Saint-Quentin-en-Tourmont.

Le *C. lanceolata* (Roth *Tent. Fl. Germ.*; Coss. et Germ. *Fl.* 799 ; Dub. *Bot.;* Gren. et Godr. *Fl.*) a été trouvé près de nos limites dans le bois du Parc à Eu et dans la forêt d'Hesdin (*Poulain* Herb.).

13. AMMOPHILA Host. *Gram.*

1. **A. arenaria** Link *Hort. Berol.;* Coss. et Germ *Fl.* 800.— *Arundo arenaria* L. *Sp.;* B. *Extr. Fl.—Calamagrostis arenaria* Roth *Tent. Fl Germ.;* P. *Fl.;* Dub. *Bot.;* Lloyd *Fl. Ouest.—Psamma arenaria* Rœm. et Schultz *Syst. veg.;* Gren. et Godr. *Fl.;* Brébiss. *Fl. Norm.;* Billot *Exsicc.* n. 1779.—(En picard *Oyat*).

♃. Juin-août.

C C. — Sables maritimes. — Le Crotoy ; Saint-Quentin-en-Tourmont ; Quend ; Fort-Mahon ; Le Hourdel près Cayeux ; Hautebut près Woignarue ; Cayeux, Saint-Valery (*P.* Fl.). — On plante souvent dans les dunes l'*A. arenaria* Link pour en fixer les sables mobiles à l'aide de ses rhizomes traçants, qui s'enfoncent à une grande profondeur.

14. MILIUM L *Gen.* ex parte.

1. **M. effusum** L. *Sp.;* Coss. et Germ. *Fl.* 800 ; B. *Extr. Fl.;* P. *Fl.;* Dub. *Bot.;* Gren. et Godr. *Fl.*

♃. Mai-juillet.

C C. — Bois ombragés.

15. CORYNEPHORUS P. B. *Agrost.*

1. **C. canescens** P. B. *Agrost.;* Coss. et Germ. *Fl.* 804; Gren.
et Godr. *Fl.—Aira canescens* L. *Sp.;* B. *Extr. Fl.;* P. *Fl.;* Dub. *Bot.*
♃. Juin-août.

Lieux sablonneux. — Commun dans les sables maritimes. —
Saint-Quentin-en-Tourmont; Fort-Mahon; Saint-Valery, Cayeux
(P. Fl); Le Crotoy (*B.* Not. manuscr.).

Var. β. *subuniflora* (P. *Fl.* 454 et Herb.).—Épillets uniflores.
Seconde fleur nulle ou rudimentaire par suite d'avortement.

16. AIRA L. *Gen.* ex parte.

1. **A. caryophyllea** L. *Sp.;* Coss. et Germ. *Fl.* 805; B. *Extr.*
Fl.; P. *Fl.;* Dub. *Bot.;* Gren. et Godr. *Fl.*

①. Mai-juillet.

A. C.— Coteaux arides, lieux sablonneux, clairières des bois.—
Ercourt ; Bailleul ; Huchenneville ; Boismont ; Saint - Valery ;
Villers-sur-Authie ; forêt de Crécy; Bovelles, Ailly–sur–Somme
(*Rom.*); Caubert près Abbeville (*Baill.* Herb.); Saint-Riquier,
Forêt-l'Abbaye (*Poulain* Herb.); Cagny, Allonville, Boves, bois
du Val près Laviers (*P.* Fl.).

Var. β. *multiculmis* (Brébiss. *Fl. Norm.* 310.—*A. multiculmis*
Dumort. *Agrost.* 121 ; Gren. et Godr. *Fl.* 3, 506 ; Boreau *Fl.*
Centr. 2, 702).— Tiges ord. nombreuses, disposées en touffe.
Panicule à rameaux dressés. Épillets rapprochés en faisceaux au
sommet des rameaux.

2. **A. præcox** L. *Sp.;* Coss. et Germ. *Fl.* 805; B. *Extr. Fl.;*
Dub. *Bot.;* Gren. et Godr. *Fl.—Avena præcox* P. B. *Agrost.;* P. *Fl.*

①. Avril-juin.

R R. -- Lieux sablonneux, clairières des bois, galets maritimes.
— Bois de Mareuil ; Villers-sur-Authie ; Ault ; bois de Caubert
près Abbeville (*Baill.* Herb.; *P.* Fl.).

17. DESCHAMPSIA P. B. *Agrost.*

1. **D. cæspitosa** P. B. *Agrost.;* Coss. et Germ. *Fl.* 805; Gren.
et Godr. *Fl — Aira cæspitosa* L. *Sp.;* B. *Extr. Fl.;* P. *Fl.;* Dub. *Bot.*

♃. Juin-juillet.

C C.—Bois, lieux herbeux, prairies.

S.-v. *parviflora* (Coss. et Germ. *Fl.* 806.— *Aira cœspitosa* var. *parviflora* P. *Fl.*— *Deschampsia cœspitosa* var. *pallida* Gren. et Godr. *Fl.*— *Aira parviflora* Thuill. *Fl. Par.*) - Marais de Gouy (*Baill.* Herb.; P. Herb).

·2. **D. flexuosa** Nees *Gen. Fl. Germ.;* Coss. et Germ. *Fl.* 806; Gren. et Godr. *Fl* —*Aira flexuosa* L. *Sp.;* B. *Extr. Fl.;* P. *Fl.;* Dub. *Bot.*

♃. Juin-août.

A.R.—Bois montueux, terrains sablonneux.—Bouvaincourt; Oust-Marest; La Faloise; Boves; Dury, Cagny (P. Herb.); Pendé. Estrebœuf (P. Fl.).

Dans les bois très couverts le *D. flexuosa* Nees présente une forme à tige très grêle et à épillets d'un blanc verdâtre argenté

18. HOLCUS L. *Gen.*

1. **H. lanatus** L. *Sp.;* Coss. et Germ. *Fl.* 807; B. *Extr. Fl.;* P. *Fl.;* Gren. et Godr. *Fl.*—*Avena lanata* Kœl. *Gram.;* Dub. *Bot.*

♃. Juin-août.

C.—Lieux herbeux, prairies.

2. **H. mollis** L. *Sp.;* Coss. et Germ. *Fl.* 808; B. *Extr. Fl.;* P. *Fl.;* Gren. et Godr. *Fl.*—*Avena mollis* Kœl. *Gram.;* Dub. *Bot.*

♃. Juillet-septembre.

A.C.— Lieux herbeux, bois. —Yvrench; bois de Size près Ault; Ercourt; Huchenneville; La Faloise; Bovelles (*Rom.*); forêt de Crécy (*Poulain* Herb.); Brailly, Bouillancourt (P. Fl.).

19. ARRHENATHERUM P. B. *Agrost.*

1. **A. elatius** Mert. et Koch *Deutschl. Fl.:* Coss. et Germ. *Fl.* 808; Gren. et Godr. *Fl.*—*Avena elatior* L. *Sp.;* B. *Extr. Fl.;* P. *Fl.;* Dub. *Bot.*— (*Vulg. Fromental*).

♃. Juin-août.

C C.—Lieux herbeux, prairies, bois.

Var. β. *bulbosum* (Koch *Syn.;* Coss. et Germ. *Fl.* 809; Gren.

et Godr. *Fl.*— *Avena elatior* var. *bulbosa* P. *Fl.;* Dub. *Bot.*— *Avena precatoria* Thuill. *Fl. Par.*).

20. DANTHONIA DC. *Fl. Fr.*

1. **D. decumbens** DC. *Fl. Fr.;* Coss. et Germ. *Fl.* 809; Dub. *Bot.;* Gren. et Godr. *Fl.*— *Festuca decumbens* L. *Sp.;* B. *Extr. Fl.* — *Triodia decumbens* P. B. *Agrost.*

♃. Juin-juillet.

A. R.— Lieux sablonneux, terrains calcaires, lisières et clairières. des bois. — Fransu ; forêt de Crécy ; dunes de Saint-Quentin-en-Tourmont ; Boismont ; Cambron (*T. C.*) ; Bovelles (*Rom.*) ; bois de Marcuil (*Picard* in *Baill.* Herb.) ; bois du Val près Laviers (*B.* Extr. Fl.).

21. GAUDINIA P. B. *Agrost.*

1. **G. fragilis** P. B. *Agrost.;* Coss. et Germ. *Fl.* 810 ; Gren. et Godr. *Fl.*— *Avena fragilis* L. *Sp.;* Dub. *Bot.*

①. Juin-juillet.

R R.— Lieux herbeux, bords des chemins, pelouses.— Bovelles (*Rom.*).— Espèce probablement introduite.

22. AVENA L. *Gen.* ex parte.

1. **A. sativa** L. *Sp.;* Coss. et Germ. *Fl.* 811 ; B. *Extr. Fl.;* P. *Fl.;* Dub. *Bot.;* Gren. et Godr. *Fl.*—(Vulg. *Avoine*).

①. Juillet-septembre.

Cultivé en grand.

Cette espèce varie à glumelles noirâtres (*Avoine noire*) ou blanchâtres (*Avoine blanche*).

2. **A. Orientalis** Schreb. *Spicil.;* Coss. et Germ. *Fl.* 811 ; P. *Fl.;* Dub. *Bot.;* Gren. et Godr. *Fl.*—(Vulg. *Avoine de Hongrie*).

①. Juillet-septembre.

Cultivé en grand, mais beaucoup moins communément que l'*A. sativa* L.

3. **A. strigosa** Schreb. *Spicil.;* Coss. et Germ. *Fl.* 812 ; Dub. *Bot.;* Gren. et Godr. *Fl.*

④. Juillet-septembre.

R. — Parmi les Avoines cultivées. — Béhen ; Huchenneville.

Nous mentionnons ici, comme se rencontrant quelquefois parmi les Avoines cultivées (P. *Fl.*), l'*A. nuda* (L. *Sp.*; Coss. et Germ. Not. in *Fl.* 812 ; B. *Extr. Fl.*; P. *Fl.*; Dub. *Bot.*) et l'*A. brevis* (Roth. *Tent. Fl. Germ.* 1, 40 ; P. *Fl.* 452 ; Dub. *Bot.* 514 ; Gren. et Godr. *Fl.* 3, 511). Cette dernière espèce se reconnaît aux caractères suivants : panicule unilatérale ; glumes presqu'égales ne dépassant pas les fleurs ; fleurs hermaphrodites ord. ⚥, aristées, rarement mutiques, l'inférieure pédicellée ; glumelle inférieure glabre ou velue, rude au sommet, oblongue, obtuse, bifide, ne recouvrant que lâchement le caryopse ; arête genouillée, deux ou trois fois plus longue que la fleur

4. **A. fatua** L. *Sp.*; Coss. et Germ. *Fl.* 812 ; B. *Extr. Fl.*; P. *Fl.*; Dub. *Bot.*; Gren. et Godr. *Fl.* — (Vulg. *Folle-Avoine, Avron*).

④. Juillet-septembre.

A.C. — Parmi les Avoines cultivées. — Béhen ; Huchenneville ; Mers ; Bovelles (*Rom.*).

S.-v. *intermedia.* (*A. fatua* var. *intermedia* P. *Fl.* 451. — *A. intermedia* Lestiboudois fils *Bot. Belg.* 11, 36). — Glumelle inférieure munie seulement à la base de poils peu nombreux.

S.-v. *hybrida* (*A. hybrida* Peterm. in Rchb. *Fl. Sax.* 17 ; Koch *Syn.* 917). — Glumelle inférieure glabre excepté sur le callus.

5. **A. pratensis** L. *Sp* ; Coss et Germ. *Fl.* 813 ; B. *Extr. Fl.*; P. *Fl.*; Dub. *Bot.*; Gren. et Godr. *Fl.*

♃. Juin-juillet.

A.C. — Pelouses sèches, coteaux incultes, clairières des bois. — Caubert près Abbeville ; Ercourt ; Neufmoulin ; Bezencourt près Tronchoy ; Saint-Quentin-en-Tourmont (*T. C.*) ; Bovelles (*Rom.*); Cagny, Boves, Cottenchy, Mareuil, bois Boullon près Abbeville (P. Fl.).

6. **A. pubescens** L. *Sp.*; Coss. et Germ. *Fl.* 813 ; B. *Extr. Fl.*; P *Fl.*; Dub. *Bot.*; Gren. et Godr. *Fl.*

♃. Juin-juillet.

A. R.— Prés secs, bois, pâturages.— Caumondel près Huchenneville ; Cambron ; Bovelles (*Rom.*) ; bois du Val près Laviers (*Baill.* Herb.) ; dunes du Marquenterre (*Poulain* Herb.) ; Dury, Boves, Ailly, Notre-Dame de Grâce (P. Fl.).

S.-v. *parviflora.* (*A. pubescens* var. *parviflora* P. *Fl.* 450).— Épillets plus petits, toujours biflores.

23. TRISETUM Pers. *Syn.*

1. **T. flavescens** P. B. *Agrost.;* Coss. et Germ. *Fl.* 814; Gren. et Godr. *Fl.— Avena flavescens* L. *Sp.;* B. *Extr. Fl.* P. *Fl.;* Dub. *Bot.*

♃. Juin-août.

C.— Coteaux, bois, pâturages.— Drucat; Huchenneville; Béhen; Feuquières ; Cambron, Fieffes (*T. C.*) ; Bovelles (*Rom.*) ; Menchecourt près Abbeville (*B.* Extr. Fl.).

24. KOELERIA Pers. *Syn.*

1. **K. cristata** Pers. *Syn.;* Coss. et Germ. *Fl.* 815; P. *Fl.;* Dub. *Bot.;* Gren. et Godr. *Fl.—Poa cristata* Host. *Gram.;* B. *Extr. Fl.*

♃. Juin-juillet

C.— Lieux incultes, coteaux arides, bois.

Var. β. *pubescens* (Brébiss. *Fl. Norm.* 314.- *K. cristata* var. *albescens* P. *Fl.* 455).— Plante mollement pubescente. Tiges de 1-2 décim. Feuilles, surtout les radicales, enroulées. Panicule courte, blanchâtre. *R.*— Sables et galets maritimes.—Le Hourdel près Cayeux; Saint-Quentin-en-Tourmont (*T. C.* Herb.).

25. PHRAGMITES Trin. *Fund. Agrost.*

1. **P. communis** Trin. *Fund. Agrost.;* Coss et Germ. *Fl.* 816; Gren. et Godr. *Fl.— Arundo Phragmites* L. *Sp.;* B. *Extr. Fl.;* P. *Fl.;* Dub. *Bot.—* (Vulg. *Roseau à balais*).

♃. Juillet-septembre.

C C.— Marais, fossés, bords des eaux.

S -v. *subuniflorus* (Coss. et Germ. *Fl.* 816.—*Arundo Phragmites* var. *subuniflora* DC. *Fl. Fr.;* P. *Fl.— Phragmites communis* var. *nigricans* Gren. et Godr. *Fl.*).— Cambron (*T. C.* Herb.); faubourg de Hem à Amiens (*P. Fl.*).

26. CYNOSURUS L. *Gen.*

1. **C. cristatus** L. *Sp.;* Coss. et Germ. *Fl.* 817; B. *Extr. Fl.;* P. *Fl.;* Dub. *Bot.;* Gren. et Godr. *Fl.*

♃. Juin-août.

CC.— Prairies, pâturages, lieux herbeux.

S.-v. *viviparus.* (*C. cristatus* var. *viviparus* P. *Fl.* 485 et *Herb.*).— Épillets vivipares.

27. MELICA L. *Gen.*

1. **M. uniflora** Retz *Obs.;* Coss. et Germ. *Fl.* 819; P. *Fl.;* Dub. *Bot.;* Gren. et Godr. *Fl.*

♃. Mai-juin.

A. C.— Bois ombragés.— Drucat; Saint-Riquier; Caubert près Abbeville; Cambron; Bailleul; Limeux; Bovelles (*Rom.*); Dury, Allonville, Cagny, Ailly, Mareuil (P. Fl.).

28. MOLINIA Mœnch. *Meth.*

1. **M. cærulea** Mœnch *Meth.;* Coss. et Germ. *Fl.* 820; Gren. et Godr. *Fl.*— *Melica cærulea* L. *Mant.;* B. *Extr. Fl.*— *Enodium cæruleum* Gaud. *Agrost.;* P. *Fl.*— *Festuca cærulea* DC. *Fl. Fr.;* Dub. *Bot.*

♃. Juillet-septembre.

A. C.— Prés tourbeux, bois humides.— Abbeville; Mareuil; Épagne; Saint-Quentin en-Tourmont (*T. C.* Herb.); Longpré et Renancourt près Amiens (*Rom.*); Pont-de-Metz, Fortmanoir, Dury, Boves, Gouy (P. Fl.).

Var. β. *sylvatica* (Brébiss. *Fl. Norm.* 317.— *Enodium sylvaticum* Link *Enum.*).— Tige de 6-10 décim. Panicule ample. Feuilles larges, multinerviées.— Bois.

29. CATABROSA P. B. *Agrost.*

1. **C. aquatica** P. B. *Agrost.;* Coss. et Germ. *Fl.* 820; Gren. et Godr. *Fl.*— *Aira aquatica* L. *Sp;* B. *Extr. Fl.*— *Catabrosa airoides* P. *Fl.*— *Poa airoides* Kœl *Gram.;* Dub. *Bot.*

♃. Juin-juillet.

A. R.— Lieux marécageux, bords des eaux.—Abbeville; Laviers; Mareuil ; Mautort près Abbeville ; Cambron (*T. C.* Herb.); Amiens (P. Fl.).

30. GLYCERIA R. Br. *Prodr. Nov. Holl.*

1. **G. fluitans** R. Br. *Prodr. Nov. Holl.;* Coss. et Germ *Fl.* 821. — *Festuca fluitans* L. *Sp.;* B. *Extr. Fl.*— *Poa fluitans* Kœl. *Gram.;* Dub. *Bot.*—*Glyceria fluitans* et *Glyceria minor* P. *Fl.*

♃. Juin-août.

C.— Marais, fossés, bords des eaux.— Mareuil ; Abbeville ; Drucat; Rue ; Ailly-sur-Somme, Renancourt près Amiens (*Rom.*).

Var. α. *fluitans* (Coss. et Germ. *Fl.* 822. *G. fluitans* Fries *Nov Suec.* mant.; Gren. et Godr. *Fl.*).

Var. β. *plicata* (Coss. et Germ. *Fl.* 822.— *G. plicata* Fries *Nov. Suec.* mant.; Gren. et Godr. *Fl.*).

2. **G. aquatica** Whlbg. *Fl. Goth.;* Coss. et Germ. *Fl.* 822 ; Gren. et Godr. *Fl.*—*Poa aquatica* L. *Sp.;* B. *Extr. Fl.;* P. *Fl.;* Dub. *Bot.*—*Glyceria spectabilis* Mert. et Koch *Deutschl. Fl.*

♃. Juillet-août.

A. C.— Marais, bords des eaux.— Abbeville ; Drucat; L'Étoile (*Rom.*); Cambron (*T. C*).

S.-v. *vivipara.* (*Poa aquatica* var. *vivipara* P. *Fl.* 482.— *Poa vivipara* Schrad. *Fl. Germ.* 280).— Épillets vivipares.

3. **G. distans.**—*Atropis distans* Griseb. in Ledeb. *Fl. Ross.* 4, 388; Coss. et D R. *Fl. Algér.* phan. 139.— *Poa maritima* Dub. *Bot.* 523.— *Glyceria maritima* Brébiss. *Fl. Norm.* 312.

Plante vivace, glauque. Souche ord. cespiteuse. Tiges florifères de 2-6 décim., couchées ascendantes ou dressées ; tiges stériles quelquefois allongées étalées stoloniformes. Feuilles linéaires aiguës, planes, pliées ou enroulées Ligule plus ou moins allongée, ord. obtuse. Panicule à rameaux inégaux, dressés, étalés ou réfléchis ; les inférieurs semi-verticillés par 2-5, les plus longs nus à la base. Épillets linéaires, 4-6 flores, verdâtres ou violacés. Glumes inégales, ovales, membraneuses, plus courtes que les glumelles. Glumelle inférieure tronquée ou arrondie, à 5 nervures peu prononcées. ♃. Juin-juillet.

A. C.— Prés salés, lieux herbeux baignés par la marée, sables
et galets maritimes. — Menchecourt près Abbeville; Laviers;
Noyelles-sur-Mer; Le Hourdel près Cayeux; bords de l'Authie
près Château-Neuf; Quend, Fort-Mahon (*Baill.* Herb.); Le Crotoy,
Saint-Quentin-en-Tourmont (P. Fl.).

Var. α. *distans.* (*Atropis distans* var. *vulgaris* Coss. et DR.
Fl. Algér. phan. 140.— *Glyceria distans* Whlnbg. *Fl. Upsal* 36;
P. *Fl.* 483; Gren. et Godr. *Fl.* 3, 536; Lloyd *Fl. Ouest* 529; Rchb.
Ic. 1, t. 79, f. 1609; Billot *Exsicc.* n. 184.— *G. maritima* var.
distans Brébiss. *Fl. Norm.* 312.— *Poa distans* L. *Mant.* 32; B.
Extr. Fl. 8.— *Poa maritima* var. *distans* Dub. *Bot.* 523).— Tiges
stériles couchées stoloniformes ord. nulles. Feuilles planes, rarement pliées enroulées. Panicule à rameaux ord. étalés ou réfléchis;
les inférieurs subquinés. Épillets ord. petits.

Var. β. *maritima.* (*Atropis distans* var. *maritima* Coss. et DR.
Fl. Algér. phan. 141.—*Glyceria maritima* Mert. et Koch *Deutschl.
Fl.* 1, 588; P. *Fl.* 483; Gren. et Godr. *Fl.* 3, 525; Koch *Syn.* 933;
Lloyd *Fl Ouest* 528; Brébiss. *Fl. Norm.* 312 excl. var.; Rchb. *Ic.
Agrost.* t. 79, f. 1611 et 1612.— *Poa maritima* Huds. *Fl. Angl.* 42;
Dub. *Bot.* 523 excl. var.).— Tiges stériles couchées stoloniformes
souvent assez nombreuses. Feuilles ord. pliées enroulées. Pani-
cule à rameaux dressés, rarement étalés; les inférieurs subgé-
minés. Épillets ord. plus grands que dans la var. α.

Nous regardons le *G. distans* Whlnbg. et le *G. maritima* Mert.
et Koch comme appartenant à un même type spécifique qui présente des formes variables que l'on ne peut séparer par des
caractères positifs. L'examen de nombreux échantillons recueillis
dans nos limites nous a fait adopter cette opinion émise par
MM. E. Cosson et Durieu de Maisonneuve (*Fl. Algér.* phan. 143).

4. **G. procumbens** Sm. *Engl. Fl.* 1, 119; Gren. et Godr. *Fl.*
3, 537; Lloyd *Fl. Ouest* 529.—*Poa procumbens* Sm. *Fl. Brit.* 1, 98;
Curt. *Fl. Lond.* 6, 11; P. *Fl.* 476; Dub. *Bot.* 522; Brébiss. *Fl. Norm.*
314.—*Sclerochloa procumbens* P. B. *Agrost.* 98; Rchb. *Ic. Agrost.*
t. 58, f. 1519.

Plante annuelle, glauque. Tiges de 1-2 décim., nombreuses,
disposées en touffe, couchées ascendantes. Feuilles assez larges,

planes, aiguës. Ligule courte, obtuse. Panicule oblongue, raide, unilatérale, à rameaux courts, rapprochés, rudes, garnis d'épillets presque jusqu'à la base ; les inférieurs géminés ou ternés. Épillets linéaires oblongs, 4-5 flores. Glumes inégales, ovales oblongues, obtuses, membraneuses, plus courtes que les glumelles. Glumelle inférieure oblongue, obtuse ou tronquée, à 5 nervures saillantes. ①. Juin-juillet.

RR. — Sables et galets maritimes.— Chemin du corps-de-garde de Hautebut à Cayeux (*T. C.* Herb.) ; Quend, Fort-Mahon (*Baill.* Herb.) ; Saint-Valery (*Ravin* in P. Fl.) ; Ault (*P.* Fl.).

31. BRIZA L. *Gen.*

1. **B. media** L. *Sp.;* Coss. et Germ. *Fl.* 823; B. *Extr. Fl.;* P. *Fl.;* Dub. *Bot.;* Gren. et Godr. *Fl.*—(Vulg. *Amourette*).

♃. Juin-juillet.

C C. — Prairies, pâturages, bords des bois.

S.-v. *pallens* (Coss. et Germ. *Fl.* 823).

2. **B. minor** L. *Sp.* 102; B. *Extr. Fl.* 8; P. *Fl.* 473; Dub. *Bot.* 526; Gren. et Godr. *Fl.* 3, 549; Puel et Maille *Fl. loc.* exsicc. n. 92 ; Billot *Exsicc.* n. 1379.

Plante annuelle. Tiges de 1-2 décim., solitaires ou peu nombreuses. Feuilles linéaires, planes, rudes. Ligule allongée, lancéolée aiguë. Panicule lâche rameuse, à rameaux capillaires, scabres. Épillets 5-7 flores, ord. nombreux, petits, triangulaires, verdâtres. Glumes plus longues que les glumelles. ①. Juin-juillet.

RR. — Moissons, bords des chemins. — Drucat; Estrées-lès-Crécy; Laviers; champs près du bois de Saint-Riquier (*Baill.* Herb.) ; bords d'un bois entre Albert et Péronne (P. Fl.).

32. POA L. *Gen.* ex parte.

1. **P. annua** L.; *Sp.;* Coss. et Germ. *Fl.* 825; B. *Extr. Fl.;* P. *Fl.;* Dub. *Bot.;* Gren. et Godr. *Fl.*

① ou ②. Fleurit presque toute l'année.

C C. — Lieux cultivés et incultes, rues, cours, décombres.

2. **P. bulbosa** L. *Sp.;* Coss. et Germ. *Fl.* 826; B. *Extr. Fl.;* P. *Fl.;* Dub. *Bot.;* Gren. et Godr, *Fl.*

♃. Mai-juin.

R R. — Lieux incultes, vieux murs, pâturages. - Bovelles (*Rom.*);
Amiens (*P.* Fl.); Bonnance près Port (*B.* Extr. Fl.).

S.-v. *vivipara* (Coss. et Germ. *Fl.* 826; P. *Fl.*).

3. **P. nemoralis** L. *Sp.;* Coss. et Germ. *Fl.* 826; B. *Extr. Fl.;*
Dub. *Bot.;* Gren. et Godr. *Fl.*—*P. nemoralis* et *P. fertilis* P. *Fl.*

♃. Juin-août.

C. — Lieux ombragés, bois, vieux murs. — Cambron; Moyenne-
ville; Huchenneville; Drucat; Yvrench; Lucheux; Bovelles,
Yonville près Citernes (*Rom.*); Cagny, Dury, Notre-Dame de
Grâce, Ailly, Brailly, Laviers, Caubert près Abbeville (*P.* Fl.).

Var. β. *firmula* (Coss. et Germ. *Fl.* 827.—*P. nemoralis* var.
firma P. *Fl.*).

4. **P. trivialis** L. *Sp.;* Coss. et Germ. *Fl.* 827; B. *Extr. Fl.;*
Dub. *Bot.;* Gren. et Godr. *Fl.*—*P. scabra* Ehrh. *Calam.;* P. *Fl.*

♃. Juin-juillet.

C C. — Lieux herbeux, prairies, bois humides.

5. **P. pratensis** L. *Sp.;* Coss. et Germ. *Fl.* 827; B. *Extr. Fl.;*
P. *Fl.;* Dub. *Bot.;* Gren. et Godr. *Fl.*

♃. Juin-août.

C. — Prés, bords des bois, coteaux arides, lieux herbeux.

Var. α. *pratensis* (Coss. et Germ. *Fl.* 828.— *P. pratensis* var.
vulgaris Dub. *Bot.;* Gren. et Godr. *Fl.*).

Var. β. *angustifolia* (Coss. et Germ. *Fl.* 828; Dub *Bot.;* Gren.
et Godr. *Fl.*). — Lieux arides.

6. **P. compressa** L. *Sp.;* Coss. et Germ. *Fl.* 828; B. *Extr. Fl.;*
P. *Fl* ; Dub. *Bot* ; Gren et Godr. *Fl.*

♃. Juin-août.

C. — Vieux murs, lieux arides pierreux. — Abbeville; Huppy;
Cambron; Caubert près Abbeville; Ailly-sur-Noye; Chaussoy-
Épagny; Aveluy; Amiens, Saisseval, Bovelles (*Rom.*); bois Boullon
près Abbeville (*Poulain* Herb.).

33. DACTYLIS L. *Gen.*

1. **D. glomerata** L. *Sp.;* Coss. et Germ. *Fl.* 829; B. *Extr. Fl.;*
P. *Fl.;* Dub. *Bot.;* Gren. et Godr. *Fl.*

♃. Mai-juillet.

C C.—Lieux herbeux, prairies, pâturages, bords des chemins.

Le *D. littoralis* (Willd. *Sp.* 1, 408; Koch *Syn.* 934. — Poa *littoralis* Gouan *Fl. Monsp.* 470; B. *Extr. Fl.* 8; P. *Fl.* 478; Dub. *Bot.* 522. — *Æluropus littoralis* Parlat *Fl. Ital.* 1, 461; Gren. et Godr. *Fl.* 3, 558; Billot *Exsicc.* n. 3269.— *Dactylis maritima* Schrad. *Fl. Germ.* 1, 313; Rchb. *Ic. Agrost.* t. 59, f. 1520) a été trouvé dans les sables maritimes près de Cayeux (P. Fl. et herb.). Nous regardons comme accidentelle la présence de cette espèce qui n'a pas été revue à notre connaissance dans nos limites. Elle se distingue par les caractères suivants : plante vivace, glabre, glauque ; souche cespiteuse émettant des stolons allongés ; tiges de 2-5 décim., couchées ascendantes ; feuilles distiques, étalées, enroulées au sommet ; ligule très courte, frangée ciliée ; panicule oblongue spiciforme ; épillets 5-11 flores, ovales, rapprochés en fascicules ou les inférieurs un peu espacés; glumelle inférieure glabre, ovale oblongue, membraneuse aux bords, multinerviée, mucronée ou brièvement aristée.

34. BROMUS L. *Gen.*

1. **B. sterilis** L. *Sp.;* Coss. et Germ. *Fl.* 830; B. *Extr. Fl.;* P. *Fl.;* Dub. *Bot.;* Gren. et Godr. *Fl.*

④. Mai-août.

C C.—Lieux incultes, coteaux arides, vieux murs, bords des chemins.

2. **B. tectorum** L. *Sp.;* Coss. et Germ. *Fl.* 830; B. *Extr. Fl.;* P. *Fl.;* Dub. *Bot.;* Gren. et Godr. *Fl.*

④. Mai-juillet.

R.—Lieux arides, sables et galets maritimes, vieux murs.— Le Crotoy ; Ault ; Cayeux ; Amiens (P. Fl.).

S -v. *glaber* (Coss. et Germ. *Fl.* 831).— Le Crotoy (*T.C.*).

3. **B. arvensis** L. *Sp.;* Coss. et Germ. *Fl.* 831; B. *Extr. Fl.;* P. *Fl.;* Dub. *Bot.—Serrafalcus arvensis* Gren. et Godr. *Fl.*

④ Juin-juillet.

A.C.—Champs en friche, coteaux, bords des chemins, moissons.—Abbeville; Béhen; Bouvaincourt; Cambron (*T.C.*); Bovelles (*Rom.*); Pout-Remy (*Picard* in P. herb.); Bernay (*P. Fl.*).

4. **B. mollis** L. *Sp.;* Coss. et Germ. *Fl.* 831; B. *Extr. Fl.;* P. *Fl.;* Dub. *Bot.—Serrafalcus mollis* Parlat. *Pl. rar. Sic.;* Gren. et Godr. *Fl.*

④. Juin-juillet.

*C C.—*Lieux incultes, prés, bords des chemins.

S.-v. nanus. (*B. mollis* var. *nanus* Kunth *Enum.* 1, 414; P. *Fl.* 461).—Plante naine. Tiges de 5-10 centim. ne portant quelquefois qu'un seul épillet.— Lieux arides.

Var. β. compactus (Brébiss. *Fl. Norm.* 318).— Panicule contractée, compacte.—Épillets multiflores, brièvement pédicellés. — *R.*— Sables maritimes.— Cayeux ; Le Hourdel.

5. **B. racemosus** L. *Sp.;* Coss. et Germ. *Fl.* 832. — *B. simplex* Gaud. *Agrost ;* P. *Fl.*

④. Juin-juillet.

A.C.— Prés humides, pâturages, moissons, bords des chemins. — Drucat ; Inval près Huchenneville ; bords du canal de Saint-Valery (*T.C.*); Laviers (*Baill.* Herb.); Pont-de-Metz, Glisy, Fortmanoir, Camon (P. Fl.).

Var. α. genuinus (Coss. et Germ. *Fl.* 832.—*B. racemosus* DC. *Fl. Fr.;* Dub. *Bot.*).

Var. β. commutatus (Coss. et Germ *Fl.* 832.—*B. simplex* var. *commutatus* P. *Fl.*—*B. commutatus* Schrad. *Fl. Germ.—Serrafalcus commutatus* Gren. et Godr. *Fl.*— *B. pratensis* Ehrh. *Gram.;* Dub. *Bot.*).—Coteaux secs — Beaucoup plus rare que le type.

6. **B. squarrosus** L. *Sp.* 112; P. *Fl.* 461; Dub. *Bot.* 515; Lloyd *Fl. Ouest* 537.—*Serrafalcus squarrosus* Babingt. *Man. Brit. Bot.* 375; Gren. et Godr. *Fl.* 3, 592.

Plante bisannuelle. Tiges de 2-4 décim., grêles. Feuilles linéaires étroites, pubescentes ainsi que les gaînes, surtout les inférieures. Panicule lâche, unilatérale, penchée, ord. simple, à rameaux filiformes, flexueux. Épillets glabres, ovales lancéolés comprimés, 8-15 flores, plus étroits au sommet, même après la floraison. Fleurs elliptiques, imbriquées. Glumelle inférieure à bords formant au-dessus du milieu un angle obtus, aristée au-dessous du sommet. Arête étalée divariquée, souvent tordue, égalant la glumelle. ②. Juin-juillet.

R R.—Lieux incultes, digues, bords des moissons.— Saint-Valery (*T. C.* Herb.); champs vers Roye et Montdidier (*P.* Fl.). — Espèce sans doute introduite accidentellement.

7. **B. secalinus** L. *Sp.;* Coss. et Germ. *Fl* 833; B. *Extr Fl.;* P. *Fl.;* Dub. *Bot.—Serrafalcus secalinus* Gren. et Godr. *Fl.*

①. Juin-juillet.

A C.— Moissons, champs en friche. — Drucat; Millencourt; Laviers; Mers; Ercourt; Béhen; Huchenneville; Boves; Saint-Valery (*T. C.*); Bovelles (*Rom.*).

S.-v. *velutinus* (Coss. et Germ. *Fl.* 833.— B. *velutinus* Schrad. *Fl Germ.;* P. *Fl* — B. *grossus* D C *Fl. Fr.;* Dub. *Bot.*).

8. **B. erectus** Huds. *Fl. Angl.;* Coss. et Germ. *Fl.* 833; P. *Fl.;* Dub. *Bot.;* Gren. et Godr. *Fl.*

♃. Juin-juillet.

A. R.— Pâturages secs, lieux incultes — Yvrench; Huchenneville; Cambron (*T. C.*); Bovelles (*Rom*); Dury, Pont-de Metz, Glisy, Pont-Remy (*P.* Fl.).

9. **B. asper** Murr. *Prodr. Gott.,* Coss. et Germ. *Fl.* 833; P. *Fl.;* Dub. *Bot.;* Gren. et Godr. *Fl.*

♃. Juin août.

C C.— Buissons, bois couverts.

35. FESTUCA L. *Gen.* emend.

1. **F. gigantea** Vill. *Dauph.;* Coss. et Germ. *Fl.* 835; Gren. et Godr. *Fl.—Bromus giganteus* L. *Sp.;* B. *Extr. Fl.;* P. *Fl.;* Dub. *Bot.*

♃. Juin-août.

A. R.—Bois couverts. - Ercourt: Oust-Marest; Drucat; Yvrench; Cambron (*T. C.*); Bovelles, Ferrières (*Rom.*); Notre-Dame de Grâce, Ailly, Cagny, Querrieux, Boves, Gouy, Caubert près Abbeville (*P.* Fl.).

2. **F. pratensis** Huds. *Fl. Angl.* ed. 1; Coss. et Germ. *Fl* 836;

Gren. et Godr. *Fl.*—*F. elatior* L. *Fl. Suec ;* B. *Extr. Fl.;* P. *Fl.;* Dub. *Bot.*—(Vulg *Fétuque des prés*).

♃. Juin-juillet.

A. C.— Prés humides, lieux herbeux. — Drucat ; Mareuil ; Les Alleux près Béhen ; Cambron (*T. C.* Herb.).

S.-v. *pseudo-loliacea* (Coss. et Germ. *Fl.* 836.— *F. pseudololiacea* Fries *Summa.*— *F. loliacea* P. *Fl.*).—*R.*—Laviers; Drucat; Les Alleux près Béhen ; Saint-Maurice près Amiens, Longpré, Camon (*P.* Fl.).

3. **F. arundinacea** Schred. *Spicil.*; Coss. et Germ. *Fl.* 837; P. *Fl.;* Dub. *Bot.;* Gren. et Godr. *Fl.*

♃. Juin-juillet.

C.—Prairies humides, fossés, bords des eaux.— Menchecourt et Mautort près Abbeville ; Drucat; Saint-Quentin-en-Tourmont; Le Mesge (*Rom.*).

4. **F. rubra** L. *Sp.*; Coss. et Germ. *Fl.* 837; B. *Extr. Fl.;* P. *Fl.;* Dub. *Bot.;* Gren. et Godr. *Fl.*

♃. Juin-juillet.

A R.—Pâturages secs, terrains sablonneux ou calcaires, bords des chemins, lisières des bois.—Mers; Saint-Quentin-en-Tourmont; Wailly; Bovelles (*Rom.*); Saint-Maurice près Amiens, Notre-Dame de Grâce, Boves, Ailly, Laviers (P. Fl.).

Var. β. *arenaria* (Koch *Syn.* 939; Brébiss *Fl. Norm.* 315.— *F. arenaria* Osbeck in Retz suppl. *Fl. Scand.* 4; Gren. et Godr. *Fl.* 574; Billot *Exsicc.* n. 2184.— *F. sabulicola* L. Duf. in *Ann. sc. nat.* ser. 1, 5, 85 ; P. *Fl.* 467; Dub. *Bot.* 517 ; Puel et Maille *Fl. loc.* exsicc. n. 182.— *F. dumetorum* Mutel *Fl Fr.* 4, 104 ; Lloyd *Fl. Ouest* 532). — Souche plus longuement rampante. Feuilles radicales non fasciculées, enroulées sétacées ainsi que les caulinaires Épillets plus grands, velus lanugineux.— *A. C.*— Sables maritimes.— Dunes de Saint-Quentin-en-Tourmont parmi les *Ammophila arenaria.*

5. **F. heterophylla** Lmk. *Fl. Fr.;* Coss. et Germ. *Fl.* 838; P. *Fl.;* Dub. *Bot.;* Gren. et Godr. *Fl.*

♃. Juin-juillet.

R.— Lieux herbeux ombragés, bois, pelouses. — Les Alleux près Béhen ; Villers-sur-Authie, Bovelles (*Rom*) ; Dury, Allonville, Querrieux, Boves (*P.* Fl.).

6. **F. ovina** L. *Sp.* emend.; Coss. et Germ. *Fl.* 838; Koch *Syn.*; Brébiss. *Fl. Norm.*

♃. Mai-juillet.

C.— Pâturages, pelouses, lisières et clairières des bois, lieux sablonneux. — Drucat ; Caux ; Rue ; Saint-Quentin-en-Tourmont ; Boismont ; Mers ; Ercourt ; Huchenneville ; Caubert près Abbeville ; Lucheux ; Cambron, Fieffes (*T. C.*).

Var. α. *ovina* (Coss. et Germ. *Fl.* 838. — *F. ovina* L. *Sp* ; B. *Extr. Fl.*; P. *Fl.*; Dub. *Bot.*; Gren. et Godr. *Fl.*).

Var. β. *tenuifolia* (Coss. et Germ. *Fl.* 838 ; P. *Fl.*; Dub. *Bot.*; Brébiss. *Fl. Norm.* — *F. tenuifolia* Sihth. *Oxon.*; B. *Extr. Fl.*; Gren. et Godr. *Fl.*). - Commun dans les dunes où ses tiges n'ont ord. que 5 10 centim. de hauteur.

Var. γ. *duriuscula* (Coss. et Germ. *Fl.* 838 ; Brébiss. *Fl. Norm.* — *F. duriuscula* L. *Sp.*; B. *Extr. Fl.*; P. *Fl.*; Dub. *Bot.*; Gren. et Godr. *Fl.*).

S.-v. *glauca* (Coss. et Germ. *Fl.* 838. — *F. ovina* var. *glauca* Brébiss. *Fl. Norm.* — *F. glauca* Schrad. *Fl. Germ.*; P. *Fl* ; Dub. *Bot.* — *F. duriuscula* var. *glauca* Koch *Syn.*; Gren. et Godr. *Fl.*).

S.-v. *villosa* (Coss. et Germ. *Fl.* 838). — *R.* — Ercourt ; Laviers (*Baill.* Herb.).

7. **F. Myuros** Auct. plurim.; B. *Extr. Fl.*; P. *Fl.*; Dub. *Bot.* — *F. Myuros* var. *Myuros* Coss. et Germ. *Fl.* 840. — *F. Pseudo-Myuros* Soy-Villm. *Obs.* — *Vulpia Pseudo-Myuros* Gren. et Godr. *Fl.*

①. Juin-juillet.

A. C. — Champs incultes, bords des chemins, clairières des bois, lieux sablonneux, vieux murs. — Huchenneville; Huppy; Frucourt; Mers; Cayeux; Abbeville ; Drucat; forêt de Crécy; Bovelles (*Rom.*); Laviers (*Baill.* Herb.).

8. **F. sciuroides** Roth *Tent. Fl. Germ.* — *F. Myuros* var. *sciuroides* Coss. et Germ. *Fl.* 840. — *F. bromoides* Auct. plurim. non L.; Dub. *Bot.* — *F. bromoides* var. *sciuroides* P. *Fl.* — *Vulpia sciuroides* Gmel *Fl. Bad.*; Gren. et Godr. *Fl.*

20

①. Juin-juillet.

A. R. — Bords des chemins et des champs, lieux incultes, terrains sablonneux.— Huchenneville ; Mers ; Villers-sur-Authie; Amiens, Bovelles (*Rom.*); Laviers (*P. Fl.*); Abbeville (*Baill. Herb.*).

9. **F. tenuiflora** Schrad *Fl. Germ.*; Koch *Syn.* ex parte.— *F. unilateralis* var. *aristata* Coss. et Germ. *Fl.* 841. — *Triticum tenellum* Lmk. *Encycl. méth.*; B. *Extr. Fl.*— *Triticum nardus* DC. *Fl. Fr.*; P. *Fl.*; Dub. *Bot.*—*Nardurus tenellus* var. *aristatus* Parlat. *Fl. Ital.*; Gren. et Godr. *Fl.*

①. Juin-juillet.

R.— Lieux incultes et arides, vieux murs.— Huppy; Villers-sur-Mareuil; Cayeux, Amiens, Caguy, Cambron (*P. Fl.*).

10. **F. rigida** Kunth *Enum.*; Coss. et Germ. *Fl.* 841.—*Poa rigida* L. *Sp.*; B. *Extr. Fl.*; P. *Fl.*; Dub. *Bot.*—*Scleropoa rigida* Griseb. *Spicil.*; Gren. et Godr. *Fl.*

①. Juin-juillet.

C. — Coteaux arides, lieux pierreux, terrains sablonneux, galets maritimes.—Huchenneville ; Limeux ; Mers ; Ault: Cayeux; Drucat; Caux; Wailly; Bovelles (*Rom.*).

S.-v. umbrosa (Coss. et Germ. *Fl.* 842).

11. **F. Rottboellioides** Kunth *Enum.* 1, 395; Brébiss. *Fl. Norm.* 316; Puel et Maille *Fl. loc.* exsicc. n. 200.— *Triticum Rottbolla* DC. *Fl. Fr.* 3, 86 et 5, 285; P. *Fl.* 491; Dub. *Bot.* 530. — *Scleropoa loliacea* Gren. et Godr. *Fl.* 3, 557; Billot *Exsicc.* n. 2590. — *Poa loliacea* Huds. *Fl. Angl.* 43; Lloyd *Fl. Ouest* 526.—*Catapodium loliaceum* Link *Hort. Berol.* 1, 45; Rchb. *Ic. Agrost.* t. 15, f. 1370.

Plante annuelle. Tiges de 5-15 centim., rarement solitaires, souvent rameuses dès la base, raides, étalées ou couchées, munies d'épillets au moins dans la moitié de leur longueur. Feuilles linéaires. Panicule spiciforme ord. simple, unilatérale, presque distique. Épillets ovales oblongs, 5-9 flores, glabres, comprimés, rapprochés, subsessiles. Fleurs imbriquées. Glumes presqu'égales, concaves carénées, un peu aiguës, beaucoup plus courtes que les fleurs. Glumelle inférieure ovale ou oblongue lancéolée, concave, obtuse, mutique. ①. Juin-juillet.

R.— Galets et sables maritimes.— Ault; Cayeux; Le Hourdel.

56. BRACHYPODIUM P. B. *Agrost.*

1. **B. sylvaticum** Rœm. et Schult. *Syst. veg.;* Coss. et Germ. *Fl.* 843; Gren. et Godr. *Fl.* — *Bromus sylvaticus* Host. *Gram.;* B. *Extr. Fl.* — *Triticum sylvaticum* Mœnch. *Hass.;* P. *Fl.;* Dub. *Bot.*

♃. Juin-septembre.

A. C. — Bois couverts, lieux ombragés. — Huchenneville ; Hoc - quincourt ; Drucat ; Yvreuch ; Fortmanoir, Saint-Fuscien, Boves, Laviers, Picquigny (*P.* Fl.) ; Gouy (*B.* Extr. Fl.).

2. **B. pinnatum** P. B. *Agrost.;* Coss. et Germ. *Fl.* 843; Gren. et Godr. *Fl.* — *Bromus pinnatus* L. *Sp.;* B. *Extr. Fl.* — *Triticum pinnatum* Mœnch. *Hass.;* P. *Fl ;* Dub. *Bot.*

♃. Juin-septembre.

C C. — Coteaux arides, lisières des bois, buissons.

S.-v. *glabrum* (Coss. et Germ. *Fl.* 844).

57. LOLIUM L. *Gen.*

1. **L. perenne** L. *Sp.;* B. *Extr. Fl.;* P. *Fl.;* Dub. *Bot.;* Gren. et Godr. *Fl.* — *L. perenne* var. *perenne* Coss. et Germ. *Fl.* 845. — (Vulg. *Ray-grass*).

♃. Juin-septembre.

C C. — Prairies, pelouses, bords des chemins.

S.-v. *tenue* (Coss. et Germ. *Fl.* 845. — *L. perenne* var. *tenue* P. *Fl.* — *L. tenue* L. *Sp.*). — *A. R.*

S.-v. *aristatum* (Coss et Germ. *Fl.* 845). — *A. C.*

S.-v. *cristatum* (*L. perenne* var. *cristatum* P. *Fl.*). — Épillets rapprochés au sommet de la tige en forme de crête. — *R.*

S.-v. *ramosum.* (*L. perenne* var. *ramosum* P. *Fl.* 487). — Épi rameux à la base. — *R.*

S -v. *viviparum.* (*L. perenne* var. *viviparum* P. *Fl.* 487). — Épillets vivipares. — *R.*

2. **L. Italicum** A. Braun in *Flora;* Gren. et Godr. *Fl.* — *L. perenne* var. *Italicum* Coss. et Germ. *Fl.* 845. — *L. Boucheanum* Kunth *Enum.* — (Vulg. *Ray-grass d'Italie*).

♃. Juin-juillet.

A. R. — Terrains cultivés, lieux herbeux, prairies. - Çà et là

dans les prairies artificielles.— Drucat; Béhen; Bovelles (*Rom.*).
— Quelquefois semé comme fourrage.

3. **L. multiflorum** Lmk. *Fl. Fr.;* P. *Fl.;* Dub. *Bot.;* Gren.
et Godr. *Fl.*—*L. perenne* var. *multiflorum* Coss. et Germ. *Fl.* 845.
④. Juin-juillet.

A. R.— Prairies, lieux herbeux, moissons, bords des chemins.
— Abbeville; Béhen; Huchenneville; Limeux; Bovelles (*Rom.*).

4. **L. linicola** Sond. in Koch *Syn.* 957; Gren. et Godr. *Fl.* 3,
614; Brébiss. *Fl. Norm.* 321; Billot *Exsicc.* n. 187.

Plante annuelle, dépourvue de fascicules de feuilles stériles.
Tiges de 2-6 décim., subsolitaires, grêles, dressées, lisses, quelquefois rameuses à la base. Feuilles planes, linéaires étroites. Épi
simple, dressé. Épillets 5-7 flores, ovales ou oblongs, appliqués
contre le rachis après la floraison. Glume presqu'aussi longue
que les fleurs, linéaire aiguë, à nervures très prononcées. Fleurs
mutiques ou brièvement aristées. ④. Juin-juillet.

A. C.—Champs de Lin. - Béhen; Huchenneville; Pont-Remy;
Fransu; Crécy.

5. **L. temulentum** L. *Sp.;* Coss. et Germ. *Fl.* 846; B. *Extr.
Fl.;* P. *Fl.;* Dub. *Bot.;* Gren. et Godr. *Fl.*—(Vulg. *Ivraie*).
④. Juin-juillet.

C.—Moissons.

Var. β. *speciosum* (Coss. et Germ. *Fl.* 846 ex parte.— *L.
speciosum* Stev. in M.-Bieb. *Fl. Taur.-Cauc.*).— *R.*— Cambron
(T. C.); Abbeville (*Baill.* Herb.).

58. HORDEUM L. *Gen.* ex parte.

1. **H. murinum** L. *Sp.;* Coss. et Germ. *Fl.* 847; B. *Extr. Fl.;*
P. *Fl.;* Dub. *Bot.;* Gren. et Godr. *Fl.*

④ ou ②. Juin-octobre.

C C.— Lieux cultivés ou incultes, bords des chemins, pied des
murs, décombres.

2. **H. secalinum** Schreb. *Spicil.;* Coss. et Germ. *Fl.* 847
P. *Fl.;* Dub. *Bot.;* Gren. et Godr. *Fl.*

♃. Juin-juillet.

A.C. — Lieux herbeux, prés salés, bords des fossés. — Menchecourt près Abbeville; Laviers; Ault; Mers; Quend (*Baill.* Herb);
Favières (*Poulain* Herb.).

3. H. maritimum With. *Arrang.* 172; P. *Fl.* 498; Dub. *Bot.*
531; Gren. et Godr. *Fl.* 3, 595; Brébiss. *Fl. Norm.* 323; Lloyd *Fl.*
Ouest 542; Rchb. *Ic. Agrost.* t. 11, f. 1364; Puel et Maille *Fl. loc.*
exsicc. n. 235; Billot *Exsicc.* n. 188 — *H. geniculatum* All. *Ped.* 2,
259; B. *Extr. Fl.* 10.

Plante annuelle. Tiges de 1-3 décim , nombreuses, rarement
subsolitaires , ord. genouillées ascendantes. Feuilles linéaires,
planes. Épi ord. court. Épillets uniflores, ternés; le moyen subsessile, hermaphrodite, longuement aristé; les latéraux pédicellés,
neutres, brièvement aristés, quelquefois avortés. Glumes scabres;
l'intérieure des épillets latéraux semi-lancéolée; toutes les autres
sétacées. ④. Juin-juillet

C. — Prés salés, digues, galets maritimes.   Mers; Le Hourdel
près Cayeux; Quend; Fort-Mahon; bords de l'Authie près
Château-Neuf; Laviers, Saigneville, Saint-Valery, Le Crotoy
(*P. Fl*).

4. H. distichum L. *Sp.;* Coss. et Germ. *Fl.* 847; B. *Extr. Fl.;*
P. *Fl.;* Dub. *Bot.;* Gren. et Godr. *Fl.* — (Vulg. *Orge à deux rangs,*
Pamelle).

④. Juillet-août.
Cultivé en grand. — Semé au printemps.

5. H. vulgare L. *Sp.;* Coss. et Germ. *Fl.* 848; B. *Extr. Fl.;*
P. *Fl.* ex parte; Dub. *Bot.;* Gren. et Godr. *Fl.* — (Vulg. *Escourgeon*).

④. Juin-août.
Cultivé beaucoup moins communément que l'*H. distichum.*

6. H. hexastichum L. *p.;* Coss. et Germ. *Fl* 848; B. *Extr.*
Fl ; Dub. *Bot.;* Gren. et Godr. *Fl.* — *H. vulgare* var. *hexastichum*
P. *Fl.* — (Vulg. *Orge carrée, Orge d'hiver*).

④. Juin-août.
Cultivé en grand. — Semé avant l'hiver.

7 H. Europæum All. *Ped.;* Coss. et Germ. *Fl.* 848. — *Elymus*

Europæus L. *Mant.;* B. *Extr. Fl.;* P. *Fl.;* Dub. *Bot.;* Gren. et Godr. *Fl.*

♃. Juin-juillet.

RR. — Bois couverts. — Bois de Penlé (*B. Extr. Fl.; Ravin in P. Fl.*), où il n'a pas été retrouvé récemment.

L'*Elymus arenarius* (L *Sp.* 122 ; B *Extr. Fl.* 10 ; Dub. *Bot.* 531 ; Gren. et Godr. *Fl.* 3, 597 ; Brébiss. *Fl Norm.* 322 ; E. V. in *Bull. Soc. bot. Fr.* 4, 1034 ; Rchb. *Ic. Agrost.* t. 10) a été signalé dans les dunes de Quend au lieu dit la Dune Blanche près Fort-Mahon (*B.* Extr. Fl. et not. manuscr.), où nous l'avons vainement cherché. — Nous l'avons récolté à Boulogne [Pas-de-Calais] et il nous a été indiqué comme commun vers Calais (*Rigaux*). — Le genre *Elymus* est caractérisé par les épillets tous hermaphrodites, disposés par 2-3-4 dans les excavations du rachis, bi ou multi-flores, à fleur supérieure souvent avortée et par le caryopse largement canaliculé sur la face interne. — L'*E. arenarius* se reconnaît aux caractères suivants : plante glauque, à souche longuement rampante ; tiges de 5-10 décim., robustes ; feuilles dressées, enroulées, piquantes au sommet ; épi long, raide, dressé ; épillets pubescents, ord. triflores, les inférieurs et les supérieurs géminés, les intermédiaires ternés ; glumes lancéolées acuminées, carénées, ciliées sur la carène, égalant les fleurs ; glumelle inférieure pubescente, mutique.

39. SECALE L. *Gen.*

1. **S. cereale** L. *Sp.;* Coss. et Germ. *Fl.* 849 ; B. *Extr. Fl.;* P. *Fl.;* Dub. *Bot.;* Gren. et Godr. *Fl.* — (Vulg. *Seigle*).

④. Mai-juillet.
Cultivé en grand.

40. TRITICUM L. *Gen.*

1. **T. sativum** Lmk. *Encycl. méth.;* Coss. et Germ. *Fl* 850 ; P. *Fl.;* Dub. *Bot.* — *T. vulgare* Vill. *Dauph.;* B. *Extr. Fl.;* Gren. et Godr. *Fl.* — (Vulg. *Froment*).

④. Juin-août.
Cultivé en grand.

On cultive dans nos limites sous les noms de *Blé blanc*, *Blé roux* et *Blé bleu* plusieurs variétés de Froment, qui diffèrent par la couleur de leurs épillets glabres ou velus.

2. **T. turgidum** L. *Sp.;* Coss. et Germ. *Fl.* 850; B. *Extr. Fl.*; P. *Fl.*; Gren. et Godr. *Fl.*—(Vulg. *Blé barbu*).

④. Juin-août.
Cultivé beaucoup moins communément que le *T. sativum*.

3. **T. junceum** L. *Sp.* 128; B. *Extr. Fl.* 10; P. *Fl.* 492; Dub. *Bot.* 529; Brébiss. *Fl. Norm.* 321; Lloyd *Fl. Ouest* 541.—*Agropyrum junceum* P. B. *Agrost.* 102; Gren. et Godr. *Fl.* 3, 604; Rchb. *Ic. Agrost.* t. 20, f. 1394; Puel et Maille *Fl. loc.* exsicc. n. 238; Billot *Exsicc.* n. 2985

Plante vivace, glauque. Souche rampante, émettant des rhizomes allongés. Tiges de 3-8 décim., dressées. Feuilles raides, linéaires, enroulées subulées, a face supérieure pubescente veloutée. Épi distique, dressé, étroit, à rachis très fragile, lisse aux bords. Épillets peu nombreux, 4-8 flores, ord. écartés, oblongs, comprimés. Glumes égales, lancéolées, obtuses, tronquées ou arrondies au sommet, un peu concaves, non carénées, 9-11 nerviées, d'un tiers plus courtes que les fleurs. Glumelle inférieure lancéolée, obtuse, mutique ou brièvement mucronée. ♃. Juin-août.

A. R. — Sables et galets maritimes. — Saint-Quentin-en-Tourmont; Saint-Valery; Cayeux; Ault; Mers; Le Crotoy (P. Fl.).

4. **T. repens** L. *Sp.*; Coss et Germ. *Fl.* 851; B. *Extr. Fl.*; P. *Fl.*; Dub. *Bot.*—*Agropyrum repens* P. B. *Agrost.*; Gren. et Godr. *Fl.*—(Vulg. *Chiendent*).

♃. Juin-septembre.
CC.—Lieux cultivés ou incultes, haies, fossés, prairies, bords des chemins.

S.-v. *aristatum* (Coss. et Germ. *Fl.* 852).
S.-v. *multiflorum*. (*T. repens* var. *multiflorum* P. *Fl.* 493.— *T. multiflorum* Pers. *Syn.* 1, 109). - Épillets 6-10 flores.

Le *T. repens* L. présente dans nos sables et nos galets maritimes des formes qui peuvent se rattacher au *T. pycnanthum* (Godr. *Not. Fl. Montp.* 17.— *Agropyrum pycnanthum* Gren. et Godr. *Fl.* 3,

606), au *T. pungens* (Pers. *Syn.* 1, 109.— *Agropyrum pungens* Rœm. et Schult. *Syst. veg.* 2, 753 excl. var.; Gren. et Godr. *Fl.* 3, 606) et au *T. acutum* (DC. *Hort. Monsp.* 153.— *Agropyrum acutum* Rœm. et Schult. *Syst. veg.* 2, 751 ; Gren. et Godr. *Fl.* 3, 605). Dans les nombreux échantillons que nous avons observés, les caractères tirés de la longueur des glumes relativement aux fleurs, du nombre de leurs nervures atteignant ou non leur sommet, de leur sommet aigu, obtus ou tronqué, et du nombre des fleurs dans chaque épillet, ne nous ont paru ni assez positifs, ni assez constants pour nous autoriser à admettre comme espèces ces formes remarquables par leur port, leur teinte ord. glauque et leurs feuilles plus ou moins enroulées subulées.

5. **T. caninum** Schreb. *Spicil.*; Coss. et Germ. *Fl.* 852.— *T. sepium* DC. *Fl. Fr.*; P. *Fl.*— *Elymus caninus* L. *Sp.*; B *Extr. Fl.*— *Agropyrum caninum* Rœm et Schult *Syst. veg.*; Gren. et Godr. *Fl.*

♃. Juillet-septembre.

A. R.— Haies, buissons, taillis des bois.— Huchenneville ; Les Alleux près Béhen; Lanchères; Drucat; Bovelles, Ferrières (*Rom.*); bois de Laviers (*B.* Herb.).

41. LEPTURUS R. Br. *Prodr. Nov. Holl.* 207.

Épillets solitaires, hermaphrodites, uniflores, munis quelquefois du rudiment d'une seconde fleur, disposés en épi simple, logés dans des excavations du rachis. Rachis fragile à la maturité. Glumes ord. 2, cartilagineuses, couvrant la fleur, opposées dans l'épillet terminal, externes et parallèles au rachis dans les épillets latéraux. Glumelles membraneuses. Styles courts. Stigmates plumeux, sortant un peu au-dessus de la base de la fleur.

1. **L. filiformis** Trin. *Fund. Agrost.* 123; Koch *Syn.* 958; Gren. et Godr. *Fl.* 3, 618; Brébiss. *Fl. Norm.* 324; Rchb. *Ic. Agrost.* t. 2, f. 1334; Puel et Maille *Fl. loc.* exsicc. n. 186.— *Rottbolla incurvata* B. *Extr. Fl.* 10; P. *Fl.* 486.— *Rottbolla erecta* Savi *Bot. Etr.* 1, 26; DC. *Fl. Fr.* 5, 280.— *Rottbolla filiformis* Roth *Cat.* 1, 21; Dub. *Bot.* 527.— *Lepturus incurvatus* var. *erectus* Billot *Exsicc.* n. 2190 bis et quater.

Plante annuelle. Tiges de 1-3 décim., ord. nombreuses, rameuses, dressées ou étalées ascendantes. Feuilles courtes, linéaires, étroites, à la fin enroulées. Épi grêle, subulé, dressé ou un peu arqué. Glumes 2, linéaires lancéolées, aiguës, 3-5 nerviées, à nervures saillantes, égalant ou dépassant peu la fleur. ④. Juin-juillet.

. *A. C.*—Prés salés, pâturages maritimes.—Laviers; Menchecourt près Abbeville ; Le Crotoy ; Le Hourdel près Cayeux ; Mers ; Fort-Mahon près Quend (*P. Fl.*).

Le *L. incurvatus* Trin. loc. cit., espèce très voisine, se distingue surtout par ses épis incurvés et par ses glumes dépassant d'un tiers les glumelles. Aucun des nombreux échantillons de *Lepturus* que nous avons observés dans nos limites ne nous a présenté le principal caractère tiré de la longueur des glumes. Nous avons seulement remarqué dans les endroits découverts et arides une forme du *L. filiformis* Trin. à tiges couchées ascendantes et à épis courts arqués.

Class. III. ACOTYLEDONEÆ VASCULARES.

CX. EQUISETACEÆ Rich. ap. DC. *Fl. Fr.*

1. EQUISETUM L. *Gen.*

1. **E. arvense** L. *Sp.*; Coss. et Germ. *Fl.* 877; B. *Extr. Fl.*; Dub. *Bot.*; Gren. et Godr. *Fl.*

♃. *Fruct.* avril-mai.

C C.— Champs humides, prairies.

2. **E. Telmateia** Ehrh. *Beitr.*; Coss. et Germ. *Fl.* 877; Gren. et Godr. *Fl.*—*E. fluviatile* Sm. *Fl. Brit.*; Dub. *Bot.* non L.

♃. *Fruct.* mars-avril.

R R. — Lieux marécageux, bords des eaux. — Drucat.

3. **E. palustre** L. *Sp.*; Coss. et Germ. *Fl.* 879; B. *Extr. Fl.*; Dub. *Bot.*; Gren. et Godr. *Fl.*

♃. *Fruct* mai-septembre.

CC. — Prés humides, bords des eaux.

Var. β. *polystachyon* (Ray *Cat. Pl. Angl.* ed. 3, t. 5, f. 3 ; Dub. *Bot.* 535). — Rameaux allongés, tous ou la plupart terminés par un épi.

4. **E. limosum** L. *Sp.;* Coss. et Germ. *Fl.* 880; B. *Extr. Fl.;* Dub. *Bot.;* Gren. et Godr. *Fl.*

♃. *Fruct.* mai-septembre.

C. — Prés humides, fossés, bords des eaux — Abbeville ; Marcuil ; Cambron (*T. C.* Herb.).

L'*E. hyemale* (L. *Sp.;* Coss. et Germ. *Fl.* 881; B. *Extr. Fl ;* Dub. *Bot.;* Gren. et Godr. *Fl.*— Vulg. *Prêle des tourneurs*) a été trouvé près de nos limites dans la forêt d'Eu (*B.* Herb.; *Baill.* Herb.).

Nous avons rencontré dans les landes boisées de Beaumont près Eu [Seine-Inférieure] le *Lycopodium clavatum* (L. *Sp.;* Coss et Germ. *Fl.* 882 ; B. *Extr. Fl.;* Dub. *Bot.;* Gren. et Godr. *Fl.*) et le *L. inundatum* (L. *Sp ;* Coss. et Germ. *Fl.* 884 ; Dub. *Bot ;* Gren. et Godr. *Fl*) de la famille des *Lycopodiacées.* Ces deux espèces ont aussi été observées dans les bois de Sorus et de Wailly près Montreuil [Pas-de-Calais] (*Baill.* Herb.; *B.* Herb.).

CXI. FILICES Juss. *Gen.*

1. CETERACH C. Bauh. *Pin.*

1. **C. officinarum** C. Bauh. *Pin.;* Coss. et Germ. *Fl.* 858; Dub. *Bot.;* Gren. et Godr. *Fl.*— *Asplenium Ceterach* L. *Sp.;* B. *Extr. Fl.*

♃. *Fruct.* juin-octobre.

RR. — Vieux murs. — Villers sous-Ailly ; Bovelles (*Rom.*). — Indiqué près de nos limites à Blangy [Seine-Inférieure] (*B.* Extr. Fl.)

2. POLYPODIUM L. *Gen* ex parte.

1. **P. vulgare** L. *Sp.;* Coss. et Germ. *Fl.* 859; B. *Extr. Fl.;* Dub. *Bot.;* Gren. et Godr. *Fl.*

♃. *Fruct.* pendant une grande partie de l'année.

C.— Vieux murs, lieux pierreux ombragés, bois humides. — Abbeville; Drucat; Cambron; Huchenneville; Mareuil; Bailleul; Doudelainville.

S.-v. *serratum* (Coss. et Germ. *Fl.* 859.— *P. vulgare* var. *serratum* Dub. *Bot.*; Gren. et Godr. *Fl.*) — *A. C.*

Le *P. Dryopteris* (L. *Sp.*; B. *Extr. Fl.*; Dub. *Bot.*— *P. Dryopteris* var. *Dryopteris* Coss. et Germ. *Fl.* 860.— *P. Dryopteris* var. *genuinum* Gren. et Godr. *Fl.*) a été trouvé dans la forêt d'Eu vers Blangy (*B. Extr* Fl. et herb.; *Baill.* Herb.).

3. PTERIS L. Gen. ex parte.

1. **P. aquilina** L. *Sp.*; Coss. et Germ. *Fl.* 860; B. *Extr. Fl.*; Dub. *Bot.*; Gren. et Godr. *Fl.*—(Vulg. *Fougère commune, Grande Fougère*).

♃. *Fruct.* juillet-septembre.

C C.— Bois, coteaux incultes.

4. BLECHNUM Roth Tent. Fl. Germ.

1. **B. Spicant** Roth *Tent. Fl. Germ.*; Coss. et Germ. *Fl.* 861; Dub. *Bot.*; Gren. et Godr. *Fl.*—*Osmunda Spicant* L. *Sp.*; B. *Extr. Fl*

♃. *Fruct.* juin-août.

A. R.— Bois montueux, lieux humides ombragés. — Saint-Riquier; Ligescourt; forêt de Crécy; Laviers; bois de Sery près Gamaches; Citernes, bois du Gard près Picquigny, Val-de-Maison près Talmas (*Rom.*); bois de Size près Ault (*B.* Herb.).

5. SCOLOPENDRIUM Sm. in Act. Taur.

1. **S. officinale** Sm. in *Act. Taur.*; Coss. et Germ. *Fl.* 862; Dub *Bot.*; Gren. et Godr. *Fl.*—*Asplenium Scolopendrium* L. *Sp.*; B. *Extr. Fl.*

♃. *Fruct.* juin-septembre.

A R.— Vieux murs exposés au nord, puits, pied des haies ombragées.—Huchenneville; Les Alleux près Béhen; Doudelainville; Bernapré; Gamaches; bois de Caubert près Abbeville;

Drucat ; Yvrench ; Bovelles, Citernes (*Rom.*) ; Mareuil, Saigneville
(*B.* **Extr. Fl.**).

S.-v. *dœdaleum* (Coss. et Germ. *Fl.* 862).— *R R.*— Bois de La
Motte à Cambron (*H. Sueur*).

6. ASPLENIUM L. *Gen.* ex parte.

1. **A. Ruta-muraria** L. *Sp.;* Coss. et Germ. *Fl.* 864 ; B.
Extr. Fl.; Dub. *Bot.;* Gren. et Godr. *Fl.*

♃. *Fruct.* presque toute l'année.

A. C. — Vieux murs.— Abbeville ; Cayeux ; Saint-Valery ; Villers-
sous-Ailly ; Aveluy ; Cambron (*T. C.*) ; Montonvillers, Bovelles
(*Rom.*).

2. **A. Trichomanes** L. *Sp.* ex parte ; Coss. et Germ. *Fl.* 864 ;
B. *Extr. Fl.;* Dub. *Bot.;* Gren. et Godr. *Fl.*—(Vulg. *Capillaire*).

♃. *Fruct.* mai-septembre.

A. R. — Vieux murs, pied des haies ombragées. — Drucat ;
Yvrench ; Abbeville ; Huchenneville ; Villers-sous-Ailly ; Crécy
(*B.* Herb.).

3. **A. Adianthum-nigrum** L. *Sp.;* Coss. et Germ. *Fl.* 864 ;
B. *Extr. Fl* ; Dub. *Bot.;* Gren. et Godr. *Fl.*

♃. *Fruct.* juin-septembre.

R. — Lieux ombragés, vieux murs, pied des haies, bois humides.
— Drucat ; Yvrench ; Bovelles (*Rom.*) ; Mareuil, Bray-lès-Mareuil
(*B.* Herb.) ; Crécy (*B.* Extr. Fl.).

4. **A. Filix-femina** Bernh. in Schrad. *Neu. Journ.;* Coss. et
Germ. *Fl.* 865 ; Gren. et Godr. *Fl.*—*Polypodium Filix-femina* L. *Sp.;*
B. *Extr. Fl.*—*Athyrium Filix-femina* Roth *Tent. Fl. Germ.;* Dub. *Bot.*

♃. *Fruct.* juin-septembre.

A. R.— Bois couverts.— Bois de Baisnat près Huppy ; bois du
Brusle près Huchenneville ; Limeux ; bois de Sery près Gamaches ;
Bouvaincourt ; Cambron ; Yvrench ; forêt de Lucheux ; forêt de
Crécy (*B.* Extr. Fl.).

7. CYSTOPTERIS Bernh. in Schrad. *Neu. Journ.*

1. **C. fragilis** Bernh. in Schrad. *Neu. Journ.;* Coss. et Germ.

Fl. 866; Gren. et Godr. *Fl.*—*Aspidium fragile* Sw. *Syn. Fil.;* Dub. *Bot.*

♃. *Fruct.* juin-septembre.

R R.— Lieux ombragés, haies — Drucat (*Baill.* Herb.); forêt de Crécy (*B.* Herb.).

8. NEPHRODIUM Rich. ap. Michx *Fl. Bor. Am.*

1. **N. Thelypteris** Stremp. *Fil. Berol.;* Coss. et Germ. *Fl.* 867.— *Polypodium Thelypteris* L. *Mant.;* B. *Extr. Fl.*—*Polystichum Thelypteris* Roth *Tent. Fl. Germ.;* Dub. *Bot.;* Gren. et Godr. *Fl.*

♃. *Fruct.* juin-septembre.

A. R. - Prés tourbeux humides.— Abbeville; Bray-lès-Mareuil; Mareuil; Cambron; Vercourt; Pendé (*B.* Extr. Fl.).

Nous avons rencontré dans la forêt d'Eu près de Blangy [Seine-Inférieure] le *N. Oreopteris* (Kunth *Fl. Berol.;* Coss. et Germ. *Fl.* 868. — *Polypodium Oreopteris* Ehrh. *Beitr.;* B. *Extr. Fl.*—*Polystichum Oreopteris* D C. *Fl. Fr.;* Dub. *Bot.;* Gren. et Godr. *Fl.*).

2. **N. Filix-mas** Stremp. *Fil. Berol.;* Coss. et Germ. *Fl.* 868. —*Polypodium Filix-mas* L. *Sp.;* B. *Extr. Fl.*— *Polystichum Filix-mas* Roth *Tent. Fl. Germ.;* Dub. *Bot.;* Gren. et Godr. *Fl.*

♃. *Fruct.* juin-septembre.

C. – Clairières et fossés des bois.— Huchenneville; Doudelainville; Les Alleux près Béhen; Cambron; Yvrench; Bovelles (*Rom.*); Gouy (*B.* Herb..).

3 **N. cristatum** Michx *Fl. Bor. Amer.;* Coss. et Germ. *Fl.* 869.— *Polystichum Callipteris* D C. *Fl. Fr.;* Dub. *Bot.*— *Polystichum cristatum* Roth *Tent. Fl. Germ.;* Gren. et Godr. *Fl.*

♃. *Fruct.* juin-septembre.

R R.— Prés tourbeux ombragés.—Marais près du bois de La Motte à Cambron.

4 **N. spinulosum** Stremp. *Fil. Berol.;* Coss. et Germ. *Fl.* 869.--*Polystichum spinulosum* D C. *Fl. Fr.:* Gren. et Godr. *Fl.*

♃. *Fruct.* juin-septembre.

A. R.-- Lieux ombragés, marais, bois, haies.— Drucat; Cam-

bron; Oust-Marest; Bouillancourt-en-Sery; bois de Size près
Ault; forêt de Crécy (*B.* Herb.; *Baill.* Herb.).

Var. α. *spinulosum* (Coss. et Germ. *Fl.* 870 — *Polystichum
spinulosum var. vulgare* Gren. et Godr. *Fl.*).

Var β. *dilatatum* (Coss. et Germ. *Fl.* 870.— *Polystichum spinulosum var. dilatatum* Koch *Syn.*; Gren. et Godr. *Fl.*).

9. ASPIDIUM R. Br. Prodr. Nov. Holl

1. **A. aculeatum** Sw. in Schrad. *Journ.* emend.; Coss. et
Germ. *Fl.* 870; Gren. et Godr. *Fl.*— *Polypodium aculeatum* L. *Sp.*;
B. *Extr. Fl.*—*Polystichum aculeatum* Roth *Tent. Fl. Germ*; Dub.
Bot.

♃. *Fruct.* juin-septembre

R - Bois couverts — Caubert près Abbeville; Cambron; bois
de Canvrières près Doudelainville; forêt de Crécy (*B.* Extr. Fl.).

Var. α. *aculeatum* (Coss. et Germ *Fl.* 871.— *A. aculeatum var.
vulgare* Dœll *Rhein. Fl*; Gren. et Godr. *Fl.*).

S.-v. *Plukenetii.* (*Polystichum Plukenetii* DC. *Fl. Fr.* 5, 241;
Dub *Bot.* 538).— Lobes largement confluents dans chaque seg-
ment.— R R. — Fieff s (*T. C.* Herb.); bois d'Arguel (Picard in
Baill. herb.)

Var. β. *angulare* (Coss. et Germ. *Fl.* 871; Gren. et Godr. *Fl.*).

10. OSMUNDA L. Gen. ex parte.

1. **O. regalis** L. *Sp.*; Coss. et Germ. *Fl.* 872; B. *Extr.. Fl.*;
Dub. *Bot.*; Gren. et Godr. *Fl.*

♃. *Fruct.* juin-septembre.

R R. — Lieux marécageux ombragés.— Marais près du bois de
La Motte à Cambron (*T. C.* Herb.).— Se trouve aussi à proximité
de nos limites dans les landes de Beaumont près Eu [Seine-
Inférieure].

11. BOTRYCHIUM Sw. Syn. Fil.

1. **B. Lunaria** Sw. *Syn. Fil.*; Coss. et Germ. *Fl.* 873; Dub.
Bot.; Gren. et Godr. *Fl.*—*Osmunda Lunaria* L. *Sp.*; B. *Extr. Fl.*

♃. *Fruct.* mai-juillet.

R R.—Coteaux et pâturages secs.—Cambron (*T. C.*) ; Abbeville (*B.* Extr. Fl. et herb.; *Baill.* Herb.) ; Drucat (*du Maisniel de Belleval* Not. manuscr.).

12. OPHIOGLOSSUM L. *Gen.* ex parte.

1. **O. vulgatum** L. *Sp.;* Coss. et Germ. *Fl.* 873; B. *Extr. Fl.;* Dub. *Bot.;* Gren. et Godr. *Fl.*

♃. *Fruct.* juin-juillet.

R R. — Marais tourbeux, prairies humides. - Marais des dunes de Saint-Quentin-en-Tourmont ; Menchecourt près Abbeville (*Baill.* Herb.) ; Brutelles (*B.* Extr. Fl.).

CXII. CHARACEÆ (1) Rich. et Kunth in Humb. et Bonpl. *Nov. gen. et sp.*

1. CHARA L. *Gen.* ex parte.

1. **C. hispida** L. *Sp.;* Coss. et Germ *Fl.* 888 et *Illustr.;* B. *Extr. Fl.;* Dub. *Bot.*

Fruct. mai-août.

Fossés, tourbières.

Var. *κ. hispida* (Coss. et Germ. *Fl.* 888. – *C. hispida* A. Br., Rabenh. et Stizenb. *Char. exsicc.*).— *C.*— Abbeville ; Marcuil ; Quend (*Baill.* Herb.) ; Rue, Bray-lès-Marcuil (*B.* Extr. Fl.).

Var. *β. pseudo-crinita* (A. Br. in *Ann. sc. nat.;* Coss. et Germ. *Fl.* 889 et *Illustr.*). — *R.*— Marais de Quend (*Baill.* Herb.).

2. **C. foetida** A. Br. in *Ann. sc. nat.;* Coss. et Germ. *Fl.* 889 et *Illustr.*- *C. vulgaris* L. *Sp.* ex parte ; B. *Extr. Fl ;* Dub. *Bot.*

Fruct. mai-août.

C.— Eaux stagnantes, fossés. Drucat ; Abbeville ; Cambron (*T. C.*).

(1) Nous suivons l'exemple de plusieurs auteurs modernes, en ajoutant à notre Catalogue des plantes vasculaires la famille des *Characées* dont l'étude offre beaucoup d'intérêt. En indiquant les espèces que nous avons observées, nous désirons encourager de nouvelles recherches parmi ces végétaux qui croissent abondamment dans nos fossés et nos tourbières.

3. **C. fragilis** Desv. in Lois. *Not.*; Coss. et Germ. *Fl.* 890 et *Illustr.*

Fruct. mai-août.

A. C.—Eaux stagnantes, tourbières.—Noyelles-sur-Mer; Abbeville ; Cambron (*T. C.*).

2. NITELLA Agardh *Syst. Alg.*

1. **N. glomerata** Coss. et Germ. *Fl.* 893; Kutz. *Sp. Alg.;* Wallm. *Monogr. Char.*—*Chara glomerata* Desv. in Lois. *Not.*

Fruct. mars-mai.

R R.—Fossés, eaux stagnantes.— Menchecourt près Abbeville ; Laviers ; Noyelles-sur-Mer.

2. **N. mucronata** Coss. et Germ. *Fl.* 896 et *Illustr.*; Kutz. *Sp. Alg.;* Wallm. *Monogr. Char.*—*Chara flexilis* Bauer in Rchb. *Fl. Germ. exsicc.*

Fruct. juin-septembre.

R R.—Fossés, eaux stagnantes.—Abbeville

BIBLIOTHÈQUE IMPÉRIALE IMPR.

TABLE
DES FAMILLES ET DES GENRES

Les noms des familles sont imprimés en petites capitales, ceux des genres en romain et leurs synonymes en italique, ainsi que les noms des genres mentionnés en note.

21

ERRATA

Page 23 ligne 34 *Krocheri* lisez *Krockeri.*
    50   29 *Engeranium* lisez *Eugeranium.*
    75   31 Bois d'Yzeux ; *lisez* Bois d'Yzeux,
  121   24 *Cdrduus* lisez *Carduus.*
  145   17 **SOUCHUS** *lisez* **SONCHUS.**
  178   10 Thuill. *Fl. Fr. lisez* Thuill. *Fl.* **Par.**
  197   31 *Polystachia* lisez *Polystachya.*
  198   1 *Polystachia* lisez *Polystachya.*
  199   30 nus et feuillés *lisez* nus ou feuillés.
  252   30 Dub. *Fl. lisez* Dub. *Bot.*
  258   14 **Goodenovii** *lisez* **Goodenowii.**
  276   20 Rœm. et Schultz *lisez* Rœm. et Schult.
  290   10 Schred. *lisez* Schreb.

Abbeville. — Imprimerie P. Briez.

_1542_

SUPPLÉMENT

AU

CATALOGUE RAISONNÉ

DES

PLANTES VASCULAIRES

DU DÉPARTEMENT DE LA SOMME

PAR

MM. ÉLOY DE VICQ ET BLONDIN DE BRUTELETTE

Membres de la Société Botanique de France et de la Société Impériale d'Émulation d'Abbeville

Extrait des *Mémoires* de la Société impériale d'Emulation d'Abbeville

ABBEVILLE

IMPRIMERIE BRIEZ, C. PAILLART & RETAUX

PLANTES VASCULAIRES

DU

DÉPARTEMENT DE LA SOMME

SUPPLÉMENT

Somme
1/2
1870

SUPPLÉMENT

AU

CATALOGUE RAISONNÉ

DES

PLANTES VASCULAIRES

DU DÉPARTEMENT DE LA SOMME

PAR

MM. ÉLOY DE VICQ ET BLONDIN DE BRUTELETTE

Membres de la Société Botanique de France et de la Société impériale d'Emulation d'Abbeville

Extrait des Mémoires de la Société impériale d'Emulation d'Abbeville

ABBEVILLE

IMPRIMERIE BRIEZ, C. PAILLART & RETAUX

La publication du Catalogue raisonné des *Plantes vasculaires* du département de la Somme dans les *Mémoires* de la Société d'Emulation d'Abbeville (année 1864) (1) n'a pas interrompu nos recherches, dont le but est d'arriver à une connaissance aussi complète que possible de la Flore de notre circonscription.

La réunion de nouveaux matériaux nous permet d'ajouter à notre Catalogue un supplément qui viendra combler quelques lacunes. Nous espérons que MM. les Membres de la Société d'Emulation voudront bien l'accueillir avec la même faveur que notre premier travail.

L'intérêt que peut présenter ce supplément consiste dans l'indication de localités récemment découvertes bien plus que dans le nombre d'espèces nouvelles, les botanistes qui ont parcouru depuis près d'un siècle les parties les plus intéressantes du département ne nous ayant laissé presque rien à glaner. Nous pensons néanmoins que les renseignements que nous apportons ne seront pas inutiles au point de vue de la distribution de nos plantes les plus remarquables et de leur degré

(1) Tirage à part en un vol. in-8° de 318 pages. — Abbeville, typ. P. Briez. — Paris, J.-B. Baillière.

de rareté, et qu'ils pourront faciliter les herborisations dans des localités qui n'avaient pas encore été explorées.

M. le docteur Richer, professeur de botanique à Amiens, a bien voulu mettre à notre disposition la liste des plantes observées par lui dans nos limites. M. Copineau, avocat à la cour impériale et botaniste zélé, nous a aussi communiqué obligeamment ses découvertes dans les environs d'Amiens. Ils ont ainsi contribué pour une bonne part à ce travail. Nous sommes heureux de leur offrir ici l'expression de nos sincères remercîments.

L'examen des plantes recueillies dans le département de la Somme et à proximité de ses limites par M. Dovergne, botaniste distingué, décédé il y a quelques années à Hesdin, nous a fourni des indications qui, bien que déjà anciennes, nous ont paru utiles à consigner Nous avons aussi puisé de nouveau, dans les notes manuscrites de M. du Maisniel de Belleval (1), des renseignements qui pourront peut-être faire retrouver quelques espèces dans les localités qu'il a signalées.

Dans ce supplément, nous avons cru inutile de faire mention de localités nouvelles pour les espèces et variétés que le Catalogue désigne comme très-communes (*CC*). Les familles, les genres et les espèces sont disposés suivant l'ordre adopté dans le Catalogue, dont nous indiquons la page à la suite du nom de chaque plante.

Abbeville, le 1er Mars 1870.

(1) Botaniste abbevillois, mort en 1790. Son nom est souvent cité dans l'*Encyclopédie méthodique*.

SUPPLÉMENT

AU

CATALOGUE RAISONNÉ

DES

PLANTES VASCULAIRES

DU DÉPARTEMENT DE LA SOMME

RANUNCULACEÆ.

THALICTRUM MINUS L.; *Cat.* 1. — Bois d'Ailly-sur-Somme (Dr *Richer*); Allonville (*Copineau*).

ANEMONE PULSATILLA L.; *Cat.* 2. — Lisières de la forêt d'Arguel près Senarpont; Quevauvillers (Dr *Richer*); Hébécourt, bois de Lozières entre Essertaux et Jumel (*Copineau*).

A. SYLVESTRIS L ; *Cat* 2. — Bois de Lozières entre Essertaux et Jumel, retrouvé à Boves (*Copineau*)

L'*A. ranunculoides* (L.; *Cat.* 2), qui n'est connu que dans une seule localité de notre département, a été trouvé dans les vergers de Marconnelle près Hesdin [Pas-de-Calais] (*Dovergne* Herb.).

ADONIS ÆSTIVALIS L.; *Cat.* 3. S.-v. *citrina* (Coss. et Germ. *Fl.* 10. — *A. æstivalis* Var. *flava* Gren et Godr. *Fl.*). — Fleurs jaunes — Ailly-sur-Somme (*Copineau*).

MYOSURUS MINIMUS L.; *Cat.* 3. — Tœufles du côté de Moyenneville; Drucat; Villers-sur-Authie (*Dovergne* Herb.).

RANUNCULUS LINGUA L.; *Cat.* 6. — Saint-Sauveur, Longpré-les-Corps-Saints (Dr *Richer*).

R. AURICOMUS L.; *Cat.* 7. — Bois d'Estouilly près Ham; Essertaux, Boves (*Copineau*).

HELLEBORUS FŒTIDUS L.; *Cat.* 9. — Forêt d'Arguel près Senarpont; bois de Fluy (*Dr Richer*).

AQUILEGIA VULGARIS L.; *Cat.* 9. — Forêt d'Arguel près Senarpont; Essertaux, Ailly-sur-Noye (*Copineau*).

ACONITUM NAPELLUS L.; *Cat.* 10. — Subspontané dans une pâture à Villers-sur-Mareuil.

ACTÆA SPICATA L.; *Cat.* 10. — Forêt d'Arguel près Senarpont; Ailly-sur-Noye (*R. Vion*).

PAPAVERACEÆ.

PAPAVER HYBRIDUM L.; *Cat.* 11. — Champs près Saint-Valery; Saint-Roch et Petit-Saint-Jean près Amiens (*Dr Richer*).

P. DUBIUM L.; *Cat.* 12. — Fortifications du château de Ham.

CRUCIFERÆ.

BARBAREA VULGARIS R. Br.; *Cat.* 14. — Ham.

ARABIS SAGITTATA D C.; *Cat.* 15. — Boves (*Copineau*).

Arabis arenosa Scop. *Carn.*; Coss. et Germ. *Fl.* 106; P. *Fl.*; Dub. *Bot.*; Gren. et Godr. *Fl.*

②. Mai-juin.

R R. — Coteaux herbeux, bords des chemins et des lieux cultivés. — Namps-au-Val (*Dr Richer*).

Cette espèce, nouvelle pour notre Flore, se rencontre aussi très-près de nos limites, à Guimerville [Seine-Inférieure] (Not. in *Cat.* 15).

DENTARIA BULBIFERA L.; *Cat.* 15. — Bois de Boufflers. — M. l'abbé Leuillier, ancien curé du Boisle, nous a signalé cette rare espèce à Boufflers où nous avons constaté sa présence. Nous ne l'avions recueillie précédemment qu'une seule fois dans la forêt de Crécy (*Cat.* 15). Elle paraît être plus répandue non loin de Boufflers, mais en dehors de nos limites, dans les forêts de Labroye et d'Hesdin [Pas-de-Calais] (Dovergne *Herb.*).

CARDAMINE HIRSUTA L.; *Cat.* 16. — Chemin de halage à Amiens (*Copineau*).

SISYMBRIUM ALLIARIA Scop.; *Cat.* 17. — Ham; Limeux.

S. SOPHIA L.; *Cat.* 18. — Amiens près de la citadelle (*Dr Richer*).

BRAYA SUPINA Koch; *Cat.* 18. — Glacis de la citadelle d'Amiens, entre Pont-de-Metz et le Petit-Saint-Jean sur les terrains remués pour creuser un nouveau lit à la rivière de Selle (*Dr Richer*).

DIPLOTAXIS MURALIS D C.; *Cat.* 19. — Fort-Mahon près Quend.

BRASSICA NIGRA Koch; *Cat.* 21. — Terrains remués sur la lisière du bois de Croixrault près Poix.

ALYSSUM CALYCINUM L.; *Cat.* 22. — Boves, Essertaux (*Copineau*).

THLASPI ARVENSE L.; *Cat.* 25. — Bords de la route d'Amiens à Dury (*Copineau*).

T. PERFOLIATUM L.; *Cat.* 25. — Sur les murs du château d'Essertaux (*Copineau*); retrouvé à Boves au pied des ruines de l'ancien château (*Dr Richer; Copineau*). — Indiqué sur le bord du chemin à droite en allant d'Abbeville à Cambron (*Du Maisniel de Belleval*, Not. manuscr.).

LEPIDIUM CAMPESTRE R. Br.; *Cat.* 26. — Ailly-sur-Somme (*Copineau*).

Le L. *ruderale* (L. *Sp.*; Coss. et Germ. *Fl.* 130; B. *Extr. Fl.*; Dub. *Bot.*; Gren. et Godr. *Fl.*) a été indiqué sur les coteaux de Caubert près Abbeville (*Du Maisniel de Belleval*, Not. manuscr.).

SENEBIERA CORONOPUS Poir.; *Cat.* 27. — Amiens (*Copineau*).

ISATIS TINCTORIA L.; *Cat.* 27. — Saint-Maurice près Amiens (*Copineau*).

RESEDACEÆ.

RESEDA LUTEOLA L.; *Cat.* 32. — Ham.

DROSERACEÆ.

DROSERA ROTUNDIFOLIA L.; *Cat.* 32. — Saint-Quentin-en-Tourmont (*Dovergne* Herb.).

PARNASSIA PALUSTRIS L.; *Cat.* 32. — Renancourt près Amiens (*Dr Richer*).

POLYGALEÆ.

Polygala vulgaris L. Var. *β. parviflora* (Coss. et Germ.; *Cat.* 33). — Frucourt.

SILENEÆ.

Gypsophila muralis L.; *Cat.* 33. — Fieffes (T. C. in *Dovergne* herb.); signalé dans les chaumes d'Avoine à Neufmoulin (*Du Maisniel de Belleval* Not. manuscr.).

Dianthus Armeria L.; *Cat.* 34. — Terrains défrichés du bois de Tachemont près Huchenneville; bois de Frohen (*De Fercourt* Herb.).

Silene conica L.; *Cat.* 35. — Lisières du bois du Cap-Hornu près Saint-Valery.

Melandrium sylvestre Rœhl.; *Cat.* 36. — Bois d'Estrées-lès-Crécy; forêt d'Arguel près Senarpont.

ALSINEÆ.

Spergularia marginata Boreau; *Cat.* 38. — Saint-Valery.

Honkeneja peploides Ehrh.; *Cat.* 41. — Retrouvé à Saint-Quentin-en-Tourmont.

Moehringia trinervia Clairv.; *Cat.* 41. — Villers-Bretonneux (*Dr Richer*); Essertaux (*Copineau*).

Arenaria serpyllifolia L. Var. *β. leptoclados* (Rchb.; *Cat.* 42). — Fort-Mahon près Quend; Drucat.

A. serpyllifolia L. Var. *γ. macrocarpa.* (Lloyd; *Cat.* 42). — Fort-Mahon près Quend.

Malachium aquaticum Fries; *Cat.* 45. — Monchaux près Quend.

LINEÆ.

Linum tenuifolium L.; *Cat.* 45. — Flers, Essertaux (*Copineau*); retrouvé à Cagny (*Dr Richer*) et à Boves (*Copineau*)

Le *L. Gallicum* (L. *Sp.*; Coss. et Germ. *Fl.* 53; Dub. *Bot.*; Gren. et Godr. *Fl.*) a été recueilli une seule fois à Boves par M. Copineau (*Copineau* Herb.). Cette espèce, qui n'a pu être retrouvée dans cette localité, malgré d'attentives recherches, nous paraît y avoir été introduite accidentellement.

MALVACEÆ.

MALVA MOSCHATA L.; *Cat.* 46. — Bois d'Estrées-lès-Crécy ; forêt d'Arguel près Senarpont.

HYPERICINEÆ.

ANDROSÆMUM OFFICINALE All.; *Cat.* 47. — Retrouvé en 1869 dans la forêt de Crécy, entre la route de Bernay à Domvast et la route des Célestins (*Masson*), et sur les bords du chemin de Forestmontiers à Canchy (*P. de Vicq*). L'éloignement de ces deux localités de toute habitation garantit la spontanéité de l'*A. officinale* que nous avions mise en doute. Il a été observé dans la forêt d'Arguel près Senarpont (*Masson*). Nous l'y avons vainement cherché en 1869 et nous craignons que des travaux de défrichement pour l'élargissement d'une route ne l'en aient fait disparaître. — Il se trouve dans la forêt d'Hesdin [Pas-de-Calais] (*Dovergne* Herb.).

HYPERICUM PULCHRUM L.; *Cat.* 49. — Bois de Bray-lès-Mareuil ; forêt d'Arguel près Senarpont.

H. HIRSUTUM L.; *Cat.* 49. — Essertaux (*Copineau*).

L'*Helodes palustris* (Spach ; Coss. et Germ. *Fl.* 82) a été recueilli près de nos limites, dans les bruyères de Saint-Josse [Pas-de-Calais] (*Dovergne* Herb.).

GERANIACEÆ.

GERANIUM PUSILLUM L.; *Cat.* 53. — Ham.

G. ROTUNDIFOLIUM L.; *Cat.* 53. — Saint-Roch près Amiens, retrouvé à Cagny (*Dr Richer*).

OXALIDEÆ.

OXALIS STRICTA L.; *Cat.* 55. — Acquet près Neuilly-le-Dien ; Estouilly près Ham ; Renancourt près Amiens (*Copineau*); Gueschart (*Dovergne* Herb.).

PAPILIONACEÆ.

GENISTA SAGITTALIS L.; *Cat.* 57. — Bois d'Ailly-sur-Somme, retrouvé à Boves et à Notre-Dame-de-Grâce près Amiens (*Dr Richer*).

G. TINCTORIA L.; *Cat.* 57. — Bois de Croixrault près Poix; retrouvé dans la forêt d'Arguel près Senarpont ; Boves, Quevauvillers, Molliens-Vidame (*Dr Richer*).

ONONIS SPINOSA L.; *Cat.* 57. — Fort-Mahon près Quend.

O. PROCURRENS Wallr. Var. *β. maritima* (Gren. et Godr.; *Cat.* 58) S.-v. *flore albo.* — Fleurs blanches. — Saint-Quentin-en-Tourmont.

TETRAGONOLOBUS SILIQUOSUS Roth; *Cat.* 59. — Fortifications d'Abbeville près la porte du Bois.

MELILOTUS ALBA Lmk.; *Cat.* 61. — Renancourt près Amiens (*Dr Richer*); Boves (*Copineau*).

MEDICAGO MINIMA Lmk.; *Cat.* 62 — Boves (*Dr Richer*; *Copineau*).

M. APICULATA Willd.; *Cat.* 62. — Petit-Saint-Jean et Saint-Roch près Amiens (*Dr Richer*); Cambron (*Dovergne Herb.*).

M. MACULATA Willd.; *Cat.* 62 — Amiens (*Copineau*).

TRIFOLIUM ELEGANS Savi; *Cat.* 65. — Cette espèce, cherchée en vain à Bussy et à Notre-Dame-de-Grâce près Amiens, localités indiquées dans la Flore du département de la Somme (P. *Fl.* 94), a été observée par M. le Dr Dours, en 1854 et 1855, dans la forêt de Moislains (aujourd'hui presqu'entièrement défrichée), sur les coteaux calcaires du bois *Nul s'y frotte* près Péronne et sur la route de cette ville à Nesle dans des garennes incultes (*A. Dours*, Obs. sur le *Trifolium elegans* Savi, in Mém. Soc. Linn. Nord Fr., année 1866, pag. 143). M. le Dr Dours a, plus récemment encore, reconnu la présence du *T. elegans* à Boves, près des ruines de l'ancien château.

VICIA ANGUSTIFOLIA Roth S.-v. *ochroleuca* (*Cat.* 67). — Cette sous-variété est assez répandue dans le bois du Cap-Hornu près Saint-Valery où elle croît au milieu des *V. angustifolia* Roth et des *V. lutea* L. Le nom de *pallida* lui conviendrait mieux que celui d'*ochroleuca* à cause de ses fleurs d'un blanc rosé plutôt que jaunâtre.

LATHYRUS NISSOLIA L.; *Cat.* 72. — Saint-Roch près Amiens (*Dr Richer*).

ROSACEÆ.

SPIRÆA ULMARIA L. Var. *α. denudata* (Koch; *Cat.* 76). — Bois d'Estouilly près Ham.

Rubus Idæus L.; *Cat.* 76. — Forêt d'Arguel près Senarpont. ·

Geum rivale L.; *Cat.* 78. — Amiens à la Hautoie (*Dr Richer*; *Copineau*); prairies de Fresmontiers (Du Maisniel de Belleval *Not. manuscr.*).

Potentilla verna L.; *Cat.* 79. — Retrouvé à Notre-Dame-de-Grâce près Amiens (*Dr Richer*), à Boves et à Ailly-sur-Somme (*Copineau*).

Le *P. mixta* (Nolte; *Cat.* 79) a été trouvé non loin de nos limites dans la forêt d'Hesdin [Pas-de-Calais] (*Dovergne Herb.*).

POMACEÆ.

Sorbus torminalis Crantz; *Cat.* 86. — Bois de Quevauvillers (*Dr Richer*).

ONAGRARIEÆ.

Epilobium spicatum Lmk.; *Cat.* 86. — Forêt d'Arguel près Senarpont.

E. hirsutum L.; *Cat.* 86. — Senarpont.

E. palustre L.; *Cat.* 87 — Montières près Amiens (*Dr Richer*).

HIPPÜRIDEÆ.

Hippuris vulgaris L.; *Cat.* 89. — Bords de la Somme à Ham.

PORTULACEÆ.

Montia minor Gmel.; *Cat.* 93. — Tœufles.

PARONYCHIEÆ.

Herniaria glabra L.; *Cat.* 93. — Bray-lès-Mareuil.

SAXIFRAGEÆ.

Saxifraga granulata L.; *Cat.* 96. — Retrouvé à Notre-Dame-de-Grâce près Amiens (*Dr Richer*; *Copineau*).

UMBELLIFERÆ.

Bupleurum falcatum L.; *Cat.* 97 — Lisières du bois de Croixrault près Poix; forêt d'Arguel près Senarpont.

Cicuta virosa L.; *Cat.* 98. — Villers-sur-Authie (*Dovergne* Herb.).

Ammi majus L.; *Cat.* 98. — Champs bordant la route d'Amiens à Saveuse près la ferme de Grâce (*D*r *Richer*).

Apium graveolens L.; *Cat.* 100. — Retrouvé à Fort-Mahon près Quend.

Helosciadium repens Koch; *Cat.* 101. — Retrouvé à Longpré près Amiens (*D*r *Richer*).

H. inundatum Koch; *Cat.* 101. — Marais de Bray-lès-Mareuil (*Du Maisniel de Belleval*, Not. manuscr.).

Sium latifolium L.; *Cat.* 101. — Marais de l'Etoile (*D*r *Richer*).

Pimpinella magna L.; *Cat.* 102. — Senarpont; forêt d'Arguel près Senarpont.

OEnanthe Phellandrium Lmk; *Cat.* 103. — Dans la Somme à Ham.

Anthriscus vulgaris Pers.; *Cat.* 105. — Retrouvé à Amiens (*D*r *Richer*).

Selinum Carvifolia L.; *Cat.* 106. — Marais du Pont-de-Metz près Amiens (*D*r *Richer*).

HÉDERACEÆ.

Cornus mas L.; *Cat.* 110. — Essertaux (*Copineau*).

CAPRIFOLIACEÆ.

Adoxa Moschatellina L.; *Cat.* 111. — Boves, Essertaux (*Copineau*).

Sambucus Ebulus L.; *Cat.* 111. — Ercourt; Senarpont.

RUBIACEÆ.

Asperula arvensis L.; *Cat.* 113. — Amiens à Henriville (*Copineau*); Cramont (*B*. Not. manuscr.).

A. odorata L.; *Cat.* 113. — Forêt d'Arguel près Senarpont; Ailly-sur-Noye; bois de Lozières entre Essertaux et Jumel (*Copineau*).

Galium Cruciata Scop.; *Cat.* 113. — Rédéry près Bernapré; Senarpont.

VALERIANEÆ.

VALERIANA OFFICINALIS L.; *Cat.* 117. — Senarpont.

COMPOSITÆ.

CIRSIUM ERIOPHORUM Scop.; *Cat.* 121. — Pâture du château de Senarpont; Corbie, retrouvé à Longueau près Amiens (*Dr Richer*).

SILYBUM MARIANUM Gærtn.; *Cat.* 123. — Saint-Roch près Amiens (*Dr Richer*).

LAPPA COMMUNIS Coss. et Germ. Var β. *major* (Coss. et Germ.; *Cat.* 124). — Forêt d'Arguel près Senarpont.

SERRATULA TINCTORIA L.; *Cat* 124. — Poix; bois Dufour et bois de la Ville à Molliens-Vidame (*Dr Richer*).

CENTAUREA SOLSTITIALIS L.; *Cat.* 124. — Huppy; Quevauvillers, Fresnoy-au-Val (*Dr Richer*); Essertaux (*Copineau*).

CENTROPHYLLUM LANATUM DC.; *Cat.* 125. — Cavillon, Fourdrinoy (*Dr Richer*); Essertaux (*Copineau*)

BIDENS TRIPARTITA L.; *Cat.* 126. — Amiens à la Hautoie (*Copineau*).

B. CERNUA L ; *Cat.* 126. — Argoules; Amiens à la Hautoie (*Copineau*).

MATRICARIA INODORA L.; *Cat.* 128. — Allée du bois de Croixrault près Poix.

ARTEMISIA VULGARIS L.; *Cat.* 130. — Ham.

TANACETUM VULGARE L.; *Cat.* 131. — Drucat.

CALENDULA ARVENSIS L.; *Cat.* 131. — Saint-Roch près Amiens (*Dr Richer*); Essertaux et champs près la route d'Amiens à Saint-Fuscien (*Copineau*).

GNAPHALIUM LUTEO-ALBUM L.; *Cat.* 133. — Neuilly-l'Hôpital (*Du Maisniel de Belleval* Not. manuscr.).

INULA HELENIUM L.; *Cat.* 134. — Retrouvé à Quend (*Abbé Cagé*); signalé dans une pâture à Saint-Maulvis (*Masson*); Woirel (*B. Not. manuscr.*).

L'*I. Britannica* (L.; Coss. et Germ. *Fl.* 508) a été récolté à Marconnelle près Hesdin [Pas-de-Calais] (*Dovergne* Herb.).

CINERARIA PALUSTRIS L.; *Cat.* 137. — Marais de Neuville-lès-Forestmontiers.

SENECIO ERUCÆFOLIUS L.; *Cat.* 138. — Beauchamp (*Du Maisniel de Belleval*, Not. manuscr.).

PICRIS HIERACIOIDES L.; *Cat.* 141. — Ruines du château de Poix.

HELMINTHIA ECHIOIDES Gærtn.; *Cat.* 142. — Huppy dans un champ de Luzerne; Petit-Saint-Jean près Amiens (*D*r *Richer*).

TRAGOPOGON PRATENSIS L.; *Cat.* 142. — Senarpont.

Chondrilla juncea L. *Sp.*; Coss. et Germ. *Fl.* 532; P. *Fl.*; Dub. *Bot.*; Gren. et Godr. *Fl.*

②. Juin-août.

R R. — Champs sablonneux, lieux pierreux, bords des chemins. — Moissons entre Saint-Valery et le bois du Cap-Hornu du côté de la falaise (*D*r *Richer*). — Cette espèce, indiquée entre Cayeux et Saint-Valery (P. Fl.), nous paraissait avoir été confondue avec le *Lactuca saligna* (L.; *Cat.* 144), que nous avons observé dans les environs de Cayeux. M. le Dr Richer a retrouvé le *Chondrilla juncea* près du Cap-Hornu où nous l'avons récolté en 1868.

HIERACIUM AURICULA L ; *Cat.* 148. — Monchaux près Quend sur une digue. — Trouvé dans la forêt d'Hesdin et à Brévilliers [Pas-de-Calais] (*Dovergne* Herb.).

Var. β. *monocephalum* (Coss. et Germ.; *Cat.* 148). — Monchaux près Quend.

H. BOREALE Fries; *Cat.* 148. — Forêt d'Arguel près Senarpont.

CAMPANULACEÆ.

CAMPANULA TRACHELIUM L.; *Cat.* 149. — Estrées-lès-Crécy.

C. GLOMERATA L.; *Cat.* 150. — Poix; lisières de la forêt d'Arguel près Senarpont.

SPECULARIA HYBRIDA Alph. D C.; *Cat.* 150. — Amiens, Ailly-sur-Noye (*Copineau*).

ERICINEÆ.

CALLUNA VULGARIS Salisb.; *Cat.* 152. — Retrouvé au bois du Val près Laviers ; forêt de Crécy (*P. de Vicq*); bois de Frohen (*De Fercourt* Herb.).

MONOTROPEÆ.

MONOTROPA HYPOPITYS L ; *Cat.* 153. — Poix; bois de Saint-Riquier (*Du Maisniel de Belleval*, Not. manuscr.).

ASCLEPIADEÆ.

VINCETOXICUM OFFICINALE Mœnch; *Cat.* 154. — Forêt d'Arguel près Senarpont ; bois de Loves et d'Ailly-sur-Noye (*Dr Richer* ; *Copineau*).

GENTIANEÆ.

MENYANTHES TRIFOLIATA L.; *Cat.* 155. — Monchaux près Quend ; Ham.

CHLORA PERFOLIATA L.; *Cat.* 156. — Lisières du bois de Frohen (*De Fercourt* Herb.). — Trouvé près de nos limites à Tollent [Pas-de-Calais] (*Dovergne* Herb.).

CUSCUTEÆ.

CUSCUTA EPITHYMUM Murray. Var. β. *Trifolii* (Coss. et Germ.; *Cat.* 160). — Huppy.

BORRAGINEÆ.

LYCOPSIS ARVENSIS L.; *Cat.* 161. — Saint-Valery.

LITHOSPERMUM OFFICINALE L.; *Cat.* 163. — Bois d'Ailly-sur-Noye (*Copineau*).

CYNOGLOSSUM OFFICINALE L.; *Cat.* 164. — Ham.

SOLANEÆ.

L'*Atropa Belladona* (L.; *Cat.* 165) a été trouvé dans la forêt d'Hesdin [Pas-de-Calais] (*Dovergne* Herb.).

LYCIUM BARBARUM L.; *Cat.* 165. — Essertaux. (*Copineau*).

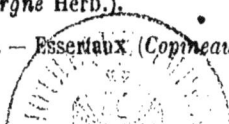

3

Hyosciamus niger L ; *Cat.* 166. — Ham; Essertaux, Boves (*Co-pineau*).

VERBASCEÆ.

Verbascum Blattaria L.; *Cat.* 167. — Amiens vers Saint Roch dans les terrains de la cité ouvrière et au cimetière de la Madeleine (*D{r} Richer*).

V. nigrum L.; *Cat.* 168. S.-v. *flore albo.* Fleurs blanches. — Cimetière d'Hautvillers.

SCROFULARINEÆ.

Veronica Persica Poir.; *Cat.* 169. — Tœufles; Baisnat près Huppy.

V. montana L.; *Cat.* 171. — Bois d'Estouilly près Ham. — Trouvé dans la forêt d'Hesdin [Pas-de-Calais] (*Dovergne* Herb.).

V. Teucrium L.; *Cat.* 172. — Lisières de la forêt d'Arguel près Senarpont; retrouvé à Boves (*Copineau*).

Le *Scrofularia vernalis* (L.; Not. in *Cat.* 173) croît dans les haies de Marconnelle près Hesdin [Pas-de-Calais] (*Dovergne* Herb.).

Digitalis purpurea L.; *Cat.* 173. — Forêt d'Arguel près Senar-pont.

Linaria Cymbalaria Mill.; *Cat.* 174. — Murs du château de Ham.

L. supina Desf.; *Cat.* 175. — Boves (*Copineau*).

Rhinanthus minor Ehrh.; *Cat.* 176. — Ham; forêt d'Arguel près Senarpont.

Melampyrum cristatum L.; *Cat.* 176. — Forêt d'Arguel près Se-narpont.

OROBANCHEÆ.

Phelipæa ramosa C. A. Mey.; *Cat.* 177. — Observé il y a peu d'années à Fontaine-sur-Somme (*Masson*).

LABIATÆ.

Le *Melissa officinalis* (L.; Not. in *Cat.* 183) a été trouvé à l'état subspontané à Frohen (*De Fercourt* Herb.).

Lamium amplexicaule L.; *Cat.* 184. — Frucourt.

Galeobdolon luteum Huds.; *Cat.* 185. — Dury, Essertaux (*Copineau*).

Stachys Germanica L.; *Cat.* 186. — Essertaux (*Copineau*); Flixecourt (*Dovergne* Herb).

S. Alpina L.; *Cat.* 186. — Pâture du château de Senarpont; bords d'un chemin dans la forêt d'Arguel près Senarpont.

Leonurus Cardiaca L.; *Cat.* 187. — Mareuil (*Du Maisniel de Belleval*, Not. manuscr.).

Brunella vulgaris Mœnch Var. β alba (Coss. et Germ.; *Cat.* 188). — Quevauvillers (*Dr Richer*).

Ajuga Genevensis L.; *Cat.* 189. — Lisières de la forêt d'Arguel près Senarpont; Camon, Boves (*Copineau*).

Teucrium Botrys L.; *Cat.* 189. — Bray-lès-Mareuil; Poix.

LENTIBULARIEÆ.

Utricularia vulgaris L.; *Cat.* 191. — Marais de Longpré près Amiens (*Copineau*).

PRIMULACEÆ.

Hottonia palustris L.; *Cat.* 192. — La Neuville près Amiens, Fortmanoir près Boves (*Dr Richer*); Camon (*Copineau*); Nampont (*Du Maisniel de Belleval*, Not. manuscr.).

Lysimachia Nummularia L.; *Cat.* 193. — Ham; Essertaux (*Copineau*).

L. nemorum L ; *Cat.* 193. — Bois de Raincheval (*Copineau*).

Le *Lysimachia thyrsiflora* L. a été découvert en 1868 par M. Petermann aux environs de Saint-Quentin [Aisne] dans le marais de Rouvroy qui est situé à peu de distance des sources de la Somme (*Petermann* in Bull. Soc. bot. Fr. 16, 216). Cette espèce septentrionale, très-rare en France, existait autrefois à Abbeville (Not. in *Cat.* 193). La rencontre qui vient d'en être faite récemment doit encourager à diriger de nouvelles recherches dans les autres parties de la vallée de la Somme.

Samolus Valerandi L.; *Cat.* 193. — Retrouvé à Longpré près Amiens (*Copineau*).

GLOBULARIEÆ.

GLOBULARIA VULGARIS L.; *Cat.* 195. — Lisières de la forêt d'Arguel près Senarpont; Quevauvillers (*Dʳ Richer*); bois de Lozières entre Essertaux et Jumel (*Copineau*); retrouvé à Boves et à Cagny (*Dʳ Richer*; *Copineau*).

PLUMBAGINEÆ.

ARMERIA MARITIMA Willd.; *Cat.* 195. — Retrouvé à Saint-Valery.

STATICE LIMONIUM L ; *Cat.* 196. — Retrouvé dans les prés salés sous le bois du Cap-Hornu près Saint-Valery.

PLANTAGINEÆ.

PLANTAGO CORONOPUS L.; *Cat.* 198. — Le Hourdel près Cayeux.

SALSOLACEÆ.

BLITUM BONUS-HENRICUS Rchb.; *Cat.* 202. — Senarpont.

L'*Atriplex littoralis* (L.; *Cat.* 204) a été trouvé à Berck et à Etaples [Pas-de-Calais] (*Dovergne* Herb.).

POLYGONEÆ.

Le *Rumex maximus* (Schreb.; Coss. et Germ. *Fl.* 566; Gren. et Godr. *Fl.*) nous a été signalé à la limite de notre département sur les bords de la Bresle entre Eu et le Tréport [Seine-Inférieure] par M. A. Passy, membre de l'Institut. Nous n'avons pas encore eu l'occasion d'y constater sa présence.

Le *Polygonum mite* (Schrank ; Not. in *Cat.* 211) et sa Var. *minus* (Coss. et Germ. *Fl.* 571. — *P. minus* Huds.) ont été récoltés dans le marais de Grigny près Hesdin [Pas-de-Calais] (*Dovergne* Herb.).

THYMELÆÆ.

DAPHNE LAUREOLA L ; *Cat.* 212. — Forêt d'Arguel près Senarpont; bois d'Epaumesnil (*Masson*).

D. MEZEREUM L.; *Cat.* 213. — Essertaux, retrouvé à Boves (*Copineau*).

SANTALACEÆ.

THESIUM HUMIFUSUM DC.; *Cat.* 213. — Essertaux (*Copineau*).

EUPHORBIACEÆ.

EUPHORBIA PALUSTRIS L ; *Cat.* 214. — Bords de la Somme à Montières près Amiens (**D**r *Richer*).

E. LATHYRIS L.; *Cat.* 215. — Bords de la route d'Amiens à Dury (*Copineau*).

MERCURIALIS PERENNIS L.; *Cat.* 216 — Forêt d'Arguel près Senarpont.

SALICINEÆ.

SALIX REPENS L.; *Cat.* 222. — Bray-lès-Mareuil (*Du Maisniel de Belleval*, Not. manuscr.).

HYDROCHARIDEÆ.

HYDROCHARIS MORSUS RANÆ L.; *Cat.* 226. — Dans la Somme à Ham.

BUTOMEÆ.

BUTOMUS UMBELLATUS L.; *Cat.* 227. — Dreuil près Amiens (*Copineau*).

JUNCAGINEÆ.

TRIGLOCHIN PALUSTRE L.; *Cat.* 227. — Rivery et Longpré près Amiens (*D*r *Richer*).

POTAMEÆ.

POTAMOGETON PLANTAGINEUS Ducros; *Cat.* 229. — Longpré près Amiens (**D**r *Richer*).

P. PECTINATUS L.; *Cat.* 231. — Dans la Somme à Ham.

Le P. *rufescens* (Schrad.; *Cat.* 228) a été rencontré à Raye et à Aubin près Hesdin [Pas-de-Calais] (*Dovergne* Herb.).

Le P. *trichoïdes* (Chamisso et Schlecht. in Linn. — P. *monogynus* J. Gay; Not. in *Cat.* 230) a aussi été trouvé dans le marais d'Aubin [Pas-de-Calais] (*Dovergne* Herb.).

NAIADEÆ.

Naias major Roth. *Germ.*; Coss. et Germ. *Fl.* 713; Dub. *Bot.*; Gren et Godr. *Fl.*

④. Juillet-septembre.

R R. — Fossés, rivières, canaux. — Amiens dans les *hortil-lonnages* (*Copineau*) et dans le canal de la Somme en face du cimetière de la Madeleine, fossés à Camon (*D' Richer*). — Cette espèce, dont il n'a pas encore été fait mention dans la Flore du département de la Somme, paraît cependant avoir été observée autrefois dans l'étang du Gard près de Villers-sur-Authie (*Buteux* in *Du Maisniel de Belleval* Not. manuscr.).

LEMNACEÆ.

LEMNA TRISULCA L.; *Cat.* 232. — Amiens (*Copineau*).

L. POLYRRHIZA L.; *Cat.* 233. — Amiens au champ de courses et à la Voirie (*D' Richer*).

TYPHACEÆ.

TYPHA ANGUSTIFOLIA L.; *Cat* 234. — Retrouvé à Rivery près Amiens (*D' Richer*).

SPARGANIUM SIMPLEX Huds.; *Cat.* 234. — Amiens (*Copineau*).

ORCHIDEÆ.

LOROGLOSSUM HIRCINUM Rich.; *Cat.* 235. — Bois de Croixrault près Poix; retrouvé à Laviers.

ANACAMPTIS PYRAMIDALIS Rich.; *Cat.* 235. — Lisières de la forêt d'Arguel près Senarpont; pâturages sur les falaises entre Ault et Mers (*Copineau*).

ORCHIS USTULATA L.; *Cat.* 235. — Bois de Port, dunes de Saint-Quentin-en-Tourmont (*Dovergne* Herb.).

O. MILITARIS L.; *Cat.* 236. — Forêt d'Arguel près Senarpont; Boves, Essertaux (*Copineau*); bois de Creuse (*R. Vion*).

O. MASCULA L.; *Cat.* 237. — Essertaux (*Copineau*); bois de Creuse (*R. Vion*).

OPHRYS MUSCIFERA Huds.; *Cat.* 238. — Forêt d'Arguel près Senarpont; Essertaux, retrouvé à Boves (*Copineau*).

O. ARANIFERA Huds ; *Cat.* 238. — Retrouvé à Boves (*Copineau*).

O. ARACHNITES Hoffm.; *Cat.* 238. — Retrouvé à Boves (*R. Vion*).

O. APIFERA Huds.; *Cat.* 238. — Bois de Lanchères; forêt d'Arguel
près Senarpont; Montrelet (*Dr Dours*); Ailly-sur-Noye (*R. Vion*).

GYMNADENIA CONOPSEA Rich.; *Cat* 239. — Lisières de la forêt
d'Arguel près Senarpont; Essertaux (*Copineau*).

PLATANTHERA MONTANA Schmidt; *Cat.* 240. — Senarpont; bois de
Lozières entre Essertaux et Jumel (*Copineau*).

LIMODORUM ABORTIVUM Sw.; *Cat.* 240. — Retrouvé à Boves (*Dr*
Richer).

CEPHALANTHERA GRANDIFLORA Babingt.; *Cat.* 240. — Forêt d'Arguel près Senarpont; Essertaux (*Copineau*).

Nous avons vu dans l'herbier de M. Dovergne le *C. rubra*
(Rich.; *Cat.* 241) récolté dans le bois de Port par M. Tillette de
Clermont-Tonnerre. Nous ne pensons pas qu'on l'y ait retrouvé.

EPIPACTIS LATIFOLIA All. Var. α. *latifolia* (Coss. et Germ.; *Cat.*
241). — Bois de Croixrault près Poix; Vers-Hébecourt, Essertaux
(*Copineau*).

Var. β. *atrorubens* (Coss. et Germ.; *Cat.* 241). — Bois de
Croixrault près Poix ; forêt d'Arguel près Senarpont.

NEOTTIA NIDUS-AVIS Rich.; *Cat.* 242. — Forêt d'Arguel près Senarpont; Senarpont; retrouvé à Ailly-sur-Somme et à Jumel (*Dr*
Richer).

SPIRANTHES AUTUMNALIS Rich.; *Cat.* 243. — Boufflers (*Dovergne*
Herb.); bords du bois de Crécy-Grange près Crécy (*Du Maisniel*
de Belleval, Not. manuscr.).

ASPARAGINEÆ.

POLYGONATUM VULGARE Desf.; *Cat.* 245. — Ailly-sur-Noye, bois
de Lozières entre Essertaux et Jumel (*Copineau*).

PARIS QUADRIFOLIA L.; *Cat.* 246. — Boves, Ailly-sur-Noye (*Co-*
pineau).

DIOSCOREÆ.

Tamus communis L.; *Cat.* 246. — Forêt d'Arguel près Senarpont; bois de Rampval près Mers (*Copineau*).

LILIACEÆ.

Tulipa sylvestris L. *Sp.*; Coss. et Germ. *Fl.* 644; Dub. *Bot.*; Gren. et Godr. *Fl.*

♃. Avril.

R R. — Taillis des bois, endroits herbeux des parcs. — Essertaux (*Copineau*). — Espèce nouvelle pour notre Flore. — On nous a signalé dans le parc du château de Huppy un *Tulipa* que l'on ne peut détruire et qui y fleurit très-rarement. Nous pensons que cette p'ante pourrait bien être le *T. sylvestris* L.

Ornithogalum Pyrenaicum L.; *Cat.* 247. — Retrouvé à Dury (*D*r *Richer*).

O. umbellatum L.; *Cat.* 247. — Boves, Cagny, Quevauvillers (*D*r *Richer*); Ailly-sur-Noye (*Copineau*).

Gagea arvensis Schult.; *Cat.* 248. — Amiens à la Hautoie, Fluy (*D*r *Richer*); Essertaux (*Copineau*); Flixecourt (*Dovergne* Herb.).

Scilla bifolia L.; *Cat.* 248. — Essertaux (*Copineau*).

Muscari comosum Mill.; *Cat.* 250. — Ailly-sur-Noye, Boves (*Copineau*).

Phalangium ramosum Lmk.; *Cat.* 250. — Coteau calcaire bordant au sud la forêt d'Arguel près Senarpont.

COLCHICACEÆ.

Colchicum autumnale L.; *Cat.* 251. — Saint-Maulvis (*Masson*).

JUNCEÆ.

Juncus Gerardi Lois.; *Cat.* 253. — Saint-Quentin-en-Tourmont.

Le *J. supinus* (Mœnch.; *Cat.* 252) a été recueilli à Sorus et à Saint-Josse [Pas-de-Calais] (*Dovergne* Herb.).

Luzula Forsteri DC.; *Cat.* 254. — Frucourt; bois au sud de Poix.

L. MULTIFLORA Lej.; *Cat.* 254. — Boves (*Copineau*); Villers-Bretonneux (*Dr Richer*).

CYPERACEÆ.

CAREX PULICARIS L.; *Cat.* 255 —Marais sous le bois de La Motte à Cambron (*T. C.* Herb.).

C. PANICULATA L.; *Cat.* 256. — Ham (*Copineau*).

Le *C. stellulata* Good., que nous avons observé dans les landes de Beaumont près Eu [Seine-Inférieure] (Not. in *Cat.* 257), a été récolté à Saint-Josse [Pas-de-Calais] (*Dovergne* Herb.).

C. brizoïdes L. *Sp.* 1381; Dub. *Bot.* 491; Boreau *Fl. centr.* 668; Koch *Syn.* 868.

Souche grêle, longuement rampante. Tiges de 3-5 décim., grêles, faibles, triquètres, rudes, penchées au sommet. Feuilles linéaires étroites, allongées, planes, rudes aux bords. Epi terminal composé. Epillets 5-8, lancéolés oblongs, rapprochés, courbés en dehors, mâles à la base. Stigmates 2. Utricules dressés, lancéolés, plans convexes, lisses, denticulés aux bords, atténués en un bec bifide dépassant un peu l'écaille. Ecailles ovales lancéolées, d'un vert blanchâtre.

♃. Mai-juin.

R R. — Bois humides. — Forêt de Crécy (*Dovergne* Herb.). — Avant d'avoir vu cette espèce dans l'herbier de M. Dovergue, nous n'avions pas cru devoir l'admettre, quoiqu'elle ait été signalée depuis longtemps dans la forêt de Crécy sur les bords des chemins en descendant vers Crécy (*Du Maisniel de Belleval*, Not. manuscr.).

Le *C. ericetorum* (Poll.; Coss. et Germ. *Fl.* 745; Dub. *Bot.*; Gren. et Godr. *Fl.*) a été trouvé très-près de nos limites dans la forêt de Labroye [Pas-de-Calais] (*Dovergne* Herb.).

C. PILULIFERA L.; *Cat.* 259. — Bois de Frucourt.

C. DIGITATA L.; *Cat.* 260. — Bois de Saveuse (*Dr Richer*).

Le *C. binervis* Sm., observé dans les landes de Beaumont près Eu [Seine-Inférieure] (Not. in *Cat.* 261), a été rencontré dans le bois de Saint-Josse [Pas-de-Calais] (*Dovergne* Herb.).

4

C. Pseudo-Cyperus L ; *Cat.* 262. — Pont-de-Metz, Montières près Amiens (*Dr Richer*).

C. ampullacea Good.; *Cat.* 263. — Ham.

C. filiformis L.; *Cat.* 264.— Fortmanoir près Boves (*Dr Richer*).

Cyperus fuscus L.; *Cat.* 269. — Champ de courses à Amiens, et entre le Pont-de-Metz et Renancourt (*Dr Richer; Copineau*).

GRAMINEÆ.

Oplismenus Crus galli Kunth; *Cat.* 270. — Bords du canal vers l'île Sainte-Aragone à Amiens (*Dr Richer*).

Digitaria sanguinalis Scop.; *Cat.* 271.—Saint-Valery (*Dr Richer*).

Alopecurus geniculatus L.; *Cat.* 272. — Saint-Valery.

A. bulbosus L.; *Cat.* 272. — Saint-Valery; Le Crotoy (*Dovergne Herb.*).

Phleum Boehmeri Wib ; *Cat.* 273.— Lisières du bois de Croixrault près Poix; Notre-Dame-de-Grâce près Amiens (*Dr Richer*).

Calamagrostis Epigeios Roth.; *Cat.* 276. — Bois d'Estrées-lès-Crécy; Quevauvillers (*Dr Richer*).

Le *C. lanceolata* (Roth.; Not. in *Cat.* 276) a été recueilli dans les prairies de Maresquel près Hesdin [Pas-de-Calais] (*Dovergne Herb.*).

Deschampsia flexuosa Nees; *Cat.* 278. — Forêt d'Arguel près Senarpont.

Danthonia decumbens D C.; *Cat.* 279. — Bois de Lanchères; Quend (*Abbé Cagé*); falaises entre Ault et Mers (*Copineau*).

Avena pubescens L.; *Cat.* 280. — Bois de Lanchères; Fortmanoir près Boves, Saint-Quentin-en-Tourmont, retrouvé à Notre-Dame-de-Grâce près Amiens (*Dr Richer*); falaises entre Ault et Mers, citadelle d'Amiens (*Copineau*).

Glyceria fluitans R. Br.; *Cat.* 283. S.-v. *vivipara*. — Epillets vivipares. — Bords du canal de la Somme à Amiens (*Dr Richer*).

G. distans *Cat.* 283. — Saint-Valery.

BRIZA MINOR L.; *Cat.* 285. — Revu en 1869 dans un champ bordant le bois d'Estrées-lès-Crécy.

POA COMPRESSA L.; *Cat.* 286. — Murs du château de Ham.

DACTYLIS GLOMERATA L.; *Cat.* 286. S.-v. *vivipara.* — Epillets vivipares. — Boulevard du Jardin des Plantes à Amiens (*Dᵣ Richer*).

BROMUS TECTORUM L.; *Cat.* 287. — Abbeville; Saint-Quentin-en-Tourmont; Le Hourdel près Cayeux.

B. ERECTUS Huds.; *Cat.* 289. — Les Alleux près Béhen.

FESTUCA GIGANTEA Vill.; *Cat.* 289. — Amiens (*Dᵣ Richer*).

F. PRATENSIS Huds. S.-v. *pseudo-loliacea* (Coss. et Germ.; *Cat* 290). — Champ de courses à Amiens (*Dᵣ Richer*).

F. MYUROS Auct.; *Cat.* 291. — Pelouses dans les dunes de Saint-Quentin-en-Tourmont; galets du Hourdel près Cayeux.

F. TENUIFLORA Schrad.; *Cat.* 292. — Amiens (*Dᵣ Richer*).

LOLIUM LINICOLA Sond.; *Cat.* 294. — Raincheval (*Copineau*).

TRITICUM JUNCEUM L.; *Cat.* 297. — Le Hourdel près Cayeux.

EQUISETACEÆ.

EQUISETUM TELMATEIA Ehrh.; *Cat.* 299. — Prairie au bord de la Somme à Ham.

FILICES.

BLECHNUM SPICANT Roth.; *Cat.* 301. — Forêt d'Arguel près Senarpont.

SCOLOPENDRIUM OFFICINALE Sm.; *Cat.* 301. — Villers-sur-Mareuil.

ASPLENIUM RUTA-MURARIA L.; *Cat.* 302. — Château de Ham

A. ADIANTHUM-NIGRUM L.; *Cat* 302. — Villers-sur-Mareuil; Cagny (*Copineau*).

A. FILIX-FEMINA Bernh.; *Cat.* 302. — Forêt d'Arguel près Senarpont.

NEPHRODIUM SPINULOSUM Stremp.; *Cat.* 303. — Forêt d'Arguel près Senarpont.

Le *N. cristatum* (Michx ; *Cat.* 303) a été recueilli à Saint-Josse [Pas-de-Calais] (*Dovergne* Herb.).

L'*Osmunda regalis* (L.; *Cat.* 304) a aussi été rencontré dans la même localité (*Dovergne* Herb.).

BOTRYCHIUM LUNARIA SW.; *Cat.* 304 — Cagny (*Le Correur;* Dr *Richer*); bois de Wailly (*Goze*); citadelle d'Amiens, coteaux d'Epagne (*Dovergne* Herb.).

TABLE

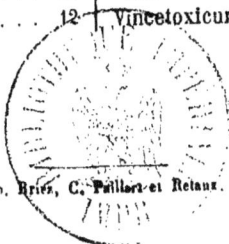

Imp. Brief, C. Paillart et Retaux.

www.ingramcontent.com/pod-product-compliance
Lightning Source LLC
Chambersburg PA
CBHW030332220326
41518CB00047B/862